W0260563

R. E. Burkard

Methoden der Ganzzahligen Optimierung

1972

Springer-Verlag
Wien New York

Doz. Dr. Rainer E. Burkard
Institut für Angewandte Mathematik, Universität Graz

Mit 45 Abbildungen

Library of Congress Catalog Card Number 79-183884

ISBN-13:978-3-7091-8298-7 e-ISBN-13:978-3-7091-8297-0
DOI: 10.1007/978-3-7091-8297-0

Vorwort

Optimierungsaufgaben spielen in Wirtschaft und Technik eine immer wichtigere Rolle. Dabei gewinnen Probleme, in denen gewisse Variable nur diskrete Werte annehmen können, zunehmend an Bedeutung. Führen doch Optimierungsaufgaben, in denen Stückzahlen vorkommen oder in denen die Alternative „wahr“ oder „falsch“ auftritt, in natürlicher Weise auf ganzzahlige Optimierungsprobleme.

Historisch gesehen waren es die Transport- und Zuordnungsprobleme, zu deren Lösung die ersten Verfahren entwickelt wurden. Diese Klasse von ganzzahligen linearen Programmen besitzt die wichtige Eigenschaft, daß sich bei Lösung des zugehörigen gewöhnlichen linearen Programmes bei ganzzahligen Ausgangswerten von selbst eine ganzzahlige Lösung ergibt. Bei anderen Typen von ganzzahligen Optimierungsaufgaben ist dies nicht der Fall. Das erste effektive Lösungsverfahren für allgemeine lineare ganzzahlige Optimierungsprobleme geht auf Gomory (1958) zurück. Seither wurden die verschiedensten Techniken angewendet, um solche Probleme möglichst gut zu lösen. Dazu gehören Enumerationsverfahren, kombinatorische, geometrische und gruppentheoretische Überlegungen wie auch die Anwendung der dynamischen Optimierung. Welches dieser Verfahren für ein spezielles Problem das günstigste ist, ist bis heute noch ungeklärt.

Im vorliegenden Buch werden nach Behandlung der mathematischen Grundlagen ganzzahliger Optimierungsprobleme sowie nach einer kurzen Einführung in die Theorie linearer Programme und in die Theorie der Dualität zunächst Transport- und Zuordnungsprobleme behandelt. Dabei werden auch neueste Entwicklungen berücksichtigt, wie etwa das Optimum-Mix-Problem oder die Erstellung von Schulstundenplänen. Daran schließt sich eine Diskussion der Verfahren von Gomory an, wobei im besonderen auf das reinganzzahlige (zweite) Verfahren von Gomory Wert gelegt wurde. Bei diesem Verfahren können Rundungsfehler vermieden werden, falls man die Rechnung in Integer-Arithmetik durchführt. Die nachfolgenden Kapitel behandeln Branch- und Bound-Methoden, die Verfahren von Balas, den Partitionsansatz von Benders sowie das Rucksackproblem. Im letzten Kapitel werden ausführlich Verfahren zur Lösung konvexer ganzzahliger

Optimierungsaufgaben beschrieben. Im Literaturverzeichnis wurde versucht, die Arbeiten zur ganzzahligen Optimierung bis auf Reports möglichst vollständig zu erfassen.

Das Buch wendet sich nicht nur an Studenten der Mathematik und Wirtschaftswissenschaften, denen durch die Beigabe zahlreicher Beispiele das Verständnis der beschriebenen Methoden erleichtert werden soll, sondern auch an den in der Praxis stehenden Mathematiker und Ökonometriker, dem mit dieser umfassenden Darstellung ein Nachschlagewerk in die Hand gegeben wird. Der Verfasser hofft, daß dieses Buch manches mühsame Suchen nach Literatur ersetzt.

Mein Dank gebührt Herrn Univ.-Prof. Dr. R. Albrecht, Innsbruck, dessen Ermutigungen und Förderungen mich zur Abfassung dieses Werkes anregten. Ferner danke ich meinen Kollegen, Herrn Doz. Dr. K. Hellmich, Graz, Herrn Doz. Dr. H. Stettner, Graz, Herrn Dr. W. Hahn, Karlsruhe, sowie Herrn Dr. G. Tinhofer, Innsbruck, die Teile des Manuskriptes kritisch lasen und durch ihre Bemerkungen für so manche Verbesserung im Manuskript sorgten. Frau U. Loev danke ich für die so sorgfältige Reinschrift des Manuskriptes. Dem Springer-Verlag aber danke ich für sein bereitwilliges Eingehen auf alle meine Wünsche.

Graz, im März 1972 Rainer E. Burkard

Inhaltsverzeichnis

1. Einführung

Eine große Anzahl von Optimierungsaufgaben ist ihrer Natur nach ganzzahlig, wie etwa ein Zuordnungsproblem oder das Problem des Handlungsreisenden. Für die meisten dieser Aufgabenstellungen könnte durch das Überprüfen aller Möglichkeiten eine optimale Lösung gewonnen werden. Das mathematische Problem besteht darin, anstatt eine astronomische Zahl von Möglichkeiten zu überprüfen, einen abgekürzten Weg zu finden, um die optimale Lösung zu erhalten.

Ändern sich die unbekannten Lösungen stetig innerhalb eines bestimmten Bereiches, so kann man aus den im allgemeinen nicht ganzzahligen Lösungen dieser Probleme durch Abrunden eine Näherungslösung in ganzen Zahlen erhalten. Dies wird bei vielen Problemen der Praxis angebracht sein, da ja auch die mathematischen Modelle nur unvollständige Spiegel der Wirklichkeit sind. Aber ein solches Vorgehen kann manchmal Lösungen ergeben, die weit von den wirklich besten Lösungen entfernt sind. Daher hat sich die Forschung in den letzten zehn Jahren intensiv damit befaßt, Verfahren zu entwickeln, durch die bessere Resultate erzielt werden können.

Zunächst waren es spezielle Aufgaben wie Transport- und Zuordnungsprobleme, für die einfache Lösungsverfahren gefunden wurden. Im Jahre 1958 veröffentlichte dann Gomory einen Algorithmus zur Optimierung eines beliebigen ganzzahligen linearen Programmes, der in den folgenden Jahren immer weiter verbessert wurde. Bald danach wurden Schnittebenenverfahren auf ganzzahlige konvexe Optimierungsprobleme angewandt. Gute Ergebnisse liefern die in den letzten Jahren entwickelten kombinatorischen Verfahren, aber auch die dynamische Optimierung ist erfolgreich auf ganzzahlige Probleme angewendet worden.

1.1 Mathematische Grundbegriffe

Es sei **R** die Menge der reellen, **Z** die Menge der ganzen und **N** die Menge der natürlichen Zahlen. Sind A und B zwei Mengen, so definiert man das **Cartesische Produkt** A×B der Mengen A und B als Menge aller Paare (x,y), so daß die erste Komponente des Paares der Menge A angehört und die zweite Komponente des Paares Element der Menge B ist.

$$A \times B = \{(x,y) \mid x \in A, y \in B\} \tag{1.1}$$

Ist A=B, so schreibt man für A×B auch A^2. Analog definiert man das Cartesische Produkt von n Faktoren $A_1, A_2, \ldots, A_n$ als Menge von geordneten n-Tupeln $(x_1, x_2, \ldots, x_n)$ mit $x_1 \in A_1, x_2 \in A_2, \ldots, x_n \in A_n$. Eine Teilmenge C des n-dimensionalen Euklidischen Raumes $\mathbf{R}^n$ heißt **kompakt**, wenn sie beschränkt und abgeschlossen ist. Für kompakte Mengen gelten wichtige Beziehungen, wie etwa der Satz, daß eine unendliche Folge auf einer kompakten Menge im $\mathbf{R}^n$ stets einen Häufungspunkt besitzt, oder die Tatsache, daß eine stetige Funktion, definiert auf einer kompakten Menge, dort ihr Maximum und ihr Minimum auch tatsächlich annimmt.

Eine Teilmenge K des $\mathbf{R}^n$ heißt **konvex**, wenn mit je zwei Elementen $\mathbf{x} \in K$, $\mathbf{y} \in K$ auch $\lambda\mathbf{x}+(1-\lambda)\mathbf{y}$ mit $0<\lambda<1$ Element von K ist. Das heißt, wenn mit je zwei Punkten aus K auch die ganze Verbindungsstrecke dieser Punkte zu K gehört. Insbesondere ist der ganze Raum $\mathbf{R}^n$ konvex. Beispiele für konvexe und nichtkonvexe Mengen werden in Abb. 1.1 gezeigt:

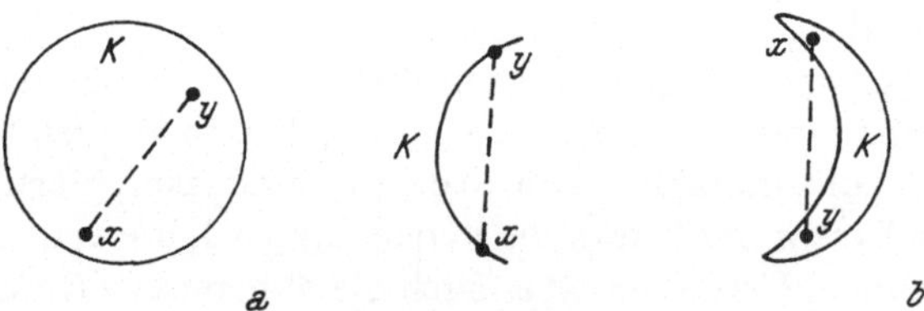

Abb. 1.1. a) Konvexe Menge, b) Nichtkonvexe Mengen

Es sei K eine konvexe Teilmenge von $\mathbf{R}^n$. Eine **Abbildung** f:K→**R** heißt **konvex**, wenn für je zwei Punkte **x**,**y** aus K gilt

$$f(\lambda\mathbf{x}+(1-\lambda)\mathbf{y}) \le \lambda f(\mathbf{x})+(1-\lambda)f(\mathbf{y}) \qquad (0<\lambda<1). \tag{1.2}$$

Die Abb. 1.2 erläutert die geometrische Bedeutung dieser Definition.

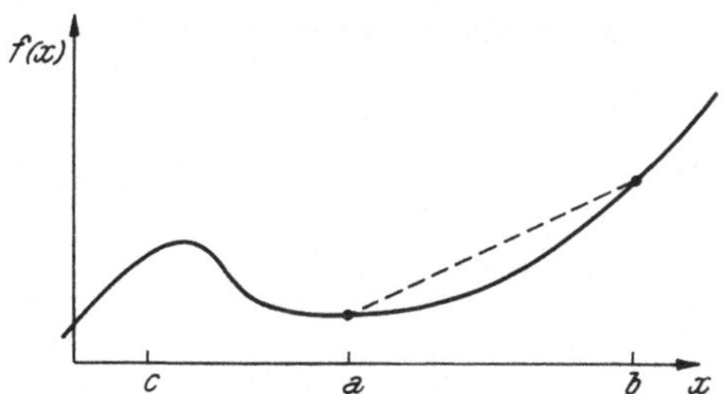

Abb. 1.2. Beispiel einer im Intervall [a,b] konvexen Funktion, die im Intervall [c,b] nicht konvex ist

Ob eine Funktion konvex ist, läßt sich durch folgendes Kriterium feststellen:

Satz 1.1:

Es sei K eine konvexe Teilmenge des $\mathbf{R}^n$ und die Abbildung $f{:}K \to \mathbf{R}$ besitze partielle erste Ableitungen. f ist genau dann konvex, wenn für je zwei Punkte $\mathbf{x} \in K$, $\mathbf{y} \in K$ gilt

$$f(\mathbf{y})-f(\mathbf{x}) \geq \sum_{j=1}^{n} (y_j-x_j) \frac{\partial f(\mathbf{x})}{\partial x_j} \tag{1.3}$$

Anmerkung zur Bezeichnungsweise: Einen Punkt $\mathbf{x} \in \mathbf{R}^n$ beschreiben wir im allgemeinen durch einen Spaltenvektor. Mit $\mathbf{x}'$ bezeichnen wir dann den transponierten Vektor und im weiteren Verlaufe daher mit $\mathbf{A}'$ die transponierte Matrix zu **A**. Zeichnet man im $\mathbf{R}^n$ eine Basis orthonormaler Vektoren $\mathbf{e}_1, \ldots, \mathbf{e}_n$ aus und gilt $\mathbf{x}=\sum_{j=1}^{n} x_j \mathbf{e}_j$, $\mathbf{y}=\sum_{j=1}^{n} y_j \mathbf{e}_j$, so verstehen wir unter dem **Skalarprodukt** der Vektoren **x** und **y** die reelle Zahl

$$\mathbf{x}'\mathbf{y} = \sum_{j=1}^{n} x_j y_j$$

Daher läßt sich $\sum_{j=1}^{n} (y_j-x_j) \frac{\partial f(\mathbf{x})}{\partial x_j}$ in Satz 1.1 auch schreiben als $(\mathbf{y}-\mathbf{x})'$ **grad** $f(\mathbf{x})$.

Beweis zu Satz 1.1:

Es sei zunächst f konvex. Führen wir die Hilfsfunktion $\varphi(\lambda)$, definiert durch

$$\varphi(\lambda) := (1-\lambda) f(\mathbf{x}) + \lambda f(\mathbf{y}) - f((1-\lambda)\mathbf{x}+\lambda\mathbf{y})$$

ein, so ist $\varphi(0)=0$ und, da f konvex ist, gilt $\varphi(\lambda) \geq 0$ für $\mathbf{x} \neq \mathbf{y}$, $0<\lambda<1$. Daher ist $\varphi'(0) \geq 0$. Daraus erhält man

$$-f(x)+f(y)-(y-x)' \operatorname{\mathbf{grad}} f(x) \geq 0$$

und somit (1.3).

Gilt umgekehrt (1.3), so setze man für $x \in K$, $y \in K$ und ein λ mit $0<\lambda<1$:

$$z=\lambda x+(1-\lambda)y$$

und erhält damit aus

$$\lambda f(x)+(1-\lambda)f(y)-f(z)=\lambda(f(x)-f(z))+(1-\lambda)\ (f(y)-f(z))$$

die Beziehung

$$\lambda f(x)+(1-\lambda)f(y) \geq f(z)+(\lambda(x-z)+(1-\lambda)\ (y-z))' \operatorname{\mathbf{grad}} f(z)=f(z)$$

Daher ist f konvex. ∎

Besitzt f stetige zweite Ableitungen auf einer offenen, konvexen Menge K, so kann man f nach dem Taylorschen Lehrsatz entwickeln und man erhält

$$f(y)=f(x)+(y-x)' \operatorname{\mathbf{grad}} f(x)+\frac{1}{2}(y-x)' A(z)\ (y-x)$$

wobei $z=\lambda x+(1-\lambda)y$ für ein festes λ mit $0<\lambda<1$ und $A(z) = \left(\frac{\partial^2 f(z)}{\partial x_i \partial x_k}\right)$ $(i,k=1,\ldots,n)$ ist. Nach Satz 1.1 ist f genau dann konvex, wenn für alle Vektoren $(y-x)$ stets $(y-x)'A(y-x) \geq 0$ gilt. Wir definieren:

Eine n-reihige, reelle, symmetrische Matrix A heißt **positiv semidefinit**, wenn für alle $x \neq 0$, $x \in \mathbf{R}^n$ gilt:

$$x'Ax \geq 0. \tag{1.4}$$

Damit läßt sich folgendes Kriterium für die Konvexität der Abbildung f formulieren:

Satz 1.2:

Besitzt $f: K \to \mathbf{R}$ stetige zweite partielle Ableitungen auf einer offenen, konvexen Teilmenge K des $\mathbf{R}^n$, so ist f genau dann konvex, wenn die Matrix

$$A(x) = \left(\frac{\partial^2 f(x)}{\partial x_i \partial x_k}\right) \qquad i, k = 1,2,\ldots,n$$

positiv semidefinit ist. ∎

Aus diesem Satz folgt unmittelbar, daß quadratische Formen $Q(x) = x'Ax$ mit positiv semidefiniter Matrix A konvexe Abbildungen des $\mathbf{R}^n$ in die reellen Zahlen sind.

1.2 Optimierungsaufgaben

Gegeben seien reellwertige Funktionen F und f_j ($j=1,\dots,m$), definiert auf $\mathbf{R}^n$, und eine Teilmenge A des $\mathbf{R}^n$. Unter einer Optimierungsaufgabe verstehen wir dann folgendes Problem:

Man maximiere (minimiere) die Funktion $F(\mathbf{x})$ unter den Nebenbedingungen

$$f_j(\mathbf{x}) \leq 0 \qquad (j=1,\dots,m) \text{ und } \mathbf{x} \in A.$$

Wir bezeichnen F als **Zielfunktion** der Optimierungsaufgabe und die Relationen $f_j(\mathbf{x}) \leq 0$ ($1 \leq j \leq m$) sowie $\mathbf{x} \in A$ als **Restriktionen.** Haben Restriktionen die Gestalt $x_i \leq 0$, so bezeichnen wir sie als **Vorzeichenbedingungen.** Ein Vektor **x**, der den Restriktionen genügt, heißt **zulässig.**

Die Menge M der zulässigen Punkte dieses Problems ist dann

$$M = \{\mathbf{x} \mid \mathbf{x} \in A,\ f_j(\mathbf{x}) \leq 0 \qquad (j=1,\dots,m)\}.$$

M kann gleich der leeren Menge ϕ sein, dann besitzt das gestellte Problem keine Lösung.

Ein zulässiger Vektor $\mathbf{x}^*$, der die Zielfunktion maximiert (minimiert), heißt **optimaler zulässiger Vektor.**

Je nach der speziellen Gestalt der Menge A und der Funktionen F und f_j ($j=1,\dots,m$) unterscheiden wir folgende spezielle Typen von Optimierungsaufgaben:

(A 1) **Lineare Optimierungsaufgaben** oder **Lineare Programme**:

Es sei $A=\mathbf{R}^n$, F linear, $f_{m+i}(\mathbf{x}) = -x_i$ für $i=1,\dots,n$ und f_j von der Form $\mathbf{a}_j'\mathbf{x} - b_j$ mit einem konstanten Vektor $\mathbf{a}_j \in \mathbf{R}^n$ für $j=1,\dots,m$. Als Grundtyp einer linearen Optimierungsaufgabe erhält man sodann:

Maximiere die Zielfunktion $\mathbf{c}'\mathbf{x}$ unter den Restriktionen $\mathbf{A}\mathbf{x} \leq \mathbf{b}$ und den Vorzeichenbedingungen $\mathbf{x} \geq \mathbf{0}$.

Dabei ist die ($m \times n$)–Matrix **A** die Matrix mit den Zeilenvektoren $\mathbf{a}_j'$.

Ausführlicher geschrieben lautet also ein lineares Programm:

$$c_1x_1 + c_2x_2 + \dots + c_nx_n = \max!$$

unter den Restriktionen

$$\begin{array}{l} a_{11}x_1+a_{12}x_2+\ \dots\ +a_{1n}x_n \leq b_1 \\ a_{21}x_1+a_{22}x_2+\ \dots\ +a_{2n}x_n \leq b_2 \\ \vdots \qquad\qquad\qquad\qquad \vdots \\ a_{m1}x_1+a_{m2}x_2+\ \dots\ +a_{mn}x_n \leq b_m \\ x_1 \geq 0, x_2 \geq 0,\ \dots, x_n \geq 0 \end{array}$$

Da lineare Optimierungsaufgaben zahlreichen Verfahren der ganzzahligen Optimierung zugrunde liegen, werden wir uns im folgenden Kapitel ausführlicher mit ihrer Theorie und mit Algorithmen zu ihrer Lösung befassen.

(A 2) **Ganzzahlige lineare Optimierungsaufgaben:**

Es sei $A=\mathbf{Z}^n$ und die Abbildungen F sowie f_j (j=1, . . . , m+n) seien wie in (A 1) definiert. Gesucht ist ein ganzzahliger Vektor $\mathbf{x}^*$, der F maximiert und alle Restriktionen erfüllt.

(A 3) **Gemischt-ganzzahlige lineare Optimierungsaufgaben:**

Es sei $A=\mathbf{Z}^r\times\mathbf{N}^s$ mit r+s=n. F und f_j seien wie in (A 1) definiert. Die ersten r Komponenten des gesuchten Vektors sind dann ganzzahlig, die übrigen reell.

(A 4) **Bivalente (Boolesche) lineare Optimierungsaufgaben:**

Es sei **B** die Menge $\{0,1\}$. Ist $A=\mathbf{B}^n$ und sind die Funktionen F sowie f_j (j=1, . . . , m) wie in (A 1) definiert, so lautet das gestellte Problem:

Maximiere $\mathbf{c}'\mathbf{x}$ unter den Restriktionen $\mathbf{Ax}\leq\mathbf{b}$, wobei x_i (i=1, . . . , n) nur die Werte 0 oder 1 annimmt.

Bivalente Optimierungsaufgaben spielen eine relativ große Rolle, da man ganzzahlige Optimierungsaufgaben auf bivalente zurückführen kann. Dies ist etwa dann ohne Schwierigkeiten möglich, wenn man Schranken für die ganzzahligen Variablen x_i (i=1, . . . , k ; $k \leq n$) kennt. Es sei also $0\leq x_i \leq m_i$. Ist p_i die kleinste Zahl, für die $m_i \leq 2^{p_i}$ gilt, so kann man durch den Ansatz

$$x_i=x_{io}+2\cdot x_{i1}+2^2x_{i2}+\ \dots\ +2^{p_i}x_{ip_i} \tag{1.5}$$

die ganzzahlige Variable x_i durch (p_i+1) Boolesche Variable x_{ij} $(j=0,\ldots,p_i)$ ersetzen. Die Booleschen Variablen nehmen nur die Werte 0 oder 1 an. Eliminiert man durch (1.5) die ganzzahligen Variablen x_i $(i=1,\ldots,k)$ aus dem gegebenen ganzzahligen Programm, so erhält man ein bivalentes Optimierungsproblem, das nun aber erheblich mehr Variable besitzt. Dies ist oft ein Nachteil, da der Rechenaufwand mit der Anzahl der ganzzahligen und daher auch der Booleschen Variablen stark ansteigt.

Beispiel:

Gegeben sei die ganzzahlige Optimierungsaufgabe:

Maximiere $2x_1 + x_2$ unter den Restriktionen

$$x_1 + x_2 \leq 3$$
$$x_2 \leq 2.5$$
$$x_1 \in \mathbf{N},\ x_2 \in \mathbf{N}.$$

Offensichtlich gilt bei dieser Aufgabe

$$0 \leq x_1 \leq 3,\ 0 \leq x_2 \leq 3$$

daher führt der Ansatz

$$x_i = x_{io} + 2x_{i1} \qquad (i=1,2)$$

auf eine bivalente Optimierungsaufgabe, nämlich:

Maximiere $2x_{10} + 4x_{11} + x_{20} + 2x_{21}$ unter den Restriktionen

$$x_{10} + 2x_{11} + x_{20} + 2x_{21} \leq 3$$
$$x_{20} + 2x_{21} \leq 2.5$$

wobei $x_{10}, x_{11}, x_{20}, x_{21}$ nur die Werte 0 oder 1 annehmen.

(A 5) **Konvexe Optimierungsaufgaben:**

Es sei $A = \mathbf{R}^n$ und die Abbildungen f_j $(j=1,2,\ldots,m)$ seien konvexe Funktionen. Soll dann die Zielfunktion F minimiert werden, so wird F als konvex vorausgesetzt, bei einer Maximierungsaufgabe muß die Abbildung $-F$ konvex sein. Unter diesen Bedingungen liegt eine konvexe Optimierungsaufgabe vor. Konvexe Optimierungsaufgaben stellen einen wichtigen Typ nichtlinearer Optimierungsaufgaben dar, denn jedes lokale Extremum bei einer konvexen Optimierungsaufgabe ist auch ein globales.

Eine Untermenge der konvexen Optimierungsaufgaben bilden

(A 6) **Quadratische Optimierungsaufgaben:**
Die Restriktionen $f_j(x) \leq 0$ seien von der Gestalt $a_j'x - b_j \leq 0$ für $j=1,2,\ldots,m$ und als Vorzeichenbedingung gelte $x_i \geq 0$ für $i=1,2,\ldots,n$. Ist dann bei einer Minimumsaufgabe die Abbildung F eine quadratische Form mit positiv semidefiniter Matrix, so liegt eine quadratische Optimierungsaufgabe vor. Für quadratische Optimierungsaufgaben sind gut erprobte Algorithmen vorhanden.

(A 7) **Ganzzahlige und gemischt-ganzzahlige konvexe Optimierungsaufgaben:**
Die Funktion F und f_j $(j=1,\ldots,m)$ besitzen dieselben Eigenschaften wie in (A 5), beziehungsweise im quadratischen Fall wie in (A 6). Nun gilt aber zusätzlich $A=\mathbf{Z}^n$ im reinganzzahligen Fall beziehungsweise $A=\mathbf{Z}^r \times \mathbf{R}^s$, $r+s=n$, im gemischt ganzzahligen Fall. Ganzzahlige und gemischt ganzzahlige konvexe Optimierungsaufgaben wurden bisher noch wenig untersucht.

Für gewisse weitere Spezialfälle von F, f_j und A werden weitere Typen von Optimierungsaufgaben eingeführt, die uns aber im folgenden nicht weiter interessieren. Der Hauptteil der in diesem Buch behandelten Aufgaben gehört zu den Klassen (A2), (A3), (A4) und (A7).

Die Grundlagen der linearen als auch der nichtlinearen Optimierung finden sich im Buch von Collatz-Wetterling [66] „Optimierungsaufgaben". Verfahren zur Lösung von konvexen Optimierungsaufgaben werden von Künzi-Krelle [62] („Nichtlineare Optimierung") und von Künzi-Oettli [69] („Nichtlineare Optimierung") beschrieben. Letzterer Bericht enthält auch eine ausführliche Bibliographie.

1.3 Graphen

Graphen spielen eine große Rolle in der Theorie der Ganzzahligen Optimierung. Zum Teil liegt dies daran, daß man mit ihrer Hilfe auch komplexere Zusammenhänge anschaulich deuten kann. Was versteht man nun unter einem Graphen?

Gegeben sei eine Menge K von Elementen A,B, . . . , die wir „**Knoten**" nennen. Ferner sei L eine Teilmenge des Cartesischen Produktes $K \times K$. Die Elemente von L nennen wir **(gerichtete) Kanten** und L Kantenmenge.

Durch das Paar (K,L) ist nun ein **gerichteter Graph** gegeben. Deuten wir die Knoten als Punkte in der Ebene und die Kanten l=(A,B) als Pfeile von A nach B, so erhalten wir folgende anschauliche Bilder für Graphen:

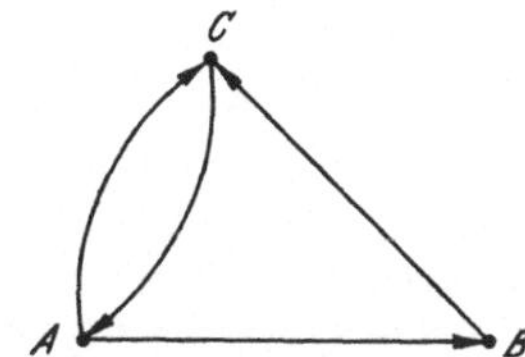

Abb. 1.3. K={A,B,C} L={(A,B), (B,C), (A,C), (C,A)}

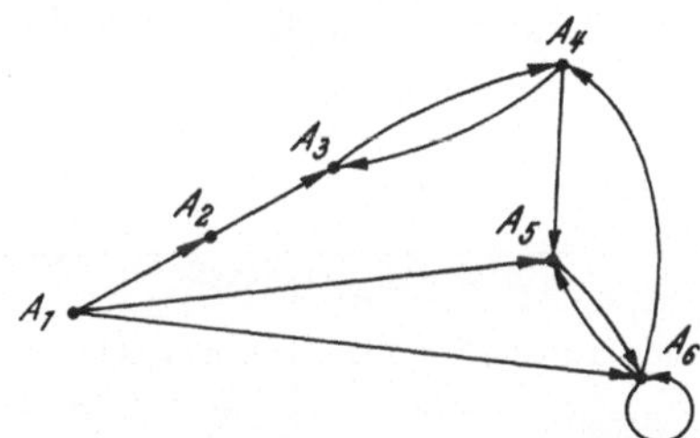

Abb. 1.4. K = {A_1,A_2,A_3,A_4,A_5,A_6}, L = {(A_1,A_2), (A_2,A_3), (A_3,A_4), (A_4,A_3), (A_1,A_5), (A_4,A_5), (A_5,A_6), (A_6,A_5), (A_1,A_6), (A_6,A_4), (A_6,A_6)}

Es sei nun p: L→**N** eine Abbildung, die jeder Kante l∈L eine natürliche Zahl zuordnet. Wir nennen p(l) die „**Bewertung der Kante l**". Durch das Tripel (K,L,p) ist ein „**gerichteter, bewerteter Graph**" definiert.

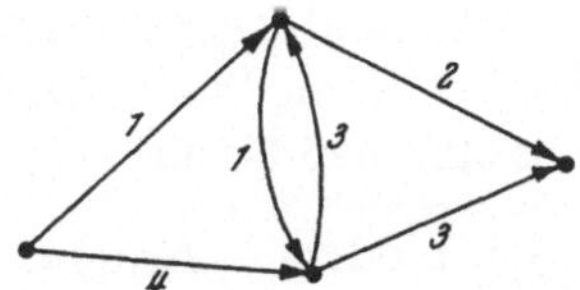

Abb. 1.5. Beispiel eines gerichteten, bewerteten Graphen

Ist mit jeder Kante l=(A,B) eines gerichteten (unbewerteten) Graphen auch die Kante (B,A) ein Element von L, so nennt man (K,L) einen **ungerichteten Graphen**. Ist nun G ein gerichteter, bewerteter Graph, mit jeder Kante l=(A,B) auch die Kante (B,A) ein Element von L und gilt ferner p(A,B)=p(B,A), so spricht man von einem ungerichteten, bewerteten Graphen. Um anzudeuten, daß es sich um ungerichtete Graphen handelt, ersetzen wir in unseren Schaubildern die Pfeile durch bloße Verbindungslinien.

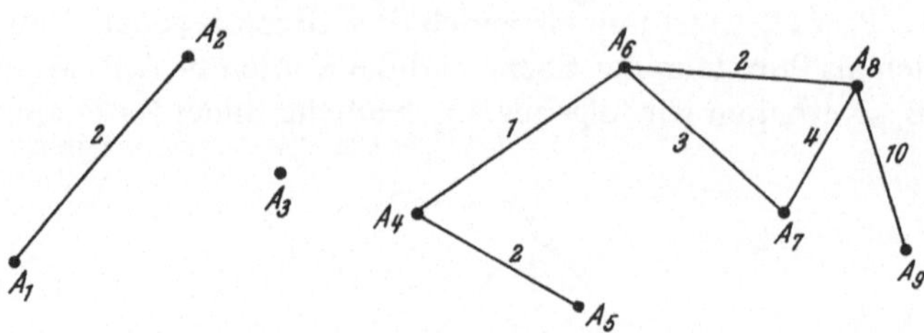

Abb. 1.6. Beispiel eines bewerteten, ungerichteten Graphen. Dieser Graph zerfällt in drei Teilgraphen, nämlich den Graphen G_1 mit den Knoten A_1 und A_2, den Graphen G_2 mit dem einzigen Knoten A_3 und keiner Kante sowie den Graphen G_3 mit den Knoten $A_4, A_5, A_6, A_7, A_8, A_9$

Wir nennen $G'=(K',L')$ einen **Teilgraphen** von $G=(K,L)$, wenn $K' \subset K$ und $L' \subset L \cap (K' \times K')$ gilt. Ein Graph heißt **endlich**, wenn die Knotenmenge K endlich ist.

Abb. 1.7. Beispiel eines unendlichen Graphen. Die Graphen der Abb. 1.3 bis 1.6 sind endlich

Im folgenden werden wir uns nur mit endlichen Graphen befassen. Ein weiterer wichtiger Begriff in der Graphentheorie ist der Begriff der **Kantenfolge**. Gegeben sei ein gerichteter Graph $G=(K,L)$. Es seien $A_0, A_1, \ldots, A_n$ Knoten dieses Graphen und alle Paare (A_{i-1}, A_i) $(i=1,2, \ldots, n)$ seien Elemente der Kantenmenge L. Jedes Paar (A_{i-1}, A_i) $(i=1,2, \ldots, n)$ entspricht somit einer Kante l_i. Folgt man diesen Kanten, ausgehend von A_0, so gelangt man nach A_n. Wir nennen daher ein n-tupel von Kanten $(l_1, l_2, \ldots, l_n)$ **Kantenfolge** vom Ausgangsknoten A_0 zum Endknoten A_n des Graphen G, wenn dieser Graph Zwischenknoten A_i $(i=1,2, \ldots, n-1)$ derart besitzt, daß für alle $i=1,2, \ldots, n$ gilt

$$(A_{i-1}, A_i) \in L \text{ oder } (A_i, A_{i-1}) \in L \tag{1.6}$$

n nennen wir die **Länge der Kantenfolge**. Nach (1.6) ist die Richtung der einzelnen Kanten in einer Kantenfolge belanglos.

Setzt man $n=1$, so reduziert sich die Bedingung (1.6) auf $(A_0, A_1) \in L$ oder $(A_1, A_0) \in L$ und somit besteht die Kantenfolge nur aus der Kante $l_1 = (A_0, A_1)$ oder $l_1' = (A_1, A_0)$. Wie aus obiger Definition einer Kantenfolge unmittelbar ersichtlich ist, kann eine Kantenfolge allein durch Knoten charakterisiert werden. Daher ist $(A_0, A_1, \ldots, A_n)$ eine andere Schreibweise für Kantenfolgen.

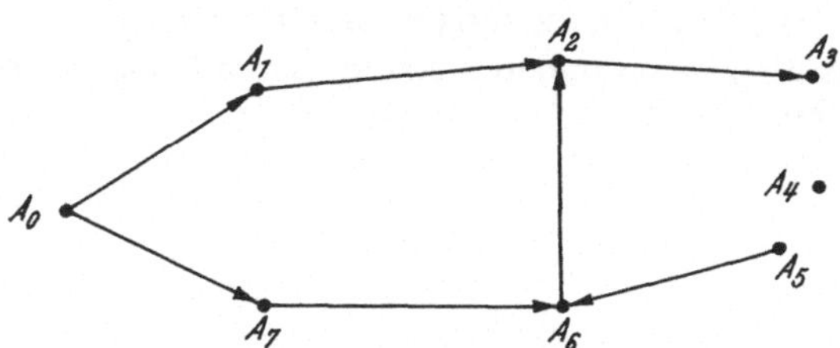

Abb. 1.8. Beispiel für Kantenfolgen. Von A_0 nach A_7 existieren zwei verschiedene Kantenfolgen, nämlich (A_0,A_7) und (A_0,A_1,A_2,A_6,A_7). Von A_4 zu A_i $(i \neq 4)$ existiert keine Kantenfolge

Eine **Kantenfolge** heißt **geschlossen**, wenn $n \geq 1$ und $A_0 = A_n$ ist. Ist $n=1$, so nennt man eine geschlossene Kantenfolge auch **Schlinge**. Der Graph der Abb. 1.4 enthält eine Schlinge im Knoten A_6, der Graph der Abb. 1.8 enthält eine geschlossene Kantenfolge, nämlich $(A_0, A_1, A_2, A_6, A_7, A_0)$. Enthält ein endlicher Graph eine geschlossene Kantenfolge, so enthält er auch Kantenfolgen beliebiger Länge, denn um etwa im Graphen der Abb. 1.8 von A_0 nach A_5 zu gelangen, kann $(A_0, A_1, A_2, A_6, A_7, A_0)$ beliebig oft durchlaufen werden.

Der Begriff der Kantenfolge kann unmittelbar auf ungerichtete Graphen übertragen werden. Man erhält aus einem gerichteten Graphen den zugehörigen ungerichteten Graphen, wenn man alle Kanten zwischen zwei Knoten des Graphen durch eine einzige ungerichtete Kante ersetzt.

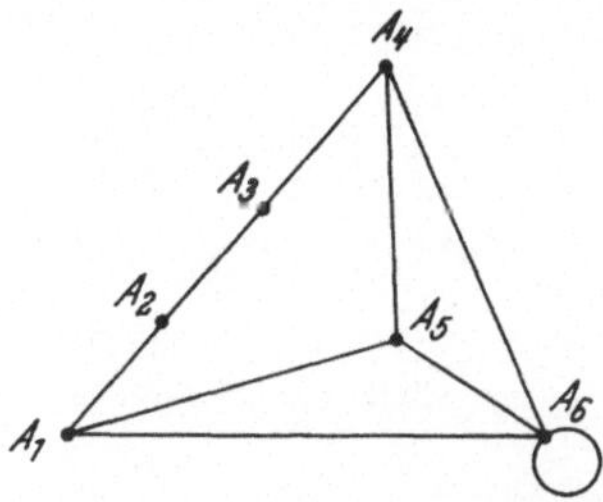

Abb. 1.9. Der zum Graphen der Abb. 1.4 gehörige ungerichtete Graph

Ein Graph heißt **zusammenhängend**, wenn er zu je zwei beliebigen Knoten A und B auch eine Kantenfolge von A nach B besitzt. Die Graphen der Abb. 1.3, 1.4, 1.5, 1.7 und 1.9 sind zusammenhängend, während die Graphen der Abb. 1.6 und 1.8 nicht zusammenhängend sind. Im weiteren Verlauf werden uns vor allem zusammenhängende Graphen interessieren und unter diesen besonders die **Baumgraphen** oder **Bäume**. Ein Baumgraph oder Baum ist ein Graph, für den genau eine Kantenfolge von der „**Wurzel**“ A_0 zu einem beliebigen anderen Knoten A_i ($i \neq 0$, $A_i \in K$) führt. Daraus folgt insbesondere, daß ein Baum keine geschlossene Kantenfolge besitzt.

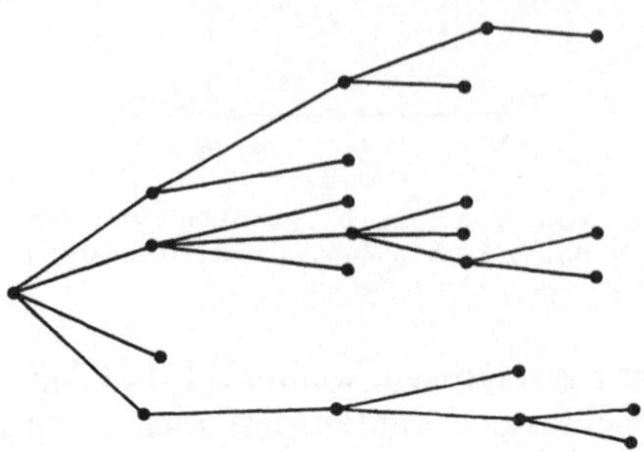

Abb. 1.10. Beispiel eines Baumgraphen

2. Grundzüge der linearen Optimierung

Zur linearen Optimierung gibt es eine Fülle von Lehrbüchern, so etwa von Dantzig [66] (Lineare Optimierung und Erweiterungen) und von Gass [64] (Linear Programming, Methods and Applications). Es sei auch auf den Bericht von Künzi-Tan [66] (Lineare Optimierung großer Systeme) verwiesen.

Die Simplexmethode geht auf Dantzig [51] zurück. Zunächst war unbekannt, ob Zyklen beim Simplexverfahren auftreten können, bis dann Beispiele, etwa von Beale [55], konstruiert wurden, in denen tatsächlich Zyklen vorkommen. Von Charnes [52] stammen die Überlegungen, die zur Simplexmethode mit Störung führten, bei der Zyklen mit Sicherheit ausgeschlossen werden können. Numerisch günstiger als das gewöhnliche Simplexverfahren ist das revidierte Simplexverfahren, das von Dantzig und Orchard-Hayes [53] entwickelt wurde. Die in Abschnitt 2.4 beschriebene Mehrphasenmethode zur Bestimmung einer zulässigen Ausgangslösung geht auf Künzi [58] zurück.

2.1 Problemstellung und geometrische Interpretation

Nach 1.2 lautet ein Grundtypus für eine lineare Optimierungsaufgabe:

(A 1) Maximiere $\mathbf{c}'\mathbf{x}$ unter den Restriktionen $\mathbf{Ax} \leq \mathbf{b}$, $\mathbf{x} \geq \mathbf{0}$ wobei $\mathbf{A}$ eine $m \times n$-Matrix, $\mathbf{c}$ und $\mathbf{x}$ n-zeilige Vektoren und $\mathbf{b}$ ein m-zeiliger Vektor ist. Geometrisch läßt sich diese Aufgabe leicht interpretieren:

$\mathbf{Ax} \leq \mathbf{b}$ ist der Durchschnitt von den m Halbräumen $\mathbf{a}_j'\mathbf{x} \leq b_j$ $(j=1, \ldots, m)$ und $\mathbf{x} \geq \mathbf{0}$ ist der positive Kegel des $\mathbf{R}^n$. Durch $\mathbf{c}'\mathbf{x} = k$ ist eine Schar von Hyperebenen gegeben. Für $m=3$, $n=2$ können folgende Fälle eintreten:

1. Die Menge M der zulässigen Punkte ist beschränkt; M ist ein konvexes Polyeder. Je nach Wahl der Zielfunktion wird ihr Maximum entweder in einem oder in unendlich vielen Punkten angenommen (vgl. Abb. 2.1).

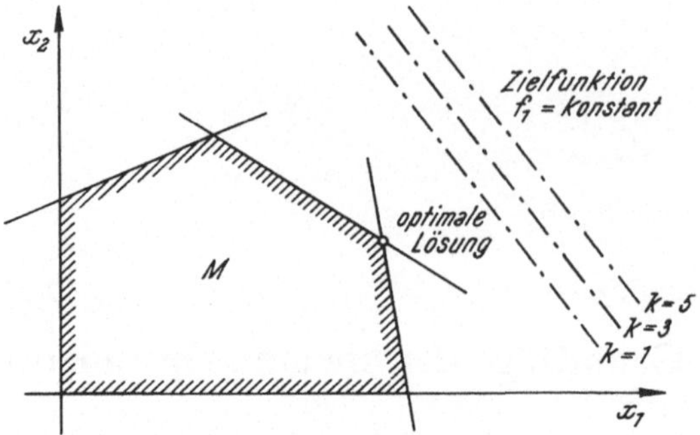

Abb. 2.1. Geometrische Interpretation einer linearen Optimierungsaufgabe. Die Menge der zulässigen Punkte ist beschränkt.

2. Die Menge der zulässigen Punkte ist nicht beschränkt. Je nach Wahl der Zielfunktion existiert entweder kein Punkt, in dem die Zielfunktion ihr Maximum annimmt, da sie auf der Menge M beliebig große Werte erreicht, oder sie nimmt ihr Maximum in einem oder unendlich vielen Punkten an. Der erste Fall tritt dann ein, wenn die Zielfunktion senkrecht auf einem Halbstrahl steht, der ganz in M liegt.

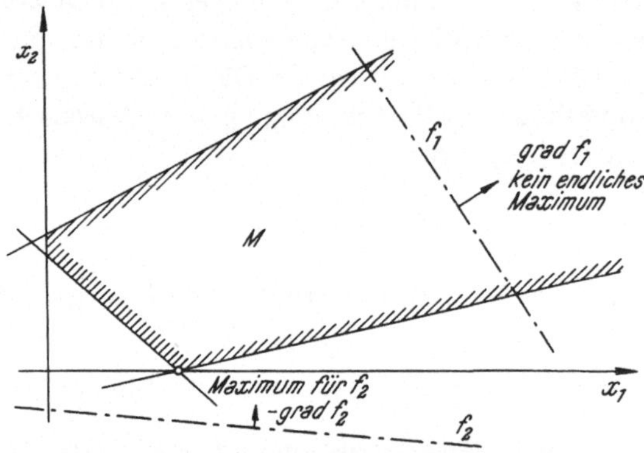

Abb. 2.2. Die Menge der zulässigen Punkte ist nicht beschränkt.

3. Die Menge M der zulässigen Punkte ist leer, da sich die Restriktionen widersprechen. Folglich existiert kein Maximum.

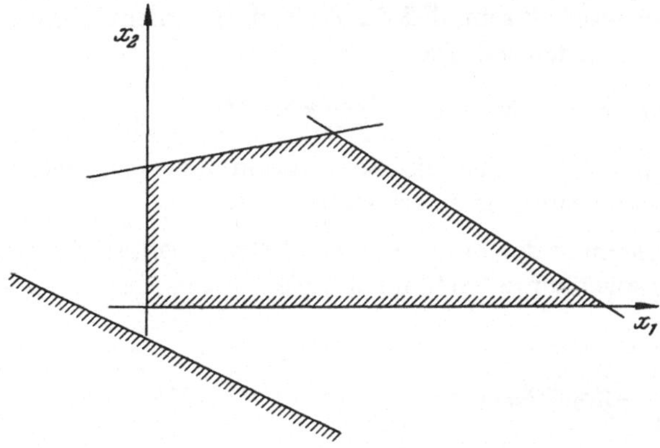

Abb. 2.3. Widersprechende Restriktionen

Es gibt nun verschiedene Varianten von linearen Optimierungsaufgaben, die wir auf den Grundtypus (A 1) zurückführen wollen. Zunächst kann eine Ungleichung der Form

$$\mathbf{a}_j'\mathbf{x} \geq b_j$$

vorkommen. Diese kann leicht durch Multiplikation mit −1 in die Form

$$-\mathbf{a}_j'\mathbf{x} \leq -b_j$$

übergeführt werden. Tritt als Restriktion eine Gleichung

$$\mathbf{a}_j'\mathbf{x} = b_j$$

auf, so spalten wir diese Gleichung in die zwei Ungleichungen

$$\mathbf{a}_j'\mathbf{x} \leq b_j, \qquad \mathbf{a}_j'\mathbf{x} \geq b_j$$

auf und multiplizieren die zweite dieser Ungleichungen mit −1. Dadurch geht die Gleichung über in

$$\mathbf{a}_j'\mathbf{x} \leq b_j$$
$$-\mathbf{a}_j'\mathbf{x} \leq -b_j$$

Gilt für eine Variable $x_i \leq 0$, so ersetzen wir in Zielfunktion und Restriktionen x_i durch $-x_i$. Ist schließlich die Variable x_i nicht vorzeichenbeschränkt, so geht durch die Transformation

$$x_i = x_i' - x_i'' \qquad (x_i' \geq 0,\ x_i'' \geq 0)$$

in Zielfunktion und Restriktionen das gegebene System in eines mit $\mathbf{x} \geq \mathbf{0}$ über.

Ferner kann es möglich sein, daß die Zielfunktion nicht maximiert, sondern minimiert werden soll. Da

$$\min \{ \mathbf{c}'\mathbf{x} \mid \mathbf{x} \in M \} = \max \{ -\mathbf{c}'\mathbf{x} \mid \mathbf{x} \in M \}$$

ist, genügt es in diesem Falle, die Zielfunktion mit -1 zu multiplizieren, um eine Maximumsaufgabe zu erhalten.

Ist nun ein System in der Form $\mathbf{Ax} \leq \mathbf{b}$, $\mathbf{x} \geq \mathbf{0}$ gegeben, so führt man zweckmäßigerweise sogenannte "Schlupfvariable" $x_{n+1}, \ldots, x_{n+m}$ ein, für die gilt:

$$\sum_{j=1}^{n} a_{ij} x_j + x_{n+i} = b_i \qquad (i = 1, 2, \ldots, m)$$

$$x_{n+i} \geq 0 \qquad (i = 1, 2, \ldots, m)$$

Fassen wir $x_1, x_2, \ldots, x_{n+m}$ zu einem $(n+m)$-zeiligen Vektor $\mathbf{x}$ zusammen und erklären wir $\mathbf{A}_1$ als $m \times (m+n)$-Matrix

$$\mathbf{A}_1 := \begin{pmatrix} a_{11} & a_{12} & \cdots & a_{1n} & 1 & 0 & \cdots & 0 \\ a_{21} & a_{22} & \cdots & a_{2n} & 0 & 1 & \cdots & 0 \\ \vdots & \vdots & & \vdots & \vdots & \vdots & & \vdots \\ a_{m1} & a_{m2} & \cdots & a_{mn} & 0 & 0 & \cdots & 1 \end{pmatrix} \tag{2.1}$$

so erhalten wir dadurch ein System $\mathbf{A}_1 \mathbf{x} = \mathbf{b}$, $\mathbf{x} \geq \mathbf{0}$. Der n-zeilige Vektor $\mathbf{x} = (x_1, \ldots, x_n)'$ ist genau dann für $\mathbf{Ax} \leq \mathbf{b}$, $\mathbf{x} \geq \mathbf{0}$ zulässig, wenn der $(m+n)$-zeilige Vektor $\mathbf{x} = (x_1, \ldots, x_n, x_{n+1}, \ldots, x_{n+m})'$ für $\mathbf{A}_1 \mathbf{x} = \mathbf{b}$, $\mathbf{x} \geq \mathbf{0}$ zulässig ist.

Die Menge M der zulässigen Punkte ist konvex. Wir nennen $\mathbf{x} \in M$ eine **Ecke,** wenn sich x nicht als echte **Konvexkombination** zweier verschiedener Punkte aus M darstellen läßt, das heißt, wenn aus

$$\mathbf{x} = \lambda \mathbf{y} + (1-\lambda)\mathbf{z} \quad , \quad 0 < \lambda < 1 \quad , \quad \mathbf{y} \in M, \mathbf{z} \in M$$

folgt

$$\mathbf{y} = \mathbf{z} = \mathbf{x}.$$

Eine konvexe Menge muß nicht endlich viele Ecken haben. So ist zum Beispiel eine abgeschlossene Kreisscheibe eine konvexe Menge. Da sich kein Randpunkt dieser Menge als echte Konvexkombination zweier anderer Punkte der Kreisscheibe darstellen läßt, so ist jeder Randpunkt eine „Ecke" dieser konvexen Menge. Man kann nun zeigen, daß ein zulässiges $\mathbf{x}$ genau dann Ecke von M ist, wenn die zu den Komponenten $x_k > 0$ gehörigen Spaltenvektoren $\mathbf{a}_k$ der nach (2.1) definierten Matrix $\mathbf{A}_1$ linear unabhängig sind. Ein zulässiger Punkt $\mathbf{x}$ ist also genau dann eine Ecke, wenn die in

$$\sum_{x_k > 0} \mathbf{a}_k x_k = \mathbf{b}$$

auftretenden Spaltenvektoren $\mathbf{a}_k = (a_{1k}, a_{2k}, \ldots, a_{mk})'$ linear unabhängig sind. Ein Beweis dieses Satzes findet sich etwa bei Collatz-Wetterling [66]. Diese linear unabhängigen Spalten der Matrix $\mathbf{A}_1$ heißen **„Basis zur Ecke x"** und $\mathbf{x}$ heißt **Basisvektor** oder **Basislösung.** Bilden die Spalten $\mathbf{a}_k$, $k \in K$ die Basis zur Ecke $\mathbf{x}$, so heißen die Komponenten x_k, $k \in K$ **Basisvariable** und x_i, $i \notin K$ **Nichtbasisvariable.** In einer Ecke nehmen nur die entsprechenden Basisvariablen positive Werte an.

Der Hauptsatz der linearen Optimierung besagt nun folgendes:

Satz 2.1:

Falls für eine lineare Optimierungsaufgabe ein optimaler zulässiger Vektor existiert, so existiert auch ein zulässiger Basisvektor, der optimal ist. ∎

Geometrisch interpretiert besagt dieser Satz folgendes:

Falls die gestellte Optimierungsaufgabe eine optimale Lösung besitzt, nimmt die Zielfunktion das Optimum immer auch in einer Ecke des zulässigen Bereiches an (vgl. Abb. 2.4).

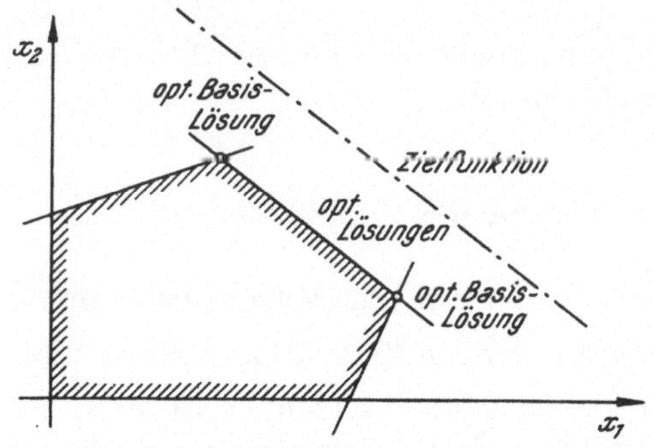

Abb. 2.4. Optimallösungen einer linearen Optimierungsaufgabe.

An der Aufgabe

Maximiere $\mathbf{c}'\mathbf{x}$ unter den Restriktionen $\mathbf{A}_1\mathbf{x} = \mathbf{b}$, $\mathbf{x} \geq \mathbf{0}$

ist leicht eine weitere geometrische Deutung von linearen Optimierungsaufgaben durchzuführen. Dazu faßt man $\mathbf{b}$ als einen Punkt des m–dimensionalen Raumes $\mathbf{R}^m$ auf. Die gegebene Optimierungsaufgabe hat genau dann zulässige Punkte, wenn **b** in jenem Kegel liegt, der von den Spaltenvektoren $\mathbf{a}_k$ $(k = 1, 2, \ldots, n+m)$ aufgespannt wird, denn dies entspricht der Beziehung

$$\mathbf{b} = \sum_{k=1}^{n+m} \mathbf{a}_k x_k \quad \text{und} \quad x_k \geq 0 \quad (k = 1, 2, \ldots, n+m)$$

Mit jeder Spalte $\mathbf{a}_k$ der Matrix $\mathbf{A}_1$ ist ein Koeffizient der Zielfunktion, nämlich der „**Kostenfaktor**" c_k verbunden. Gesucht wird für **b** jene Linearkombination von Spalten $\mathbf{a}_k$, die die größten „Totalkosten" $\mathbf{c}'\mathbf{x}$ ergibt.

Infolge von Satz 2.1 ist es möglich, sich bei der Suche nach optimalen Lösungen auf die Ecken von M zu beschränken. Wie oben erwähnt wurde, entspricht eine Ecke einem System linear unabhängiger Spalten der Matrix $\mathbf{A}_1$. Da man von den $(n+m)$ Spalten der Matrix $\mathbf{A}_1$ nur endlich oft eine Auswahl linear unabhängiger Spalten treffen kann, besitzt M nur endlich viele Ecken. Ferner kann man zeigen, daß M mindestens eine Ecke besitzt, falls M nicht leer ist.

Findet man daher einen Algorithmus, der in endlich vielen Schritten eine Ecke von M bestimmt und kann man mit seiner Hilfe die Ecken gegeneinander austauschen, so ist es möglich, nach endlich vielen Schritten festzustellen, ob die gestellte Optimierungsaufgabe

a) keine Lösung besitzt, da die Restriktionen einander widersprechen

b) eine endliche Lösung $\mathbf{x}^*$ besitzt

c) keine endliche Lösung besitzt.

In den nächsten Abschnitten werden wir einen Algorithmus kennenlernen, der das Gewünschte leistet.

2.2 Theorie des Simplexalgorithmus

Gegeben sei eine lineare Optimierungsaufgabe in der Form:

$$\text{Maximiere } \mathbf{c}'\mathbf{x} \text{ unter den Restriktionen } \mathbf{A}\mathbf{x} = \mathbf{b}, \mathbf{x} \geq \mathbf{0}.$$

Dabei habe die Matrix **A** die Gestalt (2.1) und **c** sei der Spaltenvektor $(c_1, \ldots, c_n, 0, \ldots, 0)'$. Es ist uns eine zweifache Aufgabe gestellt:

a) Die Bestimmung einer zulässigen Ausgangslösung, falls eine existiert.

b) Ausgehend von einem zulässigen Punkt ist eine optimale zulässige Lösung zu bestimmen oder nachzuweisen, daß keine endliche optimale Lösung existiert.

Während wir Möglichkeiten zur Bestimmung einer zulässigen Ausgangslösung im Abschnitt 2.4 kennenlernen werden, entwickeln wir hier zunächst die Theorie, auf der der Simplexalgorithmus beruht. Mit seiner Hilfe kann man von einer zulässigen Lösung ausgehend in endlich vielen Schritten die gestellte lineare Optimierungsaufgabe lösen.

Nehmen wir also an, der Punkt mit den Komponenten

$$x_i = \begin{cases} 0 & \text{für } i = 1, 2, \ldots, n \\ b_j & \text{für } i = n + j, \quad j = 1, 2, \ldots, m \end{cases}$$

sei zulässig. Das ist dann der Fall, wenn alle $b_j \geq 0$ $(j = 1, 2, \ldots, m)$ sind. Aus der speziellen Gestalt (2.1) der Matrix folgt unmittelbar, daß dieses $\mathbf{x}$ Basislösung ist, denn die m Einheitsvektoren $(1,0,\ldots,0)', \ldots, (0,\ldots 0,1)'$ sind linear unabhängig. Mit Hilfe des folgenden Satzes läßt sich nun feststellen, ob $\mathbf{x}$ auch optimal ist:

Satz 2.2 (Optimalitätskriterium)

Eine zulässige Basislösung ist genau dann maximal, wenn kein Koeffizient der Zielfunktion positiv ist. ▮

Beweis:

Bezeichnen wir mit N die Indizes der Nichtbasisvariablen, so gilt

$$\max \{\mathbf{c}'\mathbf{x} \mid \mathbf{x} \in M\} \leq \max \{\mathbf{c}_N'\mathbf{x}_N \mid \mathbf{x}_N \geq \mathbf{0}\}$$

Ist nun $\mathbf{c}_N \leq \mathbf{0}$, so wird das Maximum für $\mathbf{x}_N = \mathbf{0}$, also die augenblickliche Basislösung angenommen. Ist die augenblickliche Basislösung nicht maximal, so könnte man durch Erhöhung einer Nichtbasisvariablen x_j den Wert der Zielfunktion vergrößern. Dann wäre aber das zugehörige c_j positiv. Q.e.d.

Ist ein Koeffizient der Zielfunktion $\mathbf{c}'\mathbf{x}$ positiv, so kann man, ausgehend von der bekannten Lösung $\mathbf{x}$ eine zulässige Basislösung $\mathbf{x}^{(1)}$ mit größerem Wert für die Zielfunktion bestimmen. Wählen wir den Index s so, daß

$$c_s = \max_{1 \leq j \leq n+m} c_j$$

und bilden wir

$$\begin{aligned} x_{n+1} &= b_1 - a_{1s}x_s \\ x_{n+2} &= b_2 - a_{2s}x_s \\ &\;\;\vdots \\ x_{n+m} &= b_m - a_{ms}x_s \end{aligned} \tag{2.2}$$

Sind alle Elemente $a_{js} \leq 0$ $(j = 1, 2, \ldots, m)$, so kann man x_s beliebig groß wählen und man erhält immer eine zulässige Lösung. Daher nimmt auch die Zielfunktion in diesem Fall beliebig große Werte an. Es gilt also

Satz 2.3:

Sind für einen positiven Koeffizienten $c_s > 0$ der Zielfunktion die Elemente der Spalte $\mathbf{a}_s$ der Matrix **A** nicht negativ, so existieren zulässige Punkte, in denen die Zielfunktion beliebig große Werte annimmt. ∎

Nun machen wir die Voraussetzung $b_j > 0$ für $j = 1, 2, \ldots, m$. In diesem Falle nennen wir die zugehörige Basislösung **x** **„nicht entartet"**. Ist **x** nicht entartet, so bestimmen wir $x_s > 0$ so, daß $x_1 \geq 0, \ldots, x_{n+m} \geq 0$ gilt.

Da $c_s > 0$ ist, nimmt dadurch der Wert der Zielfunktion zu. Ist wenigstens ein $a_{is} > 0$, so läßt sich x_s nicht beliebig vergrößern, ohne daß ein x_i negativ wird. Denn x_i wird negativ, sobald x_s größer als $\frac{b_i}{a_{is}}$ ist. Der maximale Wert von x_s ergibt sich daher zu

$$x_s^* = \frac{b_r}{a_{rs}} = \min \left\{ \frac{b_i}{a_{is}} \mid a_{is} > 0 \right\} \tag{2.3}$$

Ist der Index r nicht eindeutig festgelegt, so bestimme man diesen Index mit den unten beschriebenen Regeln des Simplexverfahrens mit Störung. Substituiert man in (2.2) $x_s^* \geq 0$, so erhält man

$$x_i = 0 \quad \text{für } i = 1, \ldots, n, n+r \qquad (i \neq s)$$

$$x_s = \frac{b_r}{a_{rs}} \geq 0$$

$$x_{n+j} = b_j - a_{js} x_s^* \geq 0 \text{ für } j = 1, \ldots, m; \; j \neq r$$

und die Zielfunktion nimmt um $c_s \cdot x_s$ zu.

Durch obige Transformation führt man einen Eckenaustausch durch. Man geht von der Ecke bestimmt durch die Basisvariablen x_{n+j} $(j = 1, \ldots, m)$ über zur Ecke, die durch die Basisvariablen x_s, x_{n+j} $(j = 1, \ldots, m;\; j \neq r)$ festgelegt wird. Da für nicht entartete Ecken bei jedem Eckenaustausch eine echte Verbesserung des Wertes der Zielfunktion eintritt und M nur endlich viele Ecken besitzt, endet daher der Simplexalgorithmus nach endlich vielen Schritten bei nicht entarteten Problemen. Wir haben nun gezeigt:

Satz 2.4:

Ist für einen Koeffizienten $c_s > 0$ der Zielfunktion mindestens ein $a_{is} > 0$ in der s-ten Spalte der Matrix **A**, so kann man von einer nicht entarteten Basislösung ausgehend eine zulässige Basislösung mit größerem Wert für die Zielfunktion finden. Sind alle auftretenden Basislösungen nicht entartet, so endet der Simplexalgorithmus nach endlich vielen Schritten. ∎

Nun ist noch der Fall zu untersuchen, daß eine entartete Basislösung vorliegt. An konstruierten Beispielen sah man, daß dann ein Kreisen beim Austauschen von Ecken tatsächlich auftreten kann. Durch die nachfolgend beschriebene Störungsmethode kann aber solch ein Kreisen immer verhindert werden.

Eine Entartung kündigt sich beim Simplexverfahren dadurch an, daß das Minimum in (2.3) für mindestens zwei Indizes i angenommen wird. Denn nach dem Eckenaustausch ergibt sich dadurch mindestens eine verschwindende Basisvariable. Stört man aber die Konstanten b_i, indem man sie durch

$$b_i^* = b_i + \sum_{j=1}^{m+n} a_{ij}\,\epsilon^j$$

mit einem hinreichend klein gewählten $\epsilon > 0$ ersetzt, so werden dadurch die Hyperebenen $\sum_{j=1}^{n+m} a_{ij} x_j = b_i$ etwas verschoben und es schneiden sich keine (n+1) Hyperebenen in einem Punkt. ϵ müßte dabei so klein gewählt werden, daß alle $b_i^* > 0$ sind. Da die m Vektoren $(a_{i1}, \ldots, a_{i,m+n})'$ $(i = 1, \ldots, m)$ linear unabhängig sind, ist der Quotient

$$\frac{b_r^*}{a_{rs}} = \min \left\{ \frac{b_i^*}{a_{is}} \;\middle|\; a_{is} > 0,\, i = 1, 2, \ldots, m \right\} \tag{2.4}$$

eindeutig bestimmt. Ferner kann angenommen werden, daß ϵ klein gegenüber 1 ist, daher geben die niedrigsten Potenzen von ϵ den Ausschlag bei der Bestimmung des Minimums in (2.4). Ist also

$$\min \left\{ \frac{b_i}{a_{is}} \mid a_{is} > 0 \right\}$$

nicht eindeutig bestimmt, so sei $J_1 = \{ i \mid \frac{b_i}{a_{is}} \text{ minimal} \}$. Man untersuche nun

$$\min \left\{ \frac{a_{i1}}{a_{is}} \mid i \in J_1 \right\}.$$

Ist dieses Minimum nicht eindeutig, so setze $J_2 = \{ i \mid \frac{a_{i1}}{a_{is}} \text{ minimal, } i \in J_1 \}$ und untersuche

$$\min \left\{ \frac{a_{i2}}{a_{is}} \mid i \in J_2 \right\},$$

$$\cdots$$

und nehme für r den Index jener Zeile, bei der erstmals der Quotient eindeutig bestimmt ist. Durch diese Festsetzung werden Zyklen ausgeschlossen. Läßt man nach Erreichen der Lösung ϵ gegen Null gehen, so bleiben Zulässigkeit und Optimalität erhalten, vorausgesetzt, daß ϵ hinreichend klein gewählt war. Da aber der numerische Wert von ϵ in die Rechnung nicht eingeht, kann man ϵ immer als genügend klein annehmen und daher ist der Grenzübergang ϵ gegen Null immer möglich. Man erhält also

Satz 2.5:

Führt man im Falle der Entartung den Austausch gemäß der Simplexmethode mit Störung durch, so liefert der Simplexalgorithmus stets nach endlich vielen Schritten die Lösung des Problems.∎

Geometrisch läßt sich der Simplexalgorithmus folgendermaßen interpretieren. Es wird angenommen, daß der Ursprung des Koordinatensystems eine zulässige Ecke ist. Der Fall, daß dies nicht zutrifft, wird im Abschnitt 2.4 behandelt. Vom Ursprung ausgehend bewegt man sich entlang einer Koordinatenachse so lange, als keine Restriktion verletzt wird. Die Bewegung erfolgt in Richtung des stärksten Anstieges der Zielfunktion, die Koordinatenachse x_s wird also durch $c_s = \max\limits_{1 \leq j \leq n+m} c_j$ ausgewählt.[1]

Wird die Koordinatenachse von keiner Restriktion geschnitten, so liegt der Fall vor, daß kein endliches Maximum für die Zielfunktion existiert. Im anderen Falle gelangt man zu einem neuen Eckpunkt des zulässigen Bereiches. Man führt nun eine Koordinatentransformation so durch, daß dieser Eckpunkt zum Ursprung eines neuen Koordinatensystems wird, wobei die Restriktionen in diesem Punkt im Falle der Nichtentartung die neuen Koordinatenebenen bestimmen. Jeder Ecke des zulässigen Bereiches wird also im Simplexverfahren ihr eigenes Koordinatensystem zugeordnet. Eine Lösung läßt sich nicht mehr verbessern, wenn in allen Richtungen des augenblicklichen Koordinatensystems ein Fortschreiten eine Verkleinerung des Wertes der Zielfunktion bringen würde, wenn also für die augenblicklichen Koordinaten x_j alle Koeffizienten $c_j \leq 0$ sind.

---

1 Durch dieses Kriterium wird in der Praxis meist rascher die optimale Lösung erreicht. Goldman und Kleinmann [64] konnten jedoch auch für dieses Kriterium ein Beispiel konstruieren, bei dem vor Erreichen der optimalen Lösung alle anderen Ecken des zulässigen Bereiches durchlaufen werden müssen.

2.3 Der Simplexalgorithmus

Gegeben sei die lineare Optimierungsaufgabe:

Maximiere $\mathbf{c}'\mathbf{x}+c_o$ unter den Restriktionen $\mathbf{Ax}\leq\mathbf{b}, \mathbf{x}\geq\mathbf{0}$.

Der Vektor **b** sei nicht negativ. Dies ist gleichwertig damit, daß $(0, \ldots, 0)$ eine zulässige Ausgangslösung ist. Die Größen **A**, **b** und **c** schreiben wir in folgendem Schema („Simplextableau") an, c_o ist der Wert der Zielfunktion im Punkt $(0, \ldots, 0, b_1, \ldots, b_m)$:

c_1	c_2	$\cdots$	c_n	0	0	$\cdots$	0	$-c_o$
a_{11}	a_{12}	$\cdots$	a_{1n}	1	0	$\cdots$	0	b_1
a_{21}	a_{22}	$\cdots$	a_{2n}	0	1	$\cdots$	0	b_2
$\cdot$	$\cdot$		$\cdot$	$\cdot$	$\cdot$		$\cdot$	$\cdot$
$\cdot$	$\cdot$		$\cdot$	$\cdot$		$\cdot$	$\cdot$	$\cdot$
$\cdot$	$\cdot$		$\cdot$	$\cdot$		$\cdot\,\cdot$		$\cdot$
a_{m1}	a_{m2}	$\cdots$	a_{mn}	0	0	$\cdots$	1	b_m

Ausgangstableau

Es wird darauf hingewiesen, daß im Tableau rechts oben der negative Wert der Zielfunktion steht.

Zur Optimierung der gegebenen Aufgabe führen wir folgende Schritte durch:

Algorithmus 1: Simplexverfahren zur Maximierung einer Linearform unter den Restriktionen $\mathbf{Ax}\leq\mathbf{b}, \mathbf{x}\geq\mathbf{0}$. Behebung von Degenerationen durch Störungsmethode.

Anfangsdaten: **A**, **c**, $\mathbf{b}\geq\mathbf{0}$ laut Ausgangstableau.

1. Ist ein $c_j>0$ $(j\in\{1,2,\ldots,m+n\})$, so gehe zu 2.
   Sind alle $c_j\leq 0$ $(1\leq j\leq m+n)$, so ist das Maximum erreicht. Setze alle Nichtbasisvariablen gleich Null. Die Basisvariablen haben die Werte b_i $(i=1, 2, \ldots, m)$. Terminiere.
2. Bestimmung der Austauschspalte:

   Wähle Index s so, daß $c_s = \max\limits_{1\leq j\leq n+m} c_j$.

3. Sind alle $a_{is} \leq 0$ ($i=1,2,\ldots,m$), so existiert keine endliche Lösung. Terminiere.
   Gibt es ein $a_{is} > 0$ ($i \in \{1,2,\ldots,m\}$), so gehe zu 4.
4. Bestimmung der Austauschzeile:

   Wähle Index r so, daß

   $$\frac{b_r}{a_{rs}} = \min \left\{ \frac{b_i}{a_{is}} \mid a_{is} > 0,\ i=1,2,\ldots,m \right\}$$

   Ist dadurch der Index r nicht eindeutig festgelegt, so setze

   $$J_1 := \left\{ i \mid \frac{b_i}{a_{is}} \text{ minimal, } a_{is} > 0,\ i=1,2,\ldots,m \right\}$$

   $$J_{j+1} := \left\{ i \mid \frac{a_{ij}}{a_{is}} \text{ minimal, } j \in J_j \right\} \quad \text{für } j=1,2,\ldots,m+n-1$$

   und untersuche für $j=1,2,\ldots,m+n,\ j \neq s$:

   $$\frac{a_{rj}}{a_{rs}} = \min \left\{ \frac{a_{ij}}{a_{is}} \mid j \in J_j \right\}$$

   solange, bis r eindeutig festgelegt ist.

   Gehe zu 5.
5. Eckenaustausch (Pivotoperation mit a_{rs} als Pivotelement):

5.1 Setze für $j=1,2,\ldots,m+n$:

$$\overline{a}_{rj} := \frac{a_{rj}}{a_{rs}} \ ; \quad \overline{b}_r := \frac{b_r}{a_{rs}}$$

5.2 Setze für $j=1,2,\ldots,m+n$:

$$\overline{c}_j := c_j - c_s \cdot \overline{a}_{rj} \ ; \quad -\overline{c}_o := -c_o - c_s \cdot \overline{b}_r$$

5.3 Setze für $j=1,2,\ldots,m+n$ und $i=1,2,\ldots,m;\ i \neq r$:

$$\overline{a}_{ij} := a_{ij} - a_{is} \cdot \overline{a}_{rj} \ ; \quad b_i := b_i - a_{is} \cdot \overline{b}_r$$

6. Ersetze für $i = 1,2,\ldots,m;\ j=1,2,\ldots,n+m$:

   $$a_{ij} := \overline{a}_{ij} \ ; \ b_i := \overline{b}_i,\ c_j := \overline{c}_j \ , \ c_o := \overline{c}_o$$

   und gehe zu 1.

Bei dieser Art der Durchführung des Simplexverfahrens enthält das Tableau stets eine m-zeilige Einheitsmatrix, die angibt, welche der Variablen die derzeitigen Basisvariablen sind. Man kann Speicherplätze einsparen, wenn man diese Einheitsmatrix nicht ständig mitschleppt, sich aber dafür jeweils merkt, welche Spalten zu welchen Nichtbasisvariablen und welche Zeilen zu welchen Basisvariablen gehören. In diesem Fall kommt man mit einem $(m+1) \times (n+1)$ Tableau und zwei zusätzlichen Vektoren aus, die die Indizes der Basis- bzw. Nichtbasisvariablen enthalten. Diese

Schreibweise des Simplexverfahrens wird im Abschnitt 7.2 verwendet werden. Algorithmus 13 beschreibt die dazu nötigen Schritte.

Zur Illustration von Algorithmus 1 seien nun zwei Beispiele angeführt.

Beispiel 1:

$$\begin{array}{l} \text{Maximiere } x_1 + 2x_2 \text{ unter den Restriktionen} \\ x_1 \leq 4 \\ 2x_1 + x_2 \leq 10 \\ -x_1 + x_2 \leq 5 \\ x_1 \geq 0, x_2 \geq 0 \end{array}$$

In Abb. 2.5 ist dieses Problem zeichnerisch gelöst. Als Optimalpunkt erhält man $x_1 = \frac{5}{3}$, $x_2 = \frac{20}{3}$.

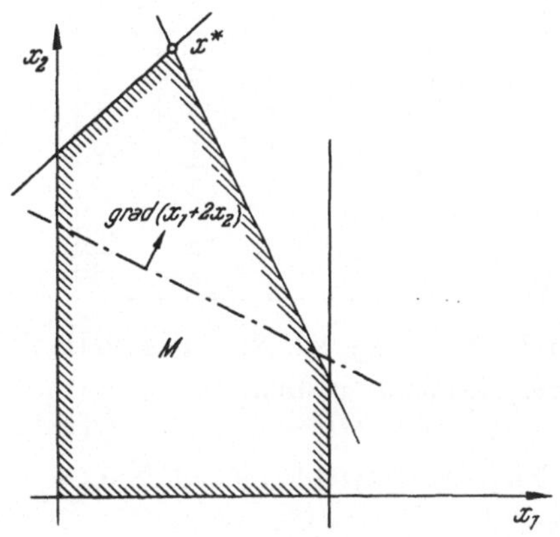

Abb. 2.5. Menge der zulässigen Punkte zu Beispiel 1

Da der Punkt (0,0) die Restriktionen erfüllt, können wir den Algorithmus 1 zur Lösung verwenden. Das Ausgangstableau lautet

1	2	0	0	0	0
1	0	1	0	0	4
2	1	0	1	0	10
−1	[1]	0	0	1	5

Tableau 1

Da dieses Tableau nicht optimal ist, bestimmen wir nach Punkt 2. als Index der Austauschspalte s=2 und nach Punkt 4. als Index der Austauschzeile r=3. Wir markieren das Element a_{rs} durch ein Kästchen. Der Eckenaustausch (Punkt 5.) geht nun so vor sich, daß das Pivotelement

a_{rs} zu 1 wird (indem man die ganze r-te Zeile mit $\frac{1}{a_{rs}}$ multipliziert) und daß alle anderen Elemente der s-ten Spalte zu Null werden. Dies erreicht man dadurch, daß man von der i-ten Zeile ($i \neq r$) das a_{is}-fache der schon transformierten r-ten Zeile abzieht. Dadurch erhalten wir:

3	0	0	0	−2	−10
1	0	1	0	0	4
[3]	0	0	1	−1	5
−1	1	0	0	1	5

Tableau 2

Die Basisvariablen sind nun x_2, x_3, x_4. und die Nichtbasisvariablen sind x_1 und x_5. Nach Punkt 1. ist dieses Tableau noch nicht optimal. Daher bestimmen wir wieder Austauschspalte und Austauschzeile und führen nun mit $s=1$, $r=2$ einen neuerlichen Eckenaustausch durch:

0	0	0	−1	−1	−15
0	0	1	$-\frac{1}{3}$	$\frac{1}{3}$	$\frac{7}{3}$
1	0	0	$\frac{1}{3}$	$-\frac{1}{3}$	$\frac{5}{3}$
0	1	0	$\frac{1}{3}$	$\frac{2}{3}$	$\frac{20}{3}$

Tableau 3

Die Basisvariablen sind nun x_1, x_2, x_3, Nichtbasisvariable sind x_4 und x_5. Nach Punkt 1. ist dieses Tableau optimal.

Setzt man daher die Nichtbasisvariablen gleich Null, so erhält man als Lösung:

$$x_1 = \frac{5}{3}, \qquad x_2 = \frac{20}{3}, \qquad c'x = 15.$$

Beispiel 2:

$$\text{Maximiere } 2x_1 + x_2 + x_3 \text{ unter den Restriktionen}$$
$$2x_1 - 3x_2 + 3x_3 \leq 4$$
$$4x_1 + x_2 + x_3 \leq 8$$
$$x_1 \geq 0,\ x_2 \geq 0,\ x_3 \geq 0$$

Wieder ist der Punkt (0, 0, 0) zulässig und wir können den oben beschriebenen Algorithmus zur Optimierung verwenden. Das Ausgangstableau lautet

2	1	1	0	0	0
[2]	−3	3	1	0	4
4	1	1	0	1	8

Tableau 1

Als Index der Austauschspalte erhält man s=1. Beim Aufsuchen der Indizes der Austauschzeile wird zunächst das Minimum von zwei Werten angenommen, daher untersuchen wir

$$\min\left\{ \frac{a_{i2}}{a_{i1}} \mid a_{i1} > 0, i = 1,2 \right\} = -\frac{3}{2}$$

und wir setzen r=1. Nach Durchführung des Austauschschrittes erhalten wir

0	4	−2	−1	0	−4
1	$-\frac{3}{2}$	$\frac{3}{2}$	$\frac{1}{2}$	0	2
0	$\boxed{7}$	−5	−2	1	0

Tableau 2

Dieses Tableau ist noch nicht optimal. Daher bestimmen wir ein neues Pivotelement und erhalten dafür $a_{22} = 7$. Der Eckenaustausch liefert nun

0	0	$\frac{6}{7}$	$\frac{1}{7}$	$-\frac{4}{7}$	−4
1	0	$\boxed{\frac{3}{7}}$	$\frac{1}{14}$	$\frac{3}{14}$	2
0	1	$-\frac{5}{7}$	$-\frac{2}{7}$	$\frac{1}{7}$	0

Tableau 3

Da $\frac{6}{7} = \max\limits_{1 \leq j \leq n+m} c_j$ größer als Null ist, ist ein erneuter Eckenaustausch mit s=3, r=1 durchzuführen und man erhält:

−2	0	0	0	−1	−8
$\frac{7}{3}$	0	1	$\frac{1}{6}$	$\frac{1}{2}$	$\frac{14}{3}$
$\frac{5}{3}$	1	0	$-\frac{1}{6}$	$\frac{1}{2}$	$\frac{10}{3}$

Tableau 4

Dieses Tableau ist nun optimal und ergibt als Lösung:

$$x_1 = 0, \; x_2 = \frac{10}{3}, \; x_3 = \frac{14}{3}, \qquad c'x = 8.$$

2.4 Bestimmung einer zulässigen Ausgangslösung

Zur Bestimmung einer zulässigen Ausgangslösung für das Simplexverfahren stehen uns im wesentlichen drei Verfahren zur Verfügung: die Zweiphasenmethode von Dantzig [66], die Mehrphasenmethode von Künzi [58] und die M-Methoden von Charnes, Cooper und Henderson [53]: Die Zweiphasenmethode wird im Abschnitt 4.5 dazu verwendet werden, eine zulässige Ausgangslösung für ein Transportproblem mit unzulässigen Feldern zu finden. Eine nähere Beschreibung wird daher in jenem Abschnitt gegeben werden. Wir gehen hier näher auf die Mehrphasenmethode ein, die sich auch im Falle konvexer Restriktionen anwenden läßt. Ferner erläutern wir eine Variante der M-Methode, die den Vorteil hat, daß nur eine künstliche Variable eingeführt wird.

2.4.1 Mehrphasenmethode

Gegeben sei das lineare Optimierungsproblem:

Maximiere $\mathbf{c}'\mathbf{x}$ unter den Restriktionen $\mathbf{Ax} \leq \mathbf{b}$, $\mathbf{x} \geq \mathbf{0}$.

Es sei

$$I = \{i \mid b_i \geq 0\}, \quad I' = \{i \mid b_i < 0\}..$$

Der Mehrphasenmethode liegt folgender Grundgedanke zugrunde:

Ist $I' = \phi$, so ist der Nullpunkt $(0, \ldots, 0)$ eine zulässige Lösung. Ist jedoch $I' \neq \phi$, so lösen wir folgendes Problem.

Man wähle ein $i_1 \in I'$ und maximiere

$$-\sum_{j=1}^{n} a_{i_1 j} x_j$$

unter den Restriktionen (2.5)

$$\sum_{j=1}^{n} a_{ij} x_j \leq b_i \qquad \text{für alle } i \in I.$$

Zur Lösung kann man das Simplexverfahren verwenden, denn $(0, \ldots, 0)$ ist für dieses Problem zulässig. Es können nun folgende Fälle eintreten:

a) Das Simplexverfahren liefert eine Lösung $\mathbf{x}^*$ mit

$$b_{i_1} - \sum_{j=1}^{n} a_{i_1 j} x_j^* < 0.$$

Dann besitzt das ursprünglich gegebene Problem keine Lösung, denn die i_1-ste Restriktion widerspricht Restriktionen $j \in I$.

b) Das Simplexverfahren liefert eine Lösung $\mathbf{x}^*$ mit

$b_{i_1} - \sum_{j=1}^{n} a_{i_1 j} x_j^* \geq 0$. Dann ist $\mathbf{x}^*$ zulässig für Restriktionen mit Indizes $i \in I_1$, wobei $I_1 \supset I$ gilt. Ist $I_1 = \{1, \ldots, m\}$, so ist $\mathbf{x}^*$ zulässig für das ursprüngliche Problem. Im anderen Falle wählt man ein neues

$i_1 \in \{1, \ldots, m\} - I_1$ und löst das Problem (2.5) für dieses i_1 unter den Restriktionen $i \in I_1$.

c) Das Simplexverfahren zeigt an, daß keine endliche Lösung existiert. Dann stehen in der s-ten Spalte der Matrix **A** nur negative Elemente für $j \in I \cup \{i_1\}$. Ist die augenblickliche Basislösung nicht zulässig, so erhält man durch eine Pivotoperation mit dem Pivotelement $a_{i_1 s}$ einen zulässigen Punkt für Restriktionen $j \in I_1$, $I_1 \supset I$. $a_{i_1 s}$ ist stets kleiner Null, denn $c_s = -a_{i_1 s}$ und infolge der Auswahl der Austauschspalte s ist $c_s > 0$.

Es ist hier anzumerken, daß bei der Bestimmung einer Ausgangslösung sehr wohl der Fall eintreten kann, daß keine endliche Lösung existiert, obwohl das ursprünglich gegebene Problem eine endliche Lösung besitzt (vgl. Beispiel 3).

Bei der tatsächlichen Rechnung muß aber meist nicht das Problem (2.5) bis zur optimalen Lösung durchgerechnet werden, sondern ein Eckenaustausch ist nur solange durchzuführen, bis ein Punkt gefunden wird, der auch für die Restriktion $i_1 \in I'$ zulässig ist. Dies führt auf folgenden Algorithmus:

Algorithmus 2: Mehrphasenmethode zur Bestimmung einer zulässigen Ausgangslösung für das Simplexverfahren. Die Restriktionen liegen in der Gestalt $\mathbf{Ax} \leq \mathbf{b}$, $\mathbf{x} \geq \mathbf{0}$ vor.

Anfangsdaten: $\mathbf{A}, \mathbf{c}$, $b_i \geq 0$ für $i \in I$, $b_i < 0$ für $i \in I'$ laut nachfolgendem Tableau. Im Tableau wird eine zusätzliche Zeile für die Hilfszielfunktion $\mathbf{d'x}$ benötigt.

d_1	d_2	$\cdots$	d_n	0	0	$\cdots$	0	
c_1	c_2	$\cdots$	c_n	0	0	$\cdots$	0	$-c_o$
a_{11}	a_{12}	$\cdots$	a_{1n}	1	0	$\cdots$	0	b_1
a_{21}	a_{22}	$\cdots$	a_{2n}	0	1	$\cdots$	0	b_2
$\cdot$			$\cdot$	$\cdot$		$\cdot$	$\cdot$	$\cdot$
$\cdot$			$\cdot$	$\cdot$		$\cdot$	$\cdot$	$\cdot$
$\cdot$			$\cdot$	$\cdot$		$\cdot$	$\cdot$	$\cdot$
a_{m1}	a_{m2}	$\cdots$	a_{mn}	0	0	$\cdots$	1	b_m

1. Ist $I' = \phi$, so ist $(0, \ldots, 0)$ ein zulässiger Punkt für die Restriktionen $\mathbf{Ax} \leq \mathbf{b}$. Ist $I' \neq \phi$, so wähle $i_1 \in I'$ und gehe zu 2.

2. Setze als Koeffizienten der Hilfszielfunktion $\mathbf{d}'\mathbf{x}$:

$$d_j = \begin{cases} -a_{i_1 j}, & \text{falls j der Index einer Nichtbasisvariablen ist} \\ 0 \quad, & \text{falls j der Index einer Basisvariablen ist.} \end{cases}$$

Gehe zu 3.

3. Sind alle $d_j \leq 0$ $(j = 1, 2, \ldots, m+n)$, so besitzt das gegebene Problem keinen zulässigen Punkt. Terminiere.

Andernfalls wähle einen Index s so, daß $d_s = \max\limits_{1 \leq j \leq m+n} d_j$.

Gehe zu 4.

4. Sind für $i \in I$ alle $a_{is} \leq 0$, so setze $r := i_1$ und gehe zu 6.

Ist ein $a_{is} > 0$, $i \in I$, so gehe zu 5.

5. Bestimmung der Austauschzeile:

Wähle einen Index r so, daß

$$\frac{b_r}{a_{rs}} = \min \left\{ \frac{b_i}{a_{is}} \mid a_{is} > 0, i \in I \right\}$$

Gehe zu 6.

6. Durchführung des Eckenaustausches:

6.1 Setze für $j = 1, 2, \ldots, m+n$:

$$\bar{a}_{rj} := \frac{a_{rj}}{a_{rs}} \; ; \; \bar{b}_r := \frac{b_r}{a_{rs}} \; ;$$

6.2 Ersetze für $j = 1, 2, \ldots, m+n$:

$c_j := c_j - c_s \bar{a}_{rj}; -c_o := -c_o - c_s \bar{b}_r;$

$d_j := d_j - d_s \bar{a}_{rj}.$

6.3 Ersetze für $j = 1, 2, \ldots, m+n$ und $i = 1, 2, \ldots, m$; $i \neq r$:

$a_{ij} := a_{ij} - a_{is} \bar{a}_{rj}$; $b_i := b_i - \bar{b}_r a_{is}$.

Gehe zu 7.

7. Ersetze für $j = 1, 2, \ldots, m+n$:

$a_{rj} := \bar{a}_{rj}$; $b_r := \bar{b}_r$

Gehe zu 8.

8. Setze $I := \{ i \mid b_i \geq 0 \}$, $I' := \{ 1, 2, \ldots, m \} - I$.

Ist $i_1 \in I$, so gehe zu 1., andernfalls gehe zu 3.

Wie man leicht einsieht, ist dieser Algorithmus nur eine kleine Abänderung des Simplexverfahrens (Algorithmus 1) und diese beiden können leicht zu einem gemeinsamen Programm zusammengefaßt werden.

Zur Illustration der Mehrphasenmethode seien nun zwei Beispiele angeführt:

Beispiel 3:

$$\text{Maximiere } -x_1 - 2x_2 \text{ unter den Restriktionen}$$
$$x_1 + x_2 \geq 3$$
$$x_2 \geq 2$$
$$-x_1 + x_2 \leq 3$$
$$x_1 - x_2 \leq 3$$
$$x_1 \geq 0, \quad x_2 \geq 0$$

In Abb. 2.6 ist die Menge der zulässigen Punkte für diese Aufgabe zeichnerisch dargestellt.

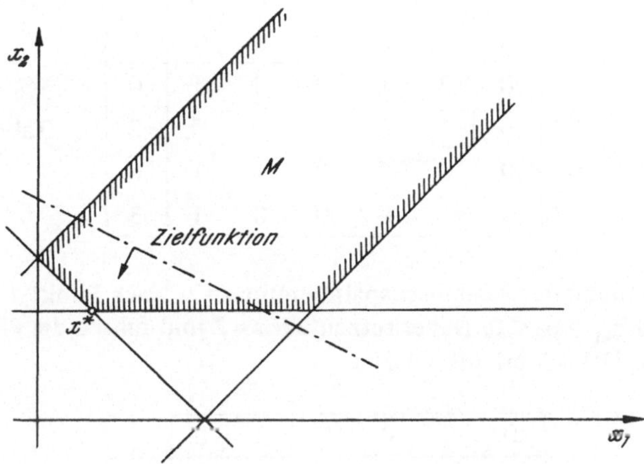

Abb. 2.6. Menge der zulässigen Punkte zu Beispiel 3

Das Ausgangstableau lautet mit $I' = \{1,2\}$, $I = \{3,4\}$:

1	1	0	0	0	0	
−1	−2	0	0	0	0	0
−1	−1	1	0	0	0	−3
0	−1	0	1	0	0	−2
−1	1	0	0	1	0	3
$\boxed{1}$	−1	0	0	0	1	3

Tableau 1

Wir wählen $i_1 = 1$, $s=1$ und erhalten dann als Austauschzeile $r=4$. Die zugehörige Pivotoperation liefert

0	2	0	0	0	−1	
0	−3	0	0	0	1	3
0	−2	1	0	0	1	0
0	−1	0	1	0	0	−2
0	0	0	0	1	1	6
1	−1	0	0	0	1	3

Tableau 2

Nun ist $I = \{1,3,4\}$ und $I' = \{2\}$. Da $1 \in I$ ist, setzen wir eine neue Hilfszielfunktion fest. Dies führt auf das Tableau 2*:

0	1	0	0	0	0	
0	−3	0	0	0	1	3
0	−2	1	0	0	1	0
0	[−1]	0	1	0	0	−2
0	0	0	0	1	1	6
1	−1	0	0	0	1	3

Tableau 2*

Die Bestimmung der Austauschspalte ergibt $s=2$. Nach Punkt 4. sind alle $a_{i2} \leq 0$ und $b_{i_1} = b_2 < 0$. Daher setzen wir $r=2$ und führen die Pivotoperation durch. Danach erhalten wir:

0	0	0	1	0	0	
0	0	0	−3	0	1	9
0	0	1	−2	0	[1]	4
0	1	0	−1	0	0	2
0	0	0	0	1	1	6
1	0	0	−1	0	1	5

Tableau 3

Nun ist $I = \{1,2,3,4\}$ und $I' = \phi$, daher ist ein zulässiger Punkt für das ursprüngliche Problem erreicht ($x_1 = 5$, $x_2 = 2$). Es läßt sich nun unmittelbar das Simplexverfahren zur Maximierung der gegebenen Funktion anschließen. Nach Weglassen der Zeile für die Hilfszielfunktion bestimmen wir nach den Regeln des Simplexalgorithmus (Algorithmus 1) als Austauschspalte $s=6$ und $r=1$.

Führen wir die entsprechende Pivotoperation durch, so erhalten wir:

Tableau 4

0	0	−1	−1	0	0	5
0	0	1	−2	0	1	4
0	1	0	−1	0	0	2
0	0	−1	2	1	0	2
1	0	−1	1	0	0	1

Dieses Tableau ist optimal und daher lautet die optimale Lösung:

$$x_1 = 1,\; x_2 = 2, \qquad c'x = -5.$$

Beispiel 4:

$$\text{Maximiere } x_1 + x_2 \text{ unter den Restriktionen}$$
$$x_1 + x_2 \leq 3$$
$$x_1 + x_2 \geq 5$$
$$x_1 \geq 0,\; x_2 \geq 0$$

Das Anfangstableau zu dieser Aufgabe lautet:

Tableau 1
$I = \{1\}, I' = \{2\}$

1	1	0	0	
1	1	0	0	0
[1]	1	1	0	3
−1	−1	0	1	5

Wir wählen $s=1$. Dann ist $r=1$ und der Austauschschritt liefert:

Tableau 2

0	0	−1	0	
0	0	−1	0	−3
1	1	1	0	3
0	0	1	1	−2

Da $I=\{1\}$ und $I'=\{2\}$ ist, gehen wir zu Punkt 3. Nun sind alle $d_j \leq 0$, daher besitzt das ursprüngliche Problem keine zulässigen Punkte. Die gestellte Aufgabe ist also nicht lösbar.

2.4.2 M-Methode

Eine zweite Möglichkeit, eine zulässige Ausgangslösung für das Simplexverfahren zu erhalten, besteht in der M-Methode. Gegeben sei das lineare Programm in der Form

Maximiere $\mathbf{c}'\mathbf{x} + c_0$ unter den Restriktionen $\mathbf{A}\mathbf{x} \leq \mathbf{b}$, $\mathbf{x} \geq \mathbf{0}$.

Nun seien aber einige Komponenten des Vektors $\mathbf{b}$ negativ, d.h. der Ursprung $\mathbf{0} = (0, 0, \ldots, 0)'$ ist kein zulässiger Punkt. Um einen zulässigen Punkt zu erhalten, haben wir $\mathbf{A}\mathbf{x} \leq \mathbf{b}$ in ein System $\tilde{\mathbf{A}}\mathbf{x} \leq \tilde{\mathbf{b}}$ überzuführen, dessen rechte Seite $\tilde{\mathbf{b}}$ nicht negativ ist.

Zunächst führen wir durch Schlupfvariable $\mathbf{A}\mathbf{x} \leq \mathbf{b}$ in ein System von Gleichungen über. Nun erweitern wir das Gleichungssystem durch eine künstliche Variable $\tilde{x}$ in folgender Weise:

$$\begin{array}{llll}
a_{11} x_1 + a_{12} x_2 + \ldots + a_{1n} x_n + x_{n+1} & & -\tilde{x} & = b_1 \\
a_{21} x_1 + a_{22} x_2 + \ldots + a_{2n} x_n + & + x_{n+2} & -\tilde{x} & = b_2 \\
\cdot & \cdot & \cdot & \cdot \\
\cdot & \cdot & \cdot & \cdot \\
\cdot & \cdot & \cdot & \cdot \\
a_{m1} x_1 + a_{m2} x_2 + \ldots + a_{mn} x_n + & + x_{n+m} & -\tilde{x} & = b_m
\end{array}$$

Wir bestimmen nun den kleinsten Wert der Konstanten b_i. Ohne Beschränkung der Allgemeinheit sei dies b_m. Ziehen wir dann die m-te Zeile von der i-ten Zeile $(i = 1, 2, \ldots, m-1)$ ab, so erhalten wir das System:

$$
\begin{array}{llllll}
(a_{11}-a_{m1})x_1 & +(a_{12}-a_{m2})x_2 & +\cdots+(a_{1n}-a_{mn})x_n & +x_{n+1} & & -x_{n+m}=b_1-b_m \\
(a_{21}-a_{m1})x_1 & +(a_{22}-a_{m2})x_2 & +\cdots+(a_{2n}-a_{mn})x_n & + & +x_{n+2} & -x_{n+m}=b_2-b_m \\
\vdots & \vdots & \vdots & & \ddots & \vdots \quad \vdots \\
(a_{m-1,1}-a_{m1})x_1 & +(a_{m-1,2}-a_{m2})x_2 & +\cdots+(a_{m-1,n}-a_{mn})x_n & + & +x_{n+m-1} & -x_{n+m}=b_{m-1}-b_m \\
-a_{m1}\,x_1 & -a_{m2}\,x_2 & -\cdots-a_{mn}\,x_n & + & & +\bar{x}-x_{n+m}=-b_m
\end{array}
$$

Die rechte Seite dieses Systems ist nicht negativ. Daher bilden die Variablen $x_{n+1}, x_{n+2}, \ldots, x_{n+m-1}, \tilde{x}$ eine zulässige Basis.

Die künstliche Variable $\tilde{x}$ hat in einer optimalen Lösung des Ausgangsproblems notwendigerweise den Wert 0. Damit die künstliche Variable $\tilde{x}$ möglichst rasch aus der Basis eliminiert wird, modifiziert man die Zielfunktion. Man setzt als neue Zielfunktion

$$c'x - M\tilde{x} + c_0$$

fest und erteilt der Konstanten M einen gegenüber den Koeffizienten $c_j \,(1 \leq j \leq m+n)$ großen Wert. Dadurch wird bei den folgenden Iterationen die Variable $\tilde{x}$ rasch aus der Basis eliminiert.

Bei der praktischen Durchführung dieses Verfahrens fügt man zum Simplextableau eine Zusatzspalte

−M
−1
⋮
−1

hinzu und nimmt jenes Element dieser Spalte als erstes Pivotelement, für das das zugehörige b_i minimal wird.

Besitzt in einer optimalen Lösung $\tilde{x}$ einen positiven Wert, so wurde entweder M zu klein gewählt oder die gestellte Aufgabe besitzt keine zulässige Lösung. Man wiederhole daher die Rechnung zunächst mit einem größeren Wert für M.

Sobald die Variable $\tilde{x}$ aus der Basis eliminiert ist, kann die zu $\tilde{x}$ gehörende Spalte des Simplextableaus weggelassen werden.

Wir führen nun die M-Methode an den Problemen der Beispiele 3 und 4 durch.

Beispiel 3*:

Maximiere $-x_1-2x_2$ unter den Restriktionen

$$\begin{aligned} x_1 + x_2 &\geq 3 \\ x_2 &\geq 2 \\ -x_1 + x_2 &\leq 3 \\ x_1 - x_2 &\leq 3 \\ x_1 \geq 0,\ x_2 &\geq 0 \end{aligned}$$

Das Tableau lautet nun für die M-Methode:

Tableau 1

−1	−2	0	0	0	0	−M	0
−1	−1	1	0	0	0	[−1]	−3
0	−1	0	1	0	0	−1	−2
−1	1	0	0	1	0	−1	3
1	−1	0	0	0	1	−1	3

Als Pivotelement erhalten wir $a_{17} = -1$. Die zugehörige Pivotoperation liefert:

Tableau 2

−1+M	−2+M	−M	0	0	0	0	3M
1	1	−1	0	0	0	1	3
[1]	0	−1	1	0	0	0	1
0	2	−1	0	1	0	0	6
2	0	−1	0	0	1	0	6

Dieses Tableau ist bereits für das Simplexverfahren zulässig. Wir wählen M=3 und führen nun Algorithmus 1 durch. Dieser ergibt:

Tableau 3

0	1	−1	−2	0	0	0	7
0	[1]	0	−1	0	0	1	2
1	0	−1	1	0	0	0	1
0	2	−1	0	1	0	0	6
0	0	1	−2	0	1	0	4

Ein weiterer Simplexschritt liefert

Tableau 4

0	0	−1	−1	0	0	−1	5
0	1	0	−1	0	0	1	2
1	0	−1	1	0	0	0	1
0	0	−1	2	1	0	−2	2
0	0	1	−2	0	1	0	4

Dieses Tableau ist optimal und enthält die gesuchte Lösung

$$x_1 = 1, \qquad x_2 = 2, \qquad c'x = -5.$$

Man beachte, daß $\tilde{x}$ in diesem Tableau Nichtbasisvariable ist.

Beispiel 4*:

$$\begin{aligned} &\text{Maximiere } x_1 + x_2 \text{ unter den Restriktionen} \\ &x_1 + x_2 \leq 3 \\ &x_1 + x_2 \geq 5 \\ &x_1 \geq 0, x_2 \geq 0 \end{aligned}$$

Das Tableau für die M-Methode lautet:

1	1	0	0	−M	0
1	1	1	0	−1	3
−1	−1	0	1	[−1]	−5

Die zugehörige Pivotoperation liefert

1+M	1+M	0	−M	0	5M
[2]	2	1	−1	0	8
1	1	0	−1	1	5

Wir wählen M = 2 und wenden nun das Simplexverfahren (Algorithmus 1) an. Dabei erhalten wir

0	0	$-\frac{3}{2}$	$-\frac{1}{2}$	0	−2
1	1	$\frac{1}{2}$	$-\frac{1}{2}$	0	4
0	0	$-\frac{1}{2}$	$-\frac{1}{2}$	1	1

Dieses Tableau ist optimal, aber $\tilde{x}$ ist Basisvariable mit dem Wert $\tilde{x} = 1$. Das gegebene Problem besitzt keine zulässige Lösung.

2.5 Das revidierte Simplexverfahren

In den meisten Fällen ist die nachfolgend beschriebene Variante des Simplexverfahrens numerisch günstiger als der bisher betrachtete gewöhnliche Simplexalgorithmus. Insbesondere dann, wenn die Zahl der Variablen die der Restriktionen stark übersteigt, empfiehlt es sich, das revidierte Simplexverfahren zu verwenden.

Gehen wir wieder vom Problem:

$$\text{Maximiere } \mathbf{c}'\mathbf{x} \text{ unter den Restriktionen } \mathbf{Ax} \leq \mathbf{b}, \mathbf{x} \geq \mathbf{0}$$

aus. Zunächst bestimmen wir, etwa durch die Mehrphasenmethode, eine zulässige Ausgangslösung. Ist diese erreicht, so liegt, nach geeigneter Umnumerierung der Variablen[1], das System in folgender Form vor

$$
\begin{array}{lll}
c_1^{(o)} x_1 + c_2^{(o)} x_2 + \cdots + c_n^{(o)} x_n & & = -c_o^{(o)} \\
a_{11}^{(o)} x_1 + a_{12}^{(o)} x_2 + \cdots + a_{1n}^{(o)} x_n & + x_{n+1} & = b_1^{(o)} \\
a_{21}^{(o)} x_1 + a_{22}^{(o)} x_2 + \cdots + a_{2n}^{(o)} x_n & + \quad + x_{n+2} & = b_2^{(o)} \\
\vdots & \ddots & \vdots \\
a_{m1}^{(o)} x_1 + a_{m2}^{(o)} x_2 + \cdots + a_{mn}^{(o)} x_n & + \quad + x_{n+m} & = b_m^{(o)}
\end{array}
\tag{2.6}
$$

Dabei sind nun alle Konstanten $b_i^{(o)} \geq 0$ für $i=1,2,\ldots,m$. Im gewöhnlichen Simplexverfahren wird nun beim Übergang von einer Ecke zur nächsten stets das ganze Tableau transformiert. Das neue Tableau enthält dann alle Informationen, die für den nächsten Schritt notwendig sind. Alle früheren Tableaus sind überflüssig geworden. Die Idee des revidierten Simplexverfahrens besteht nun darin, das Ausgangstableau beizubehalten und jeweils nur die unbedingt für den nächsten Schritt notwendigen Daten zu erzeugen, also nicht stets ein ganzes Tableau zu transformieren.

Kennt man die Basisvariablen einer Ecke k, so hätte man das System (2.6) nach diesen Basisvariablen aufzulösen, um das neue Tableau zu erhalten. Es seien $x_{k_1}, x_{k_2}, \ldots, x_{k_m}$ die Basisvariablen einer neuen Ecke k. Diesen Basisvariablen entsprechen im System (2.6) die linear unabhängigen Spalten $\mathbf{a}_{k_1}, \mathbf{a}_{k_2}, \ldots, \mathbf{a}_{k_m}$, die wir zu einer Matrix $\mathbf{B}_{(k)} = (\mathbf{a}_{k_1}, \mathbf{a}_{k_2}, \ldots, \mathbf{a}_{k_m})$ zusammenfassen. Die Matrix $\mathbf{B}_{(k)}$ ist durch Elemente $a_{io} = a_{oj} = 0$ und $a_{oo} = 1$ zu einer $(m+1) \times (m+1)$ Matrix zu ergänzen.

Multipliziert man die Matrizengleichung

$$
\begin{pmatrix} \mathbf{c}^{(o)\prime} \\ \mathbf{A}^{(o)} \end{pmatrix} \mathbf{x} = \begin{pmatrix} -c_o^{(o)} \\ \mathbf{b}^{(o)} \end{pmatrix}
\tag{2.7}
$$

die dem System (2.6) entspricht, von links mit der zu $\mathbf{B}_{(k)}$ inversen Matrix, so erhält man das Simplextableau für die neue Ecke k. Es wäre also die Transformation

$$
\begin{pmatrix} \mathbf{c}^{(k)\prime} \\ \cdots\cdots \\ \mathbf{A}^{(k)} \end{pmatrix} = \mathbf{B}_{(k)}^{-1} \begin{pmatrix} \mathbf{c}^{(o)\prime} \\ \cdots\cdots \\ \mathbf{A}^{(o)} \end{pmatrix}, \quad \begin{pmatrix} -c_o^{(k)\prime} \\ \cdots\cdots \\ \mathbf{b}^{(k)} \end{pmatrix} = \mathbf{B}_{(k)}^{-1} \begin{pmatrix} -c_o^{(o)} \\ \cdots\cdots \\ \mathbf{b}^{(o)} \end{pmatrix}
$$

auszuführen. Zur eventuellen Erzeugung des Tableaus für den (k+1)-sten Punkt sind aber nur folgende Informationen des k-ten Tableaus notwendig:

a) die Koeffizienten der Zielfunktion im k-ten Punkt $\mathbf{c}^{(k)}$

1 Nichtbasisvariable erhalten die Indizes $1,2,\ldots,n$, Basisvariable erhalten die Indizes $n+1, n+2, \ldots, n+m$.

b) ist der k-te Punkt noch nicht optimal, d.h. ein $c_j^{(k)'} > 0$ (j = 1, . . . , n), so muß die Spalte $\mathbf{a}_s^{(k)}$ berechnet werden, wobei s durch

$$c_s^{(k)} = \max_{1 \leq j \leq n} c_j^{(k)}$$

bestimmt ist.

Dies führt auf folgenden Rechengang:

Algorithmus 3: Revidiertes Simplexverfahren zur Maximierung einer Linearform $\mathbf{c}'\mathbf{x} + c_o$ unter den Restriktionen $(\mathbf{A} \vdots \mathbf{E})\,\mathbf{x} = \mathbf{b}, \mathbf{x} \geq \mathbf{0}$.

Anfangsdaten:

$$\mathbf{A}^{(o)} = \begin{pmatrix} \mathbf{c}' & \vdots & \mathbf{0}' \\ \cdot\cdot & \cdot & \cdot\cdot \\ \mathbf{A} & \vdots & \mathbf{E} \end{pmatrix} = (a_{ij})_{0 \leq i \leq m,\ 1 \leq j \leq n+m}$$

$$\mathbf{b}^{(o)} = \begin{pmatrix} -c_o \\ \cdots \\ \mathbf{b} \end{pmatrix}$$

$$\mathbf{B}_{(k)}^{-1} = (\beta_{ij}^{(k)})_{0 \leq i \leq m,\ 0 \leq j \leq m} \text{ ist für } k=0 \text{ die Einheitsmatrix}$$

$J_N = (1, 2, \ldots, n)$; $J_B = (n+1, n=2, \ldots, n+m)$
$k = 0$

1. Sind alle Elemente $a_{oj}^{(k)} \leq 0$ für $j = 1, 2, \ldots, n+m$, so ist das Maximum erreicht. Setze $x_i = 0$ für $i \in J_N$ und $x_{i_j} = b_j^{(k)}$, wobei i_j die j-te Zahl von J_B ist. Der Wert der Zielfunktion ist $-b_o^{(k)}$

   Ist ein $a_{oj}^{(k)} > 0$ für $j = 1, 2, \ldots, n+m$, so gehe zu 2.

2. Bestimmung der Austauschspalte:

   Wähle einen Index s so, daß $a_{os}^{(k)} = \max\limits_{1 \leq j \leq n+m} a_{oj}^{(k)}$. Gehe zu 3.

3. Berechnung von $\mathbf{a}_s^{(k)}$, der s-ten Spalte von $\mathbf{A}^{(k)}$:

$$a_{is}^{(k)} := \sum_{j=0}^{m} \beta_{ij}^{(k)} a_{js}^{(o)} \qquad i = 1, 2, \ldots, m$$

   Gehe zu 4.

4. Sind alle $a_{is}^{(k)} \leq 0$ für $i = 1, 2, \ldots, m$, so gibt es keine endliche Lösung. Terminiere.
   Existiert ein $a_{is}^{(k)} > 0$ für $i = 1, 2, \ldots, m$, so gehe zu 5.

5. Bestimmung der Austauschzeile:

   Wähle einen Index r so, daß

$$\frac{b_r^{(k)}}{a_{rs}^{(k)}} = \min \left\{ \frac{b_i^{(k)}}{a_{is}^{(k)}} \;\middle|\; a_{is}^{(k)} > 0,\ 1 \leq i \leq m \right\}$$

   Gehe zu 6.

6. Tausche in J_B und J_N die r-te Zahl von J_B gegen die s-te Zahl von J_N aus. Gehe zu 7.

7. Berechnung von $\mathbf{B}_{(k+1)}^{-1}$:

$$\beta_{rj}^{(k+1)} := \frac{\beta_{ij}^{(k)}}{\cdot a_{rs}^{(k)}} \qquad \text{für } j = 0, 1, \ldots, m$$

$$\beta_{ij}^{(k+1)} := \beta_{ij}^{(k)} - a_{is}^{(k)} \beta_{rj}^{(k+1)} \qquad \text{für } i = 0, 1, \ldots, m;\ i \neq r$$

   und $j = 0, 1, \ldots, m$.

   Gehe zu 8.

8. Berechnung der neuen Koeffizienten der Zielfunktion und der neuen Konstanten:

$$a_{oj}^{(k+1)} = \sum_{i=0}^{m} \beta_{oi}^{(k+1)} a_{ij}^{(o)} \qquad \text{für } j = 1, 2, \ldots, m+n$$

$$b_i^{(k+1)} = \sum_{j=0}^{m} \beta_{ij}^{(k+1)} b_j^{(o)} \qquad \text{für } i = 0, 1, \ldots, m$$

   Setze $k := k+1$ und gehe zu 1.

Beispiel 5:

Maximiere $x_1 + 2x_2$ unter den Restriktionen

$$\begin{aligned} x_1 \phantom{{}+x_2} &\leq 4 \\ 2x_1 + x_2 &\leq 10 \\ -x_1 + x_2 &\leq 5 \\ x_1 \geq 0, x_2 &\geq 0 \end{aligned}$$

Man vergleiche für den folgenden Rechengang auch die Ausführungen zum Beispiel 1 und die Abb. 2.5.

Anfangsdaten:

$$\mathbf{A}^{(o)} = \begin{pmatrix} 1 & 2 & 0 & 0 & 0 \\ 1 & 0 & 1 & 0 & 0 \\ 2 & 1 & 0 & 1 & 0 \\ -1 & 1 & 0 & 0 & 1 \end{pmatrix}, \quad \mathbf{b}^{(o)} = \begin{pmatrix} 0 \\ 4 \\ 10 \\ 5 \end{pmatrix}$$

$$\mathbf{B}_{(o)}^{-1} = \begin{pmatrix} 1 & 0 & 0 & 0 \\ 0 & 1 & 0 & 0 \\ 0 & 0 & 1 & 0 \\ 0 & 0 & 0 & 1 \end{pmatrix}$$

$$J_B = (3,4,5), \quad J_N = (1,2).$$

Beim ersten Durchlauf im oben zitierten Algorithmus erhält man folgende Werte:

$$s = 2, \quad r = 3$$

$$J_B = (3,4,2), \quad J_N = (1,5)$$

$$\mathbf{B}_{(1)}^{-1} = \begin{pmatrix} 1 & 0 & 0 & -2 \\ 0 & 1 & 0 & 0 \\ 0 & 0 & 1 & -1 \\ 0 & 0 & 0 & 1 \end{pmatrix}$$

$$(a_{oj}^{(1)})_{1 \leq j \leq n+m} = (3,0,0,0,-2)$$

$$\mathbf{b}^{(1)} = \begin{pmatrix} -10 \\ 4 \\ 5 \\ 5 \end{pmatrix}$$

Da $a_{o1}^{(1)} = 3$ größer als Null ist, müssen wir eine zweite Iteration durchführen und erhalten dabei folgende Werte:

$$s = 1$$

$$\mathbf{a}_s^{(1)} = \begin{pmatrix} 3 \\ 1 \\ 3 \\ -1 \end{pmatrix}$$

$$r = 2$$

$J_B = (3,1,2),\ J_N = (4,5)$

$$B_{(2)}^{-1} = \begin{pmatrix} 1 & 0 & -1 & -1 \\ 0 & 1 & -\frac{1}{3} & \frac{1}{3} \\ 0 & 0 & \frac{1}{3} & -\frac{1}{3} \\ 0 & 0 & \frac{1}{3} & \frac{2}{3} \end{pmatrix}$$

$$(a_{oj}^{(2)})_{1 \leq j \leq n+m} = (0,0,0,-1,-1)$$

$$b^{(2)} = \begin{pmatrix} -15 \\ \frac{7}{3} \\ \frac{5}{3} \\ \frac{20}{3} \end{pmatrix}$$

Nach Punkt 1. ergibt dies nun die optimale Lösung, nämlich

$$x_1 = \frac{5}{3},\ x_2 = \frac{20}{3},\ (x_3 = \frac{7}{3},\ x_4 = x_5 = 0),\ c'x = 15.$$

3. Dualität

Als grundlegend erweist sich in der Theorie der linearen Optimierung das Prinzip der Dualität. Es geht auf von Neumann [47] zurück und wurde erstmals in einer Arbeit von Kuhn, Gale und Tucker eingehend behandelt [51]. Für den Dualitätssatz wurden mehrere Beweise gegeben, so von Dantzig [66] und Dreyfus [67]. Der im Abschnitt 3.2 behandelte duale Simplexalgorithmus geht auf Lemke [54] zurück.

3.1 Duale lineare Programme

Jedem linearen Programm ist ein anderes lineares Programm zugeordnet und zwischen diesen beiden Problemen bestehen wichtige Beziehungen, die wir in diesem Abschnitt kennenlernen wollen.

Der Aufgabe

Maximiere $\mathbf{c}'\mathbf{x}$ unter den Restriktionen $\mathbf{A}\mathbf{x} \leq \mathbf{b}, \mathbf{x} \geq \mathbf{0}$

entspricht das **„duale" Programm**

Minimiere $\mathbf{b}'\mathbf{y}$ unter den Restriktionen $\mathbf{A}'\mathbf{y} \geq \mathbf{c}, \mathbf{y} \geq \mathbf{0}$.

Die erste Aufgabe nennt man oft auch **„primales Programm"**. Man sieht sofort eine gewisse Symmetrie zwischen beiden Problemen. Die Koeffizienten der Zielfunktion und die Konstanten der Ungleichung wechseln in primaler und dualer Aufgabe ihre Plätze, der Matrix $\mathbf{A}$ entspricht die transponierte Matrix $\mathbf{A}'$ im dualen Problem und während im primalen Problem maximiert wird, wird im dualen Problem minimiert. Ferner gilt offensichtlich, daß das duale Problem der dualen Aufgabe wieder die primale Aufgabe ergibt. Daher ist auch die Festsetzung, welches der beiden Probleme primal und welches dual ist, rein willkürlich.

Gegeben sei nun die Aufgabe

Maximiere $\mathbf{c}'\mathbf{x}$ unter der Restriktion $\mathbf{a}'\mathbf{x} = b, \mathbf{x} \geq \mathbf{0}$.

Wie lautet dazu das duale Programm? Um dieses zu finden, spalten wir zunächst die Gleichung $\mathbf{a}'\mathbf{x} = b$ in die zwei Ungleichungen

$$\mathbf{a}'\mathbf{x} \leq b$$
$$-\mathbf{a}'\mathbf{x} \leq -b$$

auf und erhalten so für das primale Problem:

Maximiere $\mathbf{c}'\mathbf{x}$ unter

$$\mathbf{a}'\mathbf{x} \leq b$$
$$-\mathbf{a}'\mathbf{x} \leq -b$$
$$\mathbf{x} \geq \mathbf{0}.$$

Dazu lautet aber das duale Programm:

Minimiere $by_1 - by_2$ unter den Restriktionen

$$\mathbf{a}y_1 - \mathbf{a}y_2 \geq \mathbf{c}$$
$$y_1 \geq 0, y_2 \geq 0$$

Man kann nun die beiden vorzeichenbeschränkten Variablen y_1 und y_2 zu einer einzigen nicht vorzeichenbeschränkten Variablen $\pi = y_1 - y_2$ zusammenfassen und erhält dann als duales Problem:

Minimiere $b\pi$ unter den Restriktionen $\mathbf{a}\pi \geq \mathbf{c}$, π beliebig.

Liegt also eine lineare Optimierungsaufgabe in der Form

Maximiere $\mathbf{c}'\mathbf{x}$ unter den Restriktionen $(\mathbf{A} \vdots \mathbf{E})\,\mathbf{x} = \mathbf{b}, \mathbf{x} \geq \mathbf{0}$

vor, so lautet dazu das duale Problem

Minimiere $\mathbf{b}'\pi$ unter den Restriktionen $(\mathbf{A} \vdots \mathbf{E})'\pi \geq \mathbf{c}$, π nicht vorzeichenbeschränkt.

Fassen wir nochmals die Zuordnungsregeln für zueinander duale lineare Optimierungsaufgaben zusammen.

Primales System	**Duales System**
Zielform ($\leq$ max)	Konstanten
Konstanten	Zielform ($\geq$ min)
Koeffizientenmatrix	Transponierte Koeffizientenmatrix
Relation:	Variable:
i-te Ungleichung $\leq$	$y_i \geq 0$
i-te Gleichung =	y_i nicht vorzeichenbeschränkt

Variable:	Relationen:
$x_j \geq 0$	Restriktion ist j-te Ungleichung $\geq$
x_j nicht vorzeichen-beschränkt	Restriktion ist j-te Gleichung

Die primale und duale Aufgabe kann man gleichzeitig im sogenannten **„Tucker-Diagramm“** ablesen:

Primales Problem

Duales Problem (vertikal links)

Variable	$y_1 \geq 0 \ldots y_m \geq 0$	Relation	Konstanten
$x_1 \geq 0$	$a_{11} \ \ldots \ a_{1m}$	$\geq$	c_1
$\vdots$	$\vdots \qquad \vdots$	$\vdots$	$\vdots$
$x_n \geq 0$	$a_{n1} \ \ldots \ a_{nm}$	$\geq$	c_n
Relation	$\leq \ \ldots \ \leq$		$\leq \max z$
Konstanten	$b_1 \ \ldots \ b_m$	$\geq \min v$	

Duale Programme spielen deswegen eine so große Rolle in der linearen Optimierung, weil folgender Satz gilt

Satz 3.1 (Dualitätssatz):

Besitzt eine von zwei zueinander dualen linearen Optimierungsaufgaben eine endliche Optimallösung, so besitzt auch das andere Problem eine endliche Optimallösung und der Wert der beiden Zielfunktionen ist gleich:

$$c'x = y'b. \ \blacksquare$$

Den Dualitätssatz werden wir unten beweisen. Besitzen zwei zueinander duale lineare Optimierungsaufgaben zulässige Vektoren, so gilt, wie sich leicht zeigen läßt

Satz 3.2 (Schwacher Dualitätssatz):

Für jede zulässige Lösung x der Maximumsaufgabe und jede zulässige Lösung y der Minimumsaufgabe gilt:

$$c'x \leq b'y \ \blacksquare \tag{3.1}$$

Aus Satz 3.1 und Satz 3.2 folgt ferner:

Satz 3.3 (Existenzsatz):

Gegeben seien zwei zueinander duale lineare Optimierungsaufgaben. Besitzen beide Probleme zulässige Lösungen, so besitzen sie auch endliche Optimallösungen.

Besitzt nur eines der beiden Probleme zulässige Lösungen, so besitzt dieses Problem keine endliche Optimallösung. Besitzt umgekehrt ein Problem zwar zulässige Lösungen, aber keine endliche Optimallösung, so hat die dazu duale Aufgabe keine zulässigen Lösungen. ∎

Beweis:

1. Besitzen beide Probleme zulässige Lösungen, etwa $\mathbf{x}$ und $\mathbf{y}$, so gilt (3.1). Daher ist $\mathbf{c}'\mathbf{x}$ nach oben beschränkt und da $\mathbf{x}$ eine abgeschlossene Menge durchläuft, existiert eine endliche Optimallösung für das eine Problem. Aus Satz 3.1 folgt dann, daß auch das andere Problem eine endliche Optimallösung besitzt.
2. Nehmen wir an, $\mathbf{x}$ sei zulässig für die Maximumsaufgabe und das duale Problem besitzt keine zulässigen Lösungen. Würde eine endliche Optimallösung für das eine Problem existieren, so müßte nach Satz 3.1 auch eine endliche Optimallösung, also insbesondere eine zulässige Lösung, für das dazu duale Problem existieren im Gegensatz zur Voraussetzung. Sei umgekehrt $\mathbf{x}$ zulässig etwa für die Maximumsaufgabe und $\mathbf{c}'\mathbf{x}$ sei unbeschränkt. Würde nun die duale Aufgabe eine zulässige Lösung $\mathbf{y}$ besitzen, so würde nach Satz 3.2 $\mathbf{c}'\mathbf{x} \leq \mathbf{b}'\mathbf{y}$ gelten. Somit wäre $\mathbf{c}'\mathbf{x}$ beschränkt im Gegensatz zur Voraussetzung. Daher besitzt die duale Aufgabe keine zulässige Lösung.

Für den Dualitätssatz bestehen mehrere Möglichkeiten der Beweisführungen. Ein Beweis führt über die Alternativsätze der linearen Algebra, aber auch die Simplexmethode kann zu einem Beweis des Dualitätssatzes herangezogen werden. Wir wollen hier eine Idee von Dreyfus [67] ausführen[1], die anscheinend in die deutsche Literatur bisher noch keinen Eingang gefunden hat.

Beweis des Dualitätssatzes:

Wir gehen von folgenden beiden zueinander dualen Programmen aus

$$\text{Maximiere } \mathbf{c}'\mathbf{x} \text{ unter den Restriktionen } \mathbf{A}\mathbf{x} \leq \mathbf{b}, \mathbf{x} \geq \mathbf{0} \tag{3.2}$$

und

$$\text{Minimiere } \mathbf{b}'\mathbf{y} \text{ unter den Restriktionen } \mathbf{A}'\mathbf{y} \geq \mathbf{c}, \mathbf{y} \geq \mathbf{0}. \tag{3.3}$$

---

1 Hu [69] bringt eine Skizze dieses Beweises.

Wir werden zeigen: Wenn $\mathbf{x}^*$ eine endliche Optimallösung von (3.2) ist, dann existiert ein $\mathbf{y}^*$, so daß gilt

$$\mathbf{c}'\mathbf{x}^* = \mathbf{y}^{*\prime}\mathbf{A}\mathbf{x}^* = \mathbf{y}^{*\prime}\mathbf{b} \tag{3.4}$$

wobei ferner $\mathbf{y}^*$ eine zulässige Minimallösung von (3.3) ist.

Wir definieren eine Funktion $z^*: \mathbf{R}^m \to \overline{\mathbf{R}}$ [2] durch folgende Festsetzung:

$$z^*(\mathbf{b}) = \begin{cases} -\infty, & \text{falls } \{\mathbf{x} | \mathbf{A}\mathbf{x} \leq \mathbf{b}, \mathbf{x} \geq \mathbf{0}\} = \phi \\ \infty, & \text{falls } \{\mathbf{y} | \mathbf{A}'\mathbf{y} \geq \mathbf{c}, \mathbf{y} \geq \mathbf{0}\} = \phi \\ \max \{\mathbf{c}'\mathbf{x} | \mathbf{A}\mathbf{x} \leq \mathbf{b}, \mathbf{x} \geq \mathbf{0}\}, & \text{sonst} \end{cases} \tag{3.5}$$

Führt man das Ungleichungssystem $\mathbf{A}\mathbf{x} \leq \mathbf{b}$ durch Schlupfvariable in ein Gleichungssystem über, so kann man (3.2) in folgender Form schreiben. Wir kennzeichnen die Größen, die zu Basisvariablen gehören, durch den Index B, jene die zu Nichtbasisvariablen gehören, durch den Index N. Dann geht (3.2) über in

$$\begin{aligned} &\text{Maximiere } \mathbf{c}_B'\mathbf{x}_B + \mathbf{c}_N'\mathbf{x}_N \text{ unter den Restriktionen} \\ &\mathbf{A}_B\mathbf{x}_B + \mathbf{A}_N\mathbf{x}_N = \mathbf{b} \\ &\mathbf{x} \geq \mathbf{0} \end{aligned}$$

Berechnet man daraus $\mathbf{x}_B$, so erhält man

$$\mathbf{x}_B = \mathbf{A}_B^{-1}\mathbf{b} - \mathbf{A}_B^{-1}\mathbf{A}_N\mathbf{x}_N \tag{3.6}$$

Damit erhält die Zielfunktion die Form

$$\mathbf{c}'\mathbf{x} = \mathbf{c}_B'\mathbf{A}_B^{-1}\mathbf{b} + (\mathbf{c}_N' - \mathbf{c}_B'\mathbf{A}_B^{-1}\mathbf{A}_N)\,\mathbf{x}_N$$

Nimmt man für B die Basis der optimalen Ecke, so erhält man für $z^*(\mathbf{b})$, da für die optimale Lösung $\mathbf{x}_N = \mathbf{0}$ gilt:

$$z^*(\mathbf{b}) = \mathbf{c}_B'\mathbf{A}_B^{-1}\mathbf{b}$$

Im Falle der Nichtentartung ist $\mathbf{b} > \mathbf{0}$ und daher auch $\mathbf{x}_B = \mathbf{A}_B^{-1}\mathbf{b} > \mathbf{0}$. Da $\mathbf{A}_B^{-1}$ eine stetige Abbildung ist, existiert eine Umgebung $U(\mathbf{b})$ von $\mathbf{b}$, so daß für alle $\hat{\mathbf{b}}$ aus dieser Umgebung $\mathbf{A}_B^{-1}\hat{\mathbf{b}} > \mathbf{0}$ gilt. Dies besagt aber, daß auch für alle $\hat{\mathbf{b}}$ aus $U(\mathbf{b})$ durch B die Basis einer optimalen Ecke festgelegt wird. Somit sind die Größen $\mathbf{A}_B$, $\mathbf{A}_N$, $\mathbf{c}_B$, $\mathbf{c}_N$ für $\hat{\mathbf{b}} \in U(\mathbf{b})$ konstant und daher ist $\mathbf{c}_N' - \mathbf{c}_B'\mathbf{A}_B^{-1}\mathbf{A}_N$ unabhängig von $\hat{\mathbf{b}}$. Daraus folgt, daß $z^*(\mathbf{b})$ in $U(\mathbf{b})$ partiell differenzierbar ist.

Wird in (3.2) eine Komponente von $\mathbf{b}$ vergrößert, so wird die Menge der zulässigen Punkte vergrößert:

---

2 $\overline{\mathbf{R}} = \mathbf{R} \cup \{\infty, -\infty\}$.

$$M_1 = \{x \mid Ax \leq b, x \geq 0\} \subset \{x \mid Ax \leq b + \epsilon e_i, \epsilon > 0, x \geq 0\} = M_1'$$

mit

$$e_i' = (0, \ldots, 0, 1, 0, \ldots, 0) \qquad \text{für } 1 \leq i \leq m.$$

Daher ist das Maximum der Zielfunktion $c'x$ mit $x \in M_1'$ sicher nicht kleiner als das Maximum der Zielfunktion $c'x$ mit $x \in M_1$ und wir erhalten aus der Taylorentwicklung:

$$\frac{\partial z^*}{\partial b_i} \geq 0 \qquad \text{für } i = 1, 2, \ldots m \tag{3.7}$$

Erfüllt die optimale Lösung x^* die i_o-te Ungleichung streng, gilt also

$$\sum_{j=1}^{n} a_{i_o j} x_j^* < b_{i_o},$$

so kann die Konstante b_{i_o} um ϵ verkleinert werden, ohne daß dadurch der optimale Wert $z^*(b)$ eine Änderung erfährt. Daher gilt

$$\frac{\partial z^*}{\partial b_i} = 0 \qquad \text{für alle strengen Ungleichungen in } x^*. \tag{3.8}$$

Betrachten wir nun das leicht geänderte Programm

$$\text{Maximiere } c'x \text{ unter } Ax \leq b + \epsilon a_j, x \geq 0.\ ^3 \tag{3.9}$$

Die Größe ϵ kann immer so gewählt werden, daß auch (3.9) nicht entartet ist. Für dieses Problem ist der Vektor $x^* + \epsilon e_j$ mit $\epsilon > 0$ zulässig, denn es ist

$$A(x^* + \epsilon e_j) = Ax^* + \epsilon a_j \leq b + \epsilon a_j$$

und aus $x \geq 0$ folgt

$$x + \epsilon e_j > 0.$$

Da $c'(x^* + \epsilon e_j)$ nicht größer als die optimale Lösung $z^*(b + \epsilon a_j)$ dieses Programmes ist, erhalten wir

$$z^*(b + \epsilon a_j) \geq c'(x^* + \epsilon e_j) = c'x^* + \epsilon c'e_j = z^*(b) + \epsilon c_j.$$

Infolge der Nichtentartung ist $z^*(b + \epsilon a_j)$ eine lineare Funktion ihres Argumentes, welches linear in ϵ ist. So fallen bei einer Taylorentwicklung höhere Glieder von ϵ weg und man erhält:

$$z^*(b) + \epsilon \sum_{i=1}^{m} \frac{\partial z^*}{\partial b_i} a_{ij} \geq z^*(b) + \epsilon c_j \tag{3.10}$$

3 a_j ist der j-te Spaltenvektor der Matrix A.

Daraus folgt für $\epsilon > 0$:

$$\sum_{i=1}^{m} \frac{\partial z^*}{\partial b_i} a_{ij} \geq c_j \tag{3.11}$$

Ist nun $x_j^* > 0$, so kann man ein $\epsilon < 0$ so wählen, daß $x_j^* + \epsilon \geq 0$ gilt. Da $\mathbf{x}^* + \epsilon \mathbf{e}_j$ zulässig für (3.9) ist, erhält man wegen $\epsilon < 0$ aus (3.10):

$$\sum_{i=1}^{m} \frac{\partial z^*}{\partial b_i} a_{ij} \leq c_j \tag{3.12}$$

und daher ist

$$\sum_{i=1}^{m} \frac{\partial z^*}{\partial b_i} a_{ij} = c_j \qquad \text{für } x_j^* > 0 \tag{3.13}$$

Bezeichnen wir $\frac{\partial z^*}{\partial b_i}$ mit y_i^*. Es wird nun gezeigt werden, daß $\mathbf{y}^*$ eine optimale Lösung von (3.3) ist und (3.4) erfüllt.

Aus (3.7) folgt $\mathbf{y}^* \geq 0$ und aus (3.11) folgt $\mathbf{A}'\mathbf{y}^* \geq \mathbf{c}$, daher sind die Restriktionen von (3.3) erfüllt. Ist nun $x_j^* > 0$, so gilt (3.13), also ist

$$\sum_{i=1}^{m} a_{ij} \; y_i^* = c_j .$$

Ist ein $x_j^* = 0$, so ist $c_j x_j^* = 0 = (\sum_{i=1}^{m} a_{ij} y_i^*) x_j$. Daher gilt in jedem Fall

$$\mathbf{c}'\mathbf{x}^* = \mathbf{y}^{*\prime}\mathbf{A}\mathbf{x}^*$$

und somit ist die linke Seite von (3.4) bewiesen. Andererseits kann entweder

$\sum_{j=1}^{n} a_{ij} x_j^* < b_i$ und damit nach (3.8) $\frac{\partial z^*}{\partial b_i} = y_i^* = 0$ oder $\sum_{j=1}^{n} a_{ij} x_j^* = b_i$

auftreten. Beide Fälle zusammen ergeben $\mathbf{y}^{*\prime}\mathbf{A}\mathbf{x}^* = \mathbf{y}^{*\prime}\mathbf{b}$ und damit ist (3.4) bewiesen.

Wir haben bisher nur den Fall betrachtet, daß es sich um ein nicht entartetes Problem handelt. Ist nun das gegebene Problem entartet, so gehen wir wie beim Simplexverfahren mit Störung zu einem benachbarten nicht entarteten Problem über, an dem wir unsere obigen Überlegungen durchführen. Für die nicht entarteten zueinander dualen Probleme gilt

$$\mathbf{c}'\mathbf{x}_\eta^* = \mathbf{y}_\eta^{*\prime}\mathbf{b} \qquad \text{für } \eta > 0$$

Der Grenzübergang $\eta \to 0$ liefert:

$$\lim_{\eta \to 0} \mathbf{x}_\eta^* = \mathbf{x}^*, \qquad \lim_{\eta \to 0} \mathbf{y}_\eta^* = \mathbf{y}^*$$

und $\quad \mathbf{c}'\mathbf{x}^* = \mathbf{y}^{*\prime}\mathbf{b}, \quad$ was zu zeigen war.

3.2 Ein dualer Algorithmus zur Lösung linearer Optimierungsaufgaben

Gegeben sei die lineare Optimierungsaufgabe

$$\text{Maximiere } \mathbf{c}'\mathbf{x} \text{ unter den Restriktionen } \mathbf{Ax} \leq \mathbf{b}, \mathbf{x} \geq \mathbf{0}.$$

Sind alle Koeffizienten der Zielfunktion nicht positiv, so führt im allgemeinen der nachfolgend beschriebene Algorithmus schneller zum Ziel als das gewöhnliche Simplexverfahren. Dies beruht darauf, daß nämlich in diesem Fall der Nullpunkt zulässig für das duale Problem ist, während man für das primale Problem erst eine zulässige Lösung, etwa durch die Mehrphasenmethode, suchen müßte. Bleibt die duale Zulässigkeit bei jedem Variablenaustausch erhalten, so ist das optimale Tableau erreicht, wenn auch alle Konstanten $b_i \geq 0$ $(i=1,2,\ldots,m)$ sind. Nach dem Dualitätssatz 3.1 liegt dann auch eine optimale Lösung für das primale Problem vor.

Algorithmus 4: Duales Simplexverfahren zur Maximierung von $\mathbf{c}'\mathbf{x} + c_o$, $\mathbf{c} \leq \mathbf{0}$ unter den Restriktionen $\mathbf{Ax} \leq \mathbf{b}, \mathbf{x} \geq \mathbf{0}$.

Ausgangstableau:

c_1	...	c_n	0	...	0	$-c_o$
a_{11}	...	a_{1n}	1	...	0	b_1
.		.	.	.	.	.
.		.	.	.	.	.
.		.	.	.	.	.
a_{m1}	...	a_{mn}	0	...	1	b_m

1. Sind alle Konstanten $b_i \geq 0$ $(i=1,\ldots,m)$, so ist das optimale Tableau erreicht. Setze alle Nichtbasisvariablen gleich Null. Die Basisvariablen nehmen die Werte b_i $(1 \leq i \leq m)$ an. Terminiere. Andernfalls gehe zu 2.

2. Wähle $b_r = \min\limits_{1 \leq i \leq m} b_i$. r ist der Index der Austauschzeile.

   Sind alle $a_{rj} \geq 0$ $(j=1,\ldots,m+n)$, so besitzt das primale Problem keine zulässige Lösung. Terminiere.
   Andernfalls gehe zu 3.

3. Bestimme s so, daß

$$\frac{c_s}{a_{rs}} = \min \left\{ \frac{c_j}{a_{rj}} \mid a_{rj} < 0, j=1,2,\ldots,m+n \right\}$$

Ist das Minimum nicht eindeutig bestimmt, so kann die Entartung analog wie im Algorithmus 1 behoben werden. s ist der Index der Austauschspalte. Gehe zu 4.

4. Führe eine Pivotoperation durch:

4.1.
$$\bar{a}_{rj} := \frac{a_{rj}}{a_{rs}} \quad \text{für } j=1,2,\ldots,m+n,$$
$$\bar{b}_r := \frac{b_r}{a_{rs}}$$

4.2.
$$\bar{a}_{ij} := a_{ij} - a_{is} \cdot \bar{a}_{rj} \quad \text{für } j=1,2,\ldots,m+n,\ i=1,2,\ldots,m;\ i \neq r$$
$$\bar{c}_j := c_j - c_s \cdot \bar{a}_{rj} \quad \text{für } j=1,2,\ldots,m+n$$
$$-\bar{c}_o := -c_o - c_s \cdot \bar{b}_r$$
$$\bar{b}_i := b_i - a_{is} \cdot \bar{b}_r \quad \text{für } i=1,2,\ldots,m;\ i \neq r$$

5. Ersetze für $j=1,2,\ldots,m+n;\ i=1,2,\ldots,m$:
$$a_{ij} := \bar{a}_{ij},\ b_i := \bar{b}_i,\ c_j := \bar{c}_j,\ c_o := \bar{c}_o \quad \text{und gehe zu 1.}$$

Das nachfolgende Beispiel möge diese duale Methode erläutern:

Beispiel 6:

Maximiere $1-2x_1-3x_2$ unter den Restriktionen
$$x_1 + x_2 \leq 5$$
$$-2x_1 + x_2 \leq -3$$
$$x_1 \geq 0,\ x_2 \geq 0$$
Man vergleiche dazu Abb. 3.1.

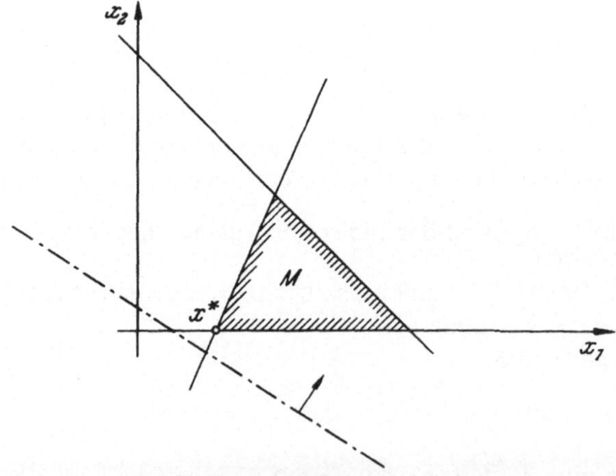

Abb. 3.1. Lineares Programm von Beispiel 6

Dazu lautet das Ausgangstableau

−2	−3	0	0	−1
1	1	1	0	5
[−2]	1	0	1	−3

Dieses ist noch nicht optimal, da $b_2 = -3 < 0$ ist. Es ist $r=2$ und $s=1$ zu setzen. Dann liefert die zugehörige Pivotoperation

0	−4	0	−1	2
0	$\frac{3}{2}$	1	$\frac{1}{2}$	$\frac{7}{2}$
1	$-\frac{1}{2}$	0	$-\frac{1}{2}$	$\frac{3}{2}$

Dieses Tableau ergibt nun die optimale Lösung, nämlich $x_1 = \frac{3}{2}$, $x_2 = 0$.

Analog wie beim gewöhnlichen Simplexverfahren kann auch hier an Speicherplatz gespart werden, indem man die Einheitsmatrix aus dem Tableau streicht und sich dafür jeweils merkt, welche Zeilen und Spalten zu welchen Variablen gehören. In Abschnitt 7.2 gibt Algorithmus 14 eine Vorschrift für die Durchführung dieser Variante des dualen Simplexverfahrens.

Liegt ein dual nicht zulässiges Tableau vor und will man das duale Simplexverfahren durchführen (wie es etwa beim zweiten Verfahren von Gomory notwendig ist), so kann man ebenfalls die M-Methode (Abschnitt 2.4.2) oder die Mehrphasenmethode (Abschnitt 2.4.1) zur Auffindung einer dual zulässigen Ausgangslösung verwenden. Im Falle der M-Methode fügt man zum Tableau eine Zeile

$$\begin{array}{|ccccc|c|}\hline \underbrace{1 \quad 1 \ldots 1}_{n} & & \underbrace{0 \quad 0 \ldots 0}_{m} & & 1 & M \\ \hline \end{array}$$

hinzu und erteilt M einen gegenüber den b_i $(1 \leq i \leq m)$ hohen positiven Wert. Man erhält dann durch Anwendung von Algorithmus 4 eine dual zulässige Ausgangslösung. Hat die künstliche Variable nach der Durchführung des dualen Simplexverfahrens in der optimalen dualen Basis einen positiven Wert, so wurde entweder M zu klein gewählt oder das primale Problem besitzt keine endliche Lösung. Nähere Einzelheiten entnehme man Abschnitt 2.4.2 sowie Abschnitt 7.3.

Es gibt noch weitere Möglichkeiten zur Durchführung der dualen Simplexmethode. Der interessierte Leser sei aber hier auf Lehrbücher der linearen Optimierung verwiesen.

4. Transport- und Zuordnungsprobleme

Im Jahre 1939 veröffentlichte Kantorowitsch [60] eine grundlegende Studie über die Anwendung mathematischer Methoden in der Organisation und Produktionsplanung und stellte in dieser Arbeit erstmals ein Zuordnungsmodell auf. Das in diesem Kapitel vorwiegend behandelte „klassische" Transportmodell wurde von Hitchcock [41] und Koopmans [49] entwickelt. Der in den Abschnitten 4.2 bis 4.4 beschriebene Transportalgorithmus, der eine Spezialisierung des allgemeinen Simplexverfahrens ist, geht auf Dantzig [51a] zurück, ebenso wie das kapazitierte Transportmodell im Abschnitt 4.7 (vgl. Dantzig [55]). Das Modell des Abschnittes 4.6 geht auf Orden [56] zurück.

4.1 Problemstellung

In gewissen Klassen linearer Optimierungsaufgaben treten von vornherein nur ganzzahlige Lösungen auf, falls ganzzahlige Eingangswerte gewählt werden. Dazu gehören die Transport- und Zuordnungsprobleme.

Ein **Zuordnungsproblem** läßt sich folgenderweise formulieren: Man ordne m Personen genau m Aufgaben so zu, daß jeder Person nur eine Aufgabe zugeteilt wird. Kennzeichnen wir Personen und Aufgaben jeweils durch die Zahlen von 1 bis m, so sei

$$x_{ij} = \begin{cases} 1, \text{ falls der i-ten Person die j-te Aufgabe} \\ \quad \text{zugeteilt wird} \\ 0, \text{ sonst} \end{cases} \tag{4.1}$$

Der „Wert" c_{ij} der Zuordnung der i-ten Person zur j-ten Aufgabe sei durch Leistungstests feststellbar. Man bestimme x_{ij} so, daß

$$z = \sum_{i=1}^{m} \sum_{j=1}^{m} c_{ij} \, x_{ij} \tag{4.2}$$

maximal wird. Nebenbedingungen für dieses Optimierungsproblem sind offenbar nebst (4.1) auch

$$\sum_{i=1}^{m} x_{ij} = 1 \qquad \text{für } j=1,2,\ldots,m \tag{4.3}$$

denn dadurch wird sichergestellt, daß jede Aufgabe von einer Person gelöst wird. Ferner muß

$$\sum_{j=1}^{m} x_{ij} = 1 \qquad \text{für } i=1,2,\ldots,m \tag{4.4}$$

gelten. Die Beziehung (4.4) besagt, daß jeder Person nur eine Aufgabe zugeteilt wird.

Durch (4.1) bis (4.4) wird eine Boolesche lineare Optimierungsaufgabe beschrieben. Zu deren Lösung kann das Simplexverfahren nicht unmittelbar herangezogen werden. Ersetzt man jedoch (4.1) durch die Bedingung

$$x_{ij} \geq 0 \qquad \text{für } 1 \leq i \leq m,\ 1 \leq j \leq m, \tag{4.5}$$

so läßt sich dieses Problem als gewöhnliches lineares Programm behandeln.

Mit Hilfe des Satzes 4.1, der auf Birkhoff [40] zurückgeht, kann man zeigen, daß die optimalen Lösungen des Problems (4.1) bis (4.4) gleich sind den optimalen Eckpunktlösungen der linearen Optimierungsaufgabe (4.2) bis (4.5). Durch diesen Satz wird also die gegebene Boolesche Optimierungsaufgabe auf eine gewöhnliche lineare Optimierungsaufgabe zurückgeführt.

Man fasse den Vektor mit den Komponenten (x_{ij}) $1 \leq i \leq m$, $1 \leq j \leq m$ in folgender Weise zu einer quadratischen Matrix **X** zusammen:

$$\mathbf{X} = \begin{pmatrix} x_{11} & x_{12} & \cdots & x_{1m} \\ x_{21} & x_{22} & \cdots & x_{2m} \\ \vdots & & & \vdots \\ x_{m1} & x_{m2} & \cdots & x_{mm} \end{pmatrix}$$

Quadratische Matrizen mit den Eigenschaften (4.3), (4.4) und (4.5) heißen **doppelt stochastische Matrizen**. Gilt zusätzlich (4.1), so heißen sie **Permutationsmatrizen**. Ferner nennen wir Matrizen, die als Elemente nur Nullen oder Einser enthalten **Boolesche Matrizen**.

Wir beweisen zunächst folgendes Lemma, dessen Formulierung auf Hall [35] zurückgeht.

Lemma:

Entweder enthält eine n-reihige, quadratische, Boolesche Matrix **A** für ein i mit $0 \leq i \leq n-1$ eine $(i+1) \times (n-i)$ Untermatrix aus lauter Nullen oder die Matrix **A** ist die Summe einer n-zeiligen Permutationsmatrix **P** und einer weiteren Booleschen Matrix. ∎

Wenn eine Boolesche Matrix eine $(i+1) \times (n-i)$ Untermatrix aus lauter Nullen enthält, so ist sie sicher nicht die Summe aus einer Permutationsmatrix $\mathbf{P}_1$ und einer weiteren Booleschen Matrix, denn nach einer eventuell notwendigen Umordnung der Zeilen und Spalten geht $\mathbf{P}_1$ in die Einheitsmatrix über, die keine $(i+1) \times (n-i)$ Untermatrix aus lauter Nullen besitzt. Daher wird durch daş Lemma eine echte Klasseneinteilung vorgenommen.

Beweis:

Wir beweisen den Hilfssatz durch Induktion. Für $n=2$ ist das Lemma offensichtlich richtig, denn enthält eine zweizeilige, quadratische Boolesche Matrix keine Nullzeile oder Nullspalte, so läßt sie sich als Summe einer Permutationsmatrix und einer weiteren Booleschen Matrix darstellen. Nehmen wir nun an, das Lemma gelte für alle $(n-1)$-reihigen, quadratischen Booleschen Matrizen. Ferner sei **A** eine n-reihige, quadratische Boolesche Matrix, die für $0 \leq i \leq n-1$ keine $(i+1) \times (n-i)$ Untermatrix aus lauter Nullen enthält. Wir zeigen nun, daß sich **A** dann als Summe einer Permutationsmatrix und einer weiteren Booleschen Matrix darstellen läßt:

Enthält **A** eine $i \times (n-i)$ Untermatrix aus lauter Nullen, so spalten wir **A** – nach eventuell notwendiger Zeilen- und Spaltenumordnung – in folgender Weise auf:

$$\begin{array}{r} \\ i \\ n-i \end{array} \begin{array}{c} \begin{array}{cc} n-i & i \end{array} \\ \left(\begin{array}{c|c} \mathbf{0} & \mathbf{B}_1 \\ \hline \mathbf{B}_2 & \cdots \end{array}\right) \end{array}$$

A läßt sich genau dann in gewünschter Weise zerlegen, wenn auch $\mathbf{B}_1$ und $\mathbf{B}_2$ sich als Summe von Permutationsmatrizen $\mathbf{P}_1$ und $\mathbf{P}_2$ und weiteren Booleschen Matrizen darstellen lassen. Würde sich nun etwa $\mathbf{B}_1$ nicht in der gewünschten Form darstellen lassen, so würde $\mathbf{B}_1$ nach Induktionsvoraussetzung eine $(j+1) \times (i-j)$ Untermatrix aus Nullen enthalten. Dann würde aber auch **A** im Widerspruch zur Voraussetzung eine $(j+1) \times (n-i+i-j)$ Untermatrix, also eine $(j+1) \times (n-j)$ Untermatrix von Nullen enthalten.

Enthält **A** keine $i \times (n-i)$ Untermatrix aus lauter Nullen, so wählen wir ein beliebiges Einselement aus und streichen Zeile und Spalte, in der dieses Element steht. Wir prüfen, ob die so reduzierte Matrix eine $i \times (n'-i)$ Untermatrix aus lauter Nullen besitzt. Wenn das nicht der Fall ist, so setzen wir dieses Verfahren so lange fort, bis entweder alle n Zeilen gestrichen sind – dann ergeben die ausgewählten Einselemente ergänzt durch

Nullelemente eine n-reihige Permutationsmatrix – oder bis zum ersten Mal eine n'-reihige Matrix **A'** auftritt, die eine $i \times (n'-i)$ Untermatrix aus lauter Nullen besitzt. Zu zeigen ist, daß **A'** sich in eine n'-reihige Permutationsmatrix und eine Boolesche Matrix zerlegen läßt. Ließe sich **A'** nicht so darstellen, so würde **A'** nach Induktionsvoraussetzung eine $(j+1) \times (n'-j)$ Untermatrix aus Nullen enthalten. Dies bedeutet aber, daß schon der Vorgänger von **A'** eine $(j+1) \times ((n'+1)-(j+1))$ Untermatrix aus lauter Nullen enthält im Widerspruch zur Annahme, daß dies für **A'** das erste Mal zutrifft. Damit ist das Lemma vollständig bewiesen.

Satz 4.1:

Doppelt stochastische Matrizen bilden für ein festes n eine konvexe Menge im $\mathbf{R}^{n^2}$. Durch die Permutationsmatrizen sind die Ecken dieser konvexen Menge gegeben. ∎

Beweis:

1. Es seien **A** und **B** doppelt stochastische Matrizen und λ eine reelle Zahl mit $0<\lambda<1$. Die Zeilen- und Spaltensummen von $\lambda\mathbf{A}$ haben den Wert λ. Daher hat $\lambda\mathbf{A}+(1-\lambda)\mathbf{B}$ wieder für jede Zeile und Spalte die Summe 1 und ist daher doppelt stochastisch. Damit ist die Konvexität nachgewiesen.

2. Permutationsmatrizen sind Ecken dieser konvexen Menge, denn keine Permutationsmatrix läßt sich als echte Konvexkombination zweier verschiedener doppelt stochastischer Matrizen darstellen.

3. Wir zeigen, daß sich jede beliebige, doppelt stochastische Matrix **C** als Konvexkombination von Permutationsmatrizen darstellen läßt. Daraus folgt, daß jeder Ecke eine Permutationsmatrix entspricht.

Enthält die beliebig gegebene, doppelt stochastische Matrix **C** keine $(i+1) \times (n-i)$ Untermatrix aus lauter Nullen und ist λ_1 ihr kleinstes positives Element, so läßt sie sich nach obigem Lemma als Summe

$$\mathbf{C} = \lambda_1 \mathbf{P}_1 + \mathbf{C}_2 \qquad (0<\lambda_1<1)$$

mit einer Permutationsmatrix $\mathbf{P}_1$ und $\mathbf{C}_2 \geq \mathbf{0}$ darstellen. Ferner besitzt $\mathbf{C}_2$ um mindestens ein Nullelement mehr als **C**. Wiederholen wir diesen Vorgang, so erhält man

$$\mathbf{C} = \lambda_1 \mathbf{P}_1 + \lambda_2 \mathbf{P}_2 + \ldots + \lambda_s \mathbf{P}_s + \mathbf{C}_{s+1}$$

$$\text{mit } s \geq 0 \text{ und } \lambda_i > 0 \text{ für } 1 \leq i \leq s.$$

In dieser Darstellung ist $\mathbf{C}_{s+1}$ eine Matrix, die eine $(i+1) \times (n-i)$ Untermatrix aus Nullen enthält. Falls dies schon für **C** zutrifft, setzen wir $s=0$.

Da **C** doppelt stochastisch ist, gilt

$$\sum_{i=1}^{n} c_{ij}^{(s+1)} = \sum_{j=1}^{n} c_{ij}^{(s+1)} = 1-(\lambda_1 + \ldots + \lambda_s) = \alpha \tag{4.6}$$

Spalten wir nun $\mathbf{C}_{s+1}$ in folgender Weise auf:

$$\mathbf{C}_{s+1} = \begin{array}{c} \begin{array}{cc} i & n-i \end{array} \\ \left(\begin{array}{c|c} \mathbf{D}_1 & \mathbf{O} \\ \hline \mathbf{D}_2 & \mathbf{D}_3 \end{array}\right) \end{array} \begin{array}{l} i+1 \\ n-i-1 \end{array}$$

Die Summe aller Koeffizienten von $\mathbf{D}_1$ ist $(i+1)\alpha$ und die Summe der Koeffizienten von $\mathbf{D}_3$ ist $(n-i)\alpha$. Daher ist die Summe aller Koeffizienten von $\mathbf{C}_{s+1}$ größer oder gleich $(i+1)\alpha + (n-i)\alpha = (n+1)\alpha$. Da nach (4.6) aber die Summe der Koeffizienten gleich $n\alpha$ ist, so ist $\alpha = 0$ und $s > 0$. Daraus folgt $\lambda_1 + \ldots + \lambda_s = 1$ und ferner $\mathbf{C}_{s+1} = \mathbf{0}$. Also läßt sich **C** als Konvexkombination der Permutationsmatrizen $\mathbf{P}_1, \ldots, \mathbf{P}_s$ darstellen, was zu zeigen war.

Transportprobleme hängen eng mit Zuordnungsproblemen zusammen. Eine **Transportaufgabe** läßt sich etwa folgendermaßen beschreiben:

m Lagerhäuser enthalten Waren, die n Städten zugeteilt werden sollen. Dabei soll das i-te Lager genau die Warenanzahl a_i abgeben und die j-te Stadt die Warenanzahl b_j erhalten. Ferner stellen die Zahlen c_{ij} $(1 \leq i \leq m, 1 \leq j \leq n)$ die Kosten für den Transport der Wareneinheit vom Lagerhaus i zur Stadt j dar. Wieviele Einheiten x_{ij} sollen von i nach j versandt werden, um bei der Räumung der Lagerhäuser die Gesamtkosten minimal zu halten?

Dies ist offensichtlich folgendes lineare Optimierungsproblem

Minimiere $\sum_{i=1}^{m} \sum_{j=1}^{n} c_{ij} \, x_{ij}$ unter den Restriktionen

$$\sum_{j=1}^{n} x_{ij} = a_i \qquad (a_i > 0,\ 1 \leq i \leq m) \tag{4.7}$$

$$\sum_{i=1}^{m} x_{ij} = b_j \qquad (b_j > 0,\ 1 \leq j \leq n)$$

und $$\sum_{i=1}^{m} a_i = \sum_{j=1}^{n} b_j$$

wobei die letzte Gleichung aus den vorigen folgt. Transport- und Zuordnungsprobleme lassen sich ineinander überführen. Daher liefert auch das

Problem (4.7) bei ganzzahligen Werten a_i $(1 \leq i \leq m)$ und b_j $(1 \leq j \leq n)$ ganzzahlige Lösungen:

Liegt ein Zuordnungsproblem vor, so setzen wir in (4.7) $a_i = 1$ $(1 \leq i \leq m)$ und $b_j = 1$ $(1 \leq j \leq n)$ und erhalten ein Transportproblem. Ist umgekehrt ein Transportproblem mit ganzzahligen Werten a_i und b_j gegeben und setzen wir

$$x_{ij} = \sum_{\alpha=1}^{a_i} \sum_{\beta=1}^{b_j} x_{ij}^{(\alpha,\beta)} \qquad \text{mit } x_{ij}^{(\alpha,\beta)} \in \{0,1\}$$

so erhalten wir ein zu (4.7) äquivalentes Zuordnungsproblem.

Beispiel 7:

Das Transportproblem

Maximiere $c'x$ unter den Restriktionen

$$\begin{aligned} x_{11} + x_{12} &= 2 \\ x_{21} + x_{22} &= 1 \\ x_{11} + x_{21} &= 2 \\ x_{12} + x_{22} &= 1 \end{aligned}$$

geht vermöge der Substitution

$$\begin{aligned} x_{11} &= x_{11}^{(1,1)} + x_{11}^{(1,2)} + x_{11}^{(2,1)} + x_{11}^{(2,2)} \\ x_{21} &= x_{21}^{(1,1)} + x_{21}^{(1,2)} \\ x_{12} &= x_{12}^{(1,1)} + x_{12}^{(2,1)} \\ c_{ij}^{(\alpha,\beta)} &= c_{ij} \quad \text{für alle Paare } (\alpha,\beta) \end{aligned}$$

über in das Zuordnungsproblem:

Maximiere $c'x$ unter den Restriktionen

$$\begin{aligned} x_{11}^{(1,1)} + x_{11}^{(1,2)} + x_{12}^{(1,1)} &= 1 \\ x_{11}^{(2,1)} + x_{11}^{(2,2)} + x_{12}^{(2,1)} &= 1 \\ x_{21}^{(1,1)} + x_{21}^{(1,2)} + x_{22} &= 1 \\ x_{11}^{(1,1)} + x_{11}^{(2,1)} + x_{21}^{(1,1)} &= 1 \\ x_{11}^{(1,2)} + x_{11}^{(2,2)} + x_{21}^{(1,2)} &= 1 \\ x_{12}^{(1,1)} + x_{12}^{(2,1)} + x_{22} &= 1 \end{aligned}$$

Ist

$$\sum_{i=1}^{m} a_i = \sum_{j=1}^{n} b_j = G$$

so erfüllt der Vektor mit den Komponenten $x_{ij} = \dfrac{a_i b_j}{G}$

alle Restriktionen. Daher ist bei Transportproblemen die Menge der zulässigen Punkte nicht leer. Sie ist aber auch beschränkt, da $0 \leq x_{ij} \leq \min(a_i, b_j)$ gilt. Folglich besitzen Transportprobleme stets eine endliche Optimallösung.

4.2 Anwendung des Simplexverfahrens auf Transportprobleme

Nach den Ausführungen von Abschnitt 4.1 ist es prinzipiell möglich, ein Transportproblem durch das gewöhnliche Simplexverfahren zu lösen. Da die Restriktionen der Transportaufgabe (4.7) aber eine sehr spezielle Gestalt haben, führt die nachfolgend beschriebene Variante des Simplexverfahrens, die auf Dantzig [51a] zurückgeht, schneller zum Ziel und hat den weiteren Vorteil, daß die Rechnung mit viel kleineren Tableaus auskommt, als bei der Durchführung des gewöhnlichen Simplexverfahrens nötig wären.

Gegeben sei die Transportaufgabe

Minimiere $\mathbf{c}'\mathbf{x}$ unter den Restriktionen

$$\sum_{j=1}^{n} x_{ij} = a_i \qquad (a_i > 0,\ i = 1, 2, \ldots, m)$$

$$\sum_{i=1}^{m} x_{ij} = b_j \qquad (b_j > 0,\ j = 1, 2, \ldots, n)$$

$$x_{ij} \in \{0,1\}$$

Ferner gelte

$$\sum_{i=1}^{m} a_i = \sum_{j=1}^{n} b_j \tag{4.8}$$

Schreiben wir die Restriktionen in der Form $\mathbf{Ax} = \mathbf{b}$, so hat die Matrix $\mathbf{A}$ mn Spalten und $(m+n)$ Zeilen, wobei in der $(in+k)$-ten Spalte genau in der i-ten und $(m+k)$-ten Zeile der Wert 1 steht. Infolge der Beziehung (4.8) hat die Matrix $\mathbf{A}$ höchstens den Rang $n+m-1$. Streicht man die $(m+n)$-te Zeile der Matrix, so erhält man

$$
\mathbf{A} = \begin{pmatrix}
11\ldots1 & 00\ldots0 & & 00\ldots0 \\
00\ldots0 & 11\ldots1 & & 00\ldots0 \\
\vdots\quad\vdots & \vdots\quad\vdots & & \vdots\quad\vdots \\
00\ldots0 & 00\ldots0 & \ldots & 11\ldots1 \\
10\ldots0 & 10\ldots0 & & 10\ldots0 \\
01\ldots0 & 01\ldots0 & & 01\ldots0 \\
\vdots\ \ddots\ \vdots & \vdots\ \ddots\ \vdots & & \vdots\quad\vdots \\
00\ldots10 & 00\ldots10 & & 00\ldots10
\end{pmatrix}
$$

Betrachtet man folgende quadratische, (n+m−1) zeilige Untermatrix $\tilde{\mathbf{A}}$ von **A**, so sieht man, daß **A** genau den Rang (n+m−1) besitzt.

$$
\tilde{\mathbf{A}} = \begin{pmatrix}
11\ldots1 & 10\ldots0 \\
00\ldots0 & 01\ldots0 \\
\vdots\quad\vdots & \vdots\ \ddots\ \vdots \\
00\ldots0 & 00\ldots1 \\
10\ldots0 & 00\ldots0 \\
01\ldots0 & 00\ldots0 \\
\vdots\ \ddots\ \vdots & \vdots\quad\vdots \\
\underbrace{00\ldots1}_{n-1} & \underbrace{00\ldots0}_{m}
\end{pmatrix}
$$

Spalten wir nun die Vektoren **x** und **c** sowie die Matrix **A** in zwei Teile auf, nämlich jenen Teil, der zu den Basisvariablen gehört und den wir durch den Index B kennzeichnen, und den Rest, der zu den Nichtbasisvariablen gehört und der durch N gekennzeichnet werden soll:

$$
\begin{aligned}
\mathbf{x}' &= (\mathbf{x}_B' \ \vdots\ \mathbf{x}_N') \\
\mathbf{c}' &= (\mathbf{c}_B' \ \vdots\ \mathbf{c}_N') \\
\mathbf{A} &= (\mathbf{A}_B \ \vdots\ \mathbf{A}_N)
\end{aligned}
$$

Damit läßt sich die gegebene Optimierungsaufgabe

Minimiere $\mathbf{c}'\mathbf{x}$ unter den Restriktionen $\mathbf{Ax} = \mathbf{b}$, $\mathbf{x} \geq \mathbf{0}$

mit $\mathbf{b}' = (a_1, a_2, \ldots, a_m, b_1, b_2, \ldots, b_{n-1})$ in der folgenden Form schreiben:

Minimiere $\mathbf{c}'\mathbf{x}$ unter den Restriktionen

$$\mathbf{A}_B\mathbf{x}_B + \mathbf{A}_N\mathbf{x}_N = \mathbf{b} \qquad (4.9)$$
$$\mathbf{x} \geq \mathbf{0}$$

Berechnet man aus (4.9) $\mathbf{x}_B$ zu $\mathbf{A}_B^{-1}\mathbf{b} - \mathbf{A}_B^{-1}\mathbf{A}_N\mathbf{x}_N$ und substituiert man $\mathbf{x}_B$ in der Zielfunktion, so erhält man

$$\text{Minimiere } \mathbf{c}'_B\mathbf{A}_B^{-1}\mathbf{b} + (\mathbf{c}'_N - \mathbf{c}'_B\mathbf{A}_B^{-1}\mathbf{A}_N)\,\mathbf{x}_N \qquad (4.10)$$

Nach dem Simplexverfahren ist für das Minimumproblem jene Variable x_{ik} in die Basis aufzunehmen, für die der Kostenfaktor negativ ist. Diese Variable wird also durch

$$(\mathbf{c}'_B\mathbf{A}_B^{-1}\mathbf{A}_N)_{ik} > (\mathbf{c}'_N)_{ik} \qquad (4.11)$$

bestimmt. Setzen wir

$$\mathbf{c}'_B\mathbf{A}_B^{-1} = \mathbf{u}' \qquad (4.12)$$

mit $\mathbf{u}' = (u_1, \ldots, u_m, v_1, \ldots, v_{n-1})$, so gilt

$$\mathbf{u}'\mathbf{A}_B = \mathbf{c}'_B$$

woraus man folgende rekursive Beziehung erhält:

$$\left.\begin{aligned} u_i + v_k &= c_{ik} \quad (k<n) \\ u_i &= c_{in} \end{aligned}\right\} \text{ für alle Indizes (i, k), die zu Basisvariablen gehören.} \qquad (4.13)$$

Wir setzen $v_n = 0$.

Bezeichnen wir mit

$$\bar{\mathbf{c}}_N = \mathbf{u}'\mathbf{A}_N$$

dann liefert

$$u_i + v_k = \bar{c}_{ik} \quad \text{für alle Indizes (i, k), die zu Nichtbasisvariablen gehören} \qquad (4.14)$$

die Vergleichsgrößen für (4.11). Das Simplexkriterium besagt nun:

Sind die Koeffizienten der Nichtbasisvariablen c_{ik} alle größer oder gleich $\bar{c}_{ik}$, so ist die vorliegende Basis optimal.

Ist die Basis nicht optimal, so nimmt man eine jener Nichtbasisvariablen neu in die Basis auf, für die $\bar{c}_{ik} - c_{ik}$ den größten Wert annimmt. Sei dies die Variable x_{rs}. Läßt man x_{rs} wachsen, so ändern sich aufgrund der Restriktionen die übrigen Basisvariablen. Der größtmöglichste Wert von x_{rs} ist erreicht, sobald zum ersten Mal eine andere Basisvariable den Wert 0 annimmt.

Entartung tritt ein, wenn gleichzeitig zwei oder mehr Basisvariable Null werden. Man könnte hier analog zum Simplexverfahren mit Störung einen

Transportalgorithmus mit Störung verwenden. Davon sieht man aber in der Praxis ab, da bisher kein Beispiel gefunden wurde, bei dem der Transportalgorithmus in ein Kreisen gerät. Im Entartungsfall kann man daher eine beliebige der zu Null werdenden Basisvariablen gegen die in die Basis eintretende Nichtbasisvariable austauschen.

4.3 Aufsuchen einer Ausgangslösung

Um das Transportproblem (4.7) zu lösen ist es zunächst nötig, eine zulässige Ausgangslösung zu bestimmen. Dafür wurde eine Reihe von Verfahren angegeben. Insbesondere bemühte man sich, die Ausgangslösung so zu bestimmen, daß der Transportalgorithmus in wenigen Schritten das Optimum liefert.

Wir fassen die Variablen x_{ij} zu folgendem Rechteckschema zusammen, welches wir durch die Werte a_i $(1 \leq i \leq m)$ und b_j $(1 \leq j \leq n)$ ergänzen.

X:

	b_1	b_2	$\dots$	b_n
a_1	x_{11}	x_{12}	$\dots$	x_{1n}
a_2	x_{21}	x_{22}	$\dots$	x_{2n}
$\vdots$	$\vdots$	$\vdots$	$\dots$	$\vdots$
a_m	x_{m1}	x_{m2}	$\dots$	x_{mn}

Allen Methoden zur Bestimmung einer Ausgangslösung liegt folgendes Verfahren zugrunde:

Durch ein vorgegebenes Kriterium K wählt man ein Indexpaar (i_o, j_o) und versucht die Variable $x_{i_o j_o}$ möglichst groß zu wählen. Der Wert von $x_{i_o j_o}$ muß kleiner als die Zeilensumme a_{i_o} und kleiner als die Spaltensumme b_{j_o} sein:

$$x_{i_o j_o} = \min (a_{i_o}, b_{j_o}).$$

Ist $a_{i_o} < b_{j_o}$, so setze man $x_{i_o j} = 0$ für $j \neq j_o$ und streiche die i_o-te Zeile im Tableau **X**. Ferner ersetze man b_{j_o} durch $b_{j_o} - a_{i_o}$ und wähle in dem nun reduzierten Tableau durch das Kriterium K ein neues Element.

Ist $b_{j_o} < a_{i_o}$, so setze man analogerweise die übrigen Elemente der j_o-ten Spalte gleich 0, streiche diese Spalte und ersetze a_{i_o} durch $a_{i_o} - b_{j_o}$.

Ist $a_{i_o} = b_{j_o}$, so setze man entweder die übrigen Variablen der Zeile i_o oder der Spalte j_o gleich Null und streiche dann diese. Sind jedoch noch mehrere Zeilen, aber nur eine Spalte vorhanden, so streiche man eine Zeile.

Analogerweise ist eine Spalte zu streichen, falls das Tableau zwar mehrere Spalten, aber nur mehr eine Zeile enthält.

Zunächst ist zu zeigen, daß durch dieses allgemeine Verfahren stets eine Basis für das gegebene Problem bestimmt wird. Dazu gehen wir so vor:

Wählen wir irgendein Indexpaar (i_o, j_o) und streichen wir die Zeile i_o (die Spalte j_o) im Tableau **X**, so sind in der Matrix **A**

$$
\mathbf{A} = \begin{pmatrix}
11 \ldots 1 & & 00 \ldots 0 \\
00 \ldots 0 & & 00 \ldots 0 \\
\vdots \quad\; \vdots & & \vdots \quad\; \vdots \\
00 \ldots 0 & \ldots & 11 \ldots 1 \\
10 \ldots 0 & & 10 \ldots 0 \\
01 \ldots 0 & & 01 \ldots 0 \\
\vdots \;\ddots\; \vdots & & \vdots \;\ddots\; \vdots \\
00 \ldots 10 & & 0 \ldots 10
\end{pmatrix}
$$

alle Spalten gestrichen worden, die das Element 1 in der i_o-ten Zeile (in der $(m+j_o)$-ten Zeile) enthalten. Die ausgewählte Spalte $i_o j_o$ ist von allen nicht gestrichenen Spalten der Matrix **A** (= reduzierte Matrix) linear unabhängig, da keine andere Spalte das Element 1 in der i_o-ten ($(m+j_o)$-ten) Zeile von **A** enthält. Wählt man in der reduzierten Matrix neuerlich eine Spalte aus, so ist diese Spalte nach dem Vorangegangenen von allen bisher bestimmten Spalten linear unabhängig. Man reduziert nun die Matrix neuerlich und wählt von den verbleibenden eine neue Spalte aus. Die so ausgewählten $(n+m-1)$ Spalten bilden eine Basis, da sie linear unabhängig sind (vergleiche Abschnitt 2.1).

Spezielle Verfahren zur Bestimmung einer Ausgangslösung erhält man, indem man das Kriterium K spezifiziert:

a) Nordwesteckenregel

Man nehme für x_{ij} stets das Element der ersten Zeile und ersten Spalte des (reduzierten) Tableaus.

b) Regel der geringsten Kosten

Wir ordnen dem Tableau **X** der Variablen x_{ij} ein Tableau **C** der Koeffizienten der Zielfunktion („Kostenfaktoren") c_{ij} zu.

$$
\mathbf{X}: \begin{array}{c|cccc}
 & b_1 & b_2 & \dots & b_n \\
\hline
a_1 & x_{11} & x_{12} & \dots & x_{1n} \\
a_2 & x_{21} & x_{22} & \dots & x_{2n} \\
\vdots & \vdots & \vdots & & \vdots \\
a_m & x_{m1} & x_{m2} & \dots & x_{mn}
\end{array}
\qquad
\mathbf{C}: \begin{array}{|cccc|}
\hline
c_{11} & c_{12} & \dots & c_{1n} \\
c_{21} & c_{22} & \dots & c_{2n} \\
\vdots & \vdots & & \vdots \\
c_{m1} & c_{m2} & \dots & c_{mn} \\
\hline
\end{array}
$$

Es ist nun plausibel, jener Variablen x_{ij} einen möglichst großen Wert zu erteilen, der die geringsten Kosten entsprechen. Das Kriterium K besteht darin, das Minimum der Elemente von **C** zu bestimmen und eines der minimalen Elemente c_{ij} auszuwählen. Das Element x_{ij}, das diesem c_{ij} entspricht, wird nun in die Basis aufgenommen. Man streicht die entsprechenden Zeilen oder Spalten nicht nur in **X**, sondern auch in **C** und erhält so ein reduziertes Tableau **C**, in dem wieder ein minimales Element bestimmt wird.

c) Russel [69] gab folgendes Kriterium an, das in den von ihm untersuchten Fällen die besten Ergebnisse lieferte. Man bestimme

$$w_i = \max_j c_{ij} \qquad (i = 1,2,\dots,n)$$

$$y_j = \max_i c_{ij} \qquad (j = 1,2,\dots,m)$$

und man stelle das ($m \times n$)-Tableau **D** für die Werte $w_i + y_j - c_{ij}$ ($1 \leq i \leq m$, $1 \leq j \leq n$) auf. Dann wähle man eines der maximalen Elemente von **D** aus. Das Element x_{ij}, das diesem d_{ij} entspricht, wird nun in die Basis aufgenommen. Man streicht wie oben die einander entsprechenden Zeilen und Spalten nicht nur in **X**, sondern auch in **D** und wählt aus dem so reduzierten Tableau **D** ein neues maximales Element aus.

Beispiel 8:

Man minimiere

$$2x_{11} + 3x_{12} + 4x_{13} + x_{14} + 5x_{21} + 4x_{22} + 2x_{23} + 3x_{24} + 4x_{31} + 2x_{32} + 8x_{33} + 6x_{34}$$

unter den Restriktionen

$$\sum_{j=1}^{4} x_{1j} = 4, \quad \sum_{j=1}^{4} x_{2j} = 7, \quad \sum_{j=1}^{4} x_{3j} = 4$$

$$\sum_{i=1}^{3} x_{i1} = 2, \quad \sum_{i=1}^{3} x_{i2} = 4, \quad \sum_{i=1}^{3} x_{i3} = 6, \quad \sum_{i=1}^{3} x_{i4} = 3$$

$$x_{ij} \in \{0,1\} \text{ für } 1 \leq i \leq 3,\ 1 \leq j \leq 4.$$

Wir fassen die Elemente x_{ij} und c_{ij} zu (m × n) Tableaus **X** beziehungsweise **C** zusammen und erweitern **X** durch die Zahlen a_1, a_2, a_3 und b_1, b_2, b_3, b_4.

X:

	2	4	6	3
4				
7				
4				

C:

2	3	4	1
5	4	2	3
4	2	8	6

Zunächst bestimmen wir eine zulässige Ausgangslösung nach der Nordwesteckenregel. Wir tragen nur die Werte der Basisvariablen x_{ij} im Tableau **X** ein

X:

	2	4	6	3
4	2	2		
7		2	5	
4			1	3

Diese Basislösung ergibt für die Zielfunktion den Wert

$$4 + 6 + 8 + 10 + 8 + 18 = 54$$

Bestimmen wir nun die Ausgangslösung durch die Regel der geringsten Kosten, so erhält man folgende Werte für die Basisvariablen

	2	4	6	3
4	1			3
7	1	0	6	
4		4		

Die zugehörigen „Kosten“ ergeben sich zu

$$2 + 5 + 8 + 12 + 3 = 30$$

Sie sind also wesentlich niedriger als die Kosten der Lösung, die durch die Nordwesteckenregel bestimmt wurde. Um eine Ausgangsecke nach der Methode von Russel bestimmen zu können, sind zunächst die Werte w_i $(1 \leq i \leq 3)$ und y_j $(1 \leq j \leq 4)$ zu berechnen:

$w_1 = 4 \qquad y_1 = 5$

$w_2 = 5 \qquad y_2 = 4$

$w_3 = 8 \qquad y_3 = 8$

$\qquad\qquad\; y_4 = 6$

Dann stellt man das Tableau **D** auf, das die Werte $w_i + y_j - c_{ij}$ enthält:

D:

7	5	8	9
5	5	11	8
9	10	8	8

Nun erhält man für die Ausgangslösung

X:

	2	4	6	3
4	1			3
7	1	0	6	
4		4		

und damit hat wie oben die Zielfunktion den Wert 30. Wie wir im nächsten Abschnitt sehen werden, ist von diesem Tableau ausgehend nur mehr ein Iterationsschritt nötig, um eine optimale Lösung zu erhalten.

4.4 Der Transportalgorithmus

Wir fassen die Größen x_{ij} und c_{ij} in $(m \times n)$-Tableaus **X** und **C** zusammen und erweitern das Tableau **C** um eine Zeile und eine Spalte. In **X** tragen wir die Werte der Basisvariablen ein. Der Transportalgorithmus besteht dann aus folgenden Schritten:

Algorithmus 5: Lösung einer Transportaufgabe (4.7) bei bekannter Basislösung.

Ausgangswerte:

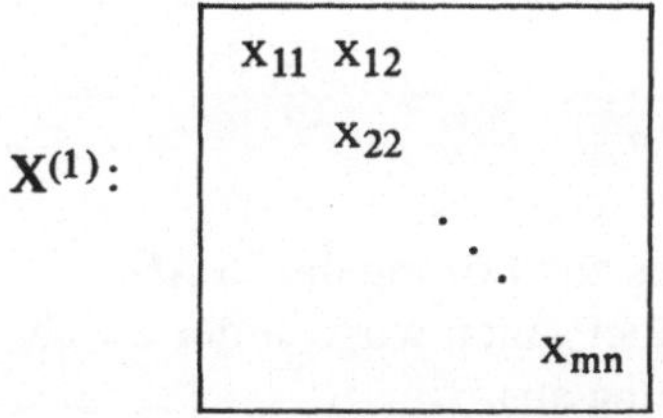

(Anmerkung: Das Tableau $\mathbf{X}^{(1)}$ enthält die Werte der Basisvariablen in der Ausgangslösung)

$C^{(0)}$:

	v_1	v_2	...	v_{n-1}	0
u_1	$c_{11}^{(0)}$	$c_{12}^{(0)}$	...		$c_{1n}^{(0)}$
⋮	⋮	⋮			⋮
u_m	$c_{m1}^{(0)}$	$c_{m2}^{(0)}$	...		$c_{mn}^{(0)}$

(Anmerkung: Das Tableau $\mathbf{C}^{(0)}$ enthält die Koeffizienten der Zielfunktion)

$k := 1,\ v_n := 0.$

1. Setze $\overline{c_{ij}} := c_{ij}$, falls x_{ij} Basisvariable im Tableau $\mathbf{X}^{(k)}$ ist. Berechne rekursiv die Größen u_i $(1 \leq i \leq m)$ und v_j $(1 \leq j \leq n-1)$ aus

$$u_i + v_j = \overline{c_{ij}}$$
$$u_i \quad = \overline{c_{in}}$$

2. Berechne aus u_i und v_j die Größen $\overline{c_{ij}}$, die zu den Nichtbasisvariablen gehören:

$$\overline{c_{ij}} = u_i + v_j$$

3. Bestimme $\mu = \max\limits_{(i,\, j)} (\overline{c_{ij}} - c_{ij})$

   Ist $\mu = 0$, so ist die Basislösung des Tableaus $\mathbf{X}^{(k)}$ optimal. Terminiere.

   Ist $\mu > 0$, so sei $(r, s) \in \{(i, j) \mid \overline{c_{ij}} - c_{ij} \text{ maximal}\}$

4. Setze $x_{rs} = \delta$ und addiere beziehungsweise subtrahiere von Basisvariablen des Tableaus $\mathbf{X}^{(k)}$ den Wert δ so, daß alle Zeilen- und Spaltensummen konstant bleiben. Die Basisvariablen haben nun die Werte $x_{ij}(\delta)$.

5. Bestimme den größten Wert $\delta = \delta_o$, für den die Vorzeichenbedingungen $x_{ij}(\delta) \geq 0$ für die Basisvariablen des Tableaus $\mathbf{X}^{(k)}$ erfüllt sind.

6. Setze für die Basisvariablen $x_{ij} = x_{ij}(\delta_o)$ und $x_{rs} = \delta_o$. Tausche eine für $\delta = \delta_o$ verschwindende Basisvariable des Tableaus $\mathbf{X}^{(k)}$ gegen die neu eintretende Variable x_{rs} aus. Dadurch erhält man $\mathbf{X}^{(k+1)}$.

7. Setze $k := k + 1$ und gehe zu 1.

Im folgenden Beispiel wird dieser Algorithmus zur Lösung der in Abschnitt 4.3 begonnen Aufgabe verwendet. Dabei gehen wir von der durch die Nordwesteckenregel gefundenen Basislösung aus.

Beispiel 8 (Fortsetzung):

Gesucht wird eine optimale Lösung der Transportaufgabe mit folgenden Anfangswerten

$$X^{(1)}: \begin{array}{|cccc|} 2 & 2 & & \\ & 2 & 5 & \\ & & 1 & 3 \\ \end{array} \qquad C^{(0)}: \begin{array}{|cccc|} 2 & 3 & 4 & 1 \\ 5 & 4 & 2 & 3 \\ 4 & 2 & 8 & 6 \\ \end{array}$$

Zunächst tragen wir nach Schritt 1 die den Basisvariablen entsprechenden Koeffizienten in das Tableau $C^{(1)}$ ein und berechnen daraus rekursiv die Größen u_i $(1 \leq i \leq 3)$ und v_j $(1 \leq j \leq 3)$. v_n (also hier v_4) ist immer gleich Null:

$$C^{(1)}: \begin{array}{c|cccc|} & 3 & 4 & 2 & 0 \\ \hline -1 & 2 & 3 & & \\ 0 & & 4 & 2 & \\ 6 & & & 8 & 6 \\ \hline \end{array}$$

Nach Schritt 2 ergänzen wir jetzt dieses Tableau durch die Werte $\bar{c}_{ij} = u_i + v_j$, die zu Nichtbasisvariablen gehören[1] und erhalten damit

$$C^{(1)}: \begin{array}{c|cccc|} & 3 & 4 & 2 & 0 \\ \hline -1 & \underline{2} & \underline{3} & 1 & -1 \\ 0 & 3 & \underline{4} & \underline{2} & 0 \\ 6 & 9 & \boxed{10} & \underline{8} & \underline{6} \\ \hline \end{array}$$

Nun bestimmen wir nach Punkt 3 das Maximum von $\bar{c}_{ij} - c_{ij}$ für $1 \leq i \leq m$, $1 \leq j \leq n$. Dazu genügt es, nur die zu den Nichtbasisvariablen gehörigen Werte zu untersuchen, denn die anderen ergeben nach ihrer Konstruktion stets den Wert Null. In unserem Falle ist $\mu = 8$ für $i = 3$ und $j = 2$ (eingekreistes Element). Setzen wir nun $x_{32} = \delta$, so lautet das Tableau nach der Durchführung des Schrittes 4.

$$X^{(1)}(\delta): \begin{array}{|cccc|} 2 & 2 & & \\ & 2-\delta & 5+\delta & \\ & \delta & 1-\delta & 3 \\ \end{array}$$

1 Die zu Basisvariablen gehörigen Werte sind unterstrichen.

Nach Punkt 5 des Algorithmus ist $\delta_o = \min(1,2) = 1$. Für $\delta = \delta_o$ verschwindet die Basisvariable x_{33}, an deren Stelle x_{23} in die neue Basis aufgenommen wird. Somit erhalten wir für $\mathbf{X}^{(2)}$ das Tableau:

$\mathbf{X}^{(2)}$:

2	2		
	1	6	
	1		3

Wir kehren nun zu Punkt 1 zurück und wiederholen die Schritte. Man erhält

$\mathbf{C}^{(2)}$

	−5	−4	−6	0
7	$\underline{2}$	$\underline{3}$	1	$\boxed{7}$
8	3	$\underline{4}$	$\underline{2}$	8
6	1	$\underline{2}$	0	$\underline{6}$

Da μ den Wert 6 annimmt, ist ein weiterer Variablenaustausch durchzuführen

$\mathbf{X}^{(2)}(\delta)$:

2	$2-\delta$		δ
	1	6	
	$1+\delta$		$3-\delta$

$\delta_o = 2$

$\mathbf{X}^{(3)}$:

2			2
	1	6	
	3		1

Ferner erhält man

$\mathbf{C}^{(3)}$:

	1	−4	−6	0
1	$\underline{2}$	−3	−5	$\underline{1}$
8	9	$\underline{4}$	$\underline{2}$	$\boxed{8}$
6	7	$\underline{2}$	0	$\underline{6}$

$\mathbf{X}^{(4)}$:

2			2
	0	6	1
	4		

Das zur Basislösung $\mathbf{X}^{(4)}$ gehörige Kostentableau lautet

$\mathbf{C}^{(4)}$:

	1	1	−1	0
1	$\underline{2}$	2	0	$\underline{1}$
3	4	$\underline{4}$	$\underline{2}$	$\underline{3}$
1	2	$\underline{2}$	0	1

Da $\mu = 0$ ist, ist die Basislösung des Tableaus $\mathbf{X}^{(4)}$ optimal. Diese Lösung ergibt folgenden Wert der Zielfunktion („Gesamtkosten"):

$$2.2 + 2.1 + 6.2 + 1.3 + 4.2 = 29$$

Der Leser überzeuge sich davon, daß ein Iterationsschritt genügt hätte, um ausgehend von der Basislösung, die durch die Regel der geringsten Kosten bestimmt wurde, eine optimale Lösung zu erreichen.

4.5 Varianten des Transportproblems

Vielfach treten in der Praxis ähnliche Fragestellungen wie beim klassischen Transportmodell auf, die sich oft auf dieses zurückführen lassen oder durch leichte Modifikation im Transportalgorithmus gelöst werden können. Wir wollen hier zwei derartige Probleme besprechen, nämlich Transportaufgaben mit Defizit und Überschuß und Transportaufgaben mit unzulässigen Feldern.

4.5.1 Transportaufgaben mit Defizit oder Überschuß

Im klassischen Transportproblem ist festgelegt, daß die Summe der vorhandenen Vorräte gleich ist der Summe der gewünschten Waren, also

$$\sum_{i=1}^{m} a_i = \sum_{j=1}^{n} b_j$$

Ist nun $\sum_{i=1}^{m} a_i > \sum_{j=1}^{n} b_j$, so wird in unserer Interpretation der Transportaufgabe mehr gelagert als benötigt wird. Es ist somit ein Überschuß vorhanden, dessen Lagerung meist ebenfalls mit Kosten verbunden ist. Seien etwa c_{io} $(1 \leq i \leq m)$ die Lagerungskosten im Lagerhaus i. Fügt man zum Tableau $\mathbf{X}$ eine Überschußspalte mit den Größen x_{io} $(1 \leq i \leq m)$ hinzu, so erhält man ein klassisches Transportmodell:

	$\sum_{i=1}^{m} a_i - \sum_{j=1}^{n} b_j$	b_1	b_2	...	b_n
a_1	x_{10}	x_{11}	x_{12}	...	x_{1n}
a_2	x_{20}	x_{21}	x_{22}	...	x_{2n}
⋮	⋮	⋮	⋮		⋮
a_m	x_{m0}	x_{m1}	x_{m2}	...	x_{mn}

Überschußspalte

Von diesem Tableau ausgehend, kann man den früher beschriebenen Transportalgorithmus durchführen. Analog geht man vor, wenn $\sum_{i=1}^{m} a_i < \sum_{j=1}^{n} b_j$ ist, also der Bedarf nicht gedeckt werden kann. Eine Nichtbelieferung sei mit den Kosten c_{oj} verbunden. Man führt in diesem Fall eine Defizitzeile ein und erhält

	b_1	b_2	b_3	...	b_n	
$\sum_{j=1}^{n} b_j - \sum_{i=1}^{m} a_i$	x_{01}	x_{02}	x_{03}	...	x_{0n}	Defizitzeile
a_1	x_{11}	x_{12}	x_{13}	...	x_{1n}	
a_2	x_{21}	x_{22}	x_{23}	...	x_{2n}	
$\vdots$	$\vdots$	$\vdots$	$\vdots$		$\vdots$	
a_m	x_{m1}	x_{m2}	x_{m3}	...	x_{mn}	

Nach dieser Modifikation kann man durch den klassischen Transportalgorithmus die gewünschte Lösung finden. Fassen wir beide obigen Möglichkeiten zusammen – denn manchmal ist es günstig, weder alle Abnehmer voll zu beliefern noch alle Lager vollständig zu leeren – so erhalten wir folgendes Tableau

	$\sum_{i=1}^{m} a_i$	b_1	...	b_n
$\sum_{j=1}^{n} b_j$	x_{00}	x_{01}	...	x_{0n}
a_1	x_{10}	x_{11}	...	x_{1n}
$\vdots$	$\vdots$	$\vdots$		$\vdots$
a_m	x_{m0}	x_{m1}	...	x_{mn}

Dabei ist $x_{oo} = \sum_{i=1}^{m} \sum_{j=1}^{n} x_{ij}$ die Variable, die den Gesamtumsatz angibt. c_{oo} sind daher die mit dem Gesamtumsatz verbundenen Kosten (Steuern, etc.). Wie oben geben die Größen x_{io} $(1 \leq i \leq m)$ die Mengen der gelagerten Waren an, c_{io} sind die Lagerungskosten, und x_{oj} $(1 \leq j \leq n)$ entsprechen den nicht gelieferten Waren, c_{oj} sind die Strafkosten für Nichtbelieferung. Die erste Spalte des obigen Tableaus kann nun so interpretiert werden, daß die Summe aus umgesetzten und weiterhin gelagerten Waren gleich ist den in den Lagerhäusern vorhandenen Waren. Analog läßt sich die erste Zeile interpretieren: Der Gesamtbedarf $\sum_{j=1}^{n} b_j$ setzt sich zusammen aus gelieferten Waren x_{oo} und den nicht befriedigten Bedürfnissen x_{oj} $(1 \leq j \leq n)$.

Mit Hilfe des klassischen Transportalgorithmus läßt sich das Problem in obiger Form unmittelbar lösen.

4.5.2 Transportaufgaben mit unzulässigen Feldern

Häufig tritt bei Transportaufgaben der Fall ein, daß gewisse Variable einen festen Wert besitzen sollen. Soll etwa $x_{ij} = a$ $(a \in \mathbf{N})$ sein, so reduziert man x_{ij} auf Null, indem man a von der i-ten Zeilen- und j-ten Spaltensumme subtrahiert und das Feld (i, j) in den Tableaus **X** und **C** für unzulässig erklärt. Die Variablen einer zulässigen Basislösung, die positiv sind, dürfen nur in zulässigen Feldern stehen. Dies erschwert das Auffinden einer zulässigen Basislösung, denn meist versagen hiebei die im Abschnitt 4.3 beschriebenen Verfahren. Man kann wohl versuchen, etwa durch die Regel der geringsten Kosten eine zulässige Basislösung zu erhalten. Sind aber viele Felder unzulässig, so wird eine zulässige Basislösung meist auch Felder mit höheren Kosten enthalten, als durch diese Regel nahegelegt wird. Durch das nachfolgend beschriebene Verfahren kann man aber in allen Fällen entweder eine zulässige Basislösung bestimmen oder nachweisen, daß keine zulässige Basislösung existiert und somit auch das gestellte Problem unlösbar ist.

Man setze

$$d_{ij} = \begin{cases} 0, \text{ falls das Feld (i,j) zulässig ist} \\ 1, \text{ in den übrigen Fällen} \end{cases}$$

und minimiere die Hilfszielfunktion

$$\mathbf{d}'\mathbf{x} = \sum_{i=1}^{m} \sum_{j=1}^{n} d_{ij} x_{ij}$$

unter den gegebenen Restriktionen, jedoch ohne Beachtung der unzulässigen Felder. Wenn das ursprünglich gegebene Problem eine zulässige Basislösung besitzt, dann ist offensichtlich das Minimum der Hilfszielfunktion gleich Null. Es gilt aber auch die Umkehrung: Wenn das Minimum von $\mathbf{d}'\mathbf{x}$ gleich Null ist, so liegt eine zulässige Basislösung vor. Denn ist ein $x_{ij} > 0$ für ein Indexpaar (i,j) mit $d_{ij} = 1$, so gilt

$$\mathbf{d}'\mathbf{x} \geq x_{ij} > 0$$

Daher kann in diesem Fall $\mathbf{d}'\mathbf{x} = 0$ nicht eintreten.

Um zu erreichen, daß unzulässige Variable den Wert Null bei jedem weiteren Variablenaustausch beibehalten, erklärt man beim Übergang vom Hilfsproblem zur eigentlichen Transportaufgabe alle jene Variable für unzulässig, deren Koeffizienten $(d_{ij} - \overline{d_{ij}})$ in der optimalen Basislösung des Hilfsproblemes positiv waren. Dadurch wird garantiert, daß sich der Wert der Hilfszielfunktion bei keinem weiteren Variablenaustausch wieder erhöht und somit auch alle später gefundenen Basislösungen zulässig sind. Diese Vorgangsweise ist aber auch keine Einschränkung für die Lösung der ursprünglich gegebenen Aufgabe. Wäre nämlich eine Variable x_{ij} mit $(d_{ij} - \overline{d_{ij}}) > 0$ in einer zulässigen Basislösung, so hätte sie notwendigerweise den Wert Null.

Beispiel 9:

Zu lösen sei folgende Transportaufgabe mit unzulässigen Feldern:

Minimiere $\mathbf{c}'\mathbf{x}$ unter den Restriktionen $\sum_{j=1}^{n} x_{ij} = a_i \ (1 \leq i \leq m)$, $\sum_{i=1}^{m} x_{ij} = b_j$ $(1 \leq j \leq n)$, $x_{ij} \in \{0,1\}$, wobei die Größen c_{ij}, a_i und b_j durch die nachfolgenden Tableaus **X** und **C** gegeben sind. Die unzulässigen Felder sind durch einen Stern markiert.

X:

	2	4	6	3
4	*		*	
7		*		
4		*		*

C:

*	3	*	3
5	*	2	3
4	*	8	*

Zunächst muß eine zulässige Ausgangslösung bestimmt werden. Dazu gehen wir zu einem Hilfsproblem mit der Kostenmatrix **D** über

D:

1	0	1	0
0	1	0	0
0	1	0	1

Nun lösen wir das Hilfsproblem:

$\mathbf{X}^{(1)}$:

	2	4	6	3
4	$0-\delta$	4		δ
7			6	1
4	$2+\delta$			$2-\delta$

$\mathbf{D}^{(0)}$:

	−1	−2	0	0
2	$\underline{1}$	$\underline{0}$	2	$\boxed{2}$
0	−1	−2	$\underline{0}$	$\underline{0}$
1	$\underline{0}$	−1	1	$\underline{1}$

Man erhält $\delta=0$ und damit folgende Tableaus:

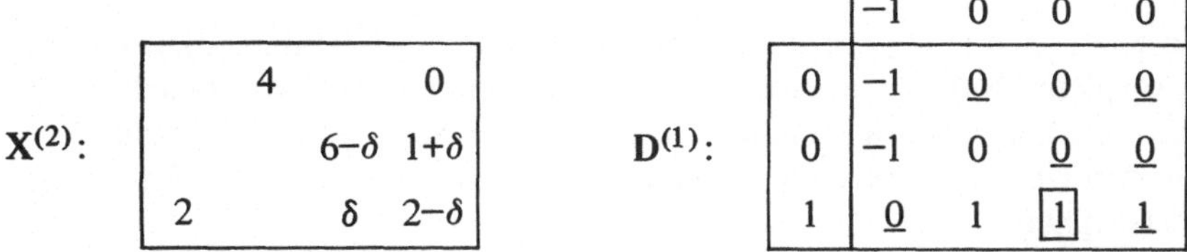

$X^{(2)}$:

	4		0
		$6-\delta$	$1+\delta$
2		δ	$2-\delta$

$D^{(1)}$:

	-1	0	0	0
0	-1	$\underline{0}$	0	$\underline{0}$
0	-1	0	$\underline{0}$	$\underline{0}$
1	$\underline{0}$	1	$\boxed{1}$	$\underline{1}$

Mit $\delta=2$ erhält man nun

$X^{(3)}$:

	4		0
		4	3
2		2	

$D^{(2)}$:

	0	0	0	0
0	0	$\underline{0}$	0	$\underline{0}$
0	0	0	$\underline{0}$	$\underline{0}$
0	$\underline{0}$	0	$\underline{0}$	0

Mit dem Tableau $X^{(3)}$ haben wir eine optimale Lösung für das Hilfsproblem und somit eine zulässige Ausgangslösung für das gegebene Transportproblem erreicht. Gemäß unseren allgemeinen Überlegungen erklären wir nun alle jene Felder für unzulässig, für die $d_{ij} > d_{ij}^{(2)}$ gilt, und erhalten damit:

$X^{(1)}$:

	4		0
		4	3
2		2	

$C^{(0)}$:

	-5	0	-1	0
3	*	$\underline{3}$	*	$\underline{3}$
3	-2	*	$\underline{2}$	$\underline{3}$
9	$\underline{4}$	*	$\underline{8}$	*

Damit liegt aber nun eine optimale Lösung vor. Die Gesamtkosten dieser Lösung betragen

$$4.3 + 4.2 + 3.3 + 2.4 + 2.8 = 53.$$

4.6 Graphen und Transportprobleme

Gegeben sei ein beliebiger zusammenhängender Graph mit n Knoten. Jeder gerichteten Kante vom Knoten i zum Knoten j des Graphen ordnen wir die Variable x_{ij} und eine Bewertung c_{ij} zu. Man kann diesen Graphen in der Weise interpretieren, daß den Knoten Städte entsprechen, die durch ein Verkehrsnetz – den Kanten des Graphen – miteinander verbunden sind. In den Städten k $(k=1,2,\ldots,n)$ werden die Warenmengen $a_k (a_k \geq 0)$ erzeugt und die Warenmengen $b_k (b_k \geq 0)$ verbraucht. Der Bewertung c_{ij} entsprechen die Transportkosten für eine Wareneinheit von der Stadt i zur Stadt j. Für jede Stadt gelte folgende **Gleichgewichtsbeziehung**:

Summe der ankommenden Waren + lokale Erzeugung = Summe der versandten Waren + lokaler Verbrauch.

Die von i nach j $(i \neq j)$ versandte Menge bezeichnen wir mit x_{ij}. Die Größe x_{ij} sei gleich Null, wenn entweder im Graphen die Kante von i nach j nicht existiert oder falls nichts von i nach j versandt wird. Formelmäßig erhalten wir somit folgende Gleichgewichtsbedingung für jeden Knoten k des Graphen:

$$\sum_{\substack{i=1\\i\neq k}}^{n} x_{ik} + a_k = \sum_{\substack{j=1\\j\neq k}}^{n} x_{kj} + b_k \qquad (k=1,2,\ldots,n)$$

Gesucht werden jene Versandwege mit den kleinsten Transportkosten, auf denen die Waren versandt werden, so daß alle Nachfragen befriedigt werden. Führt man die Variablen $\bar{x}_{kk}$ durch

$$\bar{x}_{kk} = \sum_{\substack{i=1\\i\neq k}}^{n} x_{ik} + a_k = \sum_{\substack{j=1\\j\neq k}}^{n} x_{kj} + b_k \quad (k=1,2,\ldots,n) \qquad (4.15)$$

ein und ordnet man ihnen die Kostenkoeffizienten $c_{kk} = 0$ zu, so erhält man ein lineares Programm der Form

Minimiere $\mathbf{c}'\mathbf{x}$ unter den Restriktionen

$$\begin{aligned}
&\bar{x}_{kk} - \sum_{\substack{i=1\\i\neq k}}^{n} x_{ik} = a_k && (k=1,2,\ldots,n)\\
&\bar{x}_{kk} - \sum_{\substack{j=1\\j\neq k}}^{n} x_{kj} = b_k && (k=1,2,\ldots,n)\\
&x_{ij} \geq 0 && (i=1,2,\ldots,n;\, j=1,2,\ldots,n)
\end{aligned} \qquad (4.16)$$

Vergrößert man in der Beziehung (4.15) alle Größen a_k und b_k um einen beliebigen, aber positiven Betrag d, so wird in jeder zulässigen Lösung des obigen linearen Programmes $\bar{x}_{kk} \geq d$ und damit sind alle Variablen $\bar{x}_{kk}$ Basisvariable. Strebt d gegen Null, so ändert sich nichts an der Eigenschaft, Basisvariable zu sein. Daher können die Variablen $\bar{x}_{kk}$ in jedem Falle als Basisvariable betrachtet werden. Der einzige Unterschied zwischen dem oben formulierten linearen Programm und einem Transportproblem besteht darin, daß in (4.16) Variable mit negativem Vorzeichen auftreten. Während bei Transportproblemen für jede Variable x_{ij} stets

$$x_{ij} \leq \min(a_i, b_j)$$

gilt, kann man in den Restriktionen (4.16) zum Beispiel die Variablen

$(\bar{x}_{ii}, x_{ij}, \bar{x}_{jj}, x_{ji})$ um eine beliebige Konstante d vergrößern, ohne das Problem zu ändern. So kann etwa

$$\begin{pmatrix} \bar{x}_{ii} & -x_{ij} \\ -x_{ji} & \bar{x}_{jj} \end{pmatrix} \quad \text{übergehen in} \quad \begin{pmatrix} \bar{x}_{ii}+d & -(x_{ij}+d) \\ -(x_{ji}+d) & \bar{x}_{jj}+d \end{pmatrix},$$

dabei bleiben Spalten- und Zeilensummen konstant. Dies hat folgende Konsequenz: Sind nicht alle Kostenkoeffizienten c_{ij} positiv, so kann es sein, daß der zugrundegelegte Graph eine geschlossene Kantenfolge besitzt, so daß die Summe der Bewertungen der einzelnen Kanten dieser geschlossenen Kantenfolge negativ ist. Versendet man nun Waren ständig in diesem „Kreis", so kann man – theoretisch zumindest – beliebig hohe Gewinne erzielen. Dieser Fall soll beim Wechseln von Devisen an n verschiedenen Börsen manchmal eintreten. In einer Arbeit über das Arbitrageproblem behandelt Hellmich [68c] verwandte Fragestellungen.

Es gilt nun folgender Satz:

Satz 4.2:

Ist die Summe der Kostenkoeffizienten c_{ij} entlang jeder geschlossenen Kantenfolge des gegebenen Graphen positiv und besitzt das gestellte Problem eine optimale Lösung, so gilt für die Variablen $\bar{x}_{kk}$ in einer optimalen Lösung:

$$\bar{x}_{kk} \leq G + a_k + b_k$$

mit

$$G = \sum_{i=1}^{n} a_i = \sum_{j=1}^{n} b_j. \qquad \blacksquare$$

Beweis:

Es sei eine optimale Lösung des gestellten Problemes gegeben, x_{ij} mit $(i,j) \in K$, $i \neq j$ seien in dieser Lösung positive Variable. Ihnen entsprechen Kanten (i, j) im zugrundegelegten Graphen. Der Graph mit den Knoten $k\,(k=1,2,\ldots,n)$ und den Kanten $(i,j) \in K$ enthalte eine geschlossene Kantenfolge. Bezeichnen wir mit x^* den kleinsten Wert von x_{ij} und mit c^* die Summe der Bewertungen entlang dieser Kantenfolge, so ist nach Voraussetzung $x^* > 0$ und $c^* > 0$. Das Problem bleibt ungeändert, wenn wir von jeder Variablen x_{ij} dieser geschlossenen Kantenfolge den Wert x^* subtrahieren. Dadurch nimmt aber der Wert der Zielfunktion um mindestens $c^* . x^*$ ab. Dies ist ein Widerspruch zur Optimalität der betrachteten Lösung. Daher enthält eine optimale Lösung keine geschlossene Kantenfolge, der positive Variable x_{ij} entsprechen. Somit wird durch jeden Knoten k höchstens die Gesamtmenge $G = \sum_{i=1}^{n} a_i$ transportiert. Daher ist

$$\bar{x}_{kk} \leq G + \max(a_k, b_k) \leq G + a_k + b_k$$

Die Voraussetzungen von Satz 4.2 sind im besonderen immer dann erfüllt, wenn alle $c_{ij} \geq 0$ sind.

Sind die Voraussetzungen von Satz 4.2 erfüllt, so können wir die Variablen $\bar{x}_{kk}$ durch $G + a_k + b_k - x_{kk}$ ersetzen. Dadurch geht das oben formulierte lineare Programm in eine Transportaufgabe über:

Minimiere $c'x$ unter den Restriktionen

$$\begin{aligned} \sum_{i=1}^{n} x_{ij} &= G + b_j \qquad && (j = 1, 2, \ldots, n) \\ \sum_{j=1}^{n} x_{ij} &= G + a_i && (i = 1, 2, \ldots, n) \\ x_{ij} &\geq 0 && (i = 1, 2, \ldots, n; j = 1, 2, \ldots, n) \end{aligned} \tag{4.17}$$

Ohne Beschränkung der Allgemeinheit können wir annehmen, daß nur eine der Größen a_k und b_k $(k = 1, 2, \ldots, n)$ ungleich Null ist, denn der lokale Bedarf kann stets von der lokalen Erzeugung subtrahiert werden. Der Lösungsvorgang dieser Transportaufgabe kann durch folgenden Satz vereinfacht werden:

Satz 4.3:

Für die bei der Lösung der Transportaufgabe auftretenden Größen u_k und v_k gilt:

$$u_k = -v_k \qquad (k = 1, 2, \ldots, n).$$ ∎

Beweis:

Da wir oben feststellen, daß die Variablen $\bar{x}_{kk}$ stets als Basisvariable angesehen werden können, sind dann auch die Größen

$$x_{kk} = G + a_k + b_k - \bar{x}_{kk}$$

Basisvariable, denen nach Vereinbarung die Kostenkoeffizienten $c_{kk} = 0$ entsprechen. Für die Größen u_i und v_j gilt aber

$$u_k + v_k = c_{kk} = 0$$

woraus obige Behauptung folgt.

Wie läßt sich nun die Lösung dieser Transportaufgabe graphentheoretisch interpretieren?

Fassen wir die Restriktionen (4.17) in gewohnter Weise zu $\mathbf{Ax}=\mathbf{b}$ zusammen, so enthält die Spalte $\mathbf{a}_{ij}$ der Matrix A das Element 1 genau in der i-ten und (n+j)-ten Zeile.

Nun gilt folgendes:

Satz 4.4:

Gegeben sei ein Graph G mit den Knoten $k=1,2,\ldots,n$ und den Kanten $(i,j) \in P$. Ferner sei $Q = \{(k,k) \mid k=1,2,\ldots,n\}$.

Die Spalten $\mathbf{a}_{ij}$, $(i,j) \in P \cup Q$ sind genau dann linear abhängig, wenn der Graph G geschlossene Kantenfolgen besitzt. ∎

Beweis:

Ist $(i,j) \in P$ und $(j,i) \in P$, so werden die Knoten i und j durch zwei verschiedene Kanten verbunden, folglich enthält G die geschlossene Kantenfolge $(i \to j \to i)$. Da außerdem

$$\mathbf{a}_{ij} + \mathbf{a}_{ji} = \mathbf{a}_{ii} + \mathbf{a}_{jj} \tag{4.18}$$

gilt, sind diese Vektoren linear abhängig. Da die Spalten $(\mathbf{a}_{ii}, \mathbf{a}_{jj}, \mathbf{a}_{ij})$ linear unabhängig sind, kann man sie nach dem Austauschsatz von Steinitz in einem System von Spalten durch $(\mathbf{a}_{ii}, \mathbf{a}_{jj}, \mathbf{a}_{ji})$ ersetzen, ohne etwas an der linearen Abhängigkeit dieses Systems zu ändern. Daher können wir annehmen, daß in einer geschlossenen Kantenfolge mit mehr als zwei Knoten alle Kanten in dieselbe Richtung weisen. Zu jeder geschlossenen Kantenfolge gibt es eine Teilfolge, in der jeder Knoten nur mit zwei verschiedenen Kanten inzidiert. Sei K die Knotenmenge dieser Teilfolge, L die Kantenmenge dieser Teilfolge. Dann gilt, da der Vektor $\mathbf{a}_{ij},(i,j) \in L \cup (K \times K)$ ein Einselement in der i-ten und (n+j)-ten Zeile und sonst nur Nullelemente besitzt:

$$\sum_{(i,j) \in L} \mathbf{a}_{ij} = \sum_{i \in K} \mathbf{a}_{ii}$$

Folglich sind die zu dieser Kantenfolge gehörigen Spalten der Matrix A linear abhängig.

Ist umgekehrt eine Menge von linear abhängigen Spalten gegeben, so gilt für eine Teilmenge von ihnen

$$\sum \alpha_{ij} \mathbf{a}_{ij} = 0 \text{ mit } \alpha_{ij} \neq 0$$

Die Summe kann sich nicht nur über Spalten $\mathbf{a}_{ii}$ erstrecken, denn diese sind linear unabhängig, weil sie zu Basisvariablen gehören. Tritt aber ein $\mathbf{a}_{ij}$ mit $i \neq j$ in dieser Summe auf, so muß auch ein $\mathbf{a}_{jk}$ mit $j \neq k$ in dieser Summe auftreten. Dies bedeutet aber, daß jeder Knoten des zugehörigen Graphen mit mindestens zwei verschiedenen Kanten, die keine Schlingen sind, inzidiert. Das ist aber nur möglich, wenn der Graph eine geschlossene Kantenfolge besitzt. Q.e.d.

Ferner gilt

Satz 4.5:

Ein Graph ohne Schlingen, mit n Knoten und $n-1$ Kanten, der keine geschlossene Kantenfolge enthält, ist zusammenhängend. ∎

Wir beweisen diesen Satz mittels vollständiger Induktion. Für $n=2$ ist die Aussage trivial. Nehmen wir daher an, die Aussage des Satzes sei auch für k Knoten und $k-1$ Kanten mit $2 \leq k < n$ richtig. Es sei nun ein Graph mit n Knoten und $n-1$ Kanten gegeben. Zunächst zeigen wir, daß dieser keine isolierten Knoten enthält. Enthält dieser Graph isolierte Knoten, so erhält man durch Weglassen dieser einen Teilgraphen mit n' Knoten und $n-1$ Kanten. Streicht man nun alle Knoten, die mit nur einer Kante inzidieren und läßt man auch diese Kante weg, so erhält man einen Teilgraphen mit n'' Knoten ($n'' > 0$) und mindestens n'' Kanten, wobei jeder Knoten dieses Graphen mit mindestens 2 Kanten inzidiert. Dann enthält dieser Graph aber eine geschlossene Kantenfolge. Folglich enthält ein Graph mit n Knoten und $n-1$ Kanten, der keine geschlossene Kantenfolge enthält, keine isolierten Knoten. Würde er nur Knoten enthalten, die mit mindestens zwei Kanten inzidieren, so würde er auch eine geschlossene Kantenfolge besitzen. Daher enthält ein Graph mit n Knoten und $n-1$ Kanten ohne geschlossene Kantenfolge mindestens einen Knoten, der mit nur einer Kante inzidiert. Streicht man diesen Knoten und diese Kante, so erhält man einen Graphen mit $n-1$ Knoten und $n-2$ Kanten, der nach Voraussetzung zusammenhängend ist. Daher ist auch der Graph mit n Knoten und $n-1$ Kanten zusammenhängend. Q.e.d.

Eine Basis der gestellten Transportaufgabe besitzt $2n-1$ nichtnegative Variable, davon sind die n Variablen x_{kk} stets in der Basis. Da Basisvariable linear unabhängigen Spalten der Matrix A entsprechen, so gehören die weiteren $(n-1)$ Basisvariablen nach Satz 4.4 zu Kanten eines Graphen, der keine geschlossene Kantenfolge besitzt, und nach Satz 4.5 ist dieser Graph zusammenhängend. Daher entspricht einer zulässigen Basislösung für das gestellte Problem ein Graph mit $n-1$ Kanten ohne geschlossene Kantenfolgen. Aus dem gegebenen Graphen ist daher ein Teilgraph auszuwählen, in dem jeder Knoten mit einem anderen verbunden ist und der keine geschlossene Kantenfolge besitzt. So eine Auswahl ist stets leicht zu treffen.

Nun sind diesen Kanten bestimmte Werte der Basisvariablen zuzuordnen. Diese werden durch die Größen a_i und b_j sowie durch die Gleichgewichtsbedingung (4.15) festgelegt. Dabei kann es möglich sein, daß gewisse x_{ij} negativ werden. In diesem Fall ersetze man die gerichtete Kante durch eine mit entgegengesetzter Richtung und x_{ij} durch (das nun positive) x_{ji}. Möglicherweise gehören nach diesem Schritt einige Variable zu unzulässigen Kanten. Durch ein Hilfsproblem kann man versuchen, diese unzulässigen Kanten zu eliminieren. Dazu setze man

$$d_{ij} = \begin{cases} 0 \text{ falls } (i,j) \text{ zulässig} \\ 1 \text{ falls } (i,j) \text{ nichtzulässig} \end{cases} \quad (i=1,2,\ldots,n; j=1,2,\ldots,n)$$

und minimiere $\mathbf{d}'\mathbf{x}$. Die oben konstruierte Lösung stellt für dieses Problem eine zulässige Lösung dar, da keine geschlossene Kantenfolgen auftreten. Hat das Hilfsproblem keine optimale Lösung mit $\mathbf{d}'\mathbf{x}^* = 0$, so hat das ursprünglich gegebene Problem keine zulässige Lösung. Andernfalls ist die optimale Lösung des Hilfsproblemes eine zulässige Ausgangslösung der gegebenen Aufgabe. Im eigentlichen Optimierungsteil werden zunächst die Größen u_k und v_k bestimmt. Da nach Satz 4.3 $u_k = -v_k$ gilt, können wir uns auf die Bestimmung von v_k $(k=1,2,\ldots,n)$ beschränken. Man wähle einen beliebigen Knoten k des Graphen und setze $v_k = 0$. Aus

$$c_{ik} = u_i + v_k = v_k - v_i$$

kann die Größe v_i bestimmt werden, die zu einem Knoten i gehört, der mit k in der Ausgangslösung durch eine Kante verbunden ist. Auf diese Weise berechne man für jeden Knoten des Graphen den zugehörigen Wert von v_i. Nun berechnet man im ursprünglich gegebenen Graphen zu jeder Kante (i, j) die Größe

$$\bar{c}_{ij} = c_{ij} - (u_i + v_j) = c_{ij} - (v_j - v_i).$$

Sind alle $\bar{c}_{ij} \geq 0$, so ist die vorliegende Basislösung optimal. Im anderen Fall nehmen wir nun eine Kante mit $\bar{c}_{ij} < 0$ zum Graphen, der der Basislösung entspricht, hinzu. Dadurch erhält man eine geschlossene Kantenfolge: Da 2n Spalten einer Matrix vom Rang $2n-1$ stets linear abhängig sind, enthält der zugehörige Graph nach Satz 4.4 eine geschlossene Kantenfolge. Man erteilt der neu hinzugefügten Kante den Wert $\delta \geq 0$ und paßt die Werte x_{ij} der anderen Kanten dieser geschlossenen Kantenfolge diesem Wert δ so an, daß die Gleichgewichtsbedingungen erfüllt bleiben. Wie schon früher beschrieben wurde, bestimmt man den Maximalwert von δ so, daß keine Variable x_{ij}, die zu einer Kante dieser geschlossenen Kantenfolge gehört, negativ wird. Nun führt man die Transformation $x_{ij} := x_{ij} \pm \delta$ durch und nimmt eine Kante mit $x_{ij} = 0$ aus der geschlossenen Kantenfolge heraus. Der so entstandene Graph enthält nun wieder keine geschlossene Kantenfolge, gehört somit zu einer zulässigen Basislösung und wird wie oben auf Optimalität geprüft. Der Vorteil des eben beschriebenen Verfahrens liegt in seiner großen Anschaulichkeit, wie folgendes Beispiel zeigt:

Beispiel 10:

Man suche den optimalen Transportweg im folgenden Graphen. In den Knoten 1 und 3 werden je 10 Wareneinheiten erzeugt, im Knoten 4 werden 5 Einheiten und im Knoten 5 werden 15 Einheiten verbraucht.

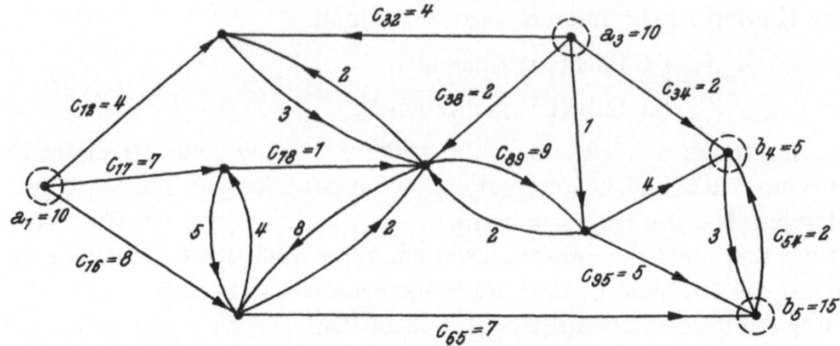

Abb. 4.1. Transportproblem von Beispiel 10

Dieses Problem ist äquivalent mit folgender Transportaufgabe:

$$a_1 = 10,\ a_3 = 10,\ a_2 = a_4 = a_5 = \ldots = a_9 = 0,$$

$$b_4 = 5,\ b_5 = 15,\ b_1 = b_2 = b_3 = b_6 = \ldots = b_9 = 0.$$

Die Koeffizienten der Zielfunktion fassen wir zu folgendem Tableau zusammen:

C:

0	4	*	*	*	8	7	*	*
*	0	*	*	*	*	*	3	*
*	4	0	2	*	*	*	2	1
*	*	*	0	3	*	*	*	*
*	*	*	2	0	*	*	*	*
*	*	*	*	7	0	4	2	*
*	*	*	*	*	5	0	1	*
*	2	*	*	*	8	*	0	9
*	*	*	4	5	*	*	2	0

Für diese Aufgabe konstruieren wir folgende zulässige Ausgangslösung:

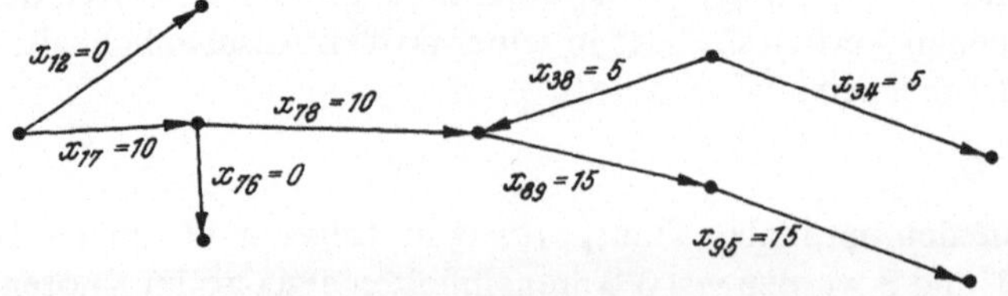

Abb. 4.2. Zulässige Ausgangslösung für Beispiel 10

Setzt man $v_8 = 0$, so bekommt man folgende Werte v_j (unterstrichen) und nachfolgende neue Kantenbewertungen $\bar{c}_{ij} = c_{ij} - (v_j - v_i)$:

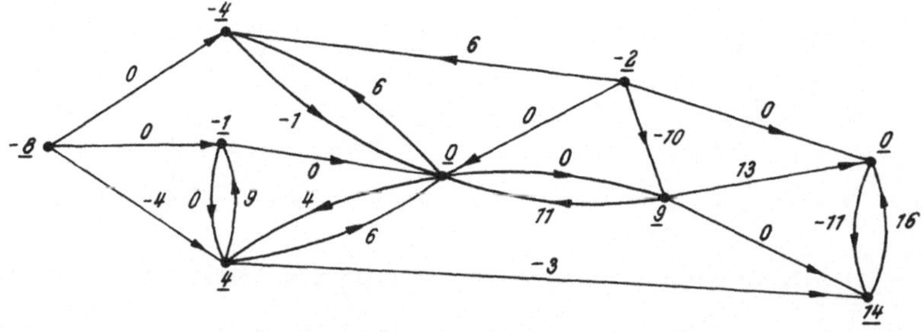

Abb. 4.3. Kantenbewertungen im 1. Schritt

Da negative Kantenbewertungen vorkommen, ist obige Basislösung noch nicht optimal. Wir fügen die Kanten x_{45} und x_{16} hinzu und erhalten hierfür

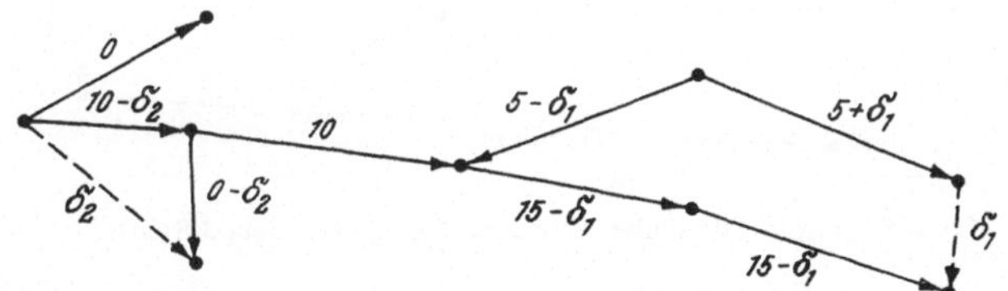

Abb. 4.4. Beispiel 10: Austausch von Basisvariablen

Wir wählen $\delta_1 = 5$ und $\delta_2 = 0$ und erhalten damit folgende neue Basislösung:

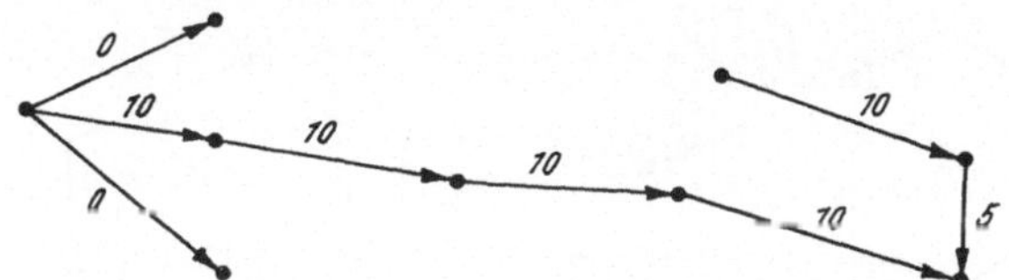

Abb. 4.5. Beispiel 10: Basislösung nach dem 2. Schritt

Setzt man nun $v_1 = 0$, so erhält man folgende Werte v_j und $\bar{c}_{ij}$:

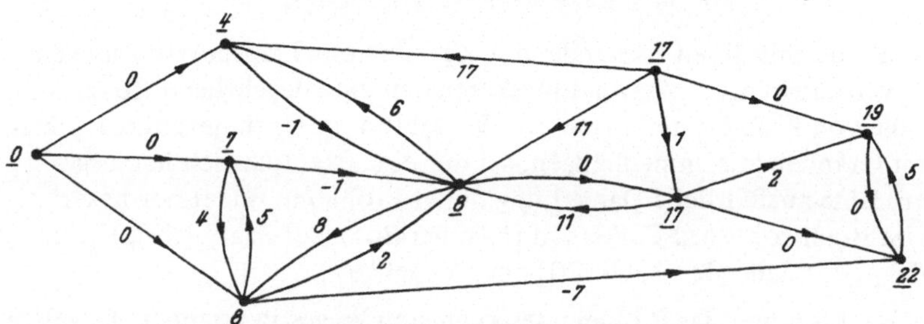

Abb. 4.6. Beispiel 10: Kantenbewertungen im 3. Schritt

Da noch immer negative Kantenbewertungen auftreten, setzen wir nun $x_{65} = \delta$ und erhalten

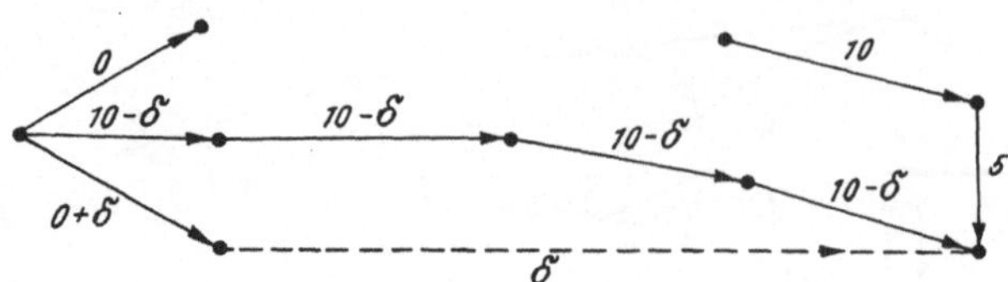

Abb. 4.7. Beispiel 10: Verbesserung der Basislösung im 3. Schritt

Man setze $\delta = 10$ und erhält damit, wie man leicht überprüft, die Lösung:

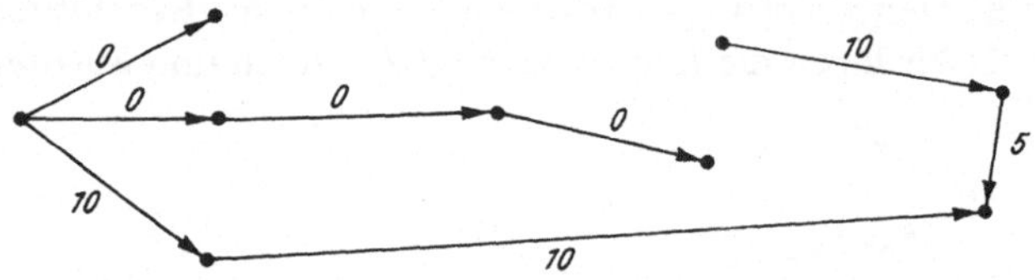

Abb. 4.8. Beispiel 10: Verbesserte Basislösung nach dem 3. Schritt

Nach zwei weiteren Schritten, die die Transportkosten nicht mehr vermindern, erhält man die optimale Lösung:

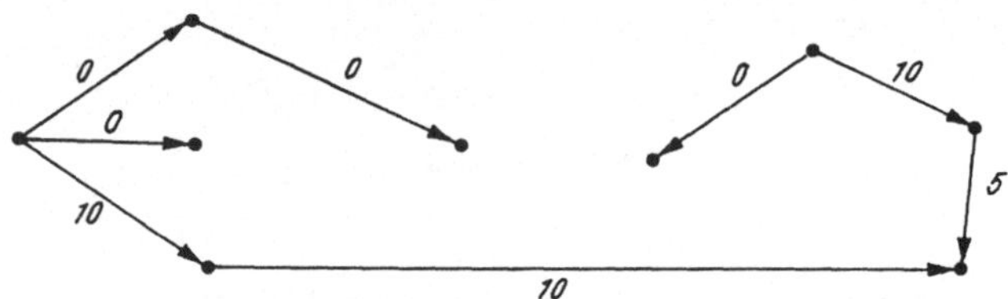

Abb. 4.9. Beispiel 10: Optimale Basislösung

Graphen und mit ihnen verbundene Aufgaben vom Transporttyp spielen in den verschiedensten Anwendungsbereichen eine beachtliche Rolle. Aus der Fülle von Problemstellungen und Verfahren für Optimierungsaufgaben, die mit Graphen zusammenhängen, sei nur eine exemplarisch herausgegriffen. Eine ausführliche Darstellung dieser Probleme findet der Leser etwa im Buch von Ford-Fulkerson [62], bei Busacker-Saaty [69], Hu [69], Knödel [70], Müller-Merbach [70] oder Vogel [67].

Wir betrachten hier das Problem des kürzesten Weges in Graphen. Gegeben sei ein endlicher, gerichteter, zusammenhängender und bewerteter Graph.

Für welche Kantenfolge vom Knoten i zum Knoten j ist die Summe der Bewertungen der Kanten dieser Folge minimal?

Diese Aufgabe läßt sich auf mannigfache Art und Weise lösen. Eine Lösungsmöglichkeit besteht darin, den Knoten i als „Quelle" und den Knoten j als „Senke" für eine beliebige Warenanzahl a aufzufassen. Die Lösung der zugehörigen Transportaufgabe liefert nach obigen Überlegungen die gesuchte optimale Kantenfolge.

Neben diesem iterativen Vorgehen gibt es auch nichtiterative Verfahren, durch die die gesuchte Kantenfolge mit minimaler Bewertung auf direktem Wege bestimmt wird. Dies ist vor allem dann von Vorteil, wenn die kürzesten Wege zwischen mehreren Knotenpaaren (i, j) bestimmt werden sollen. Der Matrixalgorithmus von Hu [67] und der revidierte Matrixalgorithmus von Visotschnig [69] sollen hier als Beispiel für diese Verfahren erwähnt werden. Gute Ergebnisse lieferten auch die Verfahren von Minty und Moore, die von Albrecht [68] verbessert wurden.

4.7 Kapazitierte Transportprobleme

Bei Problemen der Praxis tritt meist der Fall ein, daß nicht beliebig große Warenmengen von i nach j transportiert werden können, weil die Zahl der zur Verfügung stehenden Transportmittel beschränkt ist. Die größte Warenmenge, die von i nach j transportiert werden kann, nennen wir die Kapazität g_{ij}. Wir setzen $g_{ij} = \infty$, falls keine Beschränkung für den Transport von i nach j vorliegt. Wie lassen sich nun Kapazitätsrestriktionen bei Transportaufgaben berücksichtigen?

Dazu stehen im Prinzip zwei Wege zur Verfügung. Man kann entweder eine kapazitierte Transportaufgabe durch ein äquivalentes Transportproblem ohne Kapazitätsrestriktionen ersetzen oder man kann das Simplexverfahren zur Lösung des Transportproblemes so abändern, daß für alle Variable x_{ij} stets

$$0 \leq x_{ij} \leq g_{ij} \qquad (i=1,2,\ldots,m;\ j=1,2,\ldots,n) \qquad (4.19)$$

gilt. Beschreiben wir zunächst kurz den ersten Weg.

Wir nehmen an, die Transportaufgabe liege in Form eines Graphen vor und die Kapazität der Kante vom Knoten i zum Knoten j sei g_{ij}:

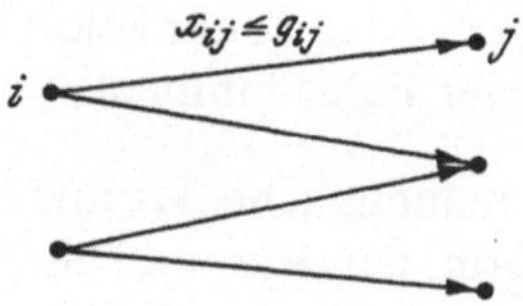

Abb. 4.10. Graph einer kapazitierten Transportaufgabe

Es sei c_{ij} die Bewertung der Kante (i, j). Ersetzen wir den Teilgraph

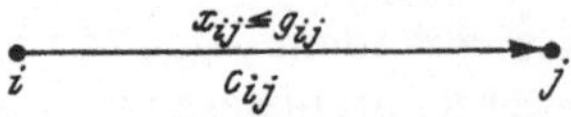

Abb. 4.11. Kante von i nach j mit der Kapazität g_{ij}

durch folgenden Graphen:

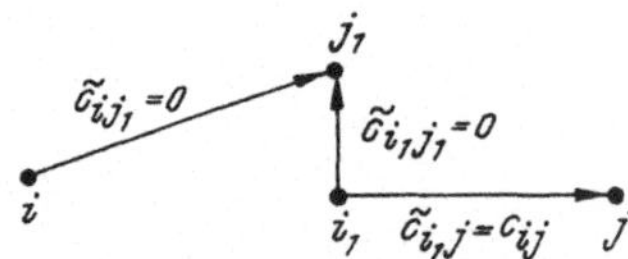

Abb. 4.12. Ersatzgraph für kapazitierte Kante

Dabei nehmen wir an, daß im Knoten i_1 die Warenmenge g_{ij} erzeugt wird und im Knoten j_1 die Warenmenge g_{ij} verbraucht wird. Im Ersatzgraphen sind alle Kanten ohne Kapazitätsbeschränkungen. Die neu eingeführten Kanten tragen dabei folgende Bewertungen:

$$\tilde{c}_{ij_1} = 0, \quad \tilde{c}_{i_1j_1} = 0 \quad \text{und} \quad \tilde{c}_{i_1j} = c_{ij}$$

Wie man sich leicht überlegt, kann im Ersatzgraphen höchstens die Warenmenge g_{ij} vom Knoten i zum Knoten j transportiert werden. Ansonsten würde in einem Knoten die Gleichgewichtsbedingung (4.15) verletzt sein.

Ersetzt man alle kapazitierten Kanten durch den entsprechenden nichtkapazitierten Teilgraphen, wobei man neue Knoten $i_1, j_1, \ldots$ und neue Kanten einführt, so erhält man eine nichtkapazitierte Transportaufgabe, die sich mit den Verfahren der vorigen Abschnitte lösen läßt. Insbesondere folgt daraus: Sind alle Werte g_{ij} entweder ganzzahlig oder gleich ∞, so besitzt das Transportproblem wieder eine ganzzahlige optimale Lösung.

Das eben beschriebene Verfahren hat eher eine prinzipielle Bedeutung, indem es zeigt, daß sich jedes kapazitierte Transportproblem auf eine gewöhnliche Transportaufgabe zurückführen läßt und dadurch die Ganzzahligkeit der Lösung erhalten bleibt. Einen praxisnäheren Lösungsweg erhält man, wenn man das Simplexverfahren so modifiziert, daß die Variablen x_{ij} stets die Bedingung (4.19) erfüllen. Dadurch wird nämlich vermieden, daß für jede kapazitierte Kante zwei neue Variable eingeführt werden, die den Rechenaufwand erheblich erhöhen.

Zunächst einige Definitionen. Wir nennen einen Vektor **x** für das kapazitierte Problem zulässig, wenn sämtliche seiner Komponenten die Bedingung (4.19) erfüllen. **x** ist eine zulässige Basislösung, wenn jede Nichtbasisvariable x_{ij} den Wert 0 oder g_{ij} hat.

Das Simplexverfahren besteht im wesentlichen aus folgenden drei großen Teilen:

a) Optimalitätskriterium

b) Verbesserung einer nichtoptimalen Basislösung

c) Aufsuchen einer zulässigen Ausgangslösung.

In diesen drei Abschnitten sind folgende Modifikationen nötig, damit die Variable x_{ij} den Wert g_{ij} nicht überschreitet:

Nehmen wir an, das gestellte Problem besitze eine zulässige Lösung. Analog wie im Abschnitt 4.2 sei B die Indexmenge der Basisvariablen und N die Indexmenge der Nichtbasisvariablen in dieser Basislösung. Die Größen $\bar{c}_{ij}$ seien ebenfalls wie im Abschnitt 4.2 definiert. Dann gilt für die Zielfunktion

$$\mathbf{c}'\mathbf{x} = \mathbf{c}'_B \mathbf{A}_B^{-1} \mathbf{b} + (\mathbf{c}'_N - \mathbf{c}'_B \mathbf{A}_B^{-1} \mathbf{A}_N)\, \mathbf{x}_N$$

Ist die Nichtbasisvariable x_{ij} gleich Null, so läßt sich, wie wir schon früher gesehen haben, der Wert der Zielfunktion durch eine Vergrößerung von x_{ij} genau dann nicht mehr verbessern, wenn ihr Koeffizient

$$(c'_N - c'_B\, A_B^{-1} A_N)_{ij} = c_{ij} - \bar{c}_{ij} \geq 0$$

ist. Hat aber die Nichtbasisvariable x_{ij} den Wert g_{ij}, so läßt sich durch eine Verkleinerung des Wertes von x_{ij} genau dann keine Verbesserung mehr erreichen, wenn

$$(c'_N - c'_B\, A_B^{-1} A_N)_{ij} = c_{ij} - \bar{c}_{ij} \leq 0$$

gilt. Denn ersetzt man x_{ij} durch $g_{ij} - \tilde{x}_{ij}$, so ist der Beitrag dieser Variablen zum Wert der Zielfunktion gleich

$$(c_{ij} - \bar{c}_{ij})\, g_{ij} - (c_{ij} - \bar{c}_{ij})\, \tilde{x}_{ij}$$

Ist $(c_{ij} - \bar{c}_{ij})$ negativ, so würde jede Vergrößerung von x_{ij} eine Verschlechterung des Wertes der Zielfunktion ergeben. Im Falle, daß $(c_{ij} - \bar{c}_{ij})$ aber positiv ist, läßt sich der Wert der Zielfunktion durch eine Erhöhung von $\tilde{x}_{ij}$ tatsächlich verbessern. Fassen wir diese Überlegungen nun zusammen:

Satz 4.6:

Gegeben sei eine zulässige Basislösung eines kapazitierten Transportproblemes. Diese Basislösung ist genau dann optimal, wenn für die Nichtbasisvariable x_{ij} gilt: Ist $x_{ij} = 0$, so ist $c_{ij} \geq \overline{c}_{ij}$ und ist $x_{ij} = g_{ij}$, so ist $c_{ij} \leq \overline{c}_{ij}$. ∎

Wie läßt sich nun eine nichtoptimale Basislösung verbessern?

Wir definieren: N_1 sei die Menge der Indizes jener Nichtbasisvariablen, die den Wert 0 in der Basislösung haben, und N_2 sei die Menge $N \backslash N_1$. Dann bestimmen wir

$$\mu_1 = \max \{\overline{c}_{ij} - c_{ij} \mid (i, j) \in N_1\}$$

$$\mu_2 = \max \{c_{ij} - \overline{c}_{ij} \mid (i, j) \in N_2\}$$

und

$$\mu = \max (\mu_1, \mu_2).$$

Eine jener Nichtbasisvariablen, die auf die Größe μ führen, nehmen wir in die Basis auf. Wir erteilen ihr den Wert δ oder $g_{ij} - \delta$, je nachdem, ob sie in der vorliegenden Basislösung den Wert 0 oder g_{ij} besitzt. Nun gleichen wir die übrigen Basisvariablen dieser Wahl so an, daß alle Zeilen- und Spaltensummen konstant bleiben. Wie früher wird wieder der größte Wert $\delta = \delta_o$ bestimmt, der für eine zulässige Lösung möglich ist. Eine jener Basisvariablen, die für $\delta = \delta_o$ den Wert 0 oder g_{ij} annimmt, wird aus der Basis ausgeschlossen. Die so erhaltene neue Basislösung wird nun wieder auf Optimalität geprüft.

Wie findet man nun eine zulässige Ausgangslösung?

Durch ein Auswahlkriterium K des Abschnittes 4.3 wählen wir ein Ausgangselement $x_{i_o j_o}$ und wir setzen

$$x_{i_o j_o} = \min (a_{i_o}, b_{j_o}, g_{i_o j_o})$$

Ist $g_{i_o j_o} < \min (a_{i_o}, b_{j_o})$, so ist $x_{i_o j_o}$ eine Nichtbasisvariable. Dies wollen wir durch einen Querstrich im Tableau X andeuten: $\overline{g_{i_o j_o}}$. Wir ersetzen a_{i_o} durch $a_{i_o} - g_{i_o j_o}$ sowie b_{j_o} durch $b_{j_o} - g_{i_o j_o}$ und streichen den Index (i_o, j_o). Aus dem so reduzierten Tableau wählen wir durch K eine neue Variable aus.

Ist $g_{i_o j_o} \geq \min (a_{i_o}, b_{j_o})$, so ist $x_{i_o j_o}$ eine Basisvariable. In diesem Fall verfahren wir, wie im Abschnitt 4.3 ausgeführt wurde. Man weist allen restlichen Elementen der i_o-ten Zeile oder j_o-ten Spalte den Wert 0 zu und sieht sie als Nichtbasisvariable an.

Ergeben am Ende dieses Zuordnungsprozesses die Variablen x_{ij} in jeder Zeile und Spalte die geforderte Zeilen- und Spaltensumme, so ist diese Lösung zulässig und kann als zulässige Basislösung beim Start des Optimierungsteiles verwendet werden. Im allgemeinen werden aber die Summen der Variablen in jeder Zeile und Spalte nicht die geforderten Zeilen- und Spaltensummen erreichen. Daher werden wir durch ein Hilfsproblem versuchen, die nichtzulässige Ausgangslösung in eine zulässige überzuführen. Wir fügen zum Tableau **X** eine Hilfszeile mit dem Zeilenindex 0 und eine Hilfsspalte mit dem Spaltenindex 0 hinzu und setzen:

$$x_{oo} = 0$$

$$x_{io} = a_i - \sum_{j=1}^{n} x_{ij} \qquad (i = 1, 2, \ldots, m)$$

$$x_{oj} = b_j - \sum_{i=1}^{m} x_{ij} \qquad (j = 1, 2, \ldots, n)$$

Die bereits gefundene Basis ergänzen wir durch die positiven (Basis-) Variablen x_{io} und x_{oj} zu einer zulässigen Basis für das erweiterte Problem. Ferner definieren wir ein $(m+1) \times (n+1)$ Tableau **D** in folgender Weise

$$d_{oo} = 0$$

und

$$d_{ij} = \begin{cases} 0, & \text{falls die Variable } x_{ij} \text{ im gegebenen Problem zulässig ist} \\ 1, & \text{andernfalls} \end{cases}$$

Indem wir nun $\mathbf{d}'\mathbf{x}$ minimieren, erhalten wir entweder eine zulässige Ausgangslösung für das ursprüngliche Problem, nämlich wenn $\min \mathbf{d}'\mathbf{x} = 0$ ist. Ist aber $\min \mathbf{d}'\mathbf{x} > 0$, so ist die gestellte kapazitierte Transportaufgabe nicht lösbar.

Faßt man die obigen Überlegungen zusammen, so erhält man folgenden Algorithmus.

Algorithmus 6: Lösung einer kapazitierten Transportaufgabe bei bekannter Ausgangslösung.

Ausgangswerte:

Tableau $\mathbf{X}^{(1)}$ enthält die Werte der Variablen x_{ij} der zulässigen Ausgangslösung. Nichtbasisvariable mit dem Wert g_{ij} sind durch einen Querstrich gekennzeichnet.

Tableau **G** enthält die Kapazitäten der Variablen x_{ij}.

Tableau $\mathbf{C}^{(0)}$ enthält die Koeffizienten der Zielfunktion.

$N_1^{(1)}$ Indexmenge der Nichtbasisvariablen, die in der Ausganglösung den Wert 0 haben.

$N_2^{(1)}$ Indexmenge der Nichtbasisvariablen, die in der Ausgangslösung den Wert g_{ij} haben.

$B^{(1)}$ Indexmenge der Basisvariablen der Ausgangslösung
$k := 1$.

1. Setze für $(i,j) \in B^{(k)}$: $\quad \overline{c}_{ij} := c_{ij}^{(o)}$

   Berechne rekursiv die Größen u_i $(1 \leq i \leq m)$ und v_j $(1 \leq j \leq n-1)$ aus

   $$u_i + v_j = \overline{c}_{ij}$$
   $$u_i \quad = \overline{c}_{in}$$

2. Berechne für $(i,j) \in N_1^{(k)} \cup N_2^{(k)}$ aus u_i und v_j die Größen

   $$\overline{c}_{ij} = u_i + v_j$$

3. Bestimme

   $$\mu_1 = \max \{\overline{c}_{ij} - c_{ij} \mid (i,j) \in N_1^{(k)}\}$$
   $$\mu_2 = \max \{c_{ij} - \overline{c}_{ij} \mid (i,j) \in N_2^{(k)}\}$$

   und

   $$\mu = \max (\mu_1, \mu_2).$$

   Ist $\mu = 0$, so ist die Basislösung von $\mathbf{X}^{(k)}$ optimal. Terminiere.

   Ist $\mu > 0$, so sei

   $$(r,s) \in \{(i,j) \mid (i,j) \in N_1^{(k)} \wedge (\overline{c}_{ij} - c_{ij}) = \mu\} \cup \{(i,j) \mid (i,j) \in N_2^{(k)} \wedge (c_{ij} - \overline{c}_{ij}) = \mu\}$$

   Ändert man den Wert von x_{rs}, so tritt eine Verbesserung des Wertes der Zielfunktion ein.

4. Ist (r,s) aus $N_1^{(k)}$, so setze $x_{rs} = \delta$, ist aber $(r,s) \in N_2^{(k)}$, so setze $x_{rs} = g_{rs} - \delta$. Addiere und subtrahiere von den Basisvariablen des Tableaus $\mathbf{X}^{(k)}$ den Wert δ so, daß alle Zeilen- und Spaltensummen erhalten bleiben.

5. Bestimme den größten Wert $\delta = \delta_o$, der den folgenden Bedingungen genügt:

   $$0 \leq \delta \leq g_{rs}$$
   $$0 \leq x_{ij}(\delta) \leq g_{ij} \qquad \text{für } (i,j) \in B^{(k)}$$

6. Setze

   $$x_{ij} := x_{ij}(\delta_o) \qquad \text{für } (i,j) \in B^{(k)}$$

   $$x_{rs} := \begin{cases} \delta_o, \text{ falls } (r,s) \in N_1 \\ g_{rs} - \delta_o, \text{ falls } (r,s) \in N_2. \end{cases}$$

7. Es sei $(i,j) \in B^{(k)} \cup \{(r,s)\}$ der Index einer Variablen, die für $\delta = \delta_o$ den Wert 0 oder g_{ij} annimmt.

   Setze

   $$B^{(k+1)} := B \cup \{(r,s)\} \setminus \{(i,j)\}$$

   Falls $x_{ij} = g_{ij}$ ist, so setze

   $$N_2^{(k+1)} := N_2 \cup \{(i,j)\}; \quad N_1^{(k+1)} := N_1^{(k)}$$

sonst $N_1^{(k+1)} := N_1^{(k)} \cup \{(i,j)\}$; $N_2^{(k+1)} := N_2^{(k)}$

8. Setze $k := k+1$ und gehe zu 1.

An folgendem Beispiel wollen wir das Aufsuchen einer zulässigen Basislösung und den Algorithmus für das kapazierte Transportproblem nochmals darlegen:

Beispiel 11:

Gegeben sei folgendes kapazierte Transportproblem:

$a_1 = 40$, $a_2 = 70$, $a_3 = 40$; $b_1 = 20$, $b_2 = 40$, $b_3 = 60$, $b_4 = 30$

Für die Variablen x_{ij} bestehen die Kapazitätsrestriktionen $0 \leq x_{ij} \leq g_{ij}$ mit folgenden g_{ij} – Werten:

G:

20	25	30	10
30	30	20	5
5	5	10	20

C:

2	3	4	1
5	4	2	3
4	2	8	6

Die Koeffizienten der zu minimierenden Zielfunktion sind im Tableau **C** zusammengestellt.

Wir versuchen, durch die Regel der geringsten Kosten (Abschnitt 4.3) eine Ausgangslösung zu erhalten. Wir erhalten:

X:

	20	40	60	30
40	20	10	0	$\overline{10}$
70		25	$\overline{20}$	$\overline{5}$
40		$\overline{5}$	$\overline{10}$	15

Dies ist keine zulässige Basislösung, denn $x_{22} + x_{23} + x_{24} = 50$, anstatt wie gefordert wird 70. Die in dieser Lösung auftretenden positiven Nichtbasisvariablen sind durch einen Querstrich gekennzeichnet. Nach unseren obigen Überlegungen konstruieren wir nun ein Hilfsproblem mit folgenden $(m+1) \times (n+1)$ Tableaus **X** und **D**:

$\mathbf{X}^{(1)}$:

			30	
	20	10	0	$\overline{10}$
20		25	$\overline{20}$	$\overline{5}$
10		$\overline{5}$	$\overline{10}$	15

$\mathbf{D}^{(0)}$:

0	1	1	1	1
1	0	0	0	0
1	0	0	0	0
1	0	0	0	0

Mit Hilfe des Algorithmus 6 minimieren wir nun $\mathbf{d}'\mathbf{x}$. Nach Punkt 1 setzen wir $\overline{d}_{ij} = d_{ij}$ für die Basisvariablen, berechnen daraus u_i und v_j und setzen nun für die Nichtbasisvariablen $\overline{d}_{ij} = u_i + v_j$. Man erhält damit folgendes Tableau $\mathbf{D}^{(1)}$:

$\mathbf{D}^{(1)}$:

	1	0	0	0	0
1	2	1	1	$\underline{1}$	1
0	1	$\underline{0}$	$\underline{0}$	$\underline{0}$	0
0	$\underline{1}$	0	$\underline{0}$	0	0
0	$\underline{1}$	0	0	0	$\underline{0}$

(Die zu Basisvariablen gehörigen Werte sind unterstrichen.)

Nach Punkt 3. bestimmt man nun μ_1, μ_2 und μ. In unserem Fall erhalten wir

$$\mu = \mu_1 = \overline{d}_{oo} - d_{oo} = 2$$

Wir setzen $x_{oo} = \delta$ und gleichen die übrigen Basisvariablen diesem Wert so an, daß die Zeilen- und Spaltensummen erhalten bleiben:

$\mathbf{X}^{(1)}(\delta)$:

δ			$30-\delta$	
	20	$10-\delta$	δ	$\overline{10}$
$20-\delta$		$25+\delta$	$\overline{20}$	$\overline{5}$
10		$\overline{5}$	$\overline{10}$	15

Wegen $x_{22} \leq 30$ erhalten wir $\delta \leq 5$. Da der Wert $\delta_o = 5$ alle übrigen Restriktionen von Punkt 5. erfüllt, setzen wir $x_{oo} = 5$. Damit wird x_{oo} eine Basisvariable und x_{22} wird eine Nichtbasisvariable. Wir fügen den Index (2,2) zur Menge N_2 hinzu. Wiederholen wir diese Schritte, so erhält man

$\mathbf{X}^{(2)}$:

5			25	
	20	5	5	$\overline{10}$
15		$\overline{30}$	$\overline{20}$	$\overline{5}$
10		$\overline{5}$	$\overline{10}$	15

$\mathbf{D}^{(2)}$:

	1	2	2	2	0
−1	$\underline{0}$	1	1	$\underline{1}$	−1
−2	−1	$\underline{0}$	$\underline{0}$	$\underline{0}$	−2
0	$\underline{1}$	2	2	2	0
0	$\underline{1}$	2	2	2	$\underline{0}$

$\mu = 2$ für die Indizes $(2,1)$ und $(3,1) \in N_1$ und $(1,4) \in N_2$.

Wir setzen $x_{21} = \delta$ und erhalten

$5+\delta$			$25-\delta$	
	$20-\delta$	5	$5+\delta$	$\overline{10}$
$15-\delta$	δ	$\overline{30}$	$\overline{20}$	$\overline{5}$
10		$\overline{5}$	$\overline{10}$	15

Wegen $x_{20} = 15-\delta \geq 0$ erhalten wir $\delta_o = 15$ und somit

$\mathbf{X}^{(3)}$:

$20+\delta$			$10-\delta$	
	$5-\delta$	5	$20+\delta$	$\overline{10}$
	15	$\overline{30}$	$\overline{20}$	$\overline{5}$
$10-\delta$	δ	$\overline{5}$	$\overline{10}$	15

$\mathbf{D}^{(3)}$:

	1	2	2	2	0
-1	$\underline{0}$	1	1	$\underline{1}$	-1
-2	-1	$\underline{0}$	$\underline{0}$	$\underline{0}$	-2
-2	-1	$\underline{0}$	0	0	-2
0	$\underline{1}$	2	2	2	$\underline{0}$

$\mu = 2$ für die Indizes $(3,1) \in N_1$ und $(1,4) \in N_2$, $(2,4) \in N_2$.

Wir setzen $x_{31} = \delta$ und erhalten wegen $x_{11} = 5-\delta \geq 0$ den Wert $\delta_o = 5$, der auf folgende Tableaus führt:

$\mathbf{X}^{(4)}$:

$25+\delta$			$5-\delta$	
		5	$25+\delta$	$\overline{10}-\delta$
	15	$\overline{30}$	$\overline{20}$	$\overline{5}$
$5-\delta$	5	$\overline{5}$	$\overline{10}$	$15+\delta$

$\mathbf{D}^{(4)}$:

	1	0	2	2	0
-1	$\underline{0}$	-1	1	$\underline{1}$	-1
-2	-1	-2	$\underline{0}$	$\underline{0}$	-2
0	1	$\underline{0}$	2	2	0
0	$\underline{1}$	$\underline{0}$	2	2	$\underline{0}$

$\mu = \mu_2 = 2$ für $(1,4) \in N_2$. Daher setzen wir $x_{14} = 10-\delta$ und erhalten wegen $x_{30} = 5-\delta \geq 0$ den Wert $\delta_o = 5$, der den anderen Restriktionen ebenfalls genügt. Nach Transformation des Tableaus $\mathbf{X}^{(4)}$ erhalten wir eine Lösung mit den Kosten 0 für das Hilfsproblem. Dies ist also eine zulässige Ausgangslösung für das gegebene Problem. Wir erhalten

$\mathbf{X}^{(5)}$:

	5	30	5
15	$\overline{30}$	$\overline{20}$	$\overline{5}$
5	$\overline{5}$	$\overline{10}$	20

$\mathbf{C}^{(1)}$:

	-2	2	3	0
1	-1	$\underline{3}$	$\underline{4}$	$\underline{1}$
7	$\underline{5}$	9	10	7
6	$\underline{4}$	8	9	$\underline{6}$

Wie man sich leicht überzeugt, ist damit die optimale Lösung der gestellten Aufgabe erreicht.

5. Die Ungarische Methode zur Lösung des Zuordnungsproblemes

5.1 Die Ungarische Methode

Wie wir bereits im ersten Abschnitt des vorigen Kapitels sahen, kann ein Zuordnungsproblem in folgender Weise formuliert werden:

Gesucht wird ein Vektor $\mathbf{x}' = (x_{11}, x_{12}, \ldots, x_{nn})$, so daß $\mathbf{c}'\mathbf{x}$ minimal wird unter den Restriktionen

$$\sum_{i=1}^{n} x_{ij} = 1 \qquad \text{für } j = 1, 2, \ldots, n$$

$$\sum_{j=1}^{n} x_{ij} = 1 \qquad \text{für } i = 1, 2, \ldots, n$$

und $$x_{ij} \in \{0,1\} \qquad \text{für } i = 1, 2, \ldots, n, \; j = 1, 2, \ldots, n.$$

Dabei ist $\mathbf{c}' = (c_{11}, c_{12}, \ldots, c_{nn})$ ein gegebener „Kostenvektor".

Da man ein Zuordnungsproblem als Transportproblem auffassen kann, läßt es sich mit den Methoden lösen, die im vorigen Kapitel entwickelt wurden. Zuordnungsprobleme sind jedoch stark entartete Transportprobleme, weil jede zulässige Basis genau n positive Basisvariable besitzt, während $2n-1$ Variable in der Basis von Transportproblemen positiv sein können. Daher ist eine Lösung von Zuordnungsproblemen mittels des Transportalgorithmus, der im vorigen Kapitel behandelt wurde, nicht so günstig wie die nachfolgend beschriebene Ungarische Methode, die auf Kuhn [55] zurückgeht und auf einem Satz von König und Egerváry beruht.

Wie wir im Abschnitt 4.1 sahen, ergeben sich als Lösung des oben formulierten Zuordnungsproblemes stets Permutationsmatrizen. Die Ungarische Methode beruht im wesentlichen darauf, daß man den Kostenvektor $\mathbf{c}$ zu einer Kostenmatrix $\mathbf{C}$ zusammenfaßt und dieser in bestimmter Weise eine

Boolesche Matrix **Y** zuordnet. Dann überprüfen wir mit Hilfe des Satzes von König und Egerváry, ob sich **Y** als Summe einer n-zeiligen Permutationsmatrix **X** und einer weiteren Booleschen Matrix darstellen läßt. Ist dies der Fall, so liefert **X** eine optimale Lösung. Im anderen Fall muß die Matrix **C** transformiert werden. Durch dieses Verfahren erhält man in endlich vielen Schritten eine optimale Lösung des gestellten Problemes. Wir wollen nun das Verfahren näher beschreiben. Ohne Beschränkung der Allgemeinheit kann angenommen werden, daß alle Elemente $c_{ij} \geq 0$ sind.

Wir fassen den Vektor $\mathbf{c}' = (c_{11}, c_{12}, \ldots, c_{nn})$ zur Matrix

$$\mathbf{C} = \begin{pmatrix} c_{11} & c_{12} & \cdots & c_{1n} \\ c_{21} & c_{22} & \cdots & c_{2n} \\ \vdots & \vdots & & \vdots \\ c_{n1} & c_{n2} & \cdots & c_{nn} \end{pmatrix}$$

zusammen. Dieser Matrix **C** ordnen wir die $(n \times n)$-Matrix **Y** in folgender Weise zu:

$$y_{ij} = \begin{cases} 0, & \text{falls } c_{ij} > 0 \\ 1, & \text{falls } c_{ij} = 0 \end{cases} \tag{5.0}$$

Die Lösung des Zuordnungsproblemes ist gefunden, wenn wir eine Permutationsmatrix **X** angeben können, für die die zugehörigen Kosten minimal sind. Man versucht zunächst, in der oben konstruierten Matrix **Y** 1-Elemente derart zu bestimmen, daß diese nach Ergänzung durch 0-Elemente eine Permutationsmatrix ergeben. Vereinfachend sagen wir: Aus der Matrix **Y** wird eine n-zeilige Permutationsmatrix **X** ausgewählt. Dazu ist aber notwendig, daß jede Zeile und Spalte von **C** mindestens ein 0-Element besitzt. Um dies zu erreichen, führen wir folgende Transformation durch:

Es sei

$$u_i = \min_{1 \leq j \leq n} c_{ij} \qquad \text{für } i = 1, 2, \ldots, n$$

und

$$\tilde{c}_{ij} := c_{ij} - u_i$$

Durch diese Transformation geht die Zielfunktion über in

$$\mathbf{c}'\mathbf{x} = \sum_{i,j=1}^{n} (\tilde{c}_{ij} + u_i)\, x_{ij} = \tilde{\mathbf{c}}'\mathbf{x} + \sum_{i=1}^{n} u_i \Big(\sum_{j=1}^{n} x_{ij}\Big) = \tilde{\mathbf{c}}'\mathbf{x} + \sum_{i=1}^{n} u_i$$

Ferner sind alle Elemente $\tilde{c}_{ij}$ nicht negativ.

Nun sei

$$v_j = \min_{1 \leq i \leq n} \tilde{c}_{ij}$$

und

$$\tilde{\tilde{c}}_{ij} := \tilde{c}_{ij} - v_j$$

Dadurch erhält man

$$\mathbf{c'x} = \tilde{\tilde{\mathbf{c}}}'\mathbf{x} + \sum_{i=1}^{n} u_i + \sum_{j=1}^{n} v_j$$

und die Größen $\tilde{\tilde{c}}_{ij}$ sind ebenfalls alle nicht negativ.

Wir setzen

$$z := \sum_{i=1}^{n} u_i + \sum_{j=1}^{n} v_j$$

Kann nun aus **Y** eine n-zeilige Permutationsmatrix **X** ausgewählt werden und ordnen wir dieser Permutationsmatrix **X** den Lösungsvektor **x** zu, so gilt infolge (5.0)

$$\min \tilde{\tilde{\mathbf{c}}}'\mathbf{x} = 0$$

und daraus folgt

$$\min \mathbf{c'x} = \min \tilde{\tilde{\mathbf{c}}}'\mathbf{x} + \sum_{i=1}^{n} u_i + \sum_{j=1}^{n} v_j = \sum_{i=1}^{n} u_i + \sum_{j=1}^{n} v_j = z$$

Ob eine n-zeilige Permutationsmatrix aus **Y** ausgewählt werden kann, läßt sich mittels des Satzes von König-Egerváry feststellen. Bezeichnen wir dazu die Menge der Zeilen der Matrix **Y** mit Z und mit S die Menge der Spalten von **Y**. Wir sagen, eine Teilmenge von $Z \cup S$ ist 1-überdeckend bezüglich **Y**, wenn in den Zeilen und Spalten dieser Teilmenge sämtliche 1-Elemente der Matrix **Y** vorkommen. Mit diesen Bezeichnungsweisen gilt:

Satz 5.1 (König-Egerváry):

Y sei eine Boolesche Matrix. Die Zeilenanzahl der größten Untermatrix von **Y**, die sich als Summe einer Permutationsmatrix und einer weiteren Booleschen Matrix darstellen läßt, ist gleich der Minimalanzahl von Zeilen und Spalten einer 1-überdeckenden Menge von **Y**. ∎

So können zum Beispiel alle 1-Elemente der Matrix

$$\begin{pmatrix} 1 & 0 & 1 \\ 0 & 0 & 1 \\ 1 & 0 & 1 \end{pmatrix}$$

durch die erste und die dritte Spalte überdeckt werden, aber nicht eine Zeile oder Spalte allein. Daher hat die größte Permutationsmatrix, die aus dieser Matrix ausgewählt werden kann, zwei Zeilen (und zwei Spalten).

Der Beweis des Satzes 5.1 wird im Abschnitt 5.2 erfolgen. Nehmen wir nun an, aus der Matrix **Y** sei keine n-zeilige Permutationsmatrix auswählbar, sondern die größte auswählbare Permutationsmatrix habe n_1 $(n_1 < n)$ Zeilen. Wir konstruieren ein minimales, 1-überdeckendes System von **Y**, zu dem nach obigem Satz insgesamt n_1 Zeilen und Spalten ausreichen. Wie diese Konstruktion im einzelnen durchgeführt wird, wird im Abschnitt 5.3 beschrieben werden. Unter den nicht überdeckten Elementen wählen wir eines aus, für das das zugehörige Element $c_{ij} = \epsilon_1$ minimal ist. Dann führen wir folgende Transformation durch

$$\bar{c}_{ij} := \bar{\bar{c}}_{ij} - u_i - v_j$$

mit

$$u_i = \begin{cases} 0 & \text{falls die i-te Zeile überdeckt ist.} \\ \epsilon_1 & \text{falls die i-te Zeile nicht überdeckt ist.} \end{cases}$$

$$v_j = \begin{cases} 0 & \text{falls die j-te Spalte nicht überdeckt ist.} \\ -\epsilon_1 & \text{falls die j-te Spalte überdeckt ist.} \end{cases}$$

Dadurch geht die Zielfunktion über in

$$\bar{\bar{c}}'x = \bar{c}'x + \sum_{i=1}^{n} u_i + \sum_{j=1}^{n} v_j$$

Bezeichnen wir mit n_z die Anzahl der Zeilen in der 1-Überdeckung von **Y** und mit n_s die Anzahl der Spalten in dieser Überdeckung, so ist

$$\sum_{i=1}^{n} u_i = \epsilon_1 (n - n_z)$$

$$\sum_{j=1}^{n} v_j = -\epsilon_1 \cdot n_s$$

und daher erhält man

$$\bar{\bar{c}}'x = \bar{c}'x + \epsilon_1 (n - n_z - n_s) = \bar{c}'x + \epsilon_1 (n - n_1)$$

Ferner gilt, daß alle Elemente $\bar{c}_{ij}$ nichtnegativ sind. Man ordnet der neu gefundenen Kostenmatrix in gleicher Weise wie oben eine Boolesche Matrix zu und versucht, aus ihr eine n-zeilige Permutationsmatrix **X** auszuwählen. Ist dies möglich, so ist eine optimale Lösung erreicht. Da

$$\min c'x = \min \bar{\bar{c}}'x + z = \min \bar{c}'x + z + \epsilon_1 (n - n_1)$$

gilt, erhält man wegen $\min \bar{c}'x = 0$ für die Minimalkosten

$$z + \epsilon_1 (n - n_1)$$

Ist die Auswahl einer n-zeiligen Permutationsmatrix jedoch nicht möglich, so wiederholt man den letzten Schritt.

Ist δ der kleinste positive Koeffizient der Kostenfunktion, so nimmt diese bei jeder Durchführung eines solchen Schrittes um ein $\epsilon_i (n-n_i) > \delta$ zu. Da die Kostenfunktion beschränkt ist, erhält man in endlich vielen Schritten das Minimum der Zielfunktion:

$$z + \sum_{k=1}^{K} \epsilon_k (n-n_k)$$

5.2 Beweis des Satzes von König-Egerváry

In diesem Abschnitt soll der Beweis zu Satz 5.1 erbracht werden. Gleichzeitig werden uns diese Überlegungen auf eine Konstruktionsmethode für minimale Überdeckungen führen.

Es sei m die Zeilenanzahl der größten Permutationsmatrix **X**, die sich aus der gegebenen Booleschen Matrix **Y** auswählen läßt. Ferner sei t die Anzahl der Elemente (Zeilen und Spalten) einer minimalen 1-Überdeckung von **Y**. Offensichtlich gilt $t \geq m$. Wir werden nun zeigen, daß genau $t = m$ gilt. Ohne Beschränkung der Allgemeinheit können wir Zeilen und Spalten von **Y** so vertauschen, daß die Permutationsmatrix **X** in die Einheitsmatrix übergeht und daher **Y** in folgender Form vorliegt

$$\mathbf{Y} = \left(\begin{array}{c|c} \begin{matrix} 1 & \cdots & \cdots \\ \vdots & \ddots & \vdots \\ \cdots & \cdots & 1 \end{matrix} & \mathbf{A}_1 \\ \hline \mathbf{A}_2 & \mathbf{A}_3 \end{array}\right)$$

Würde $\mathbf{A}_3$ ein 1-Element enthalten, so könnte **X** zu einer (m+1)-zeiligen Permutationsmatrix erweitert werden im Widerspruch zur Voraussetzung. Daher ist $\mathbf{A}_3$ eine Nullmatrix. Enthält höchstens eine der Matrizen $\mathbf{A}_1$ und $\mathbf{A}_2$ 1-Elemente, so kann sofort eine 1-Überdeckung von **Y** mit m Elementen angegeben werden und der Satz wäre richtig.

Wir nehmen daher jetzt an, sowohl die Matrix $\mathbf{A}_1$ als auch die Matrix $\mathbf{A}_2$ besitze 1-Elemente. Es sei

$$y_{ki} = y_{ij} = 1, \text{ mit } i \leq m, j \geq m+1, k \geq m+1, \tag{5.1}$$

Vertauschen wir dann die j-te und die i-te Spalte, so bleibt das 1-Element y_{ii} in der Diagonale erhalten. Aber nun besitzt auch $\mathbf{A}_3$ ein 1-Element. Daher enthält **Y** eine (m+1) zeilige Permutationsmatrix im Widerspruch zur Voraussetzung. Somit kann (5.1) nicht eintreten. Man nimmt nun jene z Zeilen von $\mathbf{A}_1$ und jene s Spalten von $\mathbf{A}_2$, die 1-Elemente enthalten, in die zu konstruierende 1-Überdeckung von **Y** auf. Da (5.1) ausgeschlossen ist, werden dadurch genau (s+z) 1-Elemente der Permutationsmatrix überdeckt. Durch Zeilen- und Spaltenvertauschungen können wir erreichen, daß die Zeilen von $\mathbf{A}_1$, die 1-Elemente enthalten, die z letzten Zeilen der Permutationsmatrix sind und die Spalten von $\mathbf{A}_2$, die 1-Elemente enthalten, die Spalten (m−z−s) bis (m−z−1) einnehmen (vgl. Abb. 5.1).

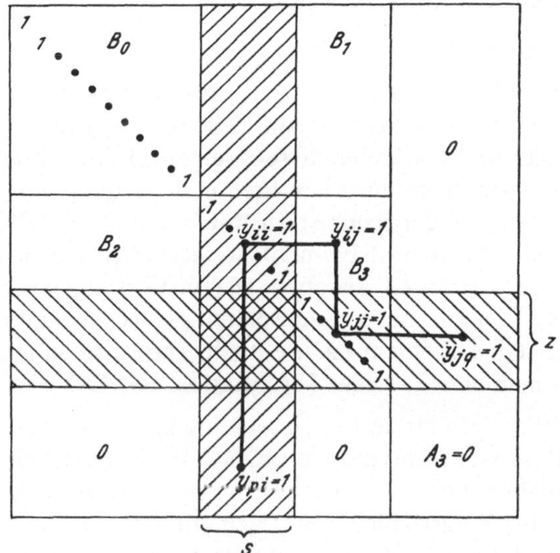

Abb. 5.1. Zum Beweis des Satzes von König-Egerváry

Nichtüberdeckte 1-Elemente können lediglich in den Untermatrizen $\mathbf{B}_0$, $\mathbf{B}_1$, $\mathbf{B}_2$ und $\mathbf{B}_3$ stehen. Wir zeigen nun, daß auch $\mathbf{B}_3$ eine Nullmatrix ist. Dazu nehmen wir an, es existiere ein y_{ij} in $\mathbf{B}_3$ mit $y_{ij} = 1$. Dann sind die Diagonalelemente y_{ii} und y_{jj} überdeckt und daher gibt es ein y_{pi} aus $\mathbf{A}_2$ und ein y_{jq} aus $\mathbf{A}_1$ mit $y_{pi} = 1$ und $y_{jq} = 1$. Vertauscht man nun die j-te und die q-te Spalte und danach die i-te und die p-te Zeile, so bleiben die Einselemente in der Diagonale erhalten, aber nun enthält die Matrix $\mathbf{A}_3$ ebenfalls ein 1-Element. Wie wir oben sahen, steht dies im Widerspruch zur Maximalität der ausgewählten Permutationsmatrix. Daher ist also $\mathbf{B}_3$ eine Nullmatrix.

Fassen wir die 1-Elemente der Matrizen $\mathbf{B}_1$ und $\mathbf{B}_2$ wie in den Matrizen $\mathbf{A}_1$ und $\mathbf{A}_2$ zusammen, so läßt sich obige Schlußweise übertragen. Jeder derartige Schritt liefert mindestens ein Element der Überdeckung. Daher erhält man in endlich vielen Schritten die minimale Überdeckung, die aus m Elementen besteht, was zu zeigen war.

5.3 Die Konstruktion minimaler Überdeckungen

Bei der Beschreibung des Lösungsweges zur Bestimmung einer minimalen Zuordnung blieben zwei Punkte offen, nämlich

a) die Auswahl einer Permutationsmatrix

b) der Nachweis, daß die ausgewählte Permutationsmatrix maximal ist.

Zunächst zu Punkt a):

Ist $\mathbf{Y}$ die vorgegebene Boolesche Matrix, aus der eine Permutationsmatrix $\mathbf{X}$ auszuwählen ist, so suchen wir eine Zeile oder Spalte, die nur ein 1-Element y_{ij} enthält und markieren dieses Element. Dann streichen wir die i-te Zeile sowie j-te Spalte und verfahren in der reduzierten Matrix in gleicher Weise. Gibt es in der reduzierten Matrix nur noch Zeilen und Spalten mit jeweils mehr als einem 1-Element, so markieren wir ein beliebiges y_{ij} unter diesen und verfahren wie oben. Diesen Vorgang wiederholen wir so lange, bis entweder alle Zeilen und Spalten gestrichen sind oder die reduzierte Matrix kein 1-Element mehr enthält. Durch die m markierten 1-Elemente erhält man eine m-zeilige Permutationsmatrix $\mathbf{X}$.

Ist die Anzahl m der markierten 1-Elemente kleiner als die Anzahl n der Zeilen von $\mathbf{Y}$, so ist zu überprüfen, ob die ausgewählte Permutationsmatrix $\mathbf{X}$ maximal ist oder ob sich etwa eine Permutationsmatrix mit (m+1) 1-Elementen aus $\mathbf{Y}$ auswählen läßt. Dazu erinnern wir uns an Satz 5.1 und seinen Beweis. Konstruieren wir eine minimale 1-Überdeckung von $\mathbf{Y}$, so muß im Falle, daß $\mathbf{X}$ maximal ist, jedem markierten 1-Element genau eine Zeile oder Spalte der 1-Überdeckung von $\mathbf{Y}$ entsprechen. Ist daher ein markiertes 1-Element im Schnittpunkt einer Zeile und einer Spalte der minimalen 1-Überdeckung von $\mathbf{Y}$, so war die ausgewählte Permutationsmatrix $\mathbf{X}$ nicht maximal und wir werden eine Permutationsmatrix mit (m+1) 1-Elementen angeben.

Die Konstruktion einer minimalen 1-Überdeckung von $\mathbf{Y}$ erfolgt nun so:

Wir bestimmen zunächst jene Zeilen in $\mathbf{Y}$, die 1-Elemente, aber keine markierten 1-Elemente enthalten. Diese Zeilen bilden die Matrix $(\mathbf{A}_2 \vdots \mathbf{A}_3)$, wenn $\mathbf{Y}$ wie im Abschnitt 5.2 zerlegt wird. Im Abschnitt 5.2 sahen wir, daß zu jedem 1-Element y_{ij} aus $\mathbf{A}_2$ die Spalte j in die minimale 1-Überdeckung aufgenommen werden kann ($\mathbf{A}_3$ ist eine Nullmatrix). In gleicher

Weise bestimmen wir die Spalten in **Y**, die 1-Elemente, aber keine markierten 1-Elemente enthalten. Diese Spalten bilden die Matrix

$$\begin{pmatrix} A_1 \\ \cdots \\ A_3 \end{pmatrix}$$

wenn **Y** wie im Abschnitt 5.2 zerlegt wird. Dort sahen wir auch, daß zu jedem 1-Element y_{ij} aus A_1 die Zeile i in die minimale 1-Überdeckung aufgenommen wird. Tritt einmal der Fall ein, daß alle Zeilen und Spalten, die 1-Elemente enthalten, auch markierte 1-Elemente enthalten, so bilden die Zeilen oder die Spalten dieser Teilmatrix eine 1-Überdeckung.

Sind nun im Schnitt der Zeilen und Spalten der bisher gefundenen 1-Überdeckung von **Y** keine markierten 1-Elemente, so streiche man diese Zeilen und Spalten, wie auch die Zeilen, die die Matrix $(A_2 \vdots A_3)$ bilden, und die Spalten, die die Matrix $\begin{pmatrix} A_1 \\ \cdots \\ A_3 \end{pmatrix}$ bilden. In der reduzierten Matrix, die sich nach Abschnitt 5.2 in

$$\begin{pmatrix} B_0 & \vdots & B_1 \\ \cdots & \vdots & \cdots \\ B_2 & \vdots & B_3 \end{pmatrix}$$

zerlegen läßt, suchen wir wieder die Zeilen und Spalten auf, die 1-Elemente, aber keine markierten 1-Elemente enthalten und verfahren wie oben.

Sind nun aber markierte 1-Elemente im Schnittpunkt von Zeilen und Spalten der bisher gefundenen 1-Überdeckung von **Y**, dann ist nach Abschnitt 5.2 einer der beiden folgenden Fällen eingetreten.

a) $y_{t'k}$ und $y_{tk'}$ sind markierte, y_{ik}, y_{tj} und $y_{t'k'}$ sind unmarkierte 1-Elemente. Dann liegt der Fall von Bild 5.1 vor. Tauscht man die ersteren zwei Elemente gegen die letzteren drei aus, so erhält man wieder eine Permutationsmatrix mit (m+1) 1-Elementen. Ist $(m+1)<n$, so beginne man von Neuem mit der Konstruktion einer minimalen Überdeckung.

b) y_{ij} ist markiert und $y_{pj}=1$, $y_{iq}=1$. Dann tausche man y_{ij} gegen y_{pj} und y_{iq} aus. Man erhält dadurch eine Permutationsmatrix mit (m+1) 1-Elementen. Ist $(m+1)<n$, so beginne man von Neuem mit der Konstruktion einer minimalen 1-Überdeckung von **Y**.

Entspricht jeder Zeile und Spalte der auf obige Weise konstruierten minimalen 1-Überdeckung von **Y** genau ein markiertes 1-Element, so ist die Permutationsmatrix **X** maximal.

Beispiel 12:

Konstruktion einer minimalen Überdeckung

$$Y = \begin{pmatrix} 1^* & 0 & 0 & 0 \\ 0 & 1^* & 1 & 0 \\ 0 & 0 & 1^* & 1 \\ 0 & 1 & 0 & 0 \end{pmatrix}$$

Die markierten 1-Elemente sind durch einen Stern gekennzeichnet. Die 4. Zeile und die 4. Spalte besitzen kein markiertes 1-Element, daher nehmen wir die 2. Spalte und die 3. Zeile in die Überdeckung auf. Da $y_{32} = 0$ ist, reduzieren wir die Matrix und erhalten

$$\begin{pmatrix} 1^* & . & 0 & . \\ 0 & . & 1 & . \\ . & . & . & . \\ . & . & . & . \end{pmatrix}$$

Die dritte Spalte und die zweite Zeile enthalten nun ein 1-Element, aber kein markiertes. Daher nehmen wir nun die zweite Zeile und die dritte Spalte in die Überdeckung auf und erhalten:

$$\begin{pmatrix} 1^* & 0 & 0 & 0 \\ -0- & -1^*- & -1- & -0- \\ -0- & -0- & -1^*- & -1- \\ 0 & 1 & 0 & 0 \end{pmatrix}$$

Nun stehen im Schnitt von Zeilen und Spalten der Überdeckung markierte Elemente. Da $y_{22} = 1$, $y_{33} = 1$ und $y_{42} = 1$, $y_{23} = 1$, $y_{34} = 1$ ist, tauschen wir y_{22} und y_{33} gegen y_{42}, y_{23}, y_{34} aus und erhalten so eine vierzeilige Permutationsmatrix, nämlich

$$\begin{pmatrix} 1^* & 0 & 0 & 0 \\ 0 & 1 & 1^* & 0 \\ 0 & 0 & 1 & 1^* \\ 0 & 1^* & 0 & 0 \end{pmatrix}$$

Im folgenden Abschnitt wird die Ungarische Methode zur Lösung von Zuordnungsproblemen algorithmisch zusammengefaßt und anhand eines Beispiels nochmals erläutert werden.

Abschließend sei noch bemerkt, daß man die Ungarische Methode auch zur Lösung von Transportaufgaben heranziehen kann. Es sei hier auf die Ausführungen bei Krekó [68], Seite 316 ff. verwiesen.

5.4 Algorithmus und Beispiel zur Ungarischen Methode

In den vorigen Abschnitten wurde der Satz von König und Egerváry bewiesen und die Theorie der Ungarischen Methode zur Lösung von Zuordnungsproblemen beschrieben. Fassen wir diese Ausführungen nochmals in den folgenden Algorithmen zusammen. Nun ordnen wir allerdings der Matrix **C** nicht mehr eine Boolesche Matrix **Y** zu, sondern führen alle Operationen mit der Matrix **C** selbst aus. Einer 1-Überdeckung von **Y** entspricht somit nun eine 0-Überdeckung von **C**.

Algorithmus 7: Bestimmung einer Minimallösung für das Zuordnungsproblem $\mathbf{c}'\mathbf{x} = \min!$ unter den Restriktionen

$$\sum_{i=1}^{n} x_{ij} = 1 \qquad (1 \leq j \leq n)$$

$$\sum_{j=1}^{n} x_{ij} = 1 \qquad (1 \leq i \leq n)$$

$$x_{ij} \in \{0,1\} \qquad (1 \leq i \leq n,\ 1 \leq j \leq n)$$

Anfangsdaten:

$\mathbf{C} \geq 0$

$S := Z := \{1,2,\ldots,n\}$

Notwendige Unterprogramme:

Algorithmus 8

Algorithmus 9

1. Bestimme für $i=1,2,\ldots,n$:

$$u_i = \min_{1 \leq j \leq n} c_{ij}$$

2. Setze für $i=1,2,\ldots,n$ und $j=1,2,\ldots,n$:

$$c_{ij} := c_{ij} - u_i$$

3. Bestimme für $j=1,2,\ldots,n$:

$$v_j := \min_{1 \leq j \leq n} c_{ij}$$

4. Setze für i,j : = 1, 2, . . . , n:

$$c_{ij} := c_{ij} - v_j$$

$$z := \sum_{i=1}^{n} u_i + \sum_{j=1}^{n} v_j$$

5. Ermittle durch Algorithmus 8 die Minimalanzahl m von Zeilen und Spalten eines 0-überdeckenden Systems von C.
6. Ist m=n, so ist die optimale Lösung gefunden. Die Menge M enthält die Indizes der positiven Variablen der Zuordnung. Die Minimalkosten sind z. Terminiere.
   Ist m<n, so gehe zu 7.
7. Bestimme

$$\epsilon = \min \{c_{ij} \mid i \notin Z^*, j \notin S^*\}$$

8. Setze

$$u_i := \begin{cases} 0 & i \in Z^* \\ \epsilon & i \notin Z^*, \end{cases}$$

$$v_j := \begin{cases} 0 & j \notin S^* \\ -\epsilon & j \in S^* \end{cases}$$

9. Transformiere

$$c_{ij} := c_{ij} - u_i - v_j \quad (i, j = 1, 2, \ldots, n),$$

$$z := z + \epsilon\,(n-m),$$

   Gehe zu 5.

Algorithmus 8: Ermittlung der Minimalanzahl von Elementen eines 0-überdeckenden Systems von C.

Anfangsdaten:

$$\mathbf{C} \geq 0, S := Z := \{1, 2, \ldots, n\}$$

$$M := \phi$$

1. $Z_0 := \{i \mid i \in Z, c_{ij} > 0$ für alle $j \in S\}$,
   $S_0 := \{j \mid j \in S, c_{ij} > 0$ für alle $i \in Z\}$,
   $Z := Z \setminus Z_0$,
   $S := S \setminus S_0$
2. Ist $Z = \phi$ oder $S = \phi$, so setze
   m : = Anzahl der Elemente von M
   und gehe zu 3.
   Ist $Z \neq \phi$ und $S \neq \phi$, so gehe zu 4.
3. Ist m = n, so terminiere. Andernfalls gehe zu 7.
4. Ermittle eine Zeile $i \in Z$ oder eine Spalte $j \in S$, die nur ein 0-Element c_{ij} $(i \in Z, j \in S)$ enthält und gehe zu 6.

Existiert weder so eine Zeile noch so eine Spalte, dann gehe zu 5.

5. Enthält eine Zeile oder Spalte mindestens zwei 0-Elemente mit Indizes $i \in Z$, $j \in S$, so wähle davon ein beliebiges Element c_{ij} aus und gehe zu 6.

6. Setze

$$M := M \cup \{(i,j)\},$$
$$Z := Z \setminus \{i\},$$
$$S := S \setminus \{j\}$$

und gehe zu 1.

7. Konstruiere mittels Algorithmus 9 eine minimale 0-Überdeckung von C. Z^* enthält die Zeilenindizes, S^* enthält die Spaltenindizes dieser Überdeckung.

8. Ist $M \cap (Z^* \times S^*) = \phi$, so terminiere. Sonst gehe zu 9.

9. Es sei $(i, j) \in M \cap (Z^* \times S^*)$. Gibt es ein $(i', j') \in M \cap (Z^* \times S^*)$, $(i, j) \neq (i', j')$ und 0-Elemente c_{iq} $(q \notin S^*)$, $c_{i'j}$, $c_{pj'}$ $(p \notin Z^*)$, so setze

$$M := M \cup \{(i, q), (i', j), (p, j')\} \setminus \{(i, j), (i', j')\},$$
$$m := m+1$$

und gehe zu 3.

Andernfalls gehe zu 10.

10. Es sei $(i, j) \in M \cap (Z^* \times S^*)$. Es gibt ein $c_{pj} = 0$ $(p \notin Z^*)$ und ein $c_{iq} = 0$ $(q \notin S^*)$. Setze

$$M := M \cup \{(p,j), (i,q)\} \setminus \{(i,j)\},$$
$$m := m+1$$

und gehe zu 3.

Algorithmus 9: Konstruktion einer minimalen 0-Überdeckung von C.

Anfangsdaten: $C \geq 0$,
M enthält die Indizes der markierten Elemente,
$Z := S := \{1, 2, \ldots, n\}$,
$Z^* := S^* := \phi$

1. $Z_0 := \{i \mid c_{ij} > 0 \text{ für alle } j \in S\}$,
$S_0 := \{j \mid c_{ij} > 0 \text{ für alle } i \in Z\}$,
$Z := Z \setminus Z_0$,
$S := S \setminus S_0$.

2. Ist $S = \phi$ und $Z = \phi$, so terminiere.

3. $Z_1 := \{i \mid (i,j) \in M\}$,
$S_1 := \{j \mid (i,j) \in M\}$.

4. $Z_2 := Z \setminus Z_1$,
$S_2 := S \setminus S_1$.

5. Ist $Z_2 \cup S_2 = \phi$, so setze
   $Z^* := Z^* \cup Z_1$,
   terminiere.
   Andernfalls gehe zu 6.
6. Setze für $c_{ij} = 0$ mit $i \in Z_2$:
   $S^* := S^* \cup \{j\}$
   und setze für $c_{ij} = 0$ mit $j \in S_2$:
   $Z^* := Z^* \cup \{i\}$.
7. $S := S \setminus (S_2 \cup S^*)$,
   $Z := Z \setminus (Z_2 \cup Z^*)$,
   $M := M \setminus [(Z_1 \times S^*) \cup (Z^* \times S_1)]$,
   und gehe zu 1.

Beispiel 13:

Man ermittle eine Zuordnung mit minimalen Kosten, wenn die Kostenmatrix folgende Werte enthält:

$$\mathbf{C} = \begin{pmatrix} 6 & 3 & 2 & 5 & 2 & 2 \\ 8 & 4 & 3 & 2 & 3 & 4 \\ 4 & 4 & 3 & 4 & 4 & 5 \\ 2 & 7 & 4 & 5 & 4 & 3 \\ 8 & 6 & 4 & 6 & 6 & 6 \\ 0 & 2 & 3 & 3 & 2 & 2 \end{pmatrix}$$

Zunächst transformieren wir **C** so, daß jede Zeile mindestens ein 0-Element enthält. Wir subtrahieren

$u_1 = 2, u_2 = 2, u_3 = 3, u_4 = 2, u_5 = 4, u_6 = 0$

und erhalten

$$\mathbf{C} = \begin{pmatrix} 4 & 1 & 0 & 3 & 0 & 0 \\ 6 & 2 & 1 & 0 & 1 & 2 \\ 1 & 1 & 0 & 1 & 1 & 2 \\ 0 & 5 & 2 & 3 & 2 & 1 \\ 4 & 2 & 0 & 2 & 2 & 2 \\ 0 & 2 & 3 & 3 & 2 & 2 \end{pmatrix}$$

Nun muß auch jede Spalte ein 0-Element enthalten. Wir subtrahieren daher von der j-ten Spalte folgende Werte v_j:

$v_1 = 0, v_2 = 1, v_3 = 0, v_4 = 0, v_5 = 0, v_6 = 0$

$$C = \begin{pmatrix} 4 & 0 & 0 & 3 & 0 & 0 \\ 6 & 1 & 1 & 0 & 1 & 2 \\ 1 & 0 & 0 & 1 & 1 & 2 \\ 0 & 4 & 2 & 3 & 2 & 1 \\ 4 & 1 & 0 & 2 & 2 & 2 \\ 0 & 1 & 3 & 3 & 2 & 2 \end{pmatrix}$$

Die durch diese Transformationen angelaufenen Kosten betragen $z = 14$. Durch die Algorithmen 8 und 9 ermitteln wir nun die Menge M der markierten 0-Elemente von **C** und ihre Anzahl.

Durch mehrmaliges Durchlaufen der Schritte 1., 2., 4. und 6. von Algorithmus 8 erhält man

$$C = \begin{pmatrix} 4 & 0 & 0 & 3 & 0^* & 0 \\ 6 & 1 & 1 & 0^* & 1 & 2 \\ 1 & 0^* & 0 & 1 & 1 & 2 \\ 0^* & 4 & 2 & 3 & 2 & 1 \\ 4 & 1 & 0^* & 2 & 2 & 2 \\ 0 & 1 & 3 & 3 & 2 & 2 \end{pmatrix}$$

mit $M = \{(1,5), (2,4), (3,2), (4,1), (5,3)\}$ und $m = 5$. Da $m < n$ ist, konstruieren wir mittels Algorithmus 9 eine minimale 0-Überdeckung von **C**. Zunächst ist $Z_1 = S_1 = \{1,2,3,4,5\}$ und $Z_2 = S_2 = \{6\}$. Da $c_{61} = 0$ und $c_{16} = 0$ ist, setzen wir nach Punkt 6. von Algorithmus 9:

$$S^* := \{1\}, \ Z^* := \{1\}.$$

Nun ist $S = Z = \{2,3,4,5\}$ und $M = \{(2,4), (3,2), (5,3)\}$. Man erhält nun $Z_0 = \{4\}$ und $S_0 = \{5\}$, daher ist in der zweiten Runde:

$$Z = \{2,3,5\} \text{ und } S = \{2,3,4\}.$$

Ferner ist $Z_1 = \{2,3,5\}$ und $S_1 = \{2,3,4\}$. Daher ist $Z_2 \cup S_2 = \phi$ und wir setzen

$$Z^* = \{1,2,3,5\}, \ S^* = \{1\}$$

Durch Z^* und S^* erhielten wir die minimale 0-Überdeckung von **C**, mit der wir in den Algorithmus 8 zurückkehren. Da die Bedingung

$$M \cap (Z^* \times S^*) = \phi$$

von Punkt 8 dieses Algorithmus erfüllt ist, terminieren wir ihn und kehren mit $m = 5$ zum Hauptprogramm zurück. Nach Schritt 8 von Algorithmus 7 bestimmen wir als minimales nichtüberdecktes Element

$$\epsilon = c_{46} = 1$$

Nach der Transformation $c_{ij} := c_{ij} - u_i - v_j$ mit

$$u_i = \begin{cases} 1 \text{ für } i=4,6 \\ 0 \text{ andernfalls} \end{cases}$$

$$v_j = \begin{cases} -1 \text{ für } j=1 \\ 0 \text{ andernfalls} \end{cases}$$

erhält man

$$C = \begin{pmatrix} 5 & 0 & 0 & 3 & 0^* & 0 \\ 7 & 1 & 1 & 0^* & 1 & 2 \\ 2 & 0^* & 0 & 1 & 1 & 2 \\ 0 & 3 & 1 & 2 & 1 & 0^* \\ 5 & 1 & 0^* & 2 & 2 & 2 \\ 0^* & 0 & 2 & 2 & 1 & 1 \end{pmatrix}$$

Nun ist neuerlich die Menge M der markierten Elemente nach Algorithmus 8 zu konstruieren. Man erhält etwa

$$M = \{(6,1), (3,2), (5,3), (2,4), (1,5), (4,6)\}$$

mit $m=6$

Daher ist dies eine optimale Zuordnung. Die Kosten hiefür betragen

$$z = 14 + 1 . (6-5) = 15.$$

Wie man schon bei diesem Beispiel sieht, besteht eine gewisse Freiheit in der Konstruktion eines 0-überdeckenden Systems von C. Andererseits ist

$$\epsilon = \min \{c_{ij} \mid i \in Z^*, j \notin S^*\}$$

und z wächst bei Schritt 10. im Algorithmus 7 um $\epsilon . (n-m)$. Um möglichst rasch das Minimum zu erreichen, kann man daher versuchen, ϵ möglichst groß zu wählen.

5.5 Eine Variante der Ungarischen Methode

Müller-Merbach beschreibt in [70] eine Variante der Ungarischen Methode, mit der auf einer elektronischen Rechenanlage wesentlich bessere Ergebnisse erzielt wurden als mit der klassischen Ungarischen Methode. Daher soll sie im folgenden kurz wiedergegeben werden. In ähnlicher Weise wurde das Zuordnungsproblem schon von Hellmich [66] gelöst.

Während bei der klassischen Ungarischen Methode nach jeder Reduktion des Tableaus C die neue minimale 0-Überdeckung erst aufgesucht wird, gehen wir hier von einer festen 0-Überdeckung von C aus und führen diese durch Umordnungs- und Reduktionsschritte in die optimale Überdeckung über, die der gesuchten Zuordnung entspricht.

Wir können annehmen, daß C bereits so transformiert wurde, daß jede Zeile und Spalte von C mindestens ein 0-Element besitzt. Durch die Vorschrift von Abschnitt 5.3 markieren wir nun Nullelemente von C. Lassen sich n Elemente markieren, so ist damit die gewünschte optimale Zuordnung erreicht. Andernfalls schlagen wir nun nicht den Weg des klassischen Verfahrens ein, der überprüft, ob die den markierten 0-Elementen entsprechende Permutationsmatrix maximal ist, sondern wir verfahren wie folgt.

Die Menge $\bar{Z}$ möge die Indizes jener Zeilen enthalten, in denen keine markierten 0-Elemente auftreten. Ferner definieren wir zwei n-dimensionale Vektoren, den „Zeilen"-Vektor **ZV**: = (0, . . . , 0)′ und den „Spalten"-Vektor **SV**: = (0, . . . , 0). Von den Elementen der Zeilen $i \in \bar{Z}$ wollen wir die vorerst noch unbestimmte Größe ϵ ($\epsilon \geq 0$) subtrahieren. Dadurch würden aber die Nullelemente dieser Zeilen negativ werden, was wir verhindern müssen. Ist daher in der Zeile $i \in \bar{Z}$ ein $c_{ij} = 0$, so addieren wir zu den Elementen der Spalte j die Größe ϵ und ferner setzen wir die j-te Komponente des Vektors **ZV** gleich i, falls sie vorher gleich 0 war. Durch diese Vorgangsweise wird erreicht, daß die Nullelemente der Zeilen $i \in \bar{Z}$ bei der Transformation mit ϵ erhalten bleiben. Die Indizes der Spalten, zu deren Elementen die Größe ϵ addiert wird, mögen die Menge S^* bilden. Es gibt nun zwei Möglichkeiten:

a) Alle Spalten $j \in S^*$ enthalten markierte Nullelemente.

b) Eine Spalte $j \in S^*$ enthält kein markiertes Nullelement.

Besprechen wir zunächst den Fall a). Ist c_{ij} das markierte Nullelement einer Spalte $j \in S^*$, dann setzen wir die i-te Komponente des Vektors **SV** gleich j und nehmen i in die Menge Z^* auf. Dies führen wir für alle Spalten $j \in S^*$ durch. Nun können wieder zwei Fälle eintreten

c) Es gibt ein $c_{ij} = 0$ mit $i \in Z^*$, $j \notin S^*$

d) Alle c_{ij} mit $i \in Z^*$, $j \notin S^*$ sind größer als Null.

Da der Wert 0 eines markierten Nullelementes c_{ij} der Spalte $j \in S^*$ bei der Transformation mit ϵ erhalten bleiben soll, müssen wir, wenn wir zu den Elementen der Spalte j die Größe ϵ addieren, diese von den Elementen der Zeile i ($i \in Z^*$) subtrahieren. Damit nun im Falle von c) ein Element dieser Zeile nicht negativ wird, gehen wir so vor. Wir setzen für alle $c_{ij} = 0$ mit $i \in Z^*$, $j \notin S^*$ die j-te Komponente des Vektors **ZV** gleich i und nehmen diese Spalten j in die Menge S^* auf. Es tritt wieder einer der beiden Fälle a) oder b) ein und wir verfahren wie oben. Tritt der Fall d) ein, so können wir von den Elementen der Zeilen $i \in \bar{Z} \cup Z^*$ die Größe ϵ subtrahieren und sie zu den Spalten $j \in S^*$ addieren. Dabei wird bei geeigneter Wahl von ϵ kein Element von C negativ und kein markiertes Nullelement positiv. Wir wählen

$$\epsilon = \min \{c_{ij} \mid i \in \bar{Z} \cup Z^*, j \notin S^*\}$$

Ist a die Anzahl der Zeilen mit Indizes aus $\overline{Z} \cup Z^*$, b die Anzahl der Spalten mit Indizes aus S, so erhöht sich bei dieser Transformation der Wert der Zielfunktion um $\epsilon.(a-b)$. Nach dieser Transformation tritt mindestens ein neues Nullelement auf. Sei dies etwa c_{ij}. Dann setzen wir die j-te Komponente des Vektors **ZV** gleich i und nehmen j in die Menge S* auf. Führen wir dies für alle neuauftretenden Nullelemente durch, so stellt sich uns dann wieder die Alternative a) oder b) und wir fahren wie oben fort.

Es bleibt nun lediglich noch der Fall zu besprechen, daß eine Spalte $j \in S^*$ kein markiertes Nullelement besitzt. Dann können wir aber ein neues Nullelement markieren. Sei also $j \in S^*$ eine Spalte ohne markierte Nullelemente. Dann enthält diese Spalte ein $c_{ij} = 0$ mit $i \in \overline{Z} \cup Z^*$ und dieses Element markieren wir. War $i \in \overline{Z}$, so sind wir fertig und überprüfen nun:

e) Die Anzahl der markierten Nullelemente ist gleich n

f) Die Anzahl der markierten Nullelemente ist kleiner als n.

Tritt Fall e) ein, so geben diese markierten Elemente die optimale Zuordnung an. Im Fall f) setzen wir $S^* := Z^* := \phi$. Ferner setzen wir alle Komponenten der Vektoren **SV** und **ZV** gleich Null und kehren zur Bestimmung der Menge $\overline{Z}$ zurück, die die Indizes jener Zeilen enthält, in denen keine markierten Nullelemente auftreten.

Nun kann aber auch der Fall eintreten, daß der Zeilenindex i des neumarkierten Elementes $c_{ij} = 0$ der Menge Z* angehört. In diesem Fall enthält die Zeile i bereits ein markiertes Nullelement, nämlich in der Spalte mit jenem Index, den die i-te Komponente des Vektors **SV** angibt. Wir streichen die Markierung dieses Elementes, es sei dies c_{ij} und markieren statt dessen das Nullelement $c_{i_1 j_1}$, dessen Zeilenindex i_1 durch die j_1-te Komponente von **ZV** angegeben wird. Ist $i_1 \in \overline{Z}$, so gehen wir zur Alternative e) oder f). Andernfalls setzen wir dieses abwechselnde Neumarkieren und Streichen von Markierungen solange fort, bis wir einmal auf einen Zeilenindex i* stoßen, für den die i*-te Komponente von **SV** gleich Null ist. Dann gehört i* der Menge $\overline{Z}$ an und wir gehen zur Abfrage e) oder f) über. Auf diese Weise wird im Falle b) stets ein zusätzliches markiertes Nullelement gewonnen.

Fassen wir nun das oben beschriebene Verfahren im folgenden Algorithmus zusammen:

Algorithmus 10: Bestimmung einer Minimallösung für das Zuordnungsproblem: Minimiere **c'x** unter den Restriktionen

$$\sum_{i=1}^{n} x_{ij} = 1 \qquad (1 \leq j \leq n)$$

$$\sum_{j=1}^{n} x_{ij} = 1 \qquad (1 \leq i \leq n)$$

$$x_{ij} \in \{0,1\} \qquad (1 \leq i \leq n,\ 1 \leq j \leq n)$$

Anfangsdaten: $C \geq 0$

$$S := Z := \{1,2,\ldots,n\},\quad M := \phi$$

Notwendige Unterprogramme: keine

1. Bestimme für $i \in Z$:

$$u_i := \min_{j \in S} c_{ij}$$

2. Setze für $(i,j) \in Z \times S$:

$$c_{ij} := c_{ij} - u_i$$

3. Bestimme für $j \in S$:

$$v_j := \min_{i \in Z} c_{ij}$$

4. Setze für $(i,j) \in Z \times S$:

$$c_{ij} := c_{ij} - v_j$$

$$z := \sum_{i=1}^{n} u_i + \sum_{j=1}^{n} v_j$$

5. Ermittlung der Menge M der markierten Elemente von **C**:

5.1 $Z_o := \{i \mid i \in Z,\ c_{ij} > 0 \text{ für alle } j \in S\}$,
$S_o := \{j \mid j \in S,\ c_{ij} > 0 \text{ für alle } i \in Z\}$,
$Z := Z \backslash Z_o$,
$S := S \backslash S_o$

5.2 Ist $Z = \phi$ oder $S = \phi$, so setze

$$m = \text{Anzahl der Elemente von } M$$

und gehe zu 5.3
Andernfalls gehe zu 5.4.

5.3 Ist $m = n$, so terminiere. M enthält die gesuchte Zuordnung.
Andernfalls gehe zu 6.

5.4 Ermittle eine Zeile $i \in Z$ oder eine Spalte $j \in S$, die nur ein Nullelement c_{ij} $(i \in Z,\ j \in S)$ enthält und gehe zu 5.6.
Existiert weder so eine Zeile noch so eine Spalte, dann gehe zu 5.5.

5.5 Enthält eine Zeile oder Spalte mindestens zwei Nullelemente mit Indizes $i \in Z$, $j \in S$, so wähle von diesen ein beliebiges Element c_{ij} aus und gehe zu 5.6.

5.6 Setze $M := M \cup \{(i,j)\}$,
$Z := Z \setminus \{i\}$,
$S := S \setminus \{j\}$
und gehe zu 5.1

6. Setze $\overline{Z} := \{i \mid (i,j) \notin M\}$,
$\overline{S} := \{j \mid (i,j) \notin M\}$,
$S^{**} := \phi$,
$Z^{**} := \overline{Z}$

und für $i = 1, 2, \ldots, n$:

$\mathbf{ZV}[i] := \mathbf{SV}[i] := 0$.

Gehe zu 7.

7. Setze $S^* := \{j \mid c_{ij} = 0 \text{ mit } i \in \overline{Z}, j \notin S^{**}\}$
Setze für alle $j \in S^*$ und $i \in \overline{Z}$ mit $c_{ij} = 0$:
$\mathbf{ZV}[j] := i$.
Gehe zu 8.

8. Falls $\overline{S} \cap S^* = \phi$, so gehe zu 9.
Andernfalls gehe zu 11.

9. Setze $Z^* := \{i \mid (i,j) \in M \text{ und } j \in S^*\}$
$S^{**} := S^{**} \cup S^*$
$Z^{**} := Z^{**} \cup Z^*$
$\overline{Z} := \{i \mid c_{ij} = 0 \text{ mit } i \in Z^*, j \notin S^{**}\}$
Setze für alle $i \in Z^*$ mit $(i,j) \in M$:
$\mathbf{SV}[i] := j$
und gehe zu 10.

10. Ist $\overline{Z} = \phi$, so gehe zu 12.
Andernfalls gehe zu 7.

11. Umordnungsschritt. Sei $j_o \in \overline{S} \cap S^*$.

11.1 Setze $M := M \cup \{(\mathbf{ZV}[j_o], j_o)\}$
$j_1 := \mathbf{SV}[\mathbf{ZV}[j_o]]$

11.2 Falls $j_1 \neq 0$, so setze
$M := M \setminus \{(\mathbf{ZV}[j_o], j_1)\}$
$j_o := j_1$
und gehe zu 11.1
Andernfalls gehe zu 11.3

11.3 Setze $m := m+1$

11.4 Ist $m=n$, so terminiere. M enthält die optimale Zuordnung. Andernfalls gehe zu 6.

12. Reduktionsschritt

12.1 Setze : $\epsilon := \min \{c_{ij} \mid i \in Z^{**}, j \notin S^{**}\}$

$$u_i := \begin{cases} \epsilon \text{ für } i \in Z^{**} \\ 0 \text{ für } i \notin Z^{**} \end{cases}$$

$$v_j := \begin{cases} -\epsilon \text{ für } i \in S^{**} \\ 0 \text{ für } i \notin S^{**} \end{cases}$$

a : = Anzahl der Elemente von Z^{**}

b : = Anzahl der Elemente von S^{**}

12.2 Setze $z := z + \epsilon(a-b)$

und für $i=1,2,\ldots,n; j=1,2,\ldots,n$

$$c_{ij} := c_{ij} - u_i - v_j.$$

12.3 Setze $\overline{Z} := Z^{**}$ und gehe zu 7.

Wir wollen nun Beispiel 13 mit diesem Verfahren lösen.

Beispiel 14:

Man ermittle eine Zuordnung mit minimalen Kosten, wenn die Kostenmatrix folgende Werte enthält:

$$C = \begin{pmatrix} 6 & 3 & 2 & 5 & 2 & 2 \\ 8 & 4 & 3 & 2 & 3 & 4 \\ 4 & 4 & 3 & 4 & 4 & 5 \\ 2 & 7 & 4 & 5 & 4 & 3 \\ 8 & 6 & 4 & 6 & 6 & 6 \\ 0 & 2 & 3 & 3 & 2 & 2 \end{pmatrix}$$

Nach der Durchführung der Schritte 1. bis 5. von Algorithmus 10 erhält man folgende Werte

$$C = \begin{pmatrix} 4 & 0 & 0 & 3 & 0^* & 0 \\ 6 & 1 & 1 & 0^* & 1 & 2 \\ 1 & 0^* & 0 & 1 & 1 & 2 \\ 0^* & 4 & 2 & 3 & 2 & 1 \\ 4 & 1 & 0^* & 2 & 2 & 2 \\ 0 & 1 & 3 & 3 & 2 & 2 \end{pmatrix}$$

mit $M = \{(1,5), (2,4), (3,2), (4,1), (5,3)\}$ und $m = 5$. Der Wert der Zielfunktion ist $z = 14$. Nach Punkt 6 bestimmen wir $\overline{Z} = \{6\}$ und $\overline{S} = \{6\}$ und nach Punkt 7 erhalten wir $S^* = \{1\}$, **ZV** $[1] = 6$. Da $S^* \cap \overline{S} = \phi$ ist, setzen wir $Z^* = \{4\}$, $S^{**} = \{1\}$, $Z^{**} = \{6,4\}$, **SV** $[4] = 1$ und ersetzen $\overline{Z}$ durch $\overline{Z} = \phi$. Da $\overline{Z} = \phi$ ist, gehen wir zu Punkt 12. und führen einen Reduktionsschritt durch

$$\epsilon = \min \{c_{ij} \mid i = 4,6;\ j \neq 1\} = 1$$

Damit erhalten wir

$$C = \begin{pmatrix} 5 & 0 & 0 & 3 & 0^* & 0 \\ 7 & 1 & 1 & 0^* & 1 & 2 \\ 2 & 0^* & 0 & 1 & 1 & 2 \\ 0^* & 3 & 1 & 2 & 1 & 0 \\ 5 & 1 & 0^* & 2 & 2 & 2 \\ 0 & 0 & 2 & 2 & 1 & 1 \end{pmatrix} \qquad \mathbf{SV} = \begin{bmatrix} 0 \\ 0 \\ 0 \\ 1 \\ 0 \\ 0 \end{bmatrix}$$

$$\mathbf{ZV} = \begin{bmatrix} 6 & 0 & 0 & 0 & 0 & 0 \end{bmatrix}$$

Ferner erhält die Zielfunktion den Wert $z = 14 + 1.(2-1) = 15$. Wir setzen nun $\overline{Z} = \{4,6\}$ und bestimmen wieder nach Punkt 7. die Menge S^*. Wir erhalten $S^* = \{2,6\}$ und setzen **ZV** $[2] = 6$, **ZV** $[6] = 4$. Da $\overline{S} \cap S^* = \{6\}$ ist, wird nun der Umordnungsschritt 11. durchgeführt. Da $j_o = 6$ ist, wird $(4,6)$ in M aufgenommen und $j_1 = 1$ gesetzt. Da $j_1 \neq 0$ ist, wird das Element $(4,1)$ aus M gestrichen und statt dessen das Element $(6,1)$ in M aufgenommen. Nun wird $j_1 = 0$, daher ist die Umordnung beendet. Da wir $m = n = 6$ erhalten, ist damit die optimale Zuordnung erreicht, die lautet:

$$M = \{(1,5), (2,4), (3,2), (4,6), (5,3), (6,1)\}$$

Der Wert der Zielfunktion beträgt $z = 15$.

Das folgende Tableau zeigt die Werte von **SV** und **ZV** **vor**, und die Markierungen in der Matrix **C** **nach** dem letzten Umordnungsschritt:

$$\begin{pmatrix} 5 & 0 & 0 & 3 & 0^* & 0 \\ 7 & 1 & 1 & 0^* & 1 & 2 \\ 2 & 0^* & 0 & 1 & 1 & 2 \\ 0 & 3 & 1 & 2 & 1 & 0^* \\ 5 & 1 & 0^* & 2 & 2 & 2 \\ 0^* & 0 & 2 & 2 & 1 & 1 \end{pmatrix} \qquad \begin{bmatrix} 0 \\ 0 \\ 0 \\ 1 \\ 0 \\ 0 \end{bmatrix}$$

$$\begin{bmatrix} 6 & 6 & 0 & 0 & 0 & 4 \end{bmatrix}$$

6. Spezielle Zuordnungsprobleme

6.1 Zuordnung mit Restriktionen

In den vorigen Abschnitten diskutierten wir das Zuordnungsproblem

Minimiere $c'x$ unter den Restriktionen

$$\sum_{i=1}^{n} x_{ij} = 1 \qquad (j=1,2,\ldots,n)$$

$$\sum_{j=1}^{n} x_{ij} = 1 \qquad (i=1,2,\ldots,n)$$

$$x_{ij} \in \{0,1\} \qquad (i=1,2,\ldots,n;\ j=1,2,\ldots,n)$$

Dieses Problem ist äquivalent mit folgendem:

Es sei I die Menge $\{1, 2, \ldots, n\}$. Zu jedem Paar $(i,j) \in I \times I$ sei eine nichtnegative Zahl c_{ij} gegeben. Unter einer Zuordnung verstehen wir eine eindeutige Abbildung φ von I auf sich selbst. Diese Abbildung wird durch ihren Graphen $M = \{(i, \varphi(i)) \mid i \subset I\}$ gekennzeichnet. Als Kosten dieser Zuordnung φ bezeichnen wir

$$z(\varphi) = \sum_{i=1}^{n} c_{i,\varphi(i)}$$

Beim Zuordnungsproblem wird eine eindeutige Abbildung $\varphi: I \to I$ gesucht, die die Kosten $z(\varphi)$ minimiert.

Nach dieser Auffassung sind Zuordnungen Permutationen der Menge I. Besitzt also die Menge I n Elemente, so sind genau n! Zuordnungen möglich.

Der Grund für diese Neuformulierungen des Zuordnungsproblemes liegt darin, daß in vielen Fragestellungen zusätzliche Restriktionen den Zuordnungen auferlegt sind, die sich nicht in Gleichungs- oder Ungleichungsform bringen lassen. Daher versagt auch die Simplexmethode zur Lösung solcher Aufgaben. Von Hellmich [68b] wurde ein Verfahren zur Lösung allgemeiner Zuordnungsprobleme mit Restriktionen entwickelt. Da jedoch eine nähere Beschreibung dieses Verfahrens den Rahmen dieses Buches sprengen würde, sei auf die Originalarbeit verwiesen.

Einige wichtige Typen von Restriktionen sind

a) **Unzulässige Paare:**

Jede zulässige Zuordnung darf keines der Paare $(i_1,j_1),(i_2,j_2),\ldots,(i_k,j_k)$ enthalten.

Diese Restriktionen lassen sich bei der Lösung des Problemes durch die Ungarische Methode leicht berücksichtigen. Ist (i, j) unzulässig, so setze man $c_{ij}=\infty$ und führe den Algorithmus 7 durch. Entweder erhält man eine Optimallösung mit endlichen Kosten oder einmal ist das Minimum der nichtüberdeckten Elemente gleich ∞. Dies bedeutet, daß die gestellte Aufgabe keine zulässige Lösung besitzt.

b) **Kapazitätsbeschränkungen:**

Von den Paaren $(i_1, j_1), (i_2, j_2), \ldots, (i_k, j_k)$ darf eine zulässige Zuordnung höchstens $t<k$ Paare enthalten.

Sollen etwa n_1 A-Posten und n_2 B-Posten $(n_1+n_2=n)$ mit n Personen besetzt werden und bringen m_1 Personen $(m_1>n_1)$ die Qualifikation für einen A-Posten mit, so wird im zugehörigen Zuordnungsproblem eine Restriktion obiger Gestalt auftreten, nämlich von den Paaren (i,j) mit $1\leq i\leq m_1$, $1\leq j\leq n_1$ kann eine zulässige Zuordnung höchsten n_1 Paare enthalten.

Einige wichtige Typen von Zuordnungsproblemen mit Restriktionen sind

c) **Das Rundreiseproblem**

Ein Reisender hat n Städte zu besuchen. In welcher Reihenfolge soll er diese Städte besuchen, damit seine Reisekosten minimal werden? Diese Fragestellung führt auf ein Zuordnungsproblem mit Restriktionen. Zulässige Zuordnungen haben die Gestalt

$$\varphi=\{(i_1, i_2), (i_2, i_3), (i_3, i_4), \ldots, (i_n, i_1)\}$$

Die Lösung dieser Aufgaben ist meist ziemlich aufwendig. Ein effektives Lösungsverfahren dafür wird unter den „Branch and Bound"-Methoden angegeben werden.

d) **Das Arbitrage Problem**

Das Problem der Arbitrage besteht darin, Kursdifferenzen im internationalen Zahlungsverkehr auszunützen, um einen möglichst großen Gewinn zu erzielen. Sind n Börsenplätze gegeben, so handelt es sich um ein Zuordnungsproblem mit Restriktionen, in dem zulässige Zuordnungen die Gestalt

$$\varphi = \{(i_1, i_2), (i_2, i_3), \ldots, (i_k, i_1), (i_{k+1}, i_{k+1}), \ldots, (i_n, i_n)\} \quad (k \leq n)$$

haben. Dieses Problem wurde von Hellmich [68c] und Jaeschke [66] ausführlich behandelt.

e) **Stundenplanprobleme**

Zu den schwierigsten Zuordnungsproblemen mit Restriktionen gehört die Erstellung eines Stundenplanes für eine Schule. Das Auftreten von verschiedenen Typen von Restriktionen machte bisher eine zufriedenstellende Lösung unmöglich.

Beim Stundenplanproblem treten drei Grundforderungen auf, nämlich

(1) Jeder Lehrer darf in einer bestimmten Stunde höchstens in einer Klasse unterrichten.

(2) Jede Klasse wird in einer bestimmten Stunde höchstens in einem Fach unterrichtet.

(3) Die Stundenzahl pro Woche, die eine bestimmte Klasse in einem bestimmten Fach erhält, ist vorgegeben.

Dazu kommen noch viele weitere Forderungen, wie etwa

(4) Gewisse Unterrichtsfächer benötigen Doppelstunden (Turnen, Zeichnen, . . .)

(5) Löcher im Stundenplan sollen vermieden werden

(6) Besonders wichtige Gegenstände sollen zu Zeiten unterrichtet werden, wenn die Schüler besonders aufnahmefähig sind.

(7) Gleichmaßige Verteilung der Unterrichtsstunden eines Faches auf die ganze Woche.

Diese und die vielen weiteren Restriktionen können verursachen, daß es überhaupt keine zulässige Zuordnung gibt. Dann sind die Einschränkungen untereinander so abzuwägen und zu verändern, daß die Menge der zulässigen Zuordnungen nicht leer ist.

Formal läßt sich das Stundenplanproblem etwa so behandeln (Gotlieb [63]):

Es sei $K = \{1, 2, \ldots, k_o\}$ die Menge der Klassen und $T = \{1, 2, \ldots, t_o\}$ die Menge der Lehrer. Die Größe b_{kt} gebe die Anzahl der Wochenstunden an, die der Lehrer t in der Klasse k unterrichtet. Gesucht werden für jede mögliche Unterrichtsstunde s in der Woche Inzidenzmatrixen $\mathbf{X}^{(s)}$. Es ist $x_{kt}^s = 1$, wenn der Lehrer t zur Stunde s die Klasse k unterrichtet. Andernfalls ist $x_{kt}^s = 0$. An die Größen x_{kt}^s werden folgende Grundforderungen gestellt:

$$\sum_{k=1}^{k_o} x_{kt}^s \leq 1 \qquad \text{für alle s und t.} \qquad (6.1)$$

Dies entspricht der Forderung (1) von oben.

$$\sum_{t=1}^{t_o} x_{kt}^s \leq 1 \qquad \text{für alle s und k} \qquad (6.2)$$

Dies entspricht der Forderung (2) von oben.

$$\sum_{s=1}^{s_o} x_{kt}^s = b_{kt} \qquad \text{für alle k und t.} \qquad (6.3)$$

Dies entspricht der Forderung (3) von oben. s_o ist die Maximalanzahl der möglichen Unterrichtsstunden pro Woche.

Gegeben seien nun für $s=1,2,\ldots,s_o$ die Matrizen $\mathbf{C}^s$, wobei gilt:

$$c_{kt}^s = \begin{cases} 1, & \text{wenn der Lehrer t und die Klasse k zur Zeit s einander noch zur Verfügung stehen} \\ 0, & \text{andernfalls} \end{cases}$$

Außerdem gelte: Aus $b_{kt} = 0$ folge stets $c_{kt}^s = 0$.

Fassen wir nun die Matrizen $\mathbf{C}^s$ $(s=1,2,\ldots,s_o)$ zu einem dreidimensionalen Bereich $\mathbf{C}$ zusammen. Analogerweise sei $\mathbf{X}$ der dreidimensionale Bereich der Größen x_{kt}^s.

In diesem Ansatz erfaßten wir bisher nur die Restriktionen (1) bis (3). Nun läßt man nur solche weiteren Restriktionen zu, die durch einen festen Wert $\bar{x}_{kt}^s \in \{0,1\}$ ausgedrückt werden können. Welche Restiktionen auf diese Weise berücksichtigt werden können, gibt Lions [66] an. Definiert man nun die Ordnungsrelation $\mathbf{X} \leq \mathbf{C}$ elementeweise, also $\mathbf{X} \leq \mathbf{C}$, wenn für alle k,t,s: $x_{kt}^s \leq c_{kt}^s$ gilt, so muß für die gesuchte Zuordnung $\mathbf{X}$ gelten

$$\overline{\mathbf{X}} \leq \mathbf{X} \leq \mathbf{C}$$

Nun sei $\mathbf{X}_{k*}$ die Matrix (x_{kt}^s) $1 \leq t \leq t_o$, $1 \leq s \leq s_o$ und $\mathbf{X}_{*t}$ die Matrix (x_{kt}^s) $1 \leq k \leq k_o$, $1 \leq s \leq s_o$. Dann ist $\mathbf{X}_{k*}$ der Stundenplan der Klasse k und $\mathbf{X}_{*t}$ der Stundenplan des Lehrers t. Notwendig (aber leider nicht hinreichend) für die Existenz eines Stundenplanes ist die Existenz der (Teil-) Stundenpläne $\mathbf{X}_{k*}$ und $\mathbf{X}_{*t}$ für $k=1,2,\ldots,k_o$ und $t=1,2,\ldots,t_o$. Lions [67] geht nun so vor: Die Matrizen werden durch Einführung zusätzlicher Klassen und Lehrer auf eine quadratische Gestalt gebracht. Dann wird mittels der Ungarischen Methode nachgeprüft, ob jede einzelne „Ebene" des dreidimensionalen Bereiches **C** einen zulässigen Stundenplan besitzt. Ist dies nicht der Fall, so ist die gestellte Aufgabe unlösbar. Andernfalls wird für jedes $c^s_{kt} = 1$ überprüft, ob es in einem Stundenplan vorkommen kann. Ist dies nicht der Fall, so wird $c^s_{kt} = 0$ gesetzt. Dadurch erhält man einen dreidimensionalen Bereich $\overline{\mathbf{C}}$, der nun alle möglichen Stundenpläne enthält:

$$\overline{\mathbf{X}} \leq \mathbf{X} \leq \overline{\mathbf{C}} \leq \mathbf{C}$$

Beim nun einsetzenden Optimierungsteil, den man meist nicht mehr einer Rechenmaschine überläßt, versucht man, nach heuristischen Gesichtspunkten jenen Stundenplan auszuwählen, der möglichst viele der bislang unberücksichtigt gebliebenen Restriktionen erfüllt.

Eine Übersicht über neuere Arbeiten zu diesem Problemkreis erschien 1969 von Tinhofer [69].

6.2 Ein nichtlineares Zuordnungsproblem

Nichtlineare Zuordnungsprobleme wurden von mehreren Autoren studiert. Von Lawler [63] stammt die Definition des allgemeinen quadratischen Zuordnungsproblemes, bei dem eine quadratische Form zu minimieren ist unter den Restriktionen

$$\sum_{i=1}^{n} x_{ij} = 1, \sum_{j=1}^{n} x_{ij} = 1, x_{ij} \in \{0,1\} \text{ für } i=1,2,\ldots,n; j=1,2,\ldots,n.$$

Die hierfür angegebenen Algorithmen wurden in der Folge mehrmals verbessert, so etwa von Gaschütz und Ahrens [68].

Wir wollen uns hier aber nicht mit dem quadratischen Zuordnungsproblem befassen, sondern ein recht allgemeines Zuordnungsproblem näher diskutieren, das von Albrecht [67] und dem Verfasser [70a], [70b] entwickelt wurde und zahlreiche Anwendungsmöglichkeiten besitzt. Ähnliche Probleme wurden auch von Burdet [70] behandelt.

Gegeben seien die Mengen $A = \{i \mid i=1,2,\ldots,m\}$ und $B = \{j \mid j=1,2,\ldots,n\}$. Die Elemente von A nennen wir Aufgaben, die Elemente von B nennen wir Hilfsmittel. Wir ordnen jedem Paar $(i,j) \in A \times B$ eine nichtnegative ganze Zahl a_{ij} zu, die angibt, wieviele Einheiten des Hilfsmittels j zur Lösung der Aufgabe i notwendig sind. Wir setzen $a_{ij} = 0$, falls eine Lösung von i durch j nicht möglich ist.

Zu jedem Hilfsmittel $j \in B$ gehört eine Kostenfunktion $f_j : \mathbf{N} \to \mathbf{R}^+$. Diese Kostenfunktionen mögen folgende Eigenschaften besitzen:

$f_j(1) > 0$ und $f_j(0) = 0$ (6.4)

$f_j(a) > f_j(b)$, falls $a > b$ (6.5)

$$\frac{f_j(a+b+c) - f_j(a+b)}{c} \leq \frac{f_j(a+b) - f_j(a)}{b} \quad \text{für alle } a \geq 0, b > 0 \text{ und } c > 0 \qquad (6.6)$$

Die Beziehung (6.5) besagt, daß der Gesamtpreis monoton zunimmt und (6.6) besagt, daß sich die relative Preiszunahme beim Kauf einer größeren Anzahl verringert.

Das Problem besteht nun darin, festzustellen, wieviele Einheiten der einzelnen Hilfsmittel zur Lösung der Aufgaben i verwendet werden sollen, damit die Gesamtkosten zur Lösung aller Aufgaben minimal werden. Dabei ist ohne weiteres zugelassen, daß eine Aufgabe durch mehrere Hilfsmittel gleichzeitig gelöst wird. Dies stellt eine gewisse Erweiterung des Zuordnungsbegriffes, wie wir ihn früher kennenlernten, dar. Wir werden aber sehen, daß unter den obigen Annahmen über die Kostenfunktionen f_j stets eine optimale Zuordnung existiert, die zur Lösung einer Aufgabe nur ein Hilfsmittel verwendet. Diese Tatsache erleichtert wesentlich das Auffinden einer optimalen Lösung.

Eine Lösung dieser Zuordnungsaufgabe haben wir erhalten, wenn wir für jede Aufgabe $i \in A$ den Vektor $\boldsymbol{\alpha}(i) = (\alpha_{i1}, \alpha_{i2}, \ldots, \alpha_{in})$ kennen, dessen Komponenten angeben, wieviele Einheiten des Hilfsmittels j bei der Lösung der Aufgabe i verwendet werden. Da jede Aufgabe ganz gelöst werden muß, gilt

$$\sum{}^{*} \frac{\alpha_{ij}}{a_{ij}} = 1 \qquad (i = 1, 2, \ldots, n) \qquad (6.7)$$

wobei sich die Summation nur über jene Indizes j erstreckt, für die $a_{ij} > 0$ ist. (6.7) kann nur dann erfüllt werden, wenn es zu jedem i ein $a_{ij} > 0$ gibt. Die Kosten zur Lösung der Aufgabe i bei Verwendung von $\boldsymbol{\alpha}(i)$ erhalten wir durch

$$\sum_{j=1}^{n} f_j(\alpha_{ij})$$

Es sei

$$\alpha_j := \sum_{i=1}^{m} \alpha_{ij} \qquad (6.8)$$

Ferner sei M die Menge aller n-tupel $(\alpha_1, \alpha_2, \ldots, \alpha_n)$, die über die Definition (6.8) die Restriktionen (6.7) erfüllen. Die Menge M ist nicht leer, wenn wir für jedes i die Existenz eines $a_{ij} > 0$ voraussetzen. Gesucht werden jene Vektoren $\boldsymbol{\alpha}(i)$ $(i = 1, 2, \ldots, m)$ für die die Gesamtkosten minimal werden.

Daher lautet unser Zuordnungsproblem:

Man minimiere

$$F(x) := \sum_{j=1}^{n} f_j(x_j) \text{ unter der Restriktion} \tag{6.9}$$

$$x' = (x_1, x_2, \ldots, x_n) \in M.$$

Zunächst werden wir zeigen, daß M in einem konvexen Polyeder enthalten ist:

Lösen wir zuerst nur die Aufgabe i durch die Hilfsmittel j $(1 \leq j \leq n)$. Für dieses Problem sind die Punkte $(0, \ldots, 0, a_{ij}, 0, \ldots, 0)$ mit $a_{ij} \neq 0$ zulässig. Diese Punkte nennen wir Eckpunkte. Es gibt n_i Eckpunkte. Ist $n_i > 1$, so kann es weitere zulässige Punkte geben[1], die die Restriktion (6.7) erfüllen. Diese lassen sich dann als Konvexkombination der Eckpunkte $(0, \ldots, 0, a_{i\nu_1}, 0, \ldots, 0), \ldots, (0, \ldots, 0, a_{i\nu_{n_i}}, 0, \ldots, 0)$ darstellen und liegen somit auf einem $(n_i - 1)$-dimensionalen Simplex S_i. Insbesondere sind die Ecken dieses Simplicis zulässig. Bezeichnen wir mit M die Menge der zulässigen Punkte des Problems, in dem eine Aufgabe i $(1 \leq i \leq m)$ durch Hilfsmittel aus B gelöst wird, so entspricht jedem $x \in M$ genau ein Punkt der Menge $\prod_{i=1}^{m} M_i$. Da M_i Teilmenge des (konvexen) Simplicis S_i ist, so ist $\prod_{i=1}^{m} M_i$ Teilmenge von $S = \prod_{i=1}^{m} S_i$. Da ferner die Eckpunkte von S_i zulässig waren, sind auch die Eckpunkte von S zulässig. Die durch (6.8) vermittelte lineare Abbildung führt S in ein konvexes Polyeder mit lauter zulässigen Ecken über. Damit haben wir erhalten:

Satz 6.1:

Die zulässigen Punkte des Zuordnungsproblemes (6.9) liegen in einem konvexen Polyeder. Insbesondere sind dessen Ecken zulässig. ∎

Ist die Menge der zulässigen Punkte in einem Polyeder enthalten, dessen Eckpunkte zulässig sind, so gilt, wie man unschwer zeigen kann für die betrachtete Form von Zielfunktionen, daß mindestens eine Ecke des Polyeders als Optimalpunkt auftritt. Sind $(n-1)$ der Funktionen f_j $(j = 1, 2, \ldots, n)$

---

1 Es ist nicht jede Konvexkombination der Eckpunkte zulässig, da die Komponenten des Vektors $\alpha(i) = (\alpha_{i1}, \ldots, \alpha_{in})$ ganzzahlig sein müssen. Ist aber etwa $a_{i\mu} \neq 0$, $a_{i\nu} \neq 0$ $(\mu \neq \nu)$ und der größte gemeinsame Teiler von $(a_{i\mu}, a_{i\nu}) = d_{\mu\nu} > 1$, so erfüllen auch die Punkte $(0, \ldots, 0, \alpha_{i\mu}, 0, \ldots, 0, \alpha_{i\nu}, 0, \ldots, 0)$ mit

$$\alpha_{i\mu} = \kappa \cdot \frac{a_{1\mu}}{d_{\mu\nu}}, \quad \alpha_{i\nu} = \lambda \cdot \frac{a_{i\nu}}{d_{\mu\nu}}$$

und $\kappa + \lambda = d_{\mu\nu}$, $1 \leq \kappa \leq d_{\mu\nu} - 1$ die Restriktion (6.7). In analoger Weise kann man weitere zulässige Punkte erhalten, indem man den größten gemeinsamen Teiler von mehreren Eckpunkten untersucht.

streng konkav, d.h. gilt in (6.6) stets das Ungleichheitszeichen, dann können nur Eckpunkte als Optimalpunkte auftreten.

Um dies zu zeigen, bezeichnen wir das konvexe Polyeder mit P, die Menge seiner Eckpunkte mit P_o und die Menge der Optimalpunkte des Problemes (6.9) mit $\hat{M}$.

Dann gilt:

Satz 6.2:

Es seien (n−1) der Funktionen f_j $(1 \leq j \leq n)$ streng konkav. Aus $P_o \subset M \subset P$ folgt dann $\hat{M} \subset P_o$. ▮

Beweis:

Die Funktionen f_j waren zunächst nur für die natürlichen Zahlen definiert, aber sie lassen sich stets zu Abbildungen der reellen Zahlen in $\mathbf{R}^+$ so erweitern, daß die Bedingungen (6.4) bis (6.6) gewahrt bleiben. Die erweiterten Abbildungen nennen wir der Einfachheit halber wieder f_j.

Die Menge $G := \{\mathbf{x} \mid F(\mathbf{x}) \geq c, c \in \mathbf{R}^+\}$ ist konvex. Sind nämlich $\mathbf{x}$ und $\mathbf{y}$ zwei beliebige Punkte in G, $\mathbf{x} \neq \mathbf{y}$, so gilt für $0 < \lambda < 1$:

$$F(\lambda\mathbf{x}+(1-\lambda)\mathbf{y}) = \sum_{j=1}^{n} f_j(\lambda\mathbf{x}+(1-\lambda)\mathbf{y}) > \sum_{j=1}^{n} [\lambda f_j(\mathbf{x})+(1-\lambda)f_j(\mathbf{y})] =$$

$$= \lambda F(\mathbf{x})+(1-\lambda)F(\mathbf{y}) \geq c,$$

also ist $\lambda\mathbf{x}+(1-\lambda)\mathbf{y} \in G$.

Die Punkte auf dem Rand von G, die nicht auf einer Koordinatenachse liegen, sind „exponierte" Punkte, d.h. es existiert eine Stützebene H in $\mathbf{x}$, so daß $H \cap G = \{\mathbf{x}\}$ ist:

Nehmen wir das Gegenteil an. Dann folgt aus der Konvexität von G, daß $H \cap G$ ein Intervall auf einer Geraden h enthält. Betrachten wir im Punkt $\mathbf{x}$ für alle Paare (i,j) $(1 \leq i < j \leq n)$ Ebenen, die senkrecht auf den Koordinatenachsen $x_k (k \neq i,j)$ stehen. In einer dieser Ebenen müßte die Projektion von h wieder als Geradenstück erscheinen. Nun gilt aber in jeder dieser Ebenen:

$$f_i(\lambda x_i+(1-\lambda)y_i)+f_j(\lambda x_j+(1-\lambda)y_j) > \lambda\,[f_i(x_i)+f_j(x_j)] + (1-\lambda) \cdot [f_i(y_i)+f_j(y_j)]$$

d.h. die Annahme ist widersprüchlich.

Nehmen wir nun ferner an, $\hat{\mathbf{x}} \in M \setminus P_o$ sei optimal. Betrachten wir in $\hat{\mathbf{x}}$ eine Stützebene H an die Menge $\{\mathbf{x} \mid F(\mathbf{x}) \geq F(\hat{\mathbf{x}})\}$. Dann gilt für alle $\mathbf{x}' \neq \hat{\mathbf{x}}$, $\mathbf{x}' \in H$, da $\hat{\mathbf{x}}$ ein exponierter Punkt ist:

$$F(\mathbf{x}') < F(\hat{\mathbf{x}}).$$

Entweder fällt die Stützebene mit einer Seitenfläche des Polyeders zusammen oder sie schneidet einen Teil des Polyeders ab. In beiden Fällen existieren Eckpunkte **p** von P, für die $F(\mathbf{p}) < F(\hat{\mathbf{x}})$ gilt im Widerspruch zur Annahme, $\hat{\mathbf{x}}$ sei optimal. Damit ist Satz 6.2 bewiesen.

Satz 6.3:

Es gibt stets eine optimale Zuordnung für das Problem (6.9), die zur Lösung einer Aufgabe i nur ein Hilfsmittel verwendet. ∎

Dies folgt unmittelbar aus obigen Bemerkungen und der Tatsache, daß einer Ecke des Polyeders die Lösung durch ein Hilfsmittel entspricht. Im Falle, daß (n−1) der Kostenfunktionen f_j streng konkav sind, besitzen alle optimalen Zuordnungen die Eigenschaft, daß eine Aufgabe i nur durch ein Hilfsmittel j gelöst wird.

Aufgrund von Satz 6.3 kann zur Bestimmung von optimalen Zuordnungen für das Problem (6.9) das von Albrecht angegebene Reduktionsverfahren herangezogen werden, das die Anzahl der möglichen Zuordnungen stark einschränkt. Bei diesem Verfahren werden nur Zuordnungen berücksichtigt, die eine Aufgabe durch ein Hilfsmittel lösen. Es sei

$$I_j := \{i \mid a_{ij} > 0\} \qquad \text{für } j = 1, 2, \ldots, n$$

I_j ist somit die Menge aller Aufgaben, die durch das Hilfsmittel j gelöst werden können. Ferner sei

$$a_j := \sum_{i=1}^{m} a_{ij}$$

$$a_t^* := \sum_{i=1}^{m}{}^* \, a_{it},$$

wobei sich die Summation $\sum^*$ nur über jene a_{it} erstreckt, für die $a_{it} > 0$ und $a_{ij} = 0$ $(j \neq t)$ gilt. Die Summation $\sum^*$ erstreckt sich also über alle Aufgaben, die nur durch das Hilfsmittel t gelöst werden können. Mit diesen Bezeichnungsweisen erhalten wir

Satz 6.4:

Existiert für alle Aufgaben $r \in I_k$ ein Hilfsmittel $t \in \{1, 2, \ldots, n\}$, so daß

$$\frac{a_{rk}}{a_k} f_k(a_k) > \frac{a_{rt}}{a_{rt} + a_t^*} f_t(a_{rt} + a_t^*) \tag{6.10}$$

gilt, dann wird das Hilfsmittel k in einer optimalen Zuordnung nicht zur Lösung der Aufgaben r $(1 \leq r \leq m)$ herangezogen. ∎

Beweis:

Nehmen wir an, es liege eine optimale Zuordnung vor, in der die Aufgaben $r \in I_k$ durch das Hilfsmittel k gelöst werden. Die Kosten für diese Zuordnung betragen

$$F_o := \sum_{\substack{j=1 \\ j \neq k}}^{n} f_j(\bar{a}_j) + f_k(a_k)$$

mit $\bar{a}_j = \sum a_{ij}$, wobei sich für ein festes j die Summe über jene Aufgaben erstreckt, die in dieser optimalen Zuordnung durch das Hilfsmittel j gelöst werden.

Insbesondere gilt

$$\bar{a}_j \geq a_j^*.$$

Nun ist

$$f_k(a_k) = \sum_{r \in I_k} \frac{a_{rk}}{a_k} f_k(a_k)$$

und infolge (6.10) erhalten wir

$$F_o = \sum_{\substack{j=1 \\ j \neq k}}^{n} f_j(\bar{a}_j) + f_k(a_k) > \sum_{\substack{j=1 \\ j \neq k}}^{n} f_j(\bar{a}_j) + \sum_{r \in I_k} \frac{a_{rt}}{a_{rt} + a_t^*} f_t(a_{rt} + a_t^*)$$

Betrachten wir nun jene Zuordnung, die für $j \neq k$ jede Aufgabe mit dem schon in der obigen Zuordnung verwendeten Hilfsmittel löst und zusätzlich auch die Aufgaben $r \in I_k$ mit dem jeweiligen Hilfsmittel t löst. Für ein festes j sei $\tilde{a}_j = \sum a_{ij}$, wobei sich die Summation über jene Aufgaben erstreckt, die in dieser Zuordnung durch das Hilfsmittel j gelöst werden. Es gilt

$$\bar{a}_j \leq \tilde{a}_j \quad \text{und} \quad a_{rj} + a_j^* \leq \tilde{a}_j$$

Setzt man in (6.6) a=0, so erhält man

$$\frac{f_j(b+c)}{b+c} \leq \frac{f_j(b)}{b} \qquad \text{für } b>0,\ c>0 \text{ und alle } j=1,2,\ldots,n \tag{6.11}$$

also ist

$$\frac{f_j(\tilde{a}_j)}{\tilde{a}_j} < \frac{f_j(\bar{a}_j)}{\bar{a}_j} \quad \text{und} \quad \frac{f_j(\tilde{a}_j)}{\tilde{a}_j} < \frac{f_j(a_{rj} + a_j^*)}{a_{rj} + a_j^*}$$

Daher gilt für ein $j \neq k$:

$$f_j(\bar{a}_j) + \sum' \frac{a_{rj}}{a_{rj} + a_j^*} f_j(a_{rj} + a_j^*) = \sum \frac{a_{ij}}{\bar{a}_j} f_j(\bar{a}_j) + \sum' \frac{a_{rj}}{a_{rj} + a_j^*} f_j(a_{rj} + a_j^*) \geq$$

$$\geq \frac{f_j(\tilde{a}_j)}{\tilde{a}_j} \left(\sum a_{ij} + \sum' a_{rj}\right) = f_j(\tilde{a}_j)$$

(Die Summe $\sum'$ erstreckt sich über alle $r \in I_k$, die in dieser Zuordnung nun mit j gelöst werden).

Damit erhält man

$$F_o > \sum_{\substack{j=1 \\ j \neq k}}^{n} f_j(\tilde{a}_j) = F_1 \tag{6.12}$$

Die rechte Seite von (6.12) stellt die Kosten für die neu konstruierte Zuordnung dar. Somit steht (6.12) im Widerspruch zur Optimalitätsannahme der Zuordnung, die $r \in I_k$ mit k löst. Also verwendet keine optimale Zuordnung das Hilfsmittel k, was zu beweisen war.

Satz 6.5:

In einer gegebenen Zuordnung werde die Aufgabe $r \in I_k$ durch das Hilfsmittel k gelöst. $\bar{a}_k$ sei die Summe der Größen a_{ik}, erstreckt über alle Aufgaben i, die in dieser Zuordnung durch das Hilfsmittel k gelöst werden. Gibt es dann für die Aufgabe $r \in I_k$ ein Hilfsmittel t, so daß

$$f_k(\bar{a}_k) - f_k(\bar{a}_k - a_{rk}) > \frac{a_{rt}}{a_{rt} + a_t^*} \cdot f_t(a_{rt} + a_t^*) \tag{6.13}$$

gilt, dann tritt in einer optimalen Zuordnung das Hilfsmittel k nicht zur Lösung von r auf. ∎

Beweis:

Nehmen wir an, in einer optimalen Zuordnung werde die Aufgabe r durch das Hilfsmittel k gelöst. Die zugehörigen Kosten seien

$$F_o = \sum_{j=1}^{n} f_j(\bar{a}_j)$$

Betrachten wir andererseits die Kosten F_1 einer Zuordnung, die sich von der obigen nur dadurch unterscheidet, daß sie die Aufgabe $r \in I_k$ durch das Hilfmittel $t \neq k$ löst. Die zugehörigen Kosten sind

$$F_1 = \sum_{\substack{j=1 \\ j \neq k,t}}^{n} f_j(\bar{a}_j) + f_t(\tilde{a}_t) + f_k(\bar{a}_k - a_{rk})$$

Dabei gilt

$$\bar{a}_t + a_{rt} = \tilde{a}_t$$

Infolge (6.11) erhält man

$$\frac{f_t(\bar{a}_t)}{\bar{a}_t} \geq \frac{f_t(\tilde{a}_t)}{\tilde{a}_t} \quad \text{und} \quad \frac{f_t(a_{rt} + a_t^*)}{a_{rt} + a_t^*} \geq \frac{f_t(\tilde{a}_t)}{\tilde{a}_t}. \tag{6.14}$$

Daher gilt

$$f_t(\bar{a}_t) + \bar{a}_{rt} \frac{f_t(\tilde{a}_t)}{\tilde{a}_t} \geq \frac{\bar{a}_t}{\tilde{a}_t} f_t(\tilde{a}_t) + \frac{a_{rt}}{\tilde{a}_t} f_t(\tilde{a}_t) = f_t(\tilde{a}_t) \qquad (6.15)$$

Aus (6.14) und (6.15) folgt

$$a_{rt} \frac{f_t(a_{rt} + a_t^*)}{a_{rt} + a_t^*} \geq a_{rt} \frac{f_t(\tilde{a}_t)}{\tilde{a}_t} \geq f_t(\tilde{a}_t) - f_t(\bar{a}_t)$$

Nach (6.13) gilt daher

$$f_k(\bar{a}_k) - f_k(\bar{a}_k - a_{rk}) > f_t(\tilde{a}_t) - f_t(\bar{a}_t)$$

und

$$f_t(\bar{a}_t) + f_k(\bar{a}_k) > f_t(\tilde{a}_t) + f_k(\bar{a}_k - a_{rk})$$

Folglich ist $F_1 < F_o$ im Widerspruch zur Optimalitätsannahme. Damit ist Satz 6.5 bewiesen.

Auf den beiden letzten Sätzen beruht der nachfolgende Reduktionsprozeß. Ist e_i die Anzahl der positiven Elemente a_{ij} für ein i, so ist

$$S_o = \prod_{i=1}^{m} e_i$$

die Anzahl der möglichen Zuordnungen. Gilt für eine Aufgabe r die Beziehung (6.10) oder (6.13), so kann $a_{rk}=0$ gesetzt werden. Daher geht e_r in (e_r-1) über und die Zahl der möglichen Zuordnungen verringert sich. Ist die Zahl der möglichen Zuordnungen nach der Durchführung des Reduktionsprozesses kleiner als eine Schranke S^*, so ermittelt man eine optimale Zuordnung durch Vergleich der Kosten der übrig gebliebenen Zuordnungen. Im anderen Fall erhält man eine Näherungslösung.

Algorithmus 11: Reduktion der Lösungen des nichtlinearen Zuordnungsproblemes (6.9)

Benötigte Unterprogramme:

Funktionsprozeduren f_j für $j=1,2,\ldots,n$

Anfangsdaten:

Zuordnungsmatrix (a_{ij}) $1 \leq i \leq m$, $1 \leq j \leq n$
S^*... Schranke für die Anzahl der gewünschten Strategien

1. Für $i=1,2,\ldots,m$ setze:
e_i := Anzahl der positiven a_{ij} $(j=1,2,\ldots,n)$

$$S_o := \prod_{i=1}^{m} e_i.$$

2. Für $j = 1, 2, \ldots, n$ setze

$$I_j := \{ i \mid a_{ij} > 0 \}.$$

3. Ermittle für $i = 1, 2, \ldots, m$:

$$z_i := \min_{1 \leq t \leq n} \frac{a_{it}}{a_t^*} f_t(a_t^*)$$

wobei a_t^* definiert ist durch

$$a_t^* := a_{it} + \sum_{r \neq i}{}^* a_{rt}$$

$\sum^*$ wurde vor Satz 6.4 definiert.

4. Setze $j := 1$.

5. Ist $I_j = \phi$, so gehe zu 8. Sonst berechne

$$a_j := \sum_{i=1}^{m} a_{ij},$$

$$\alpha_j := \frac{f_j(a_j)}{a_j}$$

6. Ist für alle $r \in I_j$

(*) $\quad \alpha_j a_{rj} > z_r$

erfüllt, dann setze $a_{rj} := 0$ und $e_r := e_r - 1$ für $r \in I_j$ und gehe zu 8. Ist (*) nicht erfüllt, dann gehe zu 7.

7. Setze für jene $r \in I_j$, für die

$$f_j(a_j) \quad f_j(a_j - a_{rj}) > z_r$$

gilt:

$$a_{rj} := 0 \text{ und } e_r := e_r - 1.$$

8. Ist $j < n$, so setze $j := j + 1$ und gehe zu 5.
Andernfalls gehe zu 9.

9. $S := \prod_{i=1}^{m} e_i$

10. Ist $S < S_o$, so setze $S_o := S$ und gehe zu 2.
Andernfalls gehe zu 11.

11. Ist $S < S^*$, so ermittle eine optimale Zuordnung durch Vergleich aller möglichen Zuordnungen.

Ist $S > S^*$, so ordne jeder Aufgabe i das Hilfsmittel t zu, für das zuletzt das Minimum von Punkt 3. angenommen wurde. Dadurch erhält man eine Näherungslösung. Terminiere.

Beispiel 15:

Man suche eine optimale Zuordnung für folgendes Problem. Die Zuordnungsmatrix lautet

$$A = \begin{pmatrix} 1 & 2 & 5 \\ 3 & 4 & . \\ 4 & 2 & 2 \\ 6 & 5 & . \\ 4 & . & 2 \end{pmatrix}$$

und die zugehörigen Kostenfunktionen sind

$$f_1(x) = \begin{cases} 2x & \text{für } x \leq 5 \\ x+5 & \text{für } x > 5 \end{cases}$$

$$f_2(x) = x$$

$$f_3(x) = 2 \,.\, (+\sqrt{x}) \quad (x \geq 0)$$

Da $e_1 = 3$, $e_2 = 2$, $e_3 = 3$, $e_4 = 2$ und $e_5 = 2$ ist, sind insgesamt 72 Lösungen dieses Problems möglich. Die Anzahl der Möglichkeiten reduzieren wir mit Hilfe von Algorithmus 11 in folgender Weise:

Wir berechnen nach Punkt 3 folgende Minima:

$$z_1 = \min \{ f_1(1), f_2(2), f_3(5) \} = 2$$

$$z_2 = \min \{ f_1(3), f_2(4) \} = 4$$

$$z_3 = \min \{ f_1(4), f_2(2), f_3(2) \} = 2$$

$$z_4 = \min \{ f_1(6), f_2(5) \} = 5$$

$$z_5 = \min \{ f_1(4), f_3(2) \} = 2\sqrt{2}.$$

Nun setzen wir $j = 1$ und berechnen

$$a_1 = 18, \quad \alpha_1 = \frac{23}{18}.$$

Da für $r = 1$ die Bedingung (*) nicht erfüllt ist, gehen wir zu Punkt 7.

Für $r = 3$ gilt

$$f_1(a_1) - f_1(a_1 - a_{31}) = 23 - 19 = 4 > 2 = z_3$$

Daher setzen wir

$$a_{31} := 0, \quad e_3 := 2,$$

Ebenso erhalten wir

$$a_{41} := 0, \quad e_4 := 1,$$

und

$$a_{51} := 0, \quad e_5 := 1.$$

Da $j < 3$ ist, wiederholen wir diesen Vorgang für $j = 2$ und 3. Dabei erhalten wir aber keine Änderung. Nun berechnen wir S zu

$$S = 3.2.2.1.1 = 12$$

und wiederholen daher diesen Reduktionsvorgang. Die Zuordnungsmatrix lautet nun

$$A = \begin{pmatrix} 1 & 2 & 5 \\ 3 & 4 & . \\ . & 2 & 2 \\ . & 5 & . \\ . & . & 2 \end{pmatrix}$$

Wir berechnen folgende neue Zeilenminima:

$$z_1 = \min \{ f_1(1), \tfrac{2}{7} f_2(7), \tfrac{5}{7} f_3(7) \} = 2$$

$$z_2 = \min \{ f_1(3), \tfrac{4}{9} f_2(9) \} = 4$$

$$z_3 = \min \{ \tfrac{2}{7} f_2(7), \tfrac{2}{4} f_3(4) \} = 2$$

Wieder beginnen wir unsere Untersuchungen mit $j = 1$.

Es ist $a_1 = 4$, $\alpha_1 = 2$.

Da $\alpha_1 a_{11} = z_1$ ist, gehen wir zu Punkt 7. und erhalten für $r = 2$:

$$8 - 2 > z_2,$$

daher setzen wir $a_{21} = 0$ und $e_2 = 1$.

Für $j = 2$ und 3 erhalten wir keine Reduktion. Die Anzahl der noch vorhandenen Möglichkeiten für optimale Lösungen ist

$$S = 3.1.2.1.1 = 6$$

Die Zuordnungsmatrix lautet nun

$$\begin{pmatrix} 1 & 2 & 5 \\ . & 4 & . \\ . & 2 & 2 \\ . & 5 & . \\ . & . & 2 \end{pmatrix}$$

Wir berechnen folgende Zeilenminima

$$z_1 = \min \{ f_1(1), \tfrac{2}{11} f_2(11), \tfrac{5}{7} f_3(7) \} = 2$$

$$z_3 = \min \{ \tfrac{2}{11} f_2(11), \tfrac{2}{4} f_3(4) \} = 2$$

Wir erhalten für $j = 1, 2, 3$ keine Reduktion mehr, daher ist $S = S_0$ und wir gelangen zu Punkt 11. Eine mögliche Näherungslösung wäre nun

$$\begin{pmatrix} 1 & . & . \\ . & 4 & . \\ . & 2 & . \\ . & 5 & . \\ . & . & 2 \end{pmatrix}$$

mit den Kosten $F = 13 + 2\sqrt{2} \approx 15.83$

Unter den insgesamt 6 noch möglichen Lösungen erhält man durch Vergleich folgende drei optimale Lösungen mit den Minimalkosten 15:

$$\begin{pmatrix} 1 & . & . \\ . & 4 & . \\ . & . & 2 \\ . & 5 & . \\ . & . & 2 \end{pmatrix}, \quad \begin{pmatrix} . & 2 & . \\ . & 4 & . \\ . & . & 2 \\ . & 5 & . \\ . & . & 2 \end{pmatrix}, \quad \begin{pmatrix} . & . & 5 \\ . & 4 & . \\ . & . & 2 \\ . & 5 & . \\ . & . & 2 \end{pmatrix}$$

7. Die Verfahren von Gomory

7.1 Gomorys erster Algorithmus

Gegeben sei die Optimierungsaufgabe:

Minimiere $\mathbf{c}'\mathbf{x}+c_0$ unter den Restriktionen $\mathbf{Ax}\leq\mathbf{b}$, $\mathbf{x}\geq\mathbf{0}$ und x_j ganzzahlig $(j=1,2,\ldots,n)$. Dabei sei $\mathbf{c}'=(c_1,c_2,\ldots,c_n)$, $\mathbf{b}'=(b_1,b_2,\ldots,b_m)$ und $\mathbf{A}$ eine $(m\times n)$-Matrix mit den Elementen a_{ij}. Wir nehmen an, alle gegebenen Größen a_{ij}, b_i und c_j seien ganzzahlig. Wie wir bereits im Abschnitt 2.1 sahen, wird durch die Restriktionen $\mathbf{Ax}\leq\mathbf{b}$ und $\mathbf{x}\geq\mathbf{0}$ eine konvexe Menge $=\{\mathbf{x}\mid\mathbf{Ax}\leq\mathbf{b},\mathbf{x}\geq\mathbf{0}\}$ definiert. Gegenüber gewöhnlichen linearen Programmen tritt nun die zusätzliche Einschränkung hinzu, daß nur Gitterpunkte von M als Lösungen in Betracht kommen (Abb. 7.1).

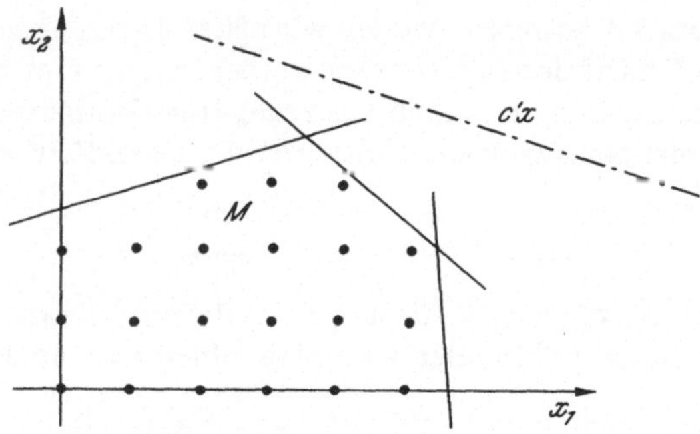

Abb. 7.1. Ganzzahliges lineares Programm. Nur Gitterpunkte können als Lösungen auftreten

Es sei M′ die Menge der Gitterpunkte von M. Man bildet nun die konvexe Hülle $\hat{M}$ von M′. Jede optimale Lösung der gegebenen linearen ganzzahligen Optimierungsaufgabe ist auch eine optimale Lösung des gewöhnlichen linearen Programmes:

Minimiere $\mathbf{c}'\mathbf{x}+c_0$ unter der Restriktion $\mathbf{x}\in\hat{M}$.

Die Schwierigkeit besteht nun darin, die konvexe Hülle von M′ zu konstruieren. Und gerade das leisten die Algorithmen von Gomory. Sie lösen zunächst das gegebene lineare Programm ohne Ganzheitsrestriktionen. Ist diese Lösung $\mathbf{x}^{(o)}$ noch nicht ganzzahlig, dann wird eine zusätzliche Restriktion eingeführt, die den eben gefundenen Punkt $\mathbf{x}^{(o)}$ vom zulässigen Bereich abschneidet, aber keinen ganzzahligen zulässigen Punkt unzulässig macht. Da $\mathbf{x}^{(o)}$ optimal war, ist das zugehörige Simplextableau auch zulässig für das duale Problem. Fügt man zu diesem Tableau die Zeile hinzu, die der neu eingeführten Restriktion entspricht, so ändert dies nichts an der dualen Zulässigkeit. Wir verwenden daher das duale Simplexverfahren um eine optimale Lösung für das modifizierte Problem zu finden. Ist diese Lösung wieder nicht ganzzahlig, so wird erneut eine zusätzliche Restriktion aufgestellt und das neuerdings modifizierte Problem wird wieder mittels des dualen Simplexverfahrens gelöst. Diese Vorgangsweise wird solange wiederholt, bis eine ganzzahlige Lösung erreicht ist.

Gomory konnte zeigen [58]:

Satz 7.1:

Ist die Menge der zulässigen Punkte des Problems Minimiere $\mathbf{c}'\mathbf{x}+c_o$ unter den Restriktionen $\mathbf{Ax}\leq\mathbf{b}$, $x_j\in\mathbf{N}$ $(j=1,2,\ldots,n)$ beschränkt, so liefert der Algorithmus von Gomory nach endlich vielen Schritten eine ganzzahlige Lösung oder es existiert keine zulässige Lösung der gestellten Aufgabe. ▮

Bevor wir Satz 7.1 beweisen, wollen wir näher darauf eingehen, wie die zusätzlichen Restriktionen abgeleitet werden. Ist die Optimallösung $\mathbf{x}^{(o)}$ noch nicht ganzzahlig, so enthält das zugehörige Simplextableau eine Zeile mit einer nichtganzzahligen Konstanten b_i. Diese Zeile entspricht der Restriktion

$$a_{i1}x_1 + a_{i2}x_2 + \ldots + a_{in}x_n \leq b_i$$

wenn wir mit $x_1, x_2, \ldots, x_n$ die augenblicklichen Nichtbasisvariablen bezeichnen. Durch Einführen der Schlupfvariablen x_{n+i} erhält man

$$a_{i1}x_1 + a_{i2} + \ldots + a_{in}x_n + x_{n+i} = b_i.$$

Wir führen nun folgende Bezeichnungsweise ein. Es ist a kongruent b modulo m

$$a \equiv b \pmod{m}$$

wenn m ein ganzes Vielfaches der Differenz a–b ist. Dadurch lassen sich die Ganzzahligkeitsbedingungen $x_j\in\mathbf{Z}$ folgenderweise ausdrücken

$$x_j \equiv 0 \pmod{1}.$$

Für Kongruenzen gelten einfache Rechenregeln:

Ist $a_1 \equiv b_1 \pmod m$ und $a_2 \equiv b_2 \pmod m$, so ist auch

$$a_1 + a_2 \equiv b_1 + b_2 \pmod m$$

denn aus $a_1 - b_1 = km$, $a_2 - b_2 = tm$ folgt $a_1 + a_2 - (b_1 + b_2) = (k+t)\,m$. Ist ferner

$$a_2 \equiv 0 \pmod m,$$

so gilt

$$a_1 \cdot a_2 \equiv b_1 \cdot a_2 \pmod m.$$

denn $a_2(a_1 - b_1) = t.m.k.m = (ktm)m$, $(k \in \mathbf{Z}, t \in \mathbf{Z})$.

Schließlich ist die Kongruenzrelation transitiv:

Ist $a_1 \equiv b_1 \pmod m$ und $b_1 \equiv c_1$ (.nod m), so gilt auch $a_1 \equiv c_1 \pmod m$, wie man sich durch Verwendung der Definition leicht überzeugen kann. (Da die Kongruenzrelationen auch symmetrisch und reflexiv sind, sind es Äquivalenzrelationen).

Jede ganzzahlige Lösung des gegebenen Problems erfüllt die Kongruenz

$$a_{i1}x_1 + a_{i2}x_2 + \ldots + a_{in}x_n + x_{n+i} \equiv b_i \pmod 1.$$

Setzen wir nun

$$f_{ij} \equiv a_{ij} \pmod 1 \text{ mit } 0 \leq f_{ij} < 1 \tag{7.1}$$

so sind dadurch die Größen f_{ij} eindeutig festgelegt und infolge der Transitivität der Kongruenzrelation erfüllt jede ganzzahlige zulässige Lösung auch die Kongruenz

$$f_{i1}x_1 + f_{i2}x_2 + \ldots + f_{in}x_n \equiv f_{io} \pmod 1 \tag{7.2}$$

Da nun alle Größen f_{ij} und x_j nicht negativ sind, ist die linke Seite von (7.2) positiv. Daraus folgt

$$f_{i1}x_1 + f_{i2}x_2 + \ldots + f_{in}x_n = f_{io} + k$$

mit $k = 0, 1, 2, \ldots$. Hieraus erhalten wir die Ungleichung

$$f_{i1}x_1 + f_{i2}x_2 + \ldots + f_{in}x_n \geq f_{io}. \tag{7.3}$$

Dies ist die neue Restriktion. Sie schneidet die zuletzt gefundene zulässige Optimallösung $\mathbf{x}^{(o)}$ von der Menge der zulässigen Punkte ab, denn die ersten n Komponenten von $\mathbf{x}^{(o)}$ sind gemäß unserer Vereinbarung Nichtbasisvariable und haben daher den Wert 0. Da außerdem $f_{io} > 0$ gilt, ist der Punkt $\mathbf{x}^{(o)}$ nicht zulässig für die Restriktion (7.3).

Das modifizierte Optimierungsproblem lautet nun

$$\begin{aligned}&\text{Minimiere } \mathbf{c}'\mathbf{x} + c_o \text{ unter den Restriktionen}\\ &\mathbf{A}\mathbf{x} \leq \mathbf{b},\\ &\mathbf{f}_i'\mathbf{x} \geq f_{io}\\ &\mathbf{x} \geq \mathbf{0}\end{aligned} \tag{7.4}$$

(7.4) können wir ohne Schwierigkeiten durch das duale Simplexverfahren lösen. Wir wollen nun die Endlichkeit des Verfahrens zeigen.

Beweis zu Satz 7.1:

Wir machen folgende Voraussetzungen

a) Die Menge der zulässigen Punkte ist beschränkt.

b) Die Hilfsrestriktion wird immer von der ersten Zeile des Tableaus mit nichtganzzahliger Konstanten abgeleitet. Ist der Wert der Zielfunktion nicht ganzzahlig, so wird die Hilfsrestriktion aus der Zielfunktion abgeleitet.

c) Liegt eine Optimallösung eines linearen Programmes vor, so sei im zugehörigen Simplextableau das erste von Null verschiedene Element jeder Spalte $j = 1, 2, \ldots, n$ positiv. Dies bedeutet keine Einschränkung, denn ist eine optimale Lösung gefunden, so sind alle Kostenfaktoren c_j nicht negativ. Ist ein $c_j = 0$, so kann man stets eine Pivotoperation durchführen, die das gewünschte Resultat zur Folge hat.

Nehmen wir zunächst an, c_o sei nicht ganzzahlig. Nach Voraussetzung b) leiten wir sodann aus der Zielfunktion die Restriktion

$$-f_{o1}x_1 - f_{o2}x_2 - \ldots - f_{on}x_n \leq -f_{oo}$$

ab. Entweder stellt sich nun heraus, daß das duale Problem keine endliche Lösung und damit das primale Problem keine zulässige Lösung besitzt oder die zugehörige Pivotoperation im dualen Simplexverfahren liefert

$$-\bar{c}_o = -c_o - \frac{c_s f_o}{f_s}$$

wobei $f_o = -c_o + [c_o] + 1$ ist[1]. Aus $0 < f_{os} \leq c_s$ folgt $\frac{c_s}{f_{os}} \geqslant 1$ und daraus erhält man

$$-\bar{c}_o \leqslant -c_o - (-c_o + [c_o] + 1) = -[c_o] - 1.$$

1 Mit [a] bezeichnen wir hier und in den folgenden Kapiteln stets die größte ganze Zahl, die kleiner oder gleich a ist.

Existiert eine zulässige ganzzahlige Lösung und ist c_o nicht ganzzahlig, so liefert der nächste Schritt im Algorithmus einen Wert der Zielfunktion, der nicht kleiner als $[c_o]+1$ ist. Durch jede zusätzliche Restriktion wird der Bereich der zulässigen Punkte eingeschränkt, daher ist c_o monoton steigend. Ferner steigt jedesmal, wenn c_o nichtganzzahlig ist, der Wert der Zielfunktion auf mindestens $[c_o]+1$. Da aber infolge Voraussetzung a) die Menge der zulässigen Punkte beschränkt ist, kann c_o nicht beliebig groß werden. Daher nimmt c_o nach endlich vielen Schritten einen ganzzahligen Wert an, den es in allen weiteren Schritten beibehält.

Nehmen wir nun an, der Koeffizient b_1 wäre unendlich oft nicht ganzzahlig. Da wir c_o bereits als konstant voraussetzen können, wird die Hilfsrestriktion aus der ersten Zeile abgeleitet und wir erhalten nach der Durchführung der Pivotoperation

$$\overline{b}_1 = b_1 - a_{1s} \frac{f_{1o}}{f_{1s}} \tag{7.5}$$

mit $0<f_{1o}<1$, $0<f_{1s}<1$ und $a_{1s}\geq 0$. Denn wäre $a_{1s}<0$, so würde aus Voraussetzung c) $c_{os}>0$ folgen und die Pivotoperation würde ein $\overline{c}_o>c_o$ ergeben im Widerspruch zur Voraussetzung, daß c_o bereits konstant ist. Aus (7.5) erhalten wir

$$\overline{b}_1 \leq [b_1]$$

denn es ist $\frac{a_{1s}}{f_{1s}} \geq 1$ und daher $\overline{b}_1 \leq b_1 - f_{1o} = [b_1]$. Folglich wird bei jeder Pivotoperation b_1 kleiner als $[b_1]$, wenn die schneidende Restriktion aus der ersten Zeile abgeleitet wird. Aber b_1 kann nicht negativ werden. Denn wäre b_1 negativ und wären alle $a_{1j}\geq 0$ $(1\leq j\leq n)$, so wäre nach Voraussetzung c) $a_{os}>0$ und die Pivotoperation würde den Wert der Zielfunktion ändern im Widerspruch zur Voraussetzung, daß c_o konstant bleibt. Daher nimmt auch b_1 nach endlich vielen Schritten einen festen ganzzahligen Wert an.

Ein analoges Argument für die Größen $b_2, b_3, \ldots, b_m$ liefert den Beweis von Satz 7.1.

Da bei jedem Schritt im Algorithmus von Gomory die optimale Ecke durch eine hinzugefügte Restriktion, die einer Hyperebene entspricht, vom zulässigen Bereich abgeschnitten wird, falls sie eine nichtganzzahlige Komponente hat, kann man das Verfahren von Gomory als Schnittebenenverfahren bezeichnen. Es kann aber auch als Dekompositionsverfahren aufgefaßt werden, bei dem die Restriktionen erst in dem Augenblick erzeugt werden, in dem sie zum Tragen kommen. Ferner kann das Verfahren als verallgemeinerter Euklidischer Algorithmus interpretiert werden (Blankinship [63]). Im nächsten Abschnitt wollen wir näher auf die algorithmische Durchführung des eben beschriebenen Verfahrens eingehen.

7.2 Algorithmische Durchführung des ersten Verfahrens von Gomory

Zu lösen sei das Problem

$$\text{Minimiere } \mathbf{c}'\mathbf{x} + c_0 \text{ unter den Restriktionen}$$
$$\mathbf{A}\mathbf{x} \leq \mathbf{b}$$
$$x_j \in \mathbf{N} \quad (j = 1, 2, \ldots, n)$$

Bei der Lösung der im Verfahren von Gomory auftretenden primalen und dualen linearen Optimierungsaufgaben verwenden wir hier am besten folgendes Tableau, das einerseits gegenüber den Tableaus von Abschnitt 2.3 Speicherplatz spart und andererseits eine vereinfachte Schreibweise gestattet.

Dazu setzen wir

$$a_{00} = -c_0$$
$$a_{0j} = c_j \quad \text{für } j = 1, 2, \ldots, n$$
$$a_{i0} = b_i \quad \text{für } i = 1, 2, \ldots, m$$

und schreiben die auftretenden Größen in folgender Form an

		x_1	x_2	...	x_n
	a_{00}	a_{01}	a_{02}	...	a_{0n}
x_{n+1}	a_{10}	a_{11}	a_{12}	...	a_{1n}
$\vdots$	$\vdots$	$\vdots$	$\vdots$		$\vdots$
x_{n+m}	a_{m0}	a_{m1}	a_{m2}	...	a_{mn}

Tableau 7.1

Dieses Tableau ist primal zulässig, wenn $a_{i0} \geq 0$ $(i = 1, 2, \ldots, m)$ gilt, und es ist optimal, wenn zusätzlich $a_{0j} \geq 0$ $(j = 1, 2, \ldots, n)$ gilt. Schreibt man eine Optimierungsaufgabe in der Form des Tableaus 7.1, so muß stets noch vermerkt werden, welche Zeile zu welcher Basisvariablen und welche Spalte zu welcher Nichtbasisvariablen gehört.

Wir formulieren nun den Algorithmus von Gomory:

Algorithmus 12: Gomory-Verfahren zur Lösung der linearen ganzzahligen Optimierungsaufgabe $\sum_{j=1}^{n} a_{0j} x_j - a_{00} = \min!$ unter den Restriktionen $\mathbf{A}\mathbf{x} \leq \mathbf{a}_0$, $x_j \in \mathbf{N}$ $(j = 1, 2, \ldots, n)$.

Anfangsdaten: (a_{ij}) $(0 \leq i \leq m, 0 \leq j \leq n)$ laut Tableau 7.1
$N = (1, 2, \ldots, n)$,
$B = (n+1, n+2, \ldots, n+m)$.

Notwendige Unterprozeduren:
Algorithmus 13 (Simplexverfahren für ein Tableau der Gestalt 7.1)
Algorithmus 14 (Duales Simplexverfahren)

1. Suche mittels Algorithmus 13 eine Lösung des linearen Programmes $\sum_{j=1}^{n} a_{0j}x_j - a_{00} = \min!$ unter den Restriktionen $\mathbf{Ax} \leq \mathbf{a}_0, \mathbf{x} \geq \mathbf{0}$. Existiert keine endliche Lösung, so hat auch die gestellte ganzzahlige Aufgabe keine endliche Lösung. Terminiere.

   Andernfalls enthält $N = (\nu_1, \nu_2, \ldots, \nu_n)$ die Indizes der Nichtbasisvariablen, die der ersten bis n-ten Spalte des Tableaus zugeordnet sind. $B = (\mu_1, \mu_2, \ldots, \mu_m)$ enthält die Indizes der Basisvariablen, die der ersten bis m-ten Zeile des Tableaus zugeordnet sind. Gehe zu 2.

2. Gilt
$$a_{00} \in \mathbf{Z}$$
und ist für alle $\mu_i \leq n$ $(1 \leq i \leq m)$:
$$a_{i0} \in \mathbf{N}$$
so ist eine optimale ganzzahlige Lösung gefunden. Terminiere. Andernfalls gehe zu 3.

3. Ableitung einer neuen Restriktion:
Wähle ein $i \in \{0, 1, \ldots, m\}$ so, daß $a_{io} \notin \mathbf{N}$ ist, und setze für $j = 0, 1, 2, \ldots, n$
$$a_{ij} \equiv f_{ij} \pmod 1 \text{ mit } 0 \leq f_{ij} < 1$$
Ferner setze $a_{m+1,j} := -f_{ij}$ $(j = 0, 1, \ldots, n)$ und füge

$a_{m+1,0}$	$a_{m+1,1}, \ldots, a_{m+1,n}$

als (m+1)-ste Zeile zum Tableau hinzu.

4. Setze $B := (\mu_1, \mu_2, \ldots, \mu_m, m+n+1)$,
$m := m+1$.

5. Suche mittels Algorithmus 14 (Duales Simplexverfahren) eine Lösung der modifizierten Optimierungsaufgabe.

Existiert keine endliche Lösung, so besitzt die gestellte Aufgabe keine zulässige Lösung. Terminiere.

Andernfalls gehe zu 2.

Algorithmus 13: Simplexverfahren zur Lösung des linearen Programmes $\sum_{j=1}^{n} a_{0j}x_j - a_{00}$ = min! unter den Restriktionen $\mathbf{A}\mathbf{x} \leq \mathbf{a}_0, \mathbf{x} \geq \mathbf{0}$, wenn die Daten laut Tableau 7.1 gegeben sind. Die Kenntnis einer zulässigen Basislösung wird vorausgesetzt.[1]

Anfangsdaten: (a_{ij}) $(0 \leq i \leq m, 0 \leq j \leq n)$ laut Tableau 7.1, $N = (1, 2, \ldots, n)$, $B = (n+1, n+2, \ldots, n+m)$.

1. Ist ein $a_{0j} < 0$ $(j = 1, 2, \ldots, n)$, so gehe zu 2.

   Sind alle $a_{0j} \geq 0$, so ist das Minimum erreicht. Terminiere.

2. Bestimmung der in die Basis eintretenden Variablen:

   Wähle Index s so, daß $a_{0s} = \min_{1 \leq j \leq n} a_{0j}$

3. Sind alle $a_{is} \leq 0$ $(i = 1, 2, \ldots, m)$, so existiert keine endliche Lösung, terminiere. Andernfalls gehe zu 4.

4. Bestimmung der aus der Basis austretenden Variablen:

   Wähle Index r so, daß

   $$\frac{a_{r0}}{a_{rs}} = \min \left\{ \frac{a_{i0}}{a_{is}} \mid a_{is} > 0, \ i = 1, 2, \ldots, m \right\}$$

   Ist das Minimum nicht eindeutig, so bestimme

   $$\frac{a_{r1}}{a_{rs}} = \min \left\{ \frac{a_{i1}}{a_{is}} \mid a_{is} > 0, \ \frac{a_{i0}}{a_{is}} \text{ minimal} \right\}$$

   und wiederhole diesen Vorgang mit der 2., 3., ... Spalte solange, bis das Minimum eindeutig ist.

5. Vertausche das s-te Element von N mit dem r-ten Element von B.

6. Führe folgende Pivotoperation durch

   $$\bar{a}_{rs} := \frac{1}{a_{rs}},$$

   $$\bar{a}_{rj} := \frac{a_{rj}}{a_{rs}} \qquad \text{für } j = 0, 1, \ldots, n; \ j \neq s$$

---

1 Sollte ein a_{i0} $(1 \leq i \leq m)$ negativ sein, so müßte ein Verfahren von Abschnitt 2.4 verwendet werden, um eine zulässige Basislösung zu erzeugen.

$\bar{a}_{is} := -\frac{a_{is}}{a_{rs}}$ für $i=0,1,\ldots,m;\ i \neq r$

$\bar{a}_{ij} := a_{ij} - \frac{a_{is}\, a_{rj}}{a_{rs}}$ für $i=0,1,\ldots,r-1,r+1,\ldots,m;$
$j=0,1,\ldots,s-1,s+1,\ldots,n.$

Setze $a_{ij} := \bar{a}_{ij}$ und gehe zu 1.

Algorithmus 14: Duales Simplexverfahren zur Lösung des Problems $\sum_{j=1}^{n} a_{0j}x_j - a_{00} = \min!$ unter den Restriktionen $\mathbf{Ax} \leq \mathbf{a}_0, \mathbf{x} \geq \mathbf{0}$ bei dual-zulässiger Ausgangslösung. Die Daten sind laut Tableau 7.1 gegeben.

$N = (\nu_1, \nu_2, \ldots, \nu_n)$, $B = (\mu_1, \mu_2, \ldots, \mu_m)$.

1. Ist ein $a_{i0} < 0$ $(i=1,2,\ldots,m)$, so gehe zu 2.
   Sind alle $a_{i0} \geq 0$, so ist eine optimale Lösung erreicht. Terminiere.
2. Bestimmung der in die duale Basis eintretenden Variablen: Wähle Index r so, daß $a_{r0} = \min_{1 \leq i \leq m} a_{i0}$
3. Sind alle $a_{rj} \geq 0$ $(j=1,2,\ldots,n)$, so existiert keine endliche Lösung für das duale Problem. Terminiere.
   Andernfalls gehe zu 4.
4. Bestimmung der aus der dualen Basis austretenden Variablen:
   Wähle den Index s so, daß
   $$\frac{a_{0s}}{a_{rs}} = \max \left\{ \frac{a_{0j}}{a_{rj}} \mid a_{rj} < 0,\ j=1,2,\ldots,n \right\}$$
   Ist das Maximum nicht eindeutig, so bestimme
   $$\frac{a_{1s}}{a_{rs}} = \max \left\{ \frac{a_{1j}}{a_{rj}} \mid a_{rj} < 0,\ \frac{a_{0j}}{a_{rj}} \text{ maximal} \right\}$$
   und wiederhole diesen Vorgang mit der 2., 3., ... Zeile solange, bis das Maximum eindeutig bestimmt ist.
5. Vertausche das s-te Element von N mit dem r-ten Element von B.
6. Führe folgende Pivotoperation aus

   $\bar{a}_{rs} := \frac{1}{a_{rs}}$

   $\bar{a}_{rj} := \frac{a_{rj}}{a_{rs}}$ für $j=0,1,\ldots,n;\ j \neq s$

$\bar{a}_{is} := -\dfrac{a_{is}}{a_{rs}}$ für $i = 0, 1, \ldots, m;\ i \neq r$

$\bar{a}_{ij} := a_{ij} - \dfrac{a_{is}\,a_{rj}}{a_{rs}}$ für $i = 0, 1, \ldots, r-1, r+1, \ldots, m;$
$j = 0, 1, \ldots, s-1, s+1, \ldots, n.$

Setze $a_{ij} := \bar{a}_{ij}$ und gehe zu 1.

Wir formulierten Algorithmus 13 und 14 für Minimumprobleme, aber man kann auch Maximumprobleme damit lösen, wenn man in Algorithmus 13 die Punkte 1. und 2. durch folgende beiden Punkte ersetzt

1. Ist ein $a_{0j} > 0$ $(j = 1, 2, \ldots, n)$, so gehe zu 2.
   Sind alle $a_{0j} \leq 0$, so ist das Maximum erreicht. Terminiere.

2. Bestimmung der in die Basis eintretenden Variablen:
   Wähle Index s so, daß $a_{0s} = \max\limits_{1 \leq j \leq n} a_{0j}$

   und man in Algorithmus 14 den Punkt 4. gegen den nachfolgenden austauscht:

4. Bestimmung der aus der dualen Basis austretenden Variablen:
   Wähle den Index s so, daß

   $$\frac{a_{0s}}{a_{rs}} = \min \left\{ \frac{a_{0j}}{a_{rj}} \mid a_{rj} < 0,\ j = 1, 2, \ldots, n \right\}$$

   Ist das Minimum nicht eindeutig, so bestimme

   $$\frac{a_{1s}}{a_{rs}} = \min \left\{ \frac{a_{1j}}{a_{rj}} \mid a_{rj} < 0,\ \frac{a_{0j}}{a_{rj}} \text{ minimal} \right\}$$

   und wiederhole diesen Vorgang mit der 2., 3., ... Zeile solange, bis das Minimum eindeutig bestimmt ist.

Es besteht eine gewisse Freiheit darin, welche Zeile des Tableaus 7.1 mit nichtganzzahligem a_{i0} $(0 \leq i \leq m)$ wir zur Ableitung einer neuen Restriktion verwenden. Dies beeinflußt sehr stark die Konvergenz des Verfahrens. So berichtet Ouyahia [62], daß bei einer bestimmten Auswahlregel für a_{i0} für ein Beispiel mit $m = 20$, $n = 29$ noch nach 30 000 Iterationen keine optimale Lösung gefunden wurde, während eine andere Auswahlregel die optimale Lösung bei diesem Beispiel schon nach 70 Iterationen lieferte.

Eine plausible Auswahlregel besteht etwa darin, jene Zeile zur Herleitung der neuen Restriktion zu verwenden, für die f_{i0} maximal wird. Haldi und Isaacson [65] erzielten gute Ergebnisse, indem sie analog wie beim Beweis von Satz 7.1 vorgingen.

Es sei noch angemerkt, daß man gleichzeitig mehrere neue Restriktionen der Gestalt (7.3) zum Tableau 7.1 hinzufügen kann. Dies bedingt dann allerdings eine Abänderung von Punkt 4. in Algorithmus 12.

Multipliziert man die Kongruenz (7.2) mit einer beliebigen natürlichen Zahl k, so erhält man

$$k \cdot f_{i1}x_1 + k \cdot f_{i2}x_2 + \ldots + kf_{in}x_n \equiv kf_{i0} \pmod 1$$

Setzen wir für $j=0,1,2,\ldots,n$:

$$\tilde{f}_{ij} \equiv k \cdot f_{ij} \pmod 1 \text{ und } 0 \leq \tilde{f}_{ij} < 1$$

so erfüllt, wie man leicht einsieht, jede ganzzahlige Lösung auch die Restriktion

$$\tilde{f}_{i1}x_1 + \tilde{f}_{i2}x_2 + \ldots + \tilde{f}_{in}x_n \geq \tilde{f}_{i0}$$

Daher kann man Zeilen mit nichtganzzahligem a_{i0} zunächst mit einer beliebigen natürlichen Zahl größer Null multiplizieren und daraus wie in Punkt 3. von Algorithmus 12 die Hilfsrestriktion ableiten.

Zwei Beispiele sollen die vorangegangenen Ausführungen nochmals erläutern.

Beispiel 16:

Im Abschnitt 2.3 betrachteten wir im Beispiel 1 folgendes Problem:

Maximiere $x_1 + 2x_2$ unter den Restriktionen

$$\begin{aligned} 2x_1 + x_2 &\leq 10 \\ -x_1 + x_2 &\leq 5 \\ x_1 \quad &\leq 4 \\ x_1 \geq 0, \ x_2 &\geq 0 \end{aligned}$$

Wir fügen hier noch als zusätzliche Forderung $x_1 \in N$, $x_2 \in N$ hinzu und formulieren es als Minimumproblem.

Das zugehörige Tableau lautet:

0	−1	−2
10	2	1
5	−1	[1]
4	1	0

Dieses ist primal zulässig. Daher wenden wir Algorithmus 13 an und erhalten

$$s = 2, \; r = 2;$$
$$N = (1,4), \; B = (3,2,5)$$

Die zugehörige Pivotoperation liefert

10	−3	2
5	$\boxed{3}$	−1
5	−1	1
4	1	0

Dieses Tableau ist noch nicht optimal. Daher führen wir einen erneuten Variablenaustausch durch und erhalten

$$s = 1, \; r = 1;$$
$$N = (3,4), \; B = (1,2,5)$$

15	1	1
$\frac{5}{3}$	$\frac{1}{3}$	$-\frac{1}{3}$
$\frac{20}{3}$	$\frac{1}{3}$	$\frac{2}{3}$
$\frac{7}{3}$	$-\frac{1}{3}$	$\frac{1}{3}$

Damit liegt die optimale Lösung des nichtganzzahligen Problems vor. $B = (1,2,5)$ besagt, daß die erste Zeile dieses Tableaus zu x_1 und die zweite Zeile zu x_2 gehört, also ist $x_1 = \frac{5}{3}$, $x_2 = \frac{20}{3}$ und $\mathbf{c}'\mathbf{x} = -15$.

Nun ist eine neue Restriktion abzuleiten, etwa aus der ersten Zeile.

$$\frac{5}{3} \equiv \frac{2}{3} \pmod 1, \; \frac{1}{3} \equiv \frac{1}{3} \pmod 1, \; -\frac{1}{3} \equiv \frac{2}{3} \pmod 1$$

Daher lautet die neue Restriktion

$$-\frac{2}{3} \geq -\frac{1}{3} x_3 - \frac{2}{3} x_4$$

und das zugehörige neue Tableau lautet

15	1	1
$\frac{5}{3}$	$\frac{1}{3}$	$-\frac{1}{3}$
$\frac{20}{3}$	$\frac{1}{3}$	$\frac{2}{3}$
$\frac{7}{3}$	$-\frac{1}{3}$	$\frac{1}{3}$
$-\frac{2}{3}$	$-\frac{1}{3}$	$\boxed{-\frac{2}{3}}$

mit N = (3,4) B = (1,2,5,6). Dieses Tableau ist dual zulässig, wir wenden also Algorithmus 14 an und erhalten

$$r = 4,\ s = 2$$
$$N = (3,6),\ B = (1,2,5,4)$$

14	$\frac{1}{2}$	$\frac{3}{2}$
2	$\frac{1}{2}$	$-\frac{1}{2}$
6	0	1
2	$-\frac{1}{2}$	$\frac{1}{2}$
1	$\frac{1}{2}$	$-\frac{3}{2}$

Damit ist die optimale Lösung des dualen Problems erreicht. Aus B = (1,2,5,4) erhalten wir $x_1 = 2$, $x_2 = 6$ und $c'x = -14$. Daher ist das auch die gesuchte ganzzahlige Lösung der gestellten Aufgabe (vgl. Abb. 7.2).

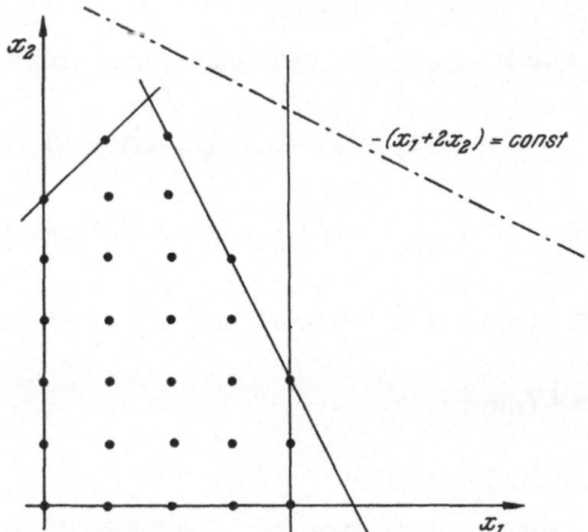

Abb. 7.2. Menge der zulässigen Punkte von Beispiel 16

Beispiel 17:

Auch die optimale Lösung der linearen Optimierungsaufgabe von Beispiel 2 (Abschnitt 2.3) war nicht ganzzahlig. Wie würde bei diesem Problem die maximale ganzzahlige Lösung lauten? Die Aufgabe lautet:

$$\begin{aligned} &\text{Maximiere } 2x_1 + x_2 + x_3 \text{ unter den Restriktionen} \\ &2x_1 - 3x_2 + 3x_3 \leq 4 \\ &4x_1 + x_2 + x_3 \leq 8 \\ &x_j \in N \quad (j = 1, 2, 3) \end{aligned}$$

Das Ausgangstableau lautet daher für das gleichwertige Minimumproblem:

0	−2	−1	−1
4	2	−3	3
8	4	1	1

und nach Anwendung des Algorithmus 13 erhalten wir

8	2	0	1
$\frac{14}{3}$	$\frac{7}{3}$	$\frac{1}{6}$	$\frac{1}{2}$
$\frac{10}{3}$	$\frac{5}{3}$	$-\frac{1}{6}$	$\frac{1}{2}$

mit $N = (1, 4, 5)$ und $B = (3, 2)$. Die nichtganzzahlige optimale Lösung lautet daher

$$x_1 = 0, \; x_2 = \frac{10}{3}, \; x_3 = \frac{14}{3}, \; c'x = -8$$

Wir leiten nun wiederum aus der ersten Zeile die Hilfsrestriktion ab und erhalten

$$\frac{14}{3} \equiv \frac{2}{3} \pmod 1, \; \frac{7}{3} \equiv \frac{1}{3} \pmod 1 \;\; \frac{1}{6} \equiv \frac{1}{6} \pmod 1,$$

$$\frac{1}{2} \equiv \frac{1}{2} \pmod 1$$

Daher lautet die neue Restriktion

$$-\frac{2}{3} \geq -\frac{1}{3} x_1 - \frac{1}{6} x_4 - \frac{1}{2} x_5 \; .$$

und wir erhalten folgendes neue Tableau

8	2	0	1
$\frac{14}{3}$	$\frac{7}{3}$	$\frac{1}{6}$	$\frac{1}{2}$
$\frac{10}{3}$	$\frac{5}{3}$	$-\frac{1}{6}$	$\frac{1}{2}$
$-\frac{2}{3}$	$-\frac{1}{3}$	$\boxed{-\frac{1}{6}}$	$-\frac{1}{2}$

mit N = (1, 4, 5) und B = (3, 2, 6). Nun wenden wir Algorithmus 14 an:

$$r = 3, \quad s = 2;$$
$$N = (1,6,5), \quad B = (3,2,4)$$

Nach der Pivotoperation lautet das Tableau

8	2	0	1
4	2	1	0
4	2	−1	1
4	2	−6	3

und damit ist die ganzzahlige optimale Lösung erreicht. Sie lautet für das Maximumproblem:

$$x_1 = 0, x_2 = 4, x_3 = 4 \text{ und } \mathbf{c}'\mathbf{x} = 8.$$

7.3 Der ganzzahlige Algorithmus von Gomory

Ganzzahlige Optimierungsaufgaben sind häufig gegenüber Rundungsfehlern sehr empfindlich. Daher ist es vorteilhaft, zu ihrer Lösung ein Verfahren anzuwenden, in dem nur ganze Zahlen auftreten. So ein Verfahren wurde das erste Mal von Gomory [63] angegeben. In ihm nimmt das Pivotelement stets den Wert −1 an. Daher treten bei den Pivotoperationen keine echten Divisionen auf und bei ganzzahligen Eingangswerten erhält man als Ergebnis der Pivotoperation wieder ganze Zahlen.

Gegeben sei das Problem

Minimiere $\mathbf{c}'\mathbf{x} + c_0$ unter den Restriktionen $\mathbf{A}\mathbf{x} \leq \mathbf{b}, x_j \in \mathbf{N}$ $(j = 1, 2, \ldots, n)$.
Wir setzen voraus, daß alle Eingangsgrößen a_{ij}, b_i, c_0 und c_j $(i = 1, 2, \ldots, m; j = 1, 2, \ldots, n)$ ganzzahlig sind.

Die Optimierung beginnen wir mit einer dual zulässigen Lösung, in der das erste von Null verschiedene Element jeder Spalte positiv ist. Sollte die Anfangslösung nicht dual zulässig sein, so verwenden wir die M-Methode (Abschnitt 2.4.2) zur Erzeugung einer dual zulässigen Ausgangslösung. Dazu fügen wir die Zeile

M	1 1 . . . 1

zum Tableau 7.1 hinzu und nehmen jenes Element dieser Zeile als Pivotelement, für das c_j $(j = 1, 2, \ldots, n)$ den kleinsten Wert annimmt. Ist dieses c_j nicht eindeutig bestimmt, so hängt die Entscheidung wie bei der Behebung von Degenerationen im Simplexverfahren von der ersten (bzw. 2., 3., . . .) Zeile des Tableaus ab, bis die Wahl von s zum ersten Mal eindeutig möglich ist. Die Pivotoperation liefert dann eine zulässige Ausgangslösung. Der Größe M ist sodann ein gegenüber den Größen b_i $(i = 1, 2, \ldots, m)$ großer Wert zu erteilen.

Sind in der so erhaltenen Lösung alle b_i $(i = 1, 2, \ldots, m)$ nicht negativ, so ist die optimale ganzzahlige Lösung erreicht. Andernfalls ist ein b_i negativ. Wir leiten nun aus der i-ten Zeile eine neue ganzzahlige Restriktion ab und wenden wieder das duale Simplexverfahren an, wobei das Pivotelement stets −1 ist. Diesen Vorgang wiederholen wir solange, bis wir ein optimales Tableau erreichen oder sich die Restriktionen als widerspruchsvoll erweisen. Es ist zu beachten, daß die zur Auffindung einer zulässigen Basislösung eingeführte Variable im optimalen Tableau eine duale Nichtbasisvariable sein muß. Andernfalls wurde entweder M zu klein gewählt oder es existiert keine zulässige Lösung des Problems.

Zunächst wollen wir uns näher mit der Ableitung der neuen Restriktion befassen. Wir bezeichnen ab nun wie im Tableau 7.1 die Komponenten des Vektors **b** mit a_{io} $(1 \leq i \leq m)$ und die Komponenten des Vektors **c** mit a_{oj} $(1 \leq j \leq n)$. Ferner sei $c_o = -a_{oo}$. Ist λ eine positive Zahl, so läßt sich jede reelle Zahl a in der Form

$$a = \lambda \left[\frac{a}{\lambda}\right] + r_a \qquad \text{mit } 0 \leq r_a < \lambda \tag{7.6}$$

darstellen, wobei $[\frac{a}{\lambda}]$ das größte Ganze der Zahl $\frac{a}{\lambda}$ ist. Eine Zeile des Tableaus 7.1 habe nun eine negative Konstante a_{io} $(1 \leq i \leq m)$. Die zugehörige Restriktion lautet (wir lassen im folgenden den Zeilenindex i weg):

$$a_o = a_1 x_1 + a_2 x_2 + \ldots + a_n x_n + 1 \cdot x_{n+i} \tag{7.7}$$

wobei $x_1, x_2, \ldots, x_n$ die augenblicklichen Nichtbasisvariablen des primalen Problems sind. Verwenden wir nun für die Koeffizienten dieser Gleichung die Darstellung (7.6), so erhalten wir

$$\lambda \cdot [\frac{a_o}{\lambda}] + r_o = (\lambda \cdot [\frac{a_1}{\lambda}] + r_1)x_1 + (\lambda \cdot [\frac{a_2}{\lambda}] + r_2)x_2 + \ldots +$$

$$+ (\lambda \cdot [\frac{a_n}{\lambda}] + r_n)x_n + (\lambda [\frac{1}{\lambda}] + r_{n+i})x_{n+i}$$

und daraus

$$\sum_{j=1}^{n} r_j x_j + r_{n+i} x_{n+i} = r_o + \lambda \{[\frac{a_o}{\lambda}] - \sum_{j=1}^{n} [\frac{a_j}{\lambda}] x_j - [\frac{1}{\lambda}] x_{n+i}\} \tag{7.8}$$

Da für $j = 1, 2, \ldots, n, n+i$ $r_j \geq 0$ und $x_j \geq 0$ ist, so ist die linke Seite von (7.8) nichtnegativ. Ferner sind alle Ausdrücke in der geschwungenen Klammer ganzzahlig, daher nimmt sie selbst einen ganzzahligen Wert an. Setzen wir

$$\bar{x} := \{[\frac{a_o}{\lambda}] - \sum_{j=1}^{n} [\frac{a_j}{\lambda}] x_j - [\frac{1}{\lambda}] x_{n+i}\} \tag{7.9}$$

Wäre $\bar{x}$ negativ, so würden wir für $r_o + \lambda \bar{x}$ eine negative Zahl erhalten im Widerspruch dazu, daß die linke Seite von (7.8) nichtnegativ ist.

Setzen wir nun $\lambda = 1$, so erhalten wir aus (7.9) und (7.7):

$$\bar{x} = [a_o] - \sum_{j=1}^{n} [a_j] x_j - (a_o - \sum_{j=1}^{n} a_j x_j) = -f_o + \sum_{j=1}^{n} f_j x_j$$

und damit ist $\bar{x} \geq 0$ genau die im Verfahren von Abschnitt 7.1 abgeleitete Restriktion. Wir werden in diesem Verfahren $\lambda > 1$ wählen. Dann ist $[\frac{1}{\lambda}] = 0$ und wir erhalten als neue Restriktion

$$\bar{x} = [\frac{a_o}{\lambda}] - \sum_{j=1}^{n} [\frac{a_j}{\lambda}] x_j \geq 0 \tag{7.10}$$

Aus der Ableitung dieser Beziehung folgt, daß jeder ganzzahlige zulässige Punkt des gegebenen Problems auch die Restriktion (7.10) erfüllt.

Wir werden nun λ so wählen, daß das Pivotelement -1 wird. Dadurch bleibt die Ganzzahligkeit des Tableaus bei der Durchführung einer Pivotoperation erhalten.

Im dualen Simplexverfahren ist jene Spalte die Austauschspalte, für die

$$\frac{a_{os}}{[\frac{a_s}{\lambda}]} = \max \left\{ \frac{a_{oj}}{[\frac{a_j}{\lambda}]} \;\middle|\; a_j < 0, j = 1, 2, \ldots, n \right\}$$

gilt. Da wir λ so wählen wollen, daß $[\frac{a_s}{\lambda}] = -1$ ist, erhalten wir

$$-a_{os} = \max \left\{ \frac{a_{oj}}{[\frac{a_j}{\lambda}]} \;\middle|\; a_j < 0, j = 1, 2, \ldots, n \right\}$$

Nun ist aber $[\frac{a_j}{\lambda}]$ eine ganze Zahl, kleiner oder gleich -1.

Setzen wir

$$\mu_j = [\frac{a_j}{\lambda}]$$

so gilt

$$-a_{os} \geq \frac{a_{oj}}{\mu_j} \geq -a_{oj}$$

und damit wird die Austauschspalte s durch

$$-a_{os} = \max \{-a_{oj} \mid a_j < 0, j = 1, 2, \ldots, n\}$$

bestimmt. Dies ist gleichwertig mit

$$a_{os} = \min \{ a_{oj} \mid a_j < 0, j = 1, 2, \ldots, n\}$$

Ist sie dadurch nicht eindeutig festgelegt, so werden die Elemente der nächsten Zeilen des Tableaus herangezogen, um eine eindeutige Entscheidung treffen zu können. Es wird für $i = 1, 2, \ldots$ solange

$$a_{is} = \min \{a_{ij} \mid a_j < 0, \; a_{i-1,j} \text{ minimal für } a_j < 0\}$$

untersucht, bis das Minimum eindeutig ist. (Analog wurden Degenerationen im Simplexverfahren behandelt. Vergleiche Algorithmus 1 in Abschnitt 2.3). Durch diese Vorgangsweise wird erreicht, daß für die Indizes j mit $a_j < 0$ das erste von Null verschiedene Element des Spaltenvektors $(\mathbf{a}_s - \mathbf{a}_j)$ negativ ist.

Wie beeinflußt nun die Wahl von λ die Werte, die man nach der Durchführung einer Pivotoperation erhält?

Für den Wert der Zielfunktion erhält man

$$\bar{a}_{oo} = a_{oo} + [\frac{a_o}{\lambda}] \, a_{os}$$

Da es wünschenswert ist, daß sich der Wert der Zielfunktion um einen möglichst großen Betrag ändert, ist λ also möglichst klein zu wählen. Ferner soll für die ersten von Null verschiedenen Elemente $\bar{a}_{ij}$ der Spalten $j = 1, 2, \ldots, n$; $j \neq s$ gelten

$$\bar{a}_{ij} = a_{ij} + [\frac{a_j}{\lambda}] \, a_{is} > 0 \qquad (7.11)$$

Es sei i_o das Minimum der Zeilenindizes i(j) bzw. i(s), wobei i(j) der Zeilenindex ist, für den das erste Mal $a_{i(j),j} \neq 0$ (und damit nach Voraussetzung $a_{i(j),j} > 0$) ist. Analog ist i(s) der erste Zeilenindex, für den $a_{i(s),s} > 0$ gilt. Dann ist aber $\bar{a}_{i_o j}$ das erste Element der Spalte j, das ungleich Null ist. Ist $a_j \geq 0$, so ist $\bar{a}_{i_o j}$ für alle Werte von λ größer als Null, denn entweder gilt $a_{i_o j} = 0$ und $a_{i_o s} > 0$ oder es ist $a_{i_o j} > 0$ und $a_{i_o s} \geq 0$.

Ist aber $a_j < 0$ und $a_{i_o s} > 0$, dann wird durch (7.11) eine weitere Forderung an λ gestellt. Aus (7.11) und $0 \leq a_{is} \leq a_{io}$ erhält man nämlich

$$-1 \geq \mu_j \geq -\frac{a_{i_o j}}{a_{i_o s}}$$

Da λ möglichst klein sein soll und $a_j < 0$ ist, muß auch μ_j möglichst klein gewählt werden. Wir wählen daher μ_j als kleinste ganze Zahl, die größer als $\frac{a_{i_o j}}{a_{i_o s}}$ ist. Setzen wir dann für $j \in J = \{ j \mid a_j < 0 \}$:

$$\lambda_j = \begin{cases} \frac{a_j}{\mu_j}, \text{ falls } a_{i_o s} > 0 \\ 0, \text{ andernfalls} \end{cases}$$

dann erfüllt

$$\lambda = \max_{j \in J} \lambda_j$$

alle gestellten Bedingungen, nämlich $[\frac{a_s}{\lambda}] = -1$, die Zielfunktion nimmt um einen möglichst großen Betrag zu und nach der Pivotoperation sind die ersten von Null verschiedenen Elemente der Spalten j = 1, 2, . . . , n wieder positiv.

Gomorys ganzzahliger Algorithmus lautet nun folgendermaßen:

Algorithmus 15: Ganzzahliges Gomory-Verfahren zum Aufsuchen einer Minimallösung des Problemes

$\sum_{j=1}^{n} a_{oj} x_j - a_{oo} = \min!$ unter den Restriktionen

$\mathbf{A}\mathbf{x} \leq \mathbf{a}_o$, $x_j \in \mathbf{N}$ $(1 \leq j \leq n)$. Die Kenntnis einer dual zulässigen Ausgangslösung wird vorausgesetzt.

Anfangsdaten: (a_{ij}) $(0 \leq i \leq m, 0 \leq j \leq n)$ laut Tableau 7.1

N = (1, 2, . . . , n), enthält die Indizes der Nichtbasisvariablen, die der ersten bis n-ten Spalte zugeordnet sind.

B = (n+1, n+2, . . . , n+m), enthält die Indizes der Basisvariablen, die der ersten bis m-ten Zeile zugeordnet sind

1. Ist für alle $i=1,2,\ldots,m$:

$$a_{io} \in N$$

so ist eine optimale ganzzahlige Lösung gefunden. Terminiere.

Andernfalls gehe zu 2.

2. Es sei

$$\bar{r} = \min \{ i \mid a_{io} \notin N,\ i=1,2,\ldots,m \}.$$

3. Ist für $j=1,2,\ldots,n$: $a_{\bar{r}j} \geq 0$, so besitzt das Problem keine zulässige Lösung. Terminiere.

Andernfalls sei

$$J := \{ j \mid j > 0 \wedge a_{\bar{r}j} < 0 \}$$

Gehe zu 4.

4. Bestimme den Index s der Austauschspalte durch

$$a_{os} = \min \{ a_{oj} \mid j \in J \}$$

Ist der Index s dadurch nicht eindeutig festgelegt, so untersuche man für $i=1,2,\ldots$ solange

$$a_{is} = \min \{ a_{ij} \mid j \in J \text{ und } a_{i-1,j} \text{ minimal} \}$$

bis das Minimum eindeutig bestimmt ist.

5. Für $j \in J$ sei $i(j)$ der erste Zeilenindex, so daß $a_{i(j),j} \neq 0$ gilt. Bestimme μ_j als kleinste Zahl, für die

$$a_{i(j),j} + \mu_j\, a_{i(j),s} \geq 0$$

gilt. Ist $a_{i(j),s} = 0$, so setze $\mu_j = -\infty$.

6. Bestimme für $j \in J$:

$$\lambda_j := \begin{cases} 0, \text{ falls } \mu_j = -\infty \\ \dfrac{a_{\bar{r}j}}{\mu_j}, \text{ andernfalls} \end{cases}$$

und berechne

$$\lambda = \max_{j \in J} \lambda_j$$

Ist $\lambda = 1$, so ersetze λ durch $1+\epsilon$, wobei ϵ eine beliebige kleine Zahl ist.

7. Setze für $j=0,1,2,\ldots,n$:

$$a_{m+1,j} := \left[\frac{a_{\bar{r}j}}{\lambda}\right]$$

und füge

$a_{m+1,0}$	$a_{m+1,1}$ . . . $a_{m+1,n}$

als $(m+1)$ste Zeile zum Tableau hinzu.

8. Setze

$B := (\mu_1, \mu_2, \ldots, \mu_m, \nu_s),$
$N := (\nu_1, \ldots, \nu_{s-1}, n+m+1, \nu_{s+1}, \ldots, \nu_n),$
$r := m := m + 1.$

9. Führe eine Pivotoperation durch:

$\bar{a}_{rj} := -a_{rj}$ für $j=0,1,2,\ldots,n; j \neq s$

$\bar{a}_{ij} := a_{ij} + a_{is}a_{rj}$ für $i=0,1,2,\ldots,m-1,$
$j=0,1,2,\ldots,s-1, s+1,\ldots,n.$

10. Setze für $i=0,1,\ldots,m;\ \ j=0,1,2,\ldots,n;\ \ j \neq s$:

$$a_{ij} := \bar{a}_{ij}$$

und gehe zu 1.

Es ist nun zu zeigen, daß man durch diesen Algorithmus in endlich vielen Schritten eine optimale, ganzzahlige Lösung findet.

Satz 7.2:

Ist die Menge der zulässigen Punkte der gestellten Optimierungsaufgabe nicht leer und beschränkt, so erhält man nach endlich vielen Schritten des ganzzahligen Algorithmus von Gomory eine Optimallösung. ▮

Beweis:

Wie im Beweis zu Satz 7.1 haben wir hier folgende Voraussetzungen:

a) Die Menge der zulässigen Punkte ist beschränkt und ungleich der leeren Menge.
b) Die neue Hilfsrestriktion wird immer aus der ersten Zeile des Tableaus mit negativer Konstante a_{io} $(i \geq 1)$ abgeleitet.
c) Die ersten von Null verschiedenen Elemente jeder Spalte $j=1,2,\ldots,n$ sind positiv.
d) Der Algorithmus beginnt mit einer dual zulässigen Ausgangslösung, deren sämtliche Werte ganzzahlig sind.

Da stets das duale Simplexverfahren angewendet wird, erhalten wir für den Wert der Zielfunktion:

$$\bar{a}_{oo} = a_{oo} - \frac{a_{os}a_{ro}}{a_{rs}} \leq a_{oo}$$

da $a_{os} \geq 0$, $a_{ro} < 0$ und $a_{rs} = -1$ ist. Da das Pivotelement stets -1 ist, bleibt das ganze Tableau ganzzahlig. Nimmt daher a_{oo} ab, so nimmt dieser Wert um eine ganze Zahl ab. Da die Zielfunktion beschränkt ist, nimmt sie nach endlich vielen Schritten einen ganzzahligen Wert an, der sich in den folgenden Algorithmusschritten nicht mehr ändert.

Es sei nun a_{10} negativ. Jetzt wird die Hilfsrestriktion aus der ersten Zeile abgeleitet. Eine Pivotoperation ergibt

$$\bar{a}_{1o} = a_{1o} + a_{1s}a_{ro}$$

Wenn sich a_{1o} ändert, so ändert es sich um eine ganze Zahl. Ist $a_{1s}<0$, so ist nach Voraussetzung c) $a_{os}>0$ und die Pivotoperation ändert auch den Wert von a_{oo} im Widerspruch dazu, daß dieser bereits konstant ist. Daher ist $a_{1s}\geq 0$ und $\bar{a}_{1o}\leq a_{1o}$. Wird a_{1o} negativ, so wird die Schnittrestriktion aus der ersten Zeile abgeleitet. Wäre dann für alle j mit $1\leq j\leq n$ stets $a_{1j}\geq 0$, so würde die Optimierungsaufgabe keine zulässigen Punkte besitzen. Ist aber ein $a_{1t}<0$, so ist nach Voraussetzung c) $a_{ot}>0$ und die nachfolgende Pivotoperation würde den Wert der Zielfunktion ändern, den wir bereits als konstant annahmen. Daher nimmt a_{1o} nach endlich vielen Schritten einen festen ganzzahligen, positiven Wert an, der sich nicht mehr ändert. Dasselbe Argument für die weiteren Größen a_{io} $(i=2,3,\ldots)$ liefert den Beweis des Satzes.

Zur Illustration dieses Verfahrens wollen wir nun die beiden Beispiele, die wir schon bei Algorithmus 12 kennenlernten, nun auch auf diesem Wege lösen.

Beispiel 18:

Minimiere $-x_1-2x_2$ unter den Restriktionen

$$\begin{aligned} 2x_1+\ x_2 &\leq 10\\ -x_1+\ x_2 &\leq 5\\ x_1\qquad &\leq 4\\ x_1\in N,\ x_2&\in N \end{aligned}$$

Um Algorithmus 15 anwenden zu können, müssen wir zunächst einmal eine dual zulässige Ausgangslösung bestimmen. Wir verwenden dazu die M-Methode. Das Ausgangstableau lautet

0	−1	−2
10	2	1
5	−1	1
4	1	0
M	1	[1]

Die zugehörige Pivotoperation liefert, wenn wir M = 11 setzen:

22	1	2
−1	1	−1
−6	−2	−1
4	1	0
11	1	1

mit N = (1,6) und B = (3,4,5,2). Dieses Tableau ist dual zulässig und kann zum Start von Algorithmus 15 dienen. Da $a_{10} = -1$ ist, ist es noch nicht optimal. Wir bestimmen $\bar{r} = 1$ und $J = \{2\}$. Daher ist s = 2. Nach Punkt 5 erhalten wir für $\mu_2 = -1$ und daher für $\lambda = 1$. Infolge unserer allgemeinen Voraussetzung $\lambda > 1$ erhöhen wir nun λ um einen beliebig kleinen Betrag und erhalten nach Punkt 7 folgende neue Tableauzeile

−1	0	[−1]

Die Durchführung einer Pivotoperation mit dem Pivotelement $a_{52} = -1$ liefert sodann folgendes Tableau:

20	1	2
0	1	−1
−5	−2	−1
4	1	0
10	1	1
1	0	−1

mit N = (1,7) und B = (3,4,5,2,6). Da die künstliche Variable x_6, die zur Auffindung einer zulässigen Ausgangslösung eingeführt wurde, nun duale Nichtbasisvariable wurde, können wir die zugehörige Zeile, nämlich die letzte Zeile im Tableau, streichen. Da $a_{20} = -5$ ist, leiten wir aus der zweiten Zeile die neue Hilfsfunktion ab. Wir erhalten $J = \{1,2\}$, s = 1, $\mu_1 = -1$, $\mu_2 = -2$ und somit $\lambda_1 = 2$, $\lambda_2 = \frac{1}{2}$. Daher ist $\lambda = 2$ und die neue Tableauzeile, die zur Variablen x_8 gehört, lautet:

−3	[−1]	−1

Die zugehörige Pivotoperation liefert nun:

17	1	1
−3	1	−2
1	−2	1
1	1	−1
7	1	0
3	−1	1

mit N = (8,7) und B = (3, 4, 5, 2, 1). Zu diesem Tableau fügen wir die Zeile

−2	0	$\boxed{-1}$

hinzu und wir erhalten folgendes Tableau nach der zugehörigen Pivotoperation:

15	1	1
1	1	−2
−1	−2	1
3	1	−1
7	1	0
1	−1	1
2	0	−1

mit N = (8,9) und B = (3, 4, 5, 2, 1, 7). Da die künstliche Variable x_7 nun duale Nichtbasisvariable wurde, können wir die zugehörige Zeile im Tableau streichen. Wir fügen als Koeffizienten der Hilfsrestriktion nun

−1	$\boxed{-1}$	0

hinzu und führen neuerlich einen Pivotschritt durch:

14	1	1
0	1	−2
1	−2	1
2	1	−1
6	1	0
2	−1	1
1	−1	0

Es gilt N = (10, 9) und B = (3, 4, 5, 2, 1, 8). Damit ist die optimale Lösung erreicht, die $x_1 = 2$, $x_2 = 6$ und $\mathbf{c}'\mathbf{x} = -14$ lautet.

Beispiel 19:

$$\text{Minimiere } -2x_1 - x_2 - x_3 \text{ unter den Restriktionen}$$

$$2x_1 - 3x_2 + 3x_3 \leq 4$$

$$4x_1 + x_2 + x_3 \leq 8$$

$$x_j \in \mathbf{N} \ (j = 1, 2, 3)$$

Wir werden es nun mit dem ganzzahligen Algorithmus von Gomory lösen. Dazu bestimmen wir zunächst eine dual zulässige Ausgangslösung.

0	−2	−1	−1
4	2	−3	3
8	4	1	1
M	[1]	1	1

Für M = 10 erhalten wir das nachfolgende Tableau, zu dem wir schon die neue Restriktion hinzufügten, die sich aus Algorithmus 15 ergab ($\bar{r} = 1$, $s = 2$, $\lambda_1 = 1$, $\lambda_2 = 5$, $\lambda = 5$):

20	2	1	1
−16	−2	−5	1
−32	−4	−3	−3
10	1	1	1
−4	−1	[−1]	0

mit N = (6, 2, 3) und B = (4, 5, 1, 7). Algorithmus 15 liefert folgende weitere Tableaus:

16	1	1	1
4	3	−5	1
−20	−1	−3	−3
6	0	1	1
4	1	−1	0
−7	−1	[−1]	−1

mit N = (6, 7, 3) und B = (4, 5, 1, 2, 8).

9	0	1	0
39	8	−5	6
1	2	−3	0
−1	−1	1	0
11	2	−1	1
7	1	−1	1
−1	[−1]	0	0

mit N = (6, 8, 3) und B = (4, 5, 1, 2, 7, 9). Da die zur künstlichen Variablen x_7 gehörige Restriktion für den weiteren Verlauf der Rechnung nicht mehr relevant ist, können wir die vorletzte Zeile des obigen Tableaus streichen. Die nächste Pivotoperation liefert folgende Werte, zu denen bereits die neue Restriktion hinzugefügt wurde:

9	0	1	0
31	8	−5	6
−1	2	−3	0
0	−1	1	0
9	2	−1	1
−1	0	[−1]	0

mit N = (9, 8, 3) und B = (4, 5, 1, 2, 10). Die zur künstlichen Variablen x_6 gehörige Zeile wurde in diesem Tableau bereits gestrichen. Wir erhalten nun

8	0	1	0
36	8	−5	6
2	2	−3	0
−1	−1	1	0
10	2	−1	1
−1	[−1]	0	0

mit N = (9, 10, 3) und B = (4, 5, 1, 2, 11). Die zu x_8 gehörige Zeile wurde bereits gestrichen. Der nächste Schritt liefert uns die optimale Lösung, nämlich

8	0	1	0
28	8	−5	6
0	2	−3	0
0	−1	1	0
8	2	−1	1

mit N = (11, 10, 3) und B = (4, 5, 1, 2). Somit lautet die Lösung $x_1 = x_3 = 0$, $x_2 = 8$, $c'x = -8$.

Während man beim ersten Verfahren von Gomory (Abschnitt 7.1 und 7.2) bei einem Schritt jeweils beliebig viele Hilfsrestriktionen zum Tableau hinzufügen kann, wird bei diesem Verfahren in jedem Schritt jeweils nur eine Hilfsrestriktion hinzugefügt. Es besteht aber noch ein weiterer wesentlicher Unterschied zwischen diesen beiden Verfahren: Während nämlich beim ersten Verfahren von Gomory alle Größen im Ausgangstableau ganzzahlig sein müssen, können beim eben beschriebenen Verfahren die Elemente der Matrix **A** und des Vektors **b** beliebige reelle Zahlen sein und der Algorithmus liefert trotzdem eine optimale ganzzahlige Lösung. Um dies einzusehen ist lediglich zu beachten, daß das verwendete Tableau eine Abkürzung für das folgende Tableau darstellt:

$-c_o$	c_1	c_2	...	c_n
0	−1	0	...	0
0	0	−1	...	0
⋮	⋮	⋮	⋱	⋮
0	0	0	...	−1
b_1	a_{11}	a_{12}	...	a_{1n}
b_2	a_{21}	a_{22}	...	a_{2n}
⋮	⋮	⋮		⋮
b_m	a_{m1}	a_{m2}	...	a_{mn}

Eine Hilfsrestriktion, die von einer beliebigen Zeile des Tableaus abgeleitet wird, hat stets ganzzahlige Koeffizienten (vgl. Formel (7.10)!) und das Pivotelement ist immer −1. Wird nun eine Pivotoperation ausgeführt, so bleiben daher die Elemente der ersten n+1 Zeilen des Tableaus ganzzahlig. Das Verfahren wird abgebrochen, sobald die ersten Elemente aller

Zeilen nichtnegativ sind. Dann sind aber die ersten Elemente der ersten n+1 Zeilen nichtnegative ganze Zahlen und somit ist eine ganzzahlige Lösung erreicht.

7.4 Der gemischt-ganzzahlige Algorithmus von Gomory

Während in den vorigen Abschnitten Lösungsverfahren für Probleme beschrieben wurden, in denen alle Variablen ganzzahlig waren, soll hier nun eine Methode angegeben werden, die gemischt ganzzahlige lineare Optimierungsaufgaben löst und auf Gomory [60] zurückgeht. Sie schließt sich eng an das erste Verfahren von Gomory (Abschnitte 7.1 und 7.2) an, von dem es sich lediglich in der Ableitung der neuen Hilfsrestriktion unterscheidet.

Gegeben sei das Problem (P):

Minimiere $\mathbf{c}'\mathbf{x} + c_0$ unter den Restriktionen $\mathbf{Ax} \leq \mathbf{b}, \mathbf{x} \geq \mathbf{0}$ und $x_i \in \mathbf{N}$ für $1 \leq i \leq n_1 < n$.

Die Variablen $x_1, x_2, \ldots, x_{n_1}$ nehmen in Lösungen dieser Optimierungsaufgabe nur ganzzahlige Werte an, während $x_{n_1} + 1, \ldots, x_n$ beliebige nichtnegative Werte annehmen. Wie beim Verfahren des Abschnittes 7.1 lösen wir zunächst das Problem ohne Berücksichtigung der Restriktionen $x_i \in \mathbf{N}$ $(1 \leq i \leq n_1 < n)$ durch das Simplexverfahren. Sind in der optimalen Lösung des gewöhnlichen linearen Programmes alle x_i $(1 \leq i \leq n_1)$ ganzzahlig, so ist damit auch schon die optimale Lösung des gegebenen Problemes gefunden. Andernfalls nimmt ein x_i mit $i \in \{1, 2, \ldots, n_1\}$ einen nichtganzzahligen Wert an. Die zu x_i gehörige Zeile laute

$$x_i = b - \sum_{j \in N} a_j x_j \qquad (b \notin \mathbf{Z})$$

wobei N die Menge der Indizes der gegenwärtigen Nichtbasisvariablen ist. Wir zerlegen N in zwei disjunkte Teilmengen, nämlich

$$N^+ = \{j \mid a_j \geq 0\} \quad \text{und } N^- = \{j \mid a_j < 0\}$$

Allein schon aus den Forderungen $x_i \in \mathbf{N}$ und $x_j \geq 0$ $(j \in N)$ kann man eine neue Restriktion ableiten, die von der augenblicklichen Lösung verletzt wird, die aber andererseits von allen zulässigen Lösungen des gegebenen Problems erfüllt wird. Berücksichtigt man dann noch die Möglichkeit, daß sich auch unter den Nichtbasisvariablen ganzzahlige Variable befinden können, so kann die Hilfsrestriktion noch einschneidender gewählt werden.

Ist $b \equiv f_o$ (mod 1) mit $0<f_o<1$, so gilt für jede zulässige Lösung von (P), da x_i ganzzahlig ist:

$$f_o - \sum_{j \in N} a_j x_j \equiv 0 \pmod 1 \tag{7.12}$$

Da $f_o \neq 0$ ist, ist auch $\sum_{j \in N} a_j x_j$ für jede zulässige Lösung von (P) ungleich Null. Ist in einer zulässigen Lösung von (P) $\sum_{j \in N} a_j x_j > 0$, so gilt

$$\sum_{j \in N} a_j x_j \equiv f_o, 1+f_o, 2+f_o, \ldots \pmod 1$$

und daher erhalten wir wegen $x_j \geq 0$ ($j \in N$):

$$\sum_{j \in N^+} a_j x_j \geq \sum_{j \in N^+} a_j x_j + \sum_{j \in N^-} a_j x_j = \sum_{j \in N} a_j x_j \geq f_o \tag{7.13}$$

Gilt andererseits für eine zulässige Lösung von (P) $\sum_{j \in N} a_j x_j < 0$, so ist

$$\sum_{j \in N} a_j x_j \equiv f_o-1, f_o-2, \ldots \pmod 1$$

und infolge $x_j \geq 0$ erhalten wir

$$\sum_{j \in N^-} a_j x_j \leq \sum_{j \in N^-} a_j x_j + \sum_{j \in N^+} a_j x_j = \sum_{j \in N} a_j x_j \leq f_o-1$$

Multiplizieren wir diese Ungleichung mit der negativen Größe $\frac{f_o}{f_o-1}$, so erhalten wir

$$\sum_{j \in N^-} \frac{f_o}{f_o-1} a_j x_j \geq f_o \tag{7.14}$$

Aus (7.13) und (7.14) folgt, daß für jeden zulässigen Punkt des Problems (P) gilt:

$$\sum_{j \in N^+} a_j x_j + \sum_{j \in N^-} \frac{f_o}{f_o-1} a_j x_j \geq f_o \tag{7.15}$$

Diese Restriktion wird aber von der augenblicklichen Lösung ($x_j = 0$ für $j \in N$) verletzt und schneidet daher einen Teil von der Menge der zulässigen Punkte des zu (P) gehörenden gewöhnlichen linearen Programmes ab.

Wir können die Ungleichung (7.15) verschärfen, wenn wir noch berücksichtigen, daß sich eine ganzzahlige Variable x_k auch unter den augenblicklichen Nichtbasisvariablen befinden kann. Die Ungleichung (7.15) wird verschärft, wenn ihre Koeffizienten positiv bleiben, aber verkleinert werden.

Die Kongruenzrelation (7.12) bleibt erfüllt, wenn man a_k durch eine Zahl $a_{k'}$ mit

$$a_k \equiv a_{k'} \pmod 1$$

ersetzt. Wir müssen also $a_{k'}$ so wählen, daß man einen möglichst kleinen, positiven Koeffizienten erhält. Dabei sind zwei Fälle zu unterscheiden. Es kann nämlich $a_{k'}$ positiv sein, dann wäre der kleinste Koeffizient durch f_k mit $a_k \equiv f_k \pmod 1$, $0 \leq f_k < 1$ gegeben. Ist jedoch $a_{k'}$ negativ, dann wäre der kleinste Koeffizient durch $\frac{f_o}{f_o-1}(f_k-1)$ gegeben.

Daher ist der kleinste Koeffizient für die ganzzahlige Variable x_k in der neuen Hilfsrestriktion durch das Minimum von f_k und $\frac{f_o(f_k-1)}{f_o-1}$ gegeben.

Ist $f_k \leq \frac{f_o(f_k-1)}{f_o-1}$, so ist, da f_o-1 negativ ist, $f_k(f_o-1) \geq f_o(f_k-1)$ und daher $f_k \leq f_o$. Andererseits gilt davon auch die Umkehrung. Damit erhalten wir folgendes Ergebnis:

Die Hilfsrestriktion besitzt die Form

$$\sum_{j \in N} \tilde{f}_j x_j \geq f_o \tag{7.16}$$

mit

$$\tilde{f}_j = \begin{cases} a_j, & \text{falls } a_j \geq 0 \text{ und } x_j \text{ reelle Variable} \\ \frac{f_o a_j}{f_o-1}, & \text{falls } a_j < 0 \text{ und } x_j \text{ reelle Variable} \\ f_j, & \text{falls } f_j \leq f_o \text{ und } x_j \text{ ganzzahlige Variable} \\ \frac{f_o(f_j-1)}{f_o-1}, & \text{falls } f_j > f_o \text{ und } x_j \text{ ganzzahlige Variable} \end{cases}$$

Die Koeffizienten der Hilfsrestriktion (7.16) werden in einer neuen Zeile zum Tableau hinzugefügt und aus ihnen wird ein geeignetes Pivotelement gewählt. Nach der Durchführung eines dualen Simplexschrittes ist entweder die optimale Lösung erreicht oder es wird neuerlich eine Restriktion abgeleitet.

Wir erhalten somit folgenden Algorithmus zur Lösung der gestellten Aufgabe:

Algorithmus 16: Gomory-Verfahren zur Lösung der gemischt-ganzzahligen linearen Optimierungsaufgabe

$\sum_{j=1}^{n} a_{oj} x_j - a_{oo} = \min!$ unter den Restriktionen $\mathbf{Ax} \leq \mathbf{a}_o, \mathbf{x} \geq \mathbf{0}$ und $x_j \in \mathbf{N}$ für $j \in G$.

Anfangsdaten:

(a_{ij}) $(0 \leq i \leq m, 0 \leq j \leq n)$ laut Tableau 7.1

$N = (1, 2, \ldots, n)$ enthält die Indizes der zu den Spalten gehörigen Variablen (Nichtbasisvariablen)

$B = (0, n+1, n+2, \ldots, n+m)$ enthält die Indizes der zu den Zeilen gehörigen Variablen (Zielfunktion und Basisvariable)

G enthält die Indizes der ganzzahligen Variablen. Es ist $0 \in G$, wenn die Zielfunktion ebenfalls nur ganzzahlige Werte annehmen darf.

Notwendige Unterprozeduren:

Algorithmus 13 (Simplexverfahren)

Algorithmus 14 (Duales Simplexverfahren)

1. Suche mittels Algorithmus 13 eine Lösung des linearen Programmes

   Minimiere $\sum_{j=1}^{n} a_{oj} x_j - a_{oo}$ unter den Restriktionen $\mathbf{Ax} \leq \mathbf{a_o}$, $\mathbf{x} \geq \mathbf{0}$.

   Existiert keine endliche Lösung, so hat auch die gestellte gemischt-ganzzahlige Aufgabe keine endliche Lösung. Terminiere.

   Andernfalls enthält $N = (\nu_1, \nu_2, \ldots, \nu_n)$ die Indizes der Nichtbasisvariablen, die der ersten bis n-ten Spalte des Tableaus zugeordnet sind. $B = (0, \mu_1, \mu_2, \ldots, \mu_m)$ enthält an 1. bis m-ter Stelle die Indizes der Basisvariablen, die der ersten bis m-ten Zeile des Tableaus zugeordnet sind. Gehe zu 2.

2. Gilt für alle $i \in B \cap G$:

   $$a_{io} \in \mathbf{Z}$$

   so ist eine optimale ganzzahlige Lösung gefunden. Terminiere. Andernfalls gehe zu 3.

3. Für ein $i \in B \cap G$ mit $a_{io} \notin \mathbf{Z}$ setze:

   $$a_{io} \equiv f_{io} \pmod 1 \text{ mit } 0 < f_{io} < 1$$

   $$a_{ij} \equiv f_{ij} \pmod 1 \text{ mit } 0 \leq f_{ij} < 1 \text{ für } j \in N \cap G$$

4. Setze

   $$a_{m+1,0} := -f_{io}$$

   und für $j = 1, 2, \ldots, n$:

$$a_{m+1,j} := \begin{cases} -a_{ij}, & \text{falls } a_{ij} \geq 0 \text{ und } j \in N \setminus G \\ \dfrac{f_{io} a_{ij}}{1-f_{io}}, & \text{falls } a_{ij} < 0 \text{ und } j \in N \setminus G \\ -f_{ij}, & \text{falls } f_{ij} \leq f_{io} \text{ und } j \in N \cap G \\ \dfrac{f_{io}(f_{ij}-1)}{1-f_{io}}, & \text{falls } f_{ij} > f_{io} \text{ und } j \in N \cap G \end{cases}$$

und füge

$a_{m+1,0}$	$a_{m+1,1} \quad . \; . \; . \quad a_{m+1,n}$

als (m+1)ste Zeile zum Tableau hinzu.

5. Setze

$$B = (0, \mu_1, \mu_2, \ldots, \mu_m, m+n+1),$$
$$m := m+1.$$

6. Suche mittels Algorithmus 14 (Duales Simplexverfahren) eine Lösung der modifizierten Optimierungsaufgabe. Existiert keine endliche Lösung, so besitzt die gestellte Aufgabe keine zulässige Lösung. Terminiere. Andernfalls gehe zu 2.

Ein Beispiel soll diesen Algorithmus wieder erläutern:

Beispiel 20:

Löse das folgende gemischt ganzzahlige lineare Programm:

$$\text{Minimiere } -x_1 - 4x_2 \text{ unter den Restriktionen}$$
$$5x_1 + 8x_2 \leq 40$$
$$-2x_1 + 3x_2 \leq 9$$
$$x_1 \in \mathbf{N},\ x_2 \geq 0$$

Zunächst bestimmen wir, ausgehend vom Tableau

0	−1	−4
40	5	8
9	−2	[3]

N=(1,2)
B=(3,4)

mittels Algorithmus 13 die optimale Lösung des zugehörigen gewöhnlichen linearen Programmes, die wir nach zwei Schritten erhalten:

12	$-\frac{11}{3}$	$\frac{4}{3}$
16	$\boxed{\frac{31}{3}}$	$-\frac{8}{3}$
3	$-\frac{2}{3}$	$\frac{1}{3}$

N=(1,4)
B=(3,2)

$\frac{548}{31}$	$\frac{11}{31}$	$\frac{12}{31}$
$\frac{48}{31}$	$\frac{3}{31}$	$-\frac{8}{31}$
$\frac{125}{31}$	$\frac{2}{31}$	$\frac{5}{31}$

N=(3,4)
B=(1,2)

Somit lautet die optimale Lösung des zugehörigen gewöhnlichen linearen Programmes:

$$x_1 = \frac{48}{31},\ x_2 = \frac{125}{31},\ c'x = -\frac{548}{31}$$

Da diese Lösung die Forderung $x_1 \in N$ nicht erfüllt, leiten wir nach Punkt 3. und 4. von Algorithmus 16 folgende Koeffizienten der neuen Hilfsrestriktion ab:

$-\frac{17}{31}$	$-\frac{3}{31}$	$\boxed{-\frac{68}{217}}$

Diese Zeile fügen wir zum obigen Tableau hinzu und wenden das duale Simplexverfahren an, welches uns das folgende neue Tableau liefert:

17	$\frac{4}{17}$	$\frac{21}{17}$
2	.	.
$\frac{15}{4}$	.	.
$\frac{7}{4}$	.	.

N=(3,5)
B=(0,1,2,4)

Damit ist die gesuchte Optimallösung erreicht. Sie lautet

$$x_1 = 2,\ x_2 = \frac{15}{4} \text{ und } c'x = -17.$$

Der Leser überzeuge sich davon anhand einer Zeichnung.

Es ist nun noch, wie bei den vorigen Algorithmen, die Endlichkeit des beschriebenen Verfahrens zu zeigen. Diese läßt sich nur unter der zusätzlichen Annahme beweisen, daß auch die Zielfunktion einen ganzzahligen Wert annimmt. Wir zeigen:

Satz 7.3:

Gegeben sei eine gemischt-ganzzahlige lineare Optimierungsaufgabe. Ist die Menge ihrer zulässigen Punkte beschränkt und nicht leer und wird ferner gefordert, daß auch die Zielfunktion einen ganzzahligen Wert annimmt, so erhält man nach endlich vielen Schritten des oben beschriebenen Verfahrens eine Optimallösung. ∎

Beweis:

Im Beweis verwenden wir zweckmäßigerweise ein Tableau der Form

	a_{oo}	a_{o1}	$\cdots$	a_{on}
x_{ν_1}	0	-1	$\cdots$	0
$\vdots$	$\vdots$	$\vdots$	$\ddots$	$\vdots$
x_{ν_n}	0	0	$\cdots$	-1
x_{μ_1}	a_{10}	a_{11}	$\cdots$	a_{1n}
$\vdots$	$\vdots$	$\vdots$		$\vdots$
x_{μ_m}	a_{m0}	a_{m1}	$\cdots$	a_{mm}

(Tableau 7.1 stellt lediglich eine abkürzende Schreibweise für dieses Tableau dar). Nun ordnen wir die Zeilen so um, daß die zu ganzzahligen Variablen gehörigen Zeilen die ersten n_1 Plätze einnehmen. Nach Voraussetzung soll auch der Wert der Zielfunktion ganzzahlig sein. Die Zielfunktion steht in der nullten Zeile.

Wie im Beweis zu Satz 7.1 können wir ferner annehmen

a) Die Hilfsrestriktion wird von der ersten Zeile des Tableaus mit nichtganzzahligem Wert a_{io} $(0 \leq i \leq n_1)$ abgeleitet.

b) Liegt eine optimale Lösung eines linearen Hilfsprogrammes vor, so ist das erste von Null verschiedene Element jeder Spalte j mit $1 \leq j \leq n$ positiv.

Gehen wir nun von einer optimalen Lösung des zugehörigen gewöhnlichen linearen Programmes aus. Nach Ableitung einer Hilfsrestriktion führt eine Pivotoperation a_{io} über in

$$\bar{a}_{io} = a_{io} - \frac{\tilde{f}_{io}\, a_{is}}{\tilde{f}_{is}}$$

(s ist der Index der Austauschspalte). Für $a_{is} > 0$ gilt, da stets $\frac{\tilde{f}_{io}}{\tilde{f}_{is}} > 0$ ist

$$\bar{a}_{io} < a_{io}$$

Wir werden später zeigen, daß sogar

$$\bar{a}_{io} \leq [a_{io}] \tag{7.17}$$

gilt.

Im Algorithmus wird zunächst die Hilfsrestriktion aus der nullten Zeile abgeleitet. Da in diesem Falle stets $a_{os} > 0$ gilt, wird infolge (7.17) nach jedem Pivotschritt a_{oo} nicht größer als die nächstkleinere ganze Zahl. Aus der Beschränktheit der Menge der zulässigen Punkte folgt dann, daß nach endlich vielen Schritten a_{oo} einen festen ganzzahligen Wert annimmt, der sich bei allen folgenden Pivotoperationen nicht mehr ändert.

Wäre nun a_{1o} unendlich oft nichtganzzahlig, so würde jedesmal die Hilfsrestriktion aus der ersten Zeile abgeleitet werden. Wäre dabei $a_{1s} < 0$, so wäre nach Voraussetzung b) $a_{os} > 0$ und diese Pivotoperation würde den Wert a_{oo} ändern. Da dies ausgeschlossen ist, ist also $a_{1s} > 0$. Nach (7.17) wird a_{1o} immer kleiner oder gleich der nächstkleineren ganzen Zahl. a_{1o} wird nicht negativ, denn dann würde die erste Zeile die Pivotzeile sein. Wären dann alle Elemente $a_{1j} \geq 0$, so würde die Aufgabe keine zulässigen Punkte besitzen. Ist aber ein $a_{1s} < 0$, so wäre nach Voraussetzung b) $a_{os} > 0$ und die Pivotoperation würde den Wert der Zielfunktion ändern im Widerspruch zu unserer Annahme, daß dieser konstant ist. Somit nimmt a_{1o} nach endlich vielen Schritten einen ganzzahligen Wert an, der sich im weiteren Verlaufe nicht mehr ändert.

Ein analoges Argument für a_{io} $(2 \leq i \leq n_1)$ liefert dann die Endlichkeit des Verfahrens.

Es bleibt noch zu zeigen, daß tatsächlich (7.17) zutrifft. Ist x_s eine reelle Variable, so gilt für $a_{is} > 0$:

$$\bar{a}_{io} = a_{io} - \frac{-f_{io} a_{is}}{-a_{is}} = a_{io} - f_{io} = [a_{io}]$$

Ist x_s eine ganzzahlige Variable, so haben wir zwei Fälle zu unterscheiden.

Fall I: $f_{is} \leq f_{io}$, $a_{is} > 0$.

Dann ist

$$\bar{a}_{io} = a_{io} - \frac{-f_{io} a_{is}}{-f_{is}} = [a_{io}] + f_{io} - \frac{f_{io} a_{is}}{f_{is}} = [a_{io}] + \frac{f_{io}}{f_{is}} (f_{is} - a_{is}) \leq [a_{io}]$$

Fall II: $f_{is} > f_{io}$, $a_{is} > 0$.

Dann gilt

$$\bar{a}_{io} = a_{io} - \frac{-f_{io} a_{is}(1-f_{io})}{f_{io}(f_{is}-1)} = [a_{io}] + \frac{f_{io}(1-f_{is}) - ([a_{is}] + f_{is})(1-f_{io})}{1-f_{is}} =$$

$$= [a_{io}] + \frac{(f_{io}-f_{is}) - [a_{is}](1-f_{io})}{1-f_{is}} < [a_{io}] + \frac{[a_{is}](f_{io}-1)}{1-f_{is}} \leq [a_{io}]$$

Damit ist (7.17) nachgewiesen und Satz 7.3 vollständig bewiesen.

7.5 Bemerkungen zum asymptotischen Algorithmus von Gomory

Der bedeutenste Fortschritt in der ganzzahligen Optimierung wurde in den letzten Jahren von Gomory durch seine Untersuchungen über die Zusammenhänge zwischen linearen Programmen und ganzzahligen linearen Programmen erzielt. Wir wollen im folgenden nur einen Einblick in die dabei verwendete Methode geben und verweisen den Leser für nähere Einzelheiten auf Gomory [65], [67], [69], [70] und Hu [69].

Die Untersuchungen gehen von der ganzzahligen linearen Optimierungsaufgabe (7.18) aus

$$\text{Maximiere } \mathbf{c}'\mathbf{x} \text{ unter den Restriktionen } \mathbf{Ax} \leq \mathbf{b},\ x_j \in \mathbf{N} \text{ für } 1 \leq j \leq n. \tag{7.18}$$

Dabei seien alle Koeffizienten a_{ij}, b_i und c_j ($1 \leq i \leq m$, $1 \leq j \leq n$) ganzzahlig. Wir bringen durch Schlupfvariable das Restriktionensystem auf Gleichungsform und kennzeichnen durch den Index B die Basisvariablen und durch N die Nichtbasisvariablen einer Optimallösung des zu (7.18) gehörigen gewöhnlichen linearen Programmes.

Dadurch erhalten wir für die Zielfunktion

$$\mathbf{c}_B'\mathbf{x}_B + \mathbf{c}_N'\mathbf{x}_N$$

wobei

$$\mathbf{x}_B = \mathbf{A}_B^{-1}(\mathbf{b} - \mathbf{A}_N\mathbf{x}_N)$$

ist. Die Lösung der linearen Optimierungsaufgabe ist daher

$$\mathbf{x}_N = \mathbf{0}$$
$$\mathbf{x}_B = \mathbf{A}_B^{-1}\mathbf{b}$$

und liefert für die Zielfunktion den Wert $\mathbf{c}_B'\mathbf{A}_B^{-1}\mathbf{b}$. Ist $\mathbf{A}_B^{-1}\mathbf{b} \in \mathbf{N}^m$, so ist dies auch die Optimallösung für das ganzzahlige lineare Programm (7.18). Ist aber $\mathbf{A}_B^{-1}\mathbf{b} \notin \mathbf{N}^m$, so müssen die Nichtbasisvariablen $\mathbf{x}_N$ nichtnegative Werte annehmen, damit

$$\mathbf{A}_B^{-1}(\mathbf{b} - \mathbf{A}_N\mathbf{x}_N) \in \mathbf{N}^m \tag{7.19}$$

gilt. Es wird nun ein zu (7.18) gehöriges „asymptotisches" Problem dadurch definiert, daß die Vorzeichenbedingungen $\mathbf{x}_B \geq \mathbf{0}$ fallengelassen werden. Dadurch erhält man

$$\text{Maximiere } \mathbf{c}_B'\mathbf{A}_B^{-1}\mathbf{b} + (\mathbf{c}_N' - \mathbf{c}_B'\mathbf{A}_B^{-1}\mathbf{A}_N)\,\mathbf{x}_N$$

$$\text{unter den Restriktionen} \tag{7.20}$$

$$\mathbf{x}_B = \mathbf{A}_B^{-1}(\mathbf{b} - \mathbf{A}_N\mathbf{x}_N) \in \mathbf{Z}^m$$
$$\mathbf{x}_N \in \mathbf{N}^m$$

(7.20) wird deswegen asymptotisches Problem genannt, weil für hinreichend große $\mathbf{b}$ eine Lösung von (7.20) stets auch $\mathbf{x_B} \in \mathbf{N}^m$ erfüllt, also Lösung des ganzzahligen Problemes (7.18) ist. Ist nämlich $\mathbf{b}^*$ ein m-dimensionaler Vektor, dessen Komponenten große ganze Zahlen sind, und ersetzt man in (7.18) $\mathbf{b}$ durch $\mathbf{b}+\mathbf{A_B}\mathbf{b}^*$, so erhält man für $\mathbf{x_B}$:

$$\mathbf{x_B} = \mathbf{A_B^{-1}}(\mathbf{b}+\mathbf{A_B}\mathbf{b}^*-\mathbf{A_N}\mathbf{x_N}) = \mathbf{b}^*+\mathbf{A_B^{-1}}(\mathbf{b}-\mathbf{A_N}\mathbf{x_N})$$

und damit ist $\mathbf{x_B} \geq \mathbf{0}$ für ein großes $\mathbf{b}^*$ sicher erfüllt.

Da für $\mathbf{x_B}$ in (7.20) lediglich $\mathbf{x_B} \in \mathbf{Z}^m$ gefordert wird, unterscheiden sich daher zwei Probleme der Gestalt (7.18) deren Restriktionsysteme

$$\mathbf{Ax} \leq \mathbf{b} \text{ und } \mathbf{Ax} \leq \mathbf{b} + \mathbf{A_B}\mathbf{b}^*$$

lauten nur in Hinblick auf die lineare Optimierung. Das durch die Ganzzahligkeit hervorgerufene Problem ist bei beiden dasselbe.

Daher erhält man für verschiedene Werte von $\mathbf{b}$ in periodischer Weise immer dasselbe Problem (7.20) und kann deswegen mit Vorteil von der Theorie abelscher Gruppen Gebrauch machen. Ist $\mathbf{E}$ die $(m \times m)$-Einheitsmatrix, so werden mit der Vektoraddition als Verknüpfung die beiden Mengen

$$\mathfrak{M}(\mathbf{E}) = \{\mathbf{E}\mathbf{x_B} \mid \mathbf{x_B} \in \mathbf{Z}^m\}$$

$$\mathfrak{M}(\mathbf{A_B}) = \{\mathbf{A_B}\mathbf{x_B} \mid \mathbf{x_B} \in \mathbf{Z}^m\}$$

zu abelschen Gruppen, wobei $\mathfrak{M}(\mathbf{A_B})$ ein Normalteiler von $\mathfrak{M}(\mathbf{E})$ ist. Die Faktorgruppe $\mathfrak{M}(\mathbf{E})/\mathfrak{M}(\mathbf{A_B})$ bezeichnen wir mit $\mathcal{G}$.

Bezeichnen wir die Spaltenvektoren der Matrix $\mathbf{A_B^{-1}}\mathbf{A_N}$ mit $\mathbf{b}_j$ $(1 \leq j \leq n)$ und $\mathbf{A_B^{-1}}\mathbf{b} = \mathbf{b}_o$. Durch den natürlichen Homomorphismus

$$\varphi: \mathfrak{M}(\mathbf{E}) \to \mathcal{G}$$

gehen die Vektoren $\mathbf{b}_j$ $(1 \leq j \leq n)$ in Gruppenelemente $g \in \mathcal{G}$ über, ferner geht $\mathbf{b}_o$ in g_o über.

Betrachten wir nun den Vektorraum $\mathcal{R}$ mit den natürlichen Zahlen als Skalarenbereich und den Elementen von $\mathcal{G}$ als Vektoren, so können wir Problem (7.20) nun neu in $\mathcal{R}$ formulieren. Gesucht werden natürliche Zahlen t_g, so daß

$$\sum_{g \in \mathcal{G}} c_g^* t_g \text{ minimiert wird unter den Restriktionen}$$

$$\sum_{g \in \mathcal{G}} g \cdot t_g = g_o, \quad t_g \in \mathbf{N} \tag{7.21}$$

Dabei ist $\mathcal{G} = \{g \mid g = \varphi(\mathbf{b}_j),\ 1 \leq j \leq n\}$. Da durch φ mehrere $\mathbf{b}_j$ auf ein g abgebildet werden können, hat $\mathcal{G}$ $n' \leq n$ Elemente. Ferner ist

$$c_N^* = (c_1^*, \ldots, c_n^*)' = (c_B' A_B^{-1} A_N - c_N')$$

und

$$c_g^* = \min \{ c_j^* \mid \varphi(\mathbf{b}_j) = g \}$$

Das Problem (7.21) läßt sich einfacher behandeln als das ursprüngliche Problem (7.20). Einen günstigen Algorithmus zu seiner Lösung gab Hu [69] an.

Kennt man die Lösung von (7.21), so kann man meist sofort die Lösung von (7.18) angeben. Im besonderen ist dies immer dann möglich, wenn der Vektor **b** hinreichend groß ist und nicht am Rande jenes Kegels im $\mathbf{R}^m$ liegt, der von den Spaltenvektoren der Matrix A_B aufgespannt wird. Um die Lösung von (7.18) zu erhalten, setzt man für die Nichtbasisvariablen

$$x_j = t_g$$

falls g nur das Bild eines einzigen Spaltenvektors $\mathbf{b}_j$ bezüglich φ ist. Ist aber $\varphi(\mathbf{b}_i) = \varphi(\mathbf{b}_j) = g$ und $c_i > c_j$, dann setzt man $x_i = 0$, $x_j = t_g$ und erhält so die ganzzahlige Lösung von (7.18).

Von großem Interesse für die Struktur ganzzahliger Programme sind die Zusammenhänge zwischen den Polyedern, die man den Restriktionen der Probleme (7.18), (7.20) und (7.21) zuordnen kann.

Bezeichnen wir mit P_x die konvexe Hülle der ganzzahligen zulässigen Punkte des Problemes (7.18). Ferner bezeichnen wir mit $P_{\mathfrak{H}}$ die konvexe Hülle der zulässigen Lösungen von (7.21). $P_{\mathfrak{H}}$ ist isomorph zu einem Polyeder im $\mathbf{R}^{n'}$. Zwischen P_x und $P_{\mathfrak{H}}$ bestehen enge Beziehungen.

Die Struktur von $P_{\mathfrak{H}}$ ist deswegen so interessant, da jeder Ecke von $P_{\mathfrak{H}}$ die Optimallösung eines Problemes (7.18) entspricht. Kennt man alle Ecken von $P_{\mathfrak{H}}$ und ist in (7.18) der Vektor **b** hinreichend groß, so kann man für jede lineare Zielfunktion in (7.18) sofort die zugehörige ganzzahlige Optimallösung angeben.

Aber es bestehen noch tiefere Zusammenhänge. Bezeichnen wir mit P die konvexe Hülle aller zulässigen Lösungen des Problemes

$$\sum_{g \in \mathfrak{G} \setminus \{0\}} g \cdot t_g = g_o, \qquad t_g \in \mathbf{N} \tag{7.22}$$

wobei sich nun die Summation im Gegensatz zu (7.21) über alle Elemente $\neq 0$ der Gruppe $\mathfrak{G}$ erstreckt. Da $\mathfrak{H} \subset \mathfrak{G} \setminus \{0\}$ ist, ist $P_{\mathfrak{H}}$ eine Projektion des Polyeders P. Kennt man alle Ecken von P, so kann man für jedes hinreichend große b und jede Zielfunktion die ganzzahlige Optimallösung von (7.18) angeben.

Das Polyeder P hängt wesentlich von der Gruppe $\mathcal{G}$ ab. Daher kann man zu seiner Charakterisierung die Automorphismen und Symmetrien der Gruppe $\mathcal{G}$ verwenden, wodurch sich das Problem sehr vereinfachen kann.

Die Bedeutung der Untersuchungen von Gomory liegt weniger in der Angabe eines neuen Lösungsverfahrens, das relativ kompliziert ist, als vielmehr in der Aufklärung der Struktur ganzzahliger linearer Programme. Kennt man einmal die Struktur eines Problemes, so ist es vielfach möglich, geschickter an eine gestellte Aufgabe heranzugehen und sie wirkungsvoller zu bearbeiten.

8. Branch und Bound-Methoden

8.1 Allgemeine Beschreibung der Branch und Bound-Methode

Die Branch und Bound Methode ist eine geschickt organisierte, systematische Suche nach der optimalen Lösung in der Menge aller zulässigen Lösungen eines gegebenen Optimierungsproblemes. Bevor wir auf ihre Anwendungen in der ganzzahligen Optimierung eingehen, wollen wir sie ganz allgemein beschreiben. Nehmen wir dazu an, es liege ein Maximumproblem vor:

(P1) Maximiere $f(\mathbf{x})$ unter der Restriktion $\mathbf{x} \in M^*$.

Zu jedem Problem der Gestalt (P1) gebe es ein Problem

(P2) Maximiere $f(\mathbf{x})$ unter der Restriktion $\mathbf{x} \in M$

mit

$$M^* \subset M \tag{8.1}$$

das leichter zu lösen ist. So können wir etwa aus einem ganzzahligen, linearen Optimierungsproblem (P1) durch Weglassen der Ganzzahligkeitsbedingungen ein lineares Problem gewinnen, das sich relativ leicht lösen läßt und für das (8.1) gilt.

Infolge $M^* \subset M$ gilt für jede Maximallösung $\mathbf{x}^*$ von (P2):

$$f(\mathbf{x}^*) \geq f(\mathbf{x}) \text{ für alle } \mathbf{x} \in M^*$$

Gilt daher für die Maximallösung $\mathbf{x}^*$ von (P2):

$$\mathbf{x}^* \in M^*$$

so ist $\mathbf{x}^*$ auch Maximallösung von (P1). Andernfalls stellen wir k Teilprobleme $P(\kappa)$ auf. Die Indizes κ fassen wir zur Indexmenge K_1 zusammen.

(P(κ)) Maximiere $f(\mathbf{x})$ unter der Restriktion $\mathbf{x} \in M_\kappa$.

Dabei gelte für die Mengen M_κ:

$$M^* \subset \bigcup_{\kappa \in K_1} M_\kappa \subset M$$

$$M_\kappa \cap M_\lambda = \phi \quad \text{für } \kappa \neq \lambda,\ \kappa \in K_1,\ \lambda \in K_1$$

und

$$\mathbf{x}^* \notin \bigcup_{\kappa \in K_1} M_\kappa$$

Durch die letzte Bedingung vermeiden wir, daß der Algorithmus stets dieselbe unzulässige Lösung $\mathbf{x}^*$ liefert.

Lösen wir nun die Probleme $P(\kappa)$, so seien $\mathbf{x}^*(\kappa)$ die entsprechenden Maximallösungen. Gibt es ein $\mathbf{x}^*(\kappa) \in M^*$, so berechnen wir

$$f(\mathbf{x}^{(1)}) = \max \{f(\mathbf{x}^*(\kappa)) \mid \mathbf{x}^*(\kappa) \in M^*, \kappa \in K_1\}$$

Andernfalls setzen wir

$$f(\mathbf{x}^{(1)}) = -\infty$$

Von unseren weiteren Betrachtungen können wir nun alle jene Teilprobleme $P(\kappa)$ ausschließen, für die

$$f(\mathbf{x}^*(\kappa)) \leq f(\mathbf{x}^{(1)})$$

gilt. Denn aus $(M^* \cap M_\kappa) \subset M_\kappa$ folgt

$$\max \{f(\mathbf{x}) \mid \mathbf{x} \in M^* \cap M_\kappa\} \leq \max \{f(\mathbf{x}) \mid \mathbf{x} \in M_\kappa\} = f(\mathbf{x}^*(\kappa)) \leq f(\mathbf{x}^{(1)})$$

Es sei nun

$$I_1 = \{\kappa \mid \kappa \in K_1, f(\mathbf{x}^*(\kappa)) > f(\mathbf{x}^{(1)})\}$$

Ist $I_1 = \phi$, so wurden infolge obiger Überlegung alle Teilprobleme ausgeschlossen. Daher ist, falls $f(\mathbf{x}^{(1)}) \neq -\infty$ gilt, $f(\mathbf{x}^{(1)})$ das globale Maximum der Zielfunktion und $\mathbf{x}^{(1)}$ die gesuchte Maximallösung. Ist $f(\mathbf{x}^{(1)}) = -\infty$, so besitzt die gestellte Aufgabe (P 1) keine zulässige Lösung.

Nehmen wir an, $I_1 \neq \phi$. Wählen wir nun ein $\kappa_0 \in I_1$ und spalten wir die Menge M_{κ_0} in Teilmengen M_λ auf, wobei λ einer Indexmenge K_2 angehört. Für die Mengen M_λ gelte:

$$\begin{aligned} & M^* \cap M_{\kappa_0} \subset \bigcup_{\lambda \in K_2} M_\lambda \subset M_\kappa \\ & M_\lambda \cap M_\mu = \phi \text{ für } \lambda \neq \mu,\ \lambda \in K_2,\ \mu \in K_2 \\ & \mathbf{x}^*(\kappa_0) \notin \bigcup_{\lambda \in K_2} M_\lambda \end{aligned} \tag{8.2}$$

Nun lösen wir die Probleme $P(\lambda)$:

$(P(\lambda))$ Maximiere $f(x)$ unter der Restriktion $x \in M_\lambda$.

Die zugehörigen Optimallösungen seien $x^*(\lambda)$, wenn sie existieren.

Die beschriebene Vorgangsweise führt offenbar auf einen Baumgraphen, dessen Knoten den verschiedenen zu lösenden Optimierungsproblemen entsprechen. Ausgehend vom Knoten, der dem Problem (P 1) entspricht, gelangt man zum Knoten, der (P2) entspricht und von hier zu den weiteren Teilproblemen $P(\kappa)$, $\kappa \in K_1$.

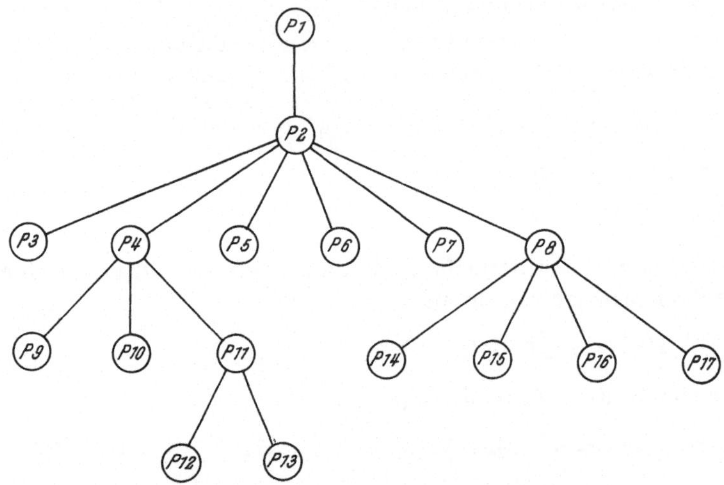

Abb. 8.1. Baumgraph einer Branch und Bound-Methode

Jedem Knoten des Graphen ordnen wir den Wert der Zielfunktion für das entsprechende Teilproblem zu. Besitzt kein Teilproblem eine zulässige Lösung, so ist auch das gegebene Problem unlösbar.

Auf der i-ten Stufe $(i \geq 2)$ bestimmen wir jene Optimallösungen $x^*(\mu)$, die der Menge M^* angehören, und bilden

$$f(\tilde{x}^{(i)}) = \max \{f(x^*(\mu)) \mid x^*(\mu) \in M^*, \mu \in K_i\}$$

und

$$f(x^{(i)}) = \max \{f(\tilde{x}^{(i)}), f(x^{(i-1)})\}$$

Ferner bilden wir die Menge

$$I_i = \{\kappa \mid f(x^*(\kappa)) > f(x^{(i)}), \kappa \in I_{i-1} \cup K_i\}$$

Alle jene Probleme bzw. Knoten des Graphen, deren Indizes nicht der Menge I_i angehören, können auf Grund der obigen Überlegungen ausgeschieden werden. Denn es wurde bereits eine für (P 1) zulässige Lösung gefunden, die einen größeren Wert für die Zielfunktion ergibt als alle zulässigen Lösungen der Teilprobleme. Die Optimallösung ist erreicht, wenn $I_i = \phi$ wird, denn in diesem Falle ist $\mathbf{x}^{(i)}$ zulässig für (P 1) und alle anderen zulässigen Lösungen ergeben keinen größeren Wert für die Zielfunktion.

Ist aber $I_i \neq \phi$, so wähle man ein $\kappa_o \in I_i$ und schließe die Menge $M^* \cap M_{\kappa_o}$ gemäß (8.2) durch Mengen M_μ mit $\mu \in K_{i+1}$ ein. Dies entspricht einer Verzweigung des Baumes im Knoten κ_o. Daher der Name „Branch"-Methode.

Die einzelnen Branch und Bound-Methoden für ein und dasselbe Problem können sich in folgenden Punkten unterscheiden:

a) In der Art und Weise wie verzweigt wird, d.h. wie die Menge $M^* \cap M_{\kappa_o}$ durch Mengen M_λ überdeckt wird.

b) In der Auswahl des Knotens $\kappa_o \in I_i$, also in der Auswahl jenes Knotens, in dem im nächsten Schritt verzweigt wird.

Nach dieser allgemeinen Beschreibung der Branch und Bound-Methode wollen wir spezielle Verfahren kennenlernen, die ganzzahlige Optimierungsaufgaben lösen.

8.2 Das Verfahren von Land und Doig

Land und Doig [60] gaben 1960 ein Branch und Bound Verfahren zur Lösung gemischt ganzzahliger, linearer Probleme an.
Gegeben sei die Optimierungsaufgabe

(P) Maximiere $\mathbf{c}'\mathbf{x}$ unter den Restriktionen $\mathbf{A}\mathbf{x} \leq \mathbf{b}$, $\mathbf{x} \geq \mathbf{0}$ und $x_1 \in N, \ldots, x_k \in N$ $(1 < k < n)$

Dabei sei $\mathbf{c}'$ der Vektor $(c_1, \ldots, c_n)$, $\mathbf{A}$ eine $m \times n$-Matrix und $\mathbf{b}$ der Vektor $(b_1, \ldots, b_m)'$. Das Verfahren von Land und Doig beruht auf folgenden Überlegungen.

Wir lösen zunächst die gegebene Optimierungsaufgabe ohne Berücksichtigung der Ganzzahligkeitsbedingungen. Dies sei das Problem P(1). Die zugehörige Optimallösung sei $\mathbf{x}^*(1)$. Verletzt dann eine Komponente von $\mathbf{x}^*(1)$, etwa die i_o-te Komponente, die in (P) geforderten Ganzzahligkeitsbedingungen, so können wir alle ganzen Zahlen d_κ bestimmen, die diese Komponente im Bereich der zulässigen Punkte von (P 1) annehmen kann. Wir definieren neue lineare Programme $P(\kappa)$, in denen jeweils die Restriktion $x_{i_o} = d_\kappa$ zu den bereits in (P 1) vorhandenen Restriktionen hinzutritt. Dies entspricht gemäß unserer allgemeinen Überlegungen in Abschnitt 8.1 einer Verzweigung im Knoten 1 in die Knoten κ.

Land und Doig zeigten, daß der Wert der Zielfunktion für die linearen Programme $P(\kappa)$ in jeder Richtung umso kleiner ist, je größer die Differenz $| d_\kappa - x^*_{i_0}(1) |$ ist. Daher liefert das lineare Programm

(P 2) Maximiere $\mathbf{c}'\mathbf{x}$ unter den Restriktionen $\mathbf{Ax} \leq \mathbf{b}$, $\mathbf{x} \geq \mathbf{0}$ und
$x_{i_0} = [x^*_{i_0}(1)]$

eine obere Schranke für den Wert der Zielfunktion bei den linearen Programmen $P(\kappa)$ mit $d_\kappa < x^*_{i_0}(1)$. Ferner liefert

(P 3) Maximiere $\mathbf{c}'\mathbf{x}$ unter den Restriktionen $\mathbf{Ax} \leq \mathbf{b}$, $\mathbf{x} \geq \mathbf{0}$ und
$x_{i_0} = [x^*_{i_0}(1)] + 1$

eine obere Schranke für die Zielfunktion bei den Problemen $P(\kappa)$ mit $d_\kappa > x^*_{i_0}(1)$. Aus diesem Grund ist es nicht nötig, alle linearen Programme $P(\kappa)$ tatsächlich zu generieren, sondern zunächst müssen davon lediglich (P 2) und (P 3) aufgestellt und gelöst werden.

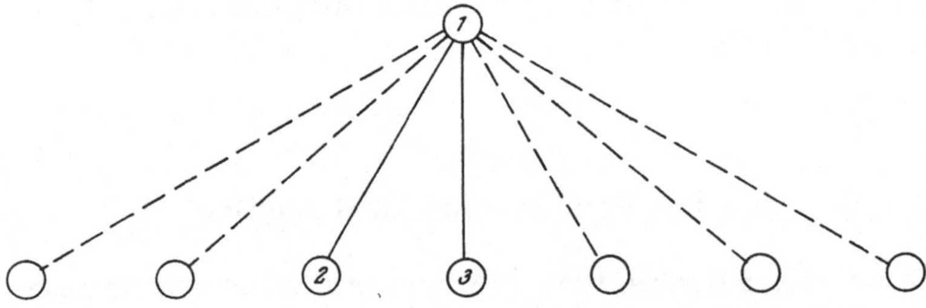

Abb. 8.2. Bei der ersten Verzweigung im Verfahren von Land und Doig werden nur zwei neue Knoten hinzugefügt. Die nicht generierten Knoten tragen keine Nummern

Ergibt nun etwa die Optimallösung $\mathbf{x}^*(2)$ von (P 2) den größeren Wert der Zielfunktion und verletzt diese Lösung eine Ganzzahligkeitsbedingung der ursprünglich gestellten Optimierungsaufgabe:

$$x^*_{i_1} \notin \mathbf{N}$$

so muß nun im Knoten 2 wie oben verzweigt werden. Die neu hinzutretenden linearen Programme besitzen jeweils eine zusätzliche Restriktion

$$x_{i_1} = d_\lambda$$

wobei d_λ alle ganzen Zahlen durchläuft, die die Komponente x_{i_1} im Bereich der zulässigen Punkte von (P 2) annehmen kann. Von diesen linearen Programmen brauchen zunächst wieder nur zwei tatsächlich aufgestellt werden. Nennen wir diese (P 3) und (P 4).

Da die Lösung von (P 2) nicht die gesuchte Optimallösung war und wir (P 2) verzweigten, scheiden wir den Knoten 2 aus unseren weiteren Betrachtungen aus. Daher muß noch ein weiteres lineares Programm aufgestellt werden, das eine neue obere Schranke für die Werte der Zielfunktion der nichtgenerierten linearen Programme $P(\kappa)$ mit $d_\kappa < [x^*_{i_0}(1)]$ ergibt. Dies trifft aufgrund des zu beweisenden Lemmas für (P6) mit $d_\kappa = [x^*_{i_0}(1)] - 1$ zu.

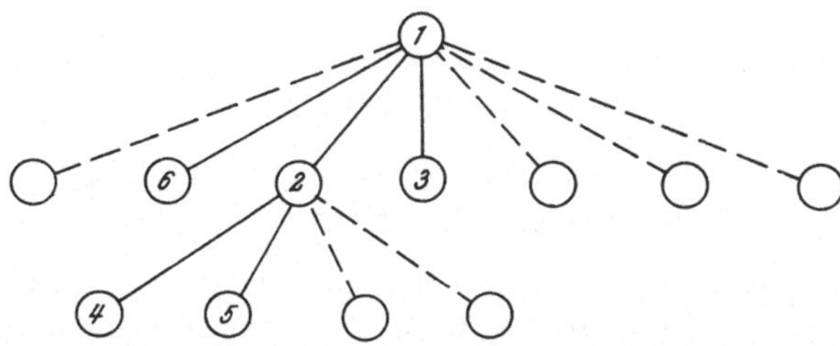

Abb. 8.3. Verzweigung im zweiten Schritt. Die tatsächlich generierten Knoten (bzw. linearen Programme) tragen eine Nummer, die die Reihenfolge ihrer Aufstellung anzeigt

In jedem solchen Verzweigungsschritt werden also drei neue lineare Programme aufgestellt bzw. drei neue Knoten zum Graphen hinzugefügt. Nennen wir die Knoten, die aufgestellt, aber noch nicht verzweigt wurden, Endknoten des Graphen. Durch obige Vorgangsweise wollen wir sicherstellen, daß das Maximum der optimalen Zielfunktionswerte jener linearen Programme, die den Endknoten entsprechen, größer ist als jeder Wert der Zielfunktion eines noch nicht aufgestellten linearen Programmes.

Bei der rechnerischen Durchführung des Verfahrens ordnen wir jedem Knoten j folgende Werte zu: Die Optimallösung $\mathbf{x}^*(j)$ des zugehörigen linearen Programmes P(j), den Optimalwert $c^*(j)$ der Zielfunktion

$$c^*(j) = c'x^*(j)$$

sowie die Menge K(j) jener Komponenten von $\mathbf{x}$, die in P(j) auf eine Konstante festgelegt wurden. Durch das nachfolgende Auswahlkriterium bestimmen wir denjenigen Knoten des Graphen, der entweder die optimale Lösung des gestellten Problemes (P) ergibt oder in dem im nächsten Schritt verzweigt wird.

Auswahlkriterium:

Wähle jenen Endknoten des Graphen, dem die größte Zahl $c^*(j)$ zugeordnet ist.

Der durch das Auswahlkriterium bestimmte Knoten sei j_o. Ist $\mathbf{x}^*(j_o)$ auch für (P) zulässig, so ist es die gesuchte Optimallösung. Andernfalls enthält diese Lösung eine Komponente $x^*_{i^*}$ mit $x^*_{i^*}(j_o) \notin \mathbf{N}$, $i^* \leq k$ und daher generieren wir durch die folgende Verzweigungsregel drei neue Knoten k, t, m bzw. drei neue lineare Programme.

Verzweigungsregel:

Stelle folgende drei lineare Programme auf:

(P(k)) Maximiere $c'x$ unter den Restriktionen $Ax \leq b$, $x \geq 0$, $x_{i*} = [x_{i*}^*(j_o)]$, x_i konstant für $i \in K(j_o)$

(P(t)) Maximiere $c'x$ unter den Restriktionen $Ax \leq b$, $x \geq 0$, $x_{i*} = [x_{i*}^*(j_o)] + 1$, x_i konstant für $i \in K(j_o)$

(P(m)) Maximiere $c'x$ unter den Restriktionen $Ax \leq b$, $x \geq 0$, $x_{i'} = d_{i'} + \delta_{i'}$, x_i konstant für $i \in K(j')$

Dabei ist $x_{i'}$ jene Komponente von x, die beim Übergang vom Problem $P(j')$ zum Problem $P(j_o)$ den festen Wert $d_{i'}$ erhielt. $\delta_{i'}$ ist $+1$ oder -1 je nachdem, ob es bereits einen Knoten j'' im erzeugten Graphen gibt, für den $K(j'') = K(j')$ und $x_{i'}^*(j'') = d_{i'} - 1$ bzw. $x_{i'}^*(j'') = d_{i'} + 1$ gilt.

j'' nennen wir den Vorgängerknoten von j'. Er ist eindeutig bestimmt. Das Verfahren wird fortgesetzt, indem wir die drei neuen linearen Programme lösen und erneut die Auswahlregel anwenden. Ist die Menge der zulässigen Punkte von (P 1) beschränkt, so erhält man auf diese Weise nach endlich vielen Schritten entweder eine Optimallösung oder es läßt sich in keinem Knoten mehr verzweigen. Dann besitzt das gestellte Problem keine zulässige Lösung.

Die Tatsache, daß nicht alle möglichen linearen Programme aufgespalten werden müssen, beruht auf folgendem Lemma:

Lemma 8.1:

x^* sei Maximallösung der Optimierungsaufgabe

Maximiere $c'x$ unter den Restriktionen $Ax \leq b$, $x \geq 0$, $x_1 \in N, \ldots, x_i \in N$.

Fügt man zu den Restriktionen dieses Problems die Bedingung $x_{i+1} \in N$ hinzu, so wird das Maximum der Zielfunktion dieser neuen Optimierungsaufgabe für $x_{i+1} = [x_{i+1}^*]$ oder $x_{i+1} = [x_{i+1}^*] + 1$ angenommen, falls die Menge der zulässigen Punkte nicht leer ist. ∎

Beweis:

Durch

$$A = \{x \mid x \in \mathbf{R}^{n+1}, (0 \vdots A)\, x \leq b, \binom{-1}{c}' x = 0, x \geq 0, x_1 = x_1^*, \ldots, x_i = x_i^*\}$$

wird ein konvexes Polyeder im $\mathbf{R}^{n+1}$ definiert. Seine Projektion in die (x_{j+1}, x_o)-Ebene liefert ein konvexes Polygon (vgl. Abb. 8.4)

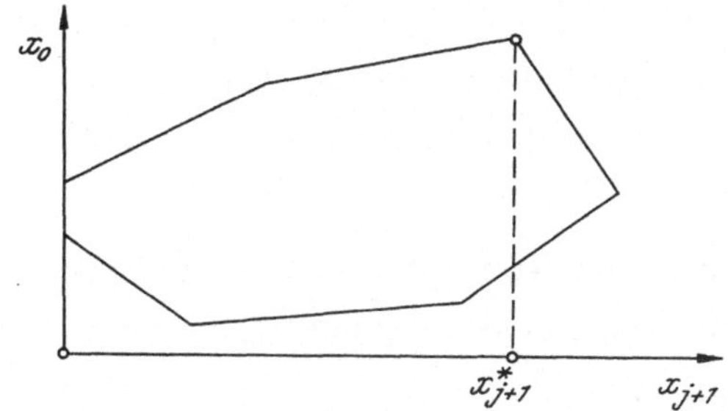

Abb. 8.4. Zum Beweis von Lemma 8.1

Daher wird der Wert von x_o in jeder Richtung umso kleiner, je größer die Differenz $|x_{j+1}-x^*_{j+1}|$ ist. Folglich wird das Maximum von x_o bei ganzzahligem x_{j+1} entweder für $[x^*_{j+1}]$ oder für $[x^*_{j+1}]+1$ angenommen.

Fassen wir nun die Lösungsvorschrift in folgendem Algorithmus zusammen.

Algorithmus 17: Branch und Bound Methode von Land und Doig zur Lösung des linearen Programmes:

Maximiere $\mathbf{c}'\mathbf{x}$ unter den Restriktionen $\mathbf{Ax} \leq \mathbf{b}$, $\mathbf{x} \geq \mathbf{0}$,
$x_1 \in \mathbf{N}, \ldots, x_k \in \mathbf{N}$

Benötigte Unterprogramme: Verfahren zur Lösung eines linearen Programmes

Anfangsdaten:

$\mathbf{A}$. . . $(m \times n)$-Matrix,

$\mathbf{c} = (c_1, \ldots, c_n)$

$\mathbf{b} = (b_1, \ldots, b_m)$

k. . . Die ganzzahligen Variablen haben die Indizes von 1 bis k

$j := 1$, $K(1) := I := \phi$, $t := v(1) := 0$.

1. Löse für $\lambda := j-t, \ldots, j$ die linearen Programme

   Maximiere $\mathbf{c}'\mathbf{x}$ unter den Restriktionen $\mathbf{Ax} \leq \mathbf{b}$, $\mathbf{x} \geq \mathbf{0}$,
   $x_i = x_i^*(\lambda)$ für $i \in K(\lambda)$

   Hat das lineare Programm eine endliche Lösung $\mathbf{x}^*(\lambda)$, so setze

   $f(\lambda) := 0$,

   $c^*(\lambda) := \mathbf{c}'\mathbf{x}^*(\lambda)$

   Andernfalls setze $f(\lambda) := 1$.
   Gehe zu 2.

2. Festsetzung der neuen Endknoten:

   $I := I \cup \{\lambda \mid \lambda \in \{j-t, \ldots, j\}, f(\lambda) = 0\}$

3. Auswahlschritt:

   Ist $I=\phi$, so gibt es keine (zulässige oder endliche) Lösung. Terminiere. Andernfalls wähle $j_o \in I$ so, daß $c^*(j_o) = \max\{c^*(j) \mid j \in I\}$.

4. Optimalitätskriterium:

   Ist $\mathbf{x}^*(j_o)$ zulässig, so ist $\mathbf{x}^*(j_o)$ Optimallösung. Terminiere. Andernfalls wähle ein i_o mit $1 \leq i_o \leq k$ und $x^*_{i_o}(j_o) \notin N$.

5. Verzweigungsschritt I:

   Setze für $i \in K(j_o)$: $x_i^*(j+1) := x_i^*(j+2) := x_i^*(j_o)$,

   $$\begin{aligned} & x^*_{i_o}(j+1) := [x^*_{i_o}(j_o)], \\ & x^*_{i_o}(j+2) := [x^*_{i_o}(j_o)] + 1, \\ & K(j+1) := K(j+2) := K(j_o) \cup \{i_o\} \\ & v(j+1) := v(j+2) := j_o \\ & I := I \backslash \{j_o\}, \\ & t := 1, \\ & j := j+2. \end{aligned}$$

   Falls $K(j_o) \neq \phi$, gehe zu 6., sonst gehe zu 1.

6. Verzweigungsschritt II:

   Unter den Knoten $k(1 \leq k < j)$ mit $v(k) = v(j_o)$ gibt es einen, für dessen i-te Komponente mit $i \in K(k) \backslash K(v(j_o))$ gilt:

   $$x_i^*(k) = x_i^*(j_o) + \delta \quad \text{mit} \quad \delta = \pm 1$$

   Bestimme das zugehörige δ und setze

   $$x_i^*(j+1) := \begin{cases} x_i^*(j_o), & i \in K(v(j_o)) \\ x_i^*(j_o) - \delta, & i \in K(k) \backslash K(v(j_o)) \end{cases}$$

   $$\begin{aligned} & K(j+1) := K(j_o), \\ & v(j+1) := v(j_o), \\ & \quad t := 2 \\ & \quad j := j+1 \end{aligned}$$

   Gehe zu 1.

Anhand eines Beispiels wollen wir nun nochmals die Methode explizieren. Lösen wir dazu das folgende, bereits früher behandelte Problem (vgl. Beispiel 20):

Beispiel 21:

Maximiere $x_1 + 4x_2$ unter den Restriktionen

$$5x_1 + 8x_2 \leq 40$$
$$-2x_1 + 3x_2 \leq 9$$
$$x_1 \in N, x_2 \in N.$$

Bereits in Beispiel 20 wurde folgende Lösung des zugehörigen linearen Programmes ermittelt:

$$x^*(1) = (\tfrac{48}{31}, \tfrac{125}{31})'$$
$$c^*(1) = \tfrac{548}{31}$$

Wir erhalten $i_o = 1$ und nach Verzweigungsschritt I folgende beide linearen Programme:

Maximiere $1+4x_2$ unter den Restriktionen $8x_2 \leq 35$, $3x_2 \leq 11$, $x_2 \geq 0$.

Dieses ergibt als Lösung

$$x^*(2) = (1, \tfrac{11}{3})', \quad c^*(2) = \tfrac{47}{3}$$

Das zweite lineare Programm, das nun zu lösen ist, lautet:

Maximiere $2+4x_2$ unter den Restriktionen $8x_2 \leq 30$, $3x_2 \leq 13$, $x_2 \geq 0$.

Als Lösung für dieses Problem erhält man

$$x^*(3) = (2, \tfrac{15}{4})', \quad c^*(3) = 17$$

Die Menge der Endknoten lautet nun $I = \{2, 3\}$ und der Auswahlschritt ergibt $j_o = 3$. Da die zweite Komponente von $x^*(2)$ nicht ganzzahlig ist, setzen wir $i_o = 2$ und haben folgende Festsetzungen zu treffen:

$$x_1^*(4) = 2,\ x_2^*(4) = 3,\ K(4) = \{1, 2\},\ v(4) = 3$$
$$x_1^*(5) = 2,\ x_2^*(5) = 4,\ K(5) = \{1, 2\},\ v(5) = 3$$
$$x_1^*(6) = 3,\ K(6) = \{1\},\ v(6) = 1$$

Löst man die zugehörigen linearen Programme, so erhält man:

$x^*(4) = (2, 3)'$, $c^*(4) = 14$

(P5) besitzt keine zulässige Lösung

$x^*(6) = (3, \tfrac{25}{8})'$, $c^*(6) = 15.5$

Nun erhält man folgende Endknoten: $I = \{2,4,6\}$

Der Auswahlschritt liefert $j_o = 2$ und damit verzweigen wir erneut:

$$x_1^*(7) = 1,\ x_2^*(7) = 3,\ K(7) = \{1,2\},\ v(7) = 2$$
$$x_1^*(8) = 1,\ x_2^*(8) = 4,\ K(8) = \{1,2\},\ v(8) = 2$$
$$x_1^*(9) = 0,\ K(9) = \{1\},\ v(9) = 1$$

Als Lösung der linearen Programme (P7), (P8), und (P9) erhält man:

$x^*(7) = (1,3)',\ c^*(7) = 13$

(P8) besitzt keine zulässige Lösung

$x^*(9) = (0,3)',\ c^*(9) = 12$

Nun wird $I = \{4,6,7,9\}$ und $j_o = 6$. Daher setzen wir

$$x_1^*(10) = 3,\ x_2^*(10) = 3,\ K(10) = \{1,2\},\ v(10) = 6$$
$$x_1^*(11) = 3,\ x_2^*(11) = 4,\ K(11) = \{1,2\},\ v(11) = 6$$
$$x_1^*(12) = 4,\ K(12) = \{1\},\ v(12) = 1$$

und erhalten folgende Lösungen:

$x^*(10) = (3,3)',\ c^*(10) = 15$

(P11) besitzt keine zulässige Lösung

$x^*(12) = (4,\frac{5}{2})',\ c^*(12) = 14$

Nach der Auswahlregel wird $j_o = 10$ und das Optimalitätskriterium ergibt nun, daß $x^*(10)$ eine Optimallösung ist.

Abb. 8.5 zeigt den zu diesem Beispiel gehörigen Graphen.

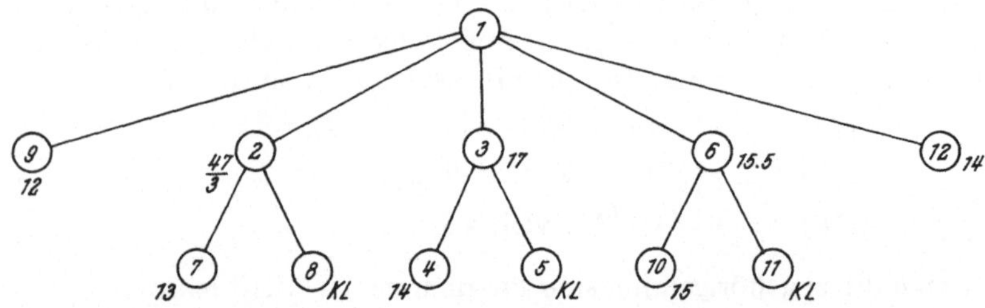

Abb. 8.5. Lösungsgraph von Beispiel 21. Jedem Knoten ist der Wert der Zielfunktion zugeordnet. KL besagt, daß das zugehörige lineare Programm keine zulässige Lösung besitzt

8.3 Das Verfahren von Dakin

Ein Nachteil der im vorigen Abschnitt beschriebenen Methode von Land und Doig ist der sehr große Speicherbedarf. Müssen doch für jeden Knoten κ des Graphen die Optimallösung von $P(\kappa)$, der Wert der Zielfunktion für diese Lösung, die Menge der in $P(\kappa)$ festgehaltenen Variablen und der Vorgänger von κ festgehalten werden. Bei einer größeren Rechnung fällt dies sehr ins Gewicht. Durch einige Modifikationen konnte Dakin [65] den Speicherbedarf stark herabsetzen und dadurch kürzere Rechenzeiten erzielen. Er geht dabei so vor. (Wir übernehmen die Bezeichnungsweisen des vorigen Abschnittes):

Zunächst wird das Problem (P2) gelöst. Die Optimallösung sei $\mathbf{x}^*$. Ist $\mathbf{x}^*$ nicht zulässig für (P1), dann gibt es eine Komponente $x_{i_0}^*$ mit $x_{i_0}^* \notin N$ und $i_0 \leq k$. Da in einer zulässigen Lösung von (P1) x_{i_0} einen ganzzahligen Wert annimmt, gilt daher für x_{i_0}:

$$x_{i_0} \leq [x_{i_0}^*] \text{ oder } x_{i_0} \geq [x_{i_0}^*] + 1$$

Dies führt von selbst auf folgende **Verzweigungsregel**:

Nimmt in $P(\kappa)$ eine ganzzahlige Variable x_{i_0} einen nichtganzzahligen Wert $x_{i_0}^*(\kappa)$ an, so gewinnen wir zwei neue Probleme $P(\lambda)$ und $P(\mu)$, wenn wir die Restriktion

$$x_{i_0} \leq [x_{i_0}^*(\kappa)]$$

beziehungsweise

$$x_{i_0} \geq [x_{i_0}^*(\kappa)] + 1$$

zu den Restriktionen von $P(\kappa)$ hinzufügen.

Dakin fügt also bei einer Verzweigung des Knotens κ stets zwei neue Knoten λ und μ zum Graphen hinzu.

Für die Auswahlregel werden bei dieser Methode zwei verschiedene Möglichkeiten angegeben. Für die Rechnung per Hand ist die Auswahlregel von Land und Doig die günstigere:

Auswahlregel I:

Verzweige jenen Endknoten κ_0, für den $c^*(\kappa_0)$ maximal ist.

Wie aber schon oben erwähnt wurde, führt diese Auswahlregel bei Rechnung auf einer elektronischen Rechenanlage auf Speicherplatzschwierigkeiten. In diesem Fall wird folgende Regel vorgeschlagen:

Auswahlregel II:

Verfolge einen Zweig des Graphen solange, bis man eine ganzzahlige Lösung erhält oder nachweist, daß eine solche nicht existiert. Setze danach die Rechnung beim letzten Knoten fort, bei dem ein Subproblem noch nicht gelöst wurde.

Diese Auswahlregel führt auf eine Absuche des Graphen, wie sie Abb. 8.6 zeigt:

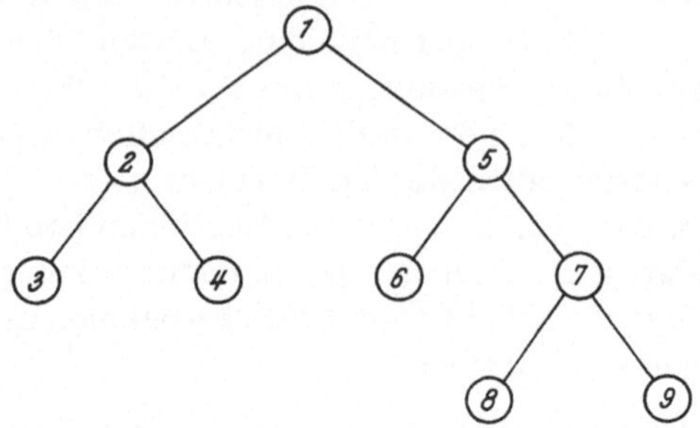

Abb. 8.6. Reihenfolge, wie die Knoten des Graphen beim Verfahren von Dakin durchlaufen werden

Um die Rechnung noch zu beschleunigen, kann man den Wert der Zielfunktion als weiteres Verwerfkriterium verwenden. Nehmen wir etwa an, im Knoten 3 des Graphen von Bild 8.6 nehme die Zielfunktion den Wert $c^*(3)$ an und $\mathbf{x}^*(3)$ erfülle die Ganzzahligkeitsbedingungen. Fügen wir jetzt die Restriktion

$$\mathbf{c}'\mathbf{x} \geq c^*(3)$$

zu den übrigen Restriktionen hinzu, so scheiden wir dadurch alle jene Probleme aus, in denen die Zielfunktion nur einen Wert $\leq c^*(3)$ annimmt. Dadurch kann man die Rechnung erheblich verkürzen. Derselbe Gedanke wurde beim Verfahren des Verfassers zur gemischt-ganzzahligen, konvexen Optimierung angewandt (siehe Abschnitt 13.2).

Bei jeder Verzweigung tritt eine zusätzliche Restriktion der Gestalt $x_i \leq a$ oder $x_i \geq a$ zu den übrigen Restriktionen hinzu. Verwendet man das Simplexverfahren zur linearen Optimierung, so muß das Simplextableau jeweils um eine Zeile erweitert werden, wenn eine neue Restriktion hinzutritt. Da das Tableau vor Hinzutreten dieser Restriktion optimal war, ist es danach dual zulässig. Es bietet sich daher das duale Simplexverfahren zur Lösung dieser Teilprobleme an.

Verwendet man jedoch zur Optimierung eine Variante des Simplexverfahrens, nämlich das Simplexverfahren mit beschränkten Variablen, so ist es nicht nötig, das Tableau um eine Zeile zu erweitern. Diese Variante des Simplexverfahrens beruht auf demselben Grundgedanken wie das im Abschnitt 4.7 beschriebene Transportproblem mit beschränkten Variablen. Seine Durchführung wird etwa bei Dantzig [66] erläutert.

Eine gewisse Freiheit besteht darin, welche der ganzzahligen Variablen x_i, die in einer Lösung $\mathbf{x}^*$ eines Unterproblemes einen nichtganzzahligen Wert annehmen, zur Ableitung der Zusatzrestriktion herangezogen werden sollen. Dakin erzielte die besten Ergebnisse dann, wenn er jene Variable zur Ableitung einer neuen Restriktion verwendete, die bei der Durchführung der ersten Iteration im dualen Simplexverfahren die größte Abnahme der Zielfunktion bewirkte. Dabei ist es natürlich nicht notwendig, eine Iteration des dualen Simplexverfahrens tatsächlich durchzuführen.

Fassen wir unsere obigen Ausführungen im folgenden Algorithmus zusammen:

Algorithmus 18: Verfahren von Dakin zur Lösung einer gemischt-ganzzahligen linearen Optimierungsaufgabe:

Maximiere $\mathbf{c}'\mathbf{x}$ unter den Restriktionen $\mathbf{Ax} \leq \mathbf{b}$, $\mathbf{x} \geq \mathbf{0}$ und $x_i \in \mathbf{N}$ für $i \in K$.

Benötigte Unterprogramme:

Simplexverfahren

Eventuell: Duales Simplexverfahren oder Simplexverfahren für beschränkte Variable.

Anfangsdaten:

$\mathbf{A}$ . . . $(m \times n)$-Matrix

$\mathbf{b} = (b_1, \ldots, b_m)$

$\mathbf{c} = (c_1, \ldots, c_n)$

$j := 0$, $c(\tilde{x}) := -\infty$

1. Löse durch das Simplexverfahren:

   Maximiere $\mathbf{c}'\mathbf{x}$ unter den Restriktionen $\mathbf{Ax} \leq \mathbf{b}$, $\mathbf{x} \geq \mathbf{0}$.

   Besitzt dieses Problem keine endliche Optimallösung, so terminiere. Andernfalls sei $\mathbf{x}^*$ die Optimallösung. Gehe zu 2.

2. Setze $I := \{i \mid i \in K,\ x_i^* \notin \mathbf{N}\}$

   Ist $I = \phi$, so gehe zu 3., andernfalls gehe zu 4.

3. Ist $j = 0$, so ist $\mathbf{x}^*$ die gesuchte Optimallösung. Terminiere. Andernfalls gehe zu 7.

4. Ist $\mathbf{c}'\mathbf{x}^* \leq c(\tilde{\mathbf{x}})$, so gehe zu 8. Andernfalls wähle ein $i_0 \in I$, setze $j := j+1$ und gehe zu 5.

5. Setze $s(j) := 0$,

   $t(j) := i_0$,

   $u(j) := [x_{i_0}^*]$

   und gehe zu 6.

6. Löse (etwa durch das duale Simplexverfahren):

Maximiere $\mathbf{c}'\mathbf{x}$ unter den Restriktionen $\mathbf{Ax} \leq \mathbf{b}, \mathbf{x} \geq \mathbf{0}$ und den Zusatzrestriktionen

$$x_{t(k)} \begin{cases} \leq u(k), & \text{falls } s(k) = 0 \\ \geq u(k) + 1, & \text{falls } s(k) = 1 \end{cases} \qquad \text{für } 1 \leq k \leq j$$

Gibt es keine Lösung dieses Programmes, so gehe zu 8.
Andernfalls sei die Lösung $\mathbf{x}^*$. Gehe zu 2.

7. Ist $\mathbf{c}'\mathbf{x}^* > c(\tilde{\mathbf{x}})$, so setze
$\tilde{\mathbf{x}} := \mathbf{x}^*$,
$c(\tilde{\mathbf{x}}) := \mathbf{c}'\mathbf{x}^*$
Gehe zu 8.
Andernfalls gehe zu 8.

8. Setze $S := \{j \mid s(j) = 0\}$
Ist $S = \phi$, so terminiere. Ist dann $c(\tilde{\mathbf{x}}) > -\infty$, so ist $\tilde{\mathbf{x}}$ die gesuchte Optimallösung und $c(\tilde{\mathbf{x}})$ der zugehörige Wert der Zielfunktion.
Andernfalls gehe zu 9.

9. Bestimme $j_o = \max\ \{j \mid j \in S\}$
Setze $s(j_o) := 1$,
$j := j_o$
und gehe zu 6.

Zur Erläuterung des Algorithmus wollen wir den zugehörigen Graphen für das bereits im vorigen Abschnitt gelöste Beispiel angeben.

Beispiel 22:

$$\begin{aligned} &\text{Maximiere } x_1 + 4x_2 \text{ unter den Restriktionen} \\ &\quad 5x_1 + 8x_2 \leq 40 \\ &\quad -2x_1 + 3x_2 \leq 9 \\ &\quad x_1 \in \mathbf{N}, x_2 \in \mathbf{N} \end{aligned}$$

Löst man diese Aufgabe durch das oben beschriebene Verfahren, so erhält man folgenden Baumgraphen. Jedem Knoten ist die Optimallösung des zugehörigen Teilproblemes beigegeben. Die Knoten werden in der Reihenfolge ihrer Numerierung durchlaufen

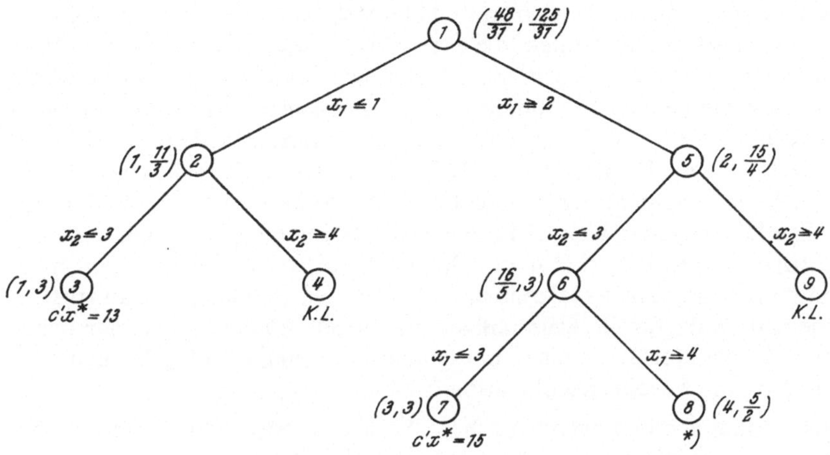

Abb. 8.7. Lösungsbaum zum Beispiel 22. KL bedeutet, daß das entsprechende Teilproblem keine zulässige Lösung besitzt. Der Knoten (8) braucht nicht weiter untersucht werden, da bereits eine ganzzahlige Lösung mit größerem Wert für die Zielfunktion gefunden wurde

8.4 Das Verfahren von Driebeek

Diese Methode, die 1966 von Driebeek [66] publiziert wurde, ist besonders für große lineare Programme mit nur wenigen ganzzahligen Variablen geeignet. Die ganzzahligen Veränderlichen sollen außerdem nur in einem kleinen Bereich (etwa ≤ 5) variieren können. Im wesentlichen beruht die Methode auf folgendem:

Zunächst wird die Optimallösung des Programmes ohne Ganzzahligkeitsrestriktion berechnet. Sie ergebe den Wert $c^*(0)$ für die Zielfunktion. Aus dem Simplextableau der optimalen Lösung können nun relativ leicht die Werte berechnet werden, um die sich die Zielfunktion mindestens ändert, wenn eine ganzzahlige Variable auf eine bestimmte ganze Zahl festgelegt wird. Man stellt für alle ganzzahligen Variablen diese Werte in einer Tabelle, der „**Schrankentabelle**", zusammen. Dann wird jene Kombination von Werten für die ganzzahligen Variablen ermittelt, für die aufgrund der Schrankentabelle angenommen werden kann, daß sie die kleinste Änderung der Zielfunktion ergibt. Die ganzzahligen Variablen werden sodann auf die entsprechenden Werte festgelegt und mittels der dualen Simplexmethode wird die Optimallösung für das zugehörige lineare Programm ermittelt. Der zugehörige Wert der Zielfunktion sei $c^*(1)$.

In der Schrankentabelle können nun alle jene Werte für die ganzzahligen Variablen gestrichen werden, die eine größere Änderung der Zielfunktion als $|c^*(0)-c^*(1)|$ ergeben würden. Unter den verbleibenden Werten wählt man nun wieder eine Kombination von festen ganzen Zahlen für die ganzzahligen Variablen und führt solange duale Simplexschritte durch, bis entweder eine neue Optimallösung $c^*(2)$ mit $|c^*(0)-c^*(2)|<|c^*(0)-c^*(1)|$ erreicht ist – dann ersetzt man $c^*(1)$ durch $c^*(2)$ – oder bis eine dual zulässige Lösung einen Wert c^* für die Zielfunktion ergibt, für den $|c^*(0)-c^*| \geq |c^*(0)-c^*(1)|$ gilt. Dann kann diese Kombination von Werten für die ganzzahligen Variablen fallengelassen werden und man trifft eine neue Wahl für die ganzzahligen Variablen. Auch im Falle, daß das duale Simplexverfahren eine unbeschränkte Lösung ergibt, geht man gleich zu einer neuen Kombination über.

Das Verfahren endet, wenn auf diese Weise alle möglichen Kombinationen untersucht wurden oder ausgeschieden werden konnten.

Zur Aufstellung der Schrankentabelle formen wir zunächst das gegebene lineare Programm etwas um.

Gegeben sei die gemischt-ganzzahlige lineare Optimierungsaufgabe

(P) Maximiere $\mathbf{c}'\mathbf{x}$ unter den Restriktionen $\mathbf{Ax} \leq \mathbf{b}, \mathbf{x} \geq \mathbf{0}$ und $x_1 \in \mathbf{N}, \ldots, x_k \in \mathbf{N}$

Für die ganzzahligen Variablen seien obere Schranken D_i $(1 \leq i \leq k)$ bekannt. Wir ersetzen die ganzzahligen Variablen x_i durch eine Summe von D_i Variablen x_{ij}

$$x_i = x_{i1} + x_{i2} + \ldots + x_{iD_i} \qquad \text{für } 1 \leq i \leq k,$$

für die wir noch (8.3) fordern:

$$1 \geq x_{i1} \geq x_{i2} \geq \ldots \geq x_{iD_i} \geq 0 \qquad (1 \leq i \leq k) \tag{8.3}$$

Dadurch erhalten wir folgendes System von Ungleichungen:

$$\begin{array}{llll} x_{i1} & & & \leq 1 \\ -x_{i1} + x_{i2} & & & \leq 0 \\ & -x_{i2} + x_{i3} & & \leq 0 \\ & \quad\cdot & & \cdot \\ & \qquad\cdot & & \cdot \\ & \qquad\quad\cdot & & \cdot \\ & & -x_{iD_i} & \leq 0 \end{array}$$

Wir führen nun sämtliche Ungleichungen durch Schlupfvariable in Gleichungen über und erhalten damit:

$$\begin{array}{llllll} x_{i1} & & & + t_{i0} & & = 1 \\ -x_{i1} + x_{i2} & & & & +t_{i1} & = 0 \\ \quad - x_{i2} + x_{i3} & & & & \quad +t_{i2} & = 0 \\ \quad\quad \ddots & & & & \quad\quad \ddots & \vdots \\ & & -x_{iD_i} & & \quad\quad +t_{iD_i} & = 0 \end{array} \tag{8.4}$$

Die Gleichungen des Systems (8.4) können als ruhende Ganzzahligkeitsbedingungen aufgefaßt werden. Soll nämlich die Variable x_i auf die natürliche Zahl $d_i\,(d_i \leq D_i)$ festgelegt werden, so ziehen wir von der rechten Seite des Systems (8.4) die Größe 1 in der (d_i-1)-sten Zeile ab. Die einzige zulässige Lösung des so entstehenden Systems ist $x_{i1} = x_{i2} = \ldots = x_{id_i} = 1,\ x_{i,d_i+1} = \ldots = x_{iD_i} = 0,\ t_{i0} = t_{i1} = \ldots = t_{iD_i} = 0$, wie man sich leicht durch Nachrechnen überzeugen kann. Also wird dadurch tatsächlich x_i auf den Wert d_i festgelegt.

Um das Problem (P) zu lösen ersetzen wir zunächst in $\mathbf{c}'\mathbf{x}$ und in $\mathbf{Ax} \leq \mathbf{b}$ alle ganzzahligen Variablen x_i durch $x_{i1} + \ldots + x_{iD_i}$ und fügen für jede ganzzahlige Variable das Gleichungssystem (8.4) zu den Restriktionen hinzu. Ferner führen wir die noch vorhandenen Ungleichungen durch Schlupfvariable in Gleichungen über. Dann lösen wir das so entstandene Optimierungsproblem (P 1) durch das Simplexverfahren. Nehmen wir an, dieses Problem besitze eine endliche Optimallösung. Von dieser gehen wir nun aus, um die Schrankentabelle aufzustellen. Die Größen des optimalen Tableaus von (P 1) kennzeichnen wir im folgenden durch einen Stern.

Wir unterscheiden zwei Fälle:

a) Die ganzzahlige Variable x_i soll auf die natürliche Zahl d_i festgelegt werden und t_{id_i} ist Nichtbasisvariable im Simplextableau der Optimallösung von (P 1).

Dann ändert sich der Wert der Zielfunktion mindestens um die Größe c_{id_i}, wenn dies jener Koeffizient der Zielfunktion ist, der im optimalen Tableau von (P 1) zur Variablen t_{id_i} gehört. Um dies einzusehen schreiben wir das Problem (P 1) in der Form

$$\text{Maximiere } \tilde{\mathbf{c}}'\tilde{\mathbf{x}} \text{ unter den Restriktionen } \tilde{\mathbf{A}}\tilde{\mathbf{x}} = \tilde{\mathbf{b}}$$

Bezeichnen wir dann durch den Index B die Basisvariablen und durch N die Nichtbasisvariablen der optimalen Lösung von (P 1), so erhalten wir

$$\tilde{\mathbf{A}}_B \tilde{\mathbf{x}}_B + \tilde{\mathbf{A}}_N \tilde{\mathbf{x}}_N = \tilde{\mathbf{b}}$$

also

$$\bar{x}_B = \bar{A}_B^{-1}\bar{b} - \bar{A}_B^{-1}\bar{A}_N\bar{x}_N$$

Damit wird

$$\bar{c}'\bar{x} = \bar{c}'_B\bar{x}_B + \bar{c}'_N\bar{x}_N = \bar{c}'_B\bar{A}_B^{-1}\bar{b} + (\bar{c}'_N - \bar{c}'_B\bar{A}_B^{-1}\bar{A}_N)\,\bar{x}_N$$

Wenn wir die Variable x_i auf den ganzzahligen Wert d_i festlegen, so müssen wir, wie wir im Anschluß an (8.4) sahen, von $\bar{b}$ einen Einheitsvektor $\Delta\mathbf{b}$ abziehen. Das Einselement des Vektors $\Delta\mathbf{b}$ steht in jener Zeile des Gleichungssystems $\bar{A}\bar{x} = \bar{b}$, die die Schlupfvariable t_{id_i} tatsächlich enthält. Durch die Subtraktion von $\Delta\mathbf{b}$ ändert sich die Zielfunktion daher folgenderweise:

$$c'x = \bar{c}'_B\bar{A}_B^{-1}(\bar{b} - \Delta b) + (\bar{c}'_N - \bar{c}'_B\bar{A}_B^{-1}\bar{A}_N)\,\bar{x}_N$$

Somit nimmt der Wert der Zielfunktion mindestens um $\bar{c}'_B\bar{A}_B^{-1}\Delta\mathbf{b}$ ab. Mindestens deswegen, weil die vorliegende Lösung dann nicht notwendigerweise zulässig ist. Um eine zulässige Lösung zu erhalten kann man das duale Simplexverfahren anwenden, wodurch der Wert der Zielfunktion noch weiter abnimmt.

Der Variablen t_{id_i} entspricht aber als Spalte im Ausgangstableau von (P 1) genau der Vektor $\Delta\mathbf{b}$. Da t_{id_i} nach Voraussetzung Nichtbasisvariable ist, ist also $\Delta\mathbf{b}$ eine Spalte der Matrix $\bar{A}_N$. Aus $\bar{c}_{id_i} = 0$ erhält man

$$c^*_{id_i} = -\bar{c}'_B\bar{A}_B^{-1}\Delta b$$

Somit entspricht der Koeffizient von t_{id_i} im optimalen Tableau von (P 1) der Minimaländerung der Zielfunktion, wenn die Variable x_i auf die ganze Zahl d_i festgelegt wird.

Aus der gleichen Überlegung folgt, daß der Wert der Zielfunktion um mindestens

$$c^*_{i_1 d_1} + c^*_{i_2 d_2} + \ldots + c^*_{i_j d_j}$$

abnimmt, wenn gleichzeitig die ganzzahligen Variablen $x_{i_1}, x_{i_2}, \ldots, x_{i_j}$ auf die natürlichen Zahlen $d_1, d_2, \ldots, d_j$ festgelegt werden und jeweils die Variablen $t_{i_1 d_1}, \ldots, t_{i_j d_j}$ Nichtbasisvariable in der optimalen Lösung von (P 1) sind.

b) Wird die ganzzahlige Variable x_i auf die natürliche Zahl d_i festgelegt und ist t_{id_i} eine Basisvariable in der Optimallösung von (P 1), so würde man auf obige Weise stets den Wert 0 als Schranke erhalten. Daher gehen wir in diesem Fall so vor:

Ist t_{id_i} Basisvariable in der Optimallösung von (P 1), so nimmt sie in dieser Lösung einen Wert b^*_r mit $0 \leq b^*_r \leq 1$ an.

Da die t_{id_i} entsprechende Spalte der Basis gleich $\Delta\mathbf{b}$ ist, gilt ferner

$$\bar{A}_B^{-1}(\bar{b} - \Delta b) = \bar{A}_B^{-1}\bar{b} - \Delta b = b^* - \Delta b$$

d.h. man kann den Vektor $\Delta \mathbf{b}$ direkt vom Vektor $\mathbf{b}^*$ der Optimallösung abziehen. Durch diese Subtraktion wird, außer im Falle $b_r = 1$, die vorliegende Lösung stets unzulässig. Behebt man diese Unzulässigkeit durch das duale Simplexverfahren, so ändert sich dabei der Wert der Zielfunktion um mindestens

$$(b_r^* - 1) \cdot \min_{\nu} \left\{ \frac{c_\nu^*}{a_r^*} \mid a_{r\nu}^* < 0 \right\} \tag{8.5}$$

Werden mehrere ganzzahlige Variable $x_{i_1}, x_{i_2}, \ldots, x_{i_j}$ auf natürliche Zahlen $d_1, d_2, \ldots, d_j$ festgelegt, wobei $t_{i_1 d_1}, \ldots, t_{i_j d_j}$ stets Basisvariable seien, so ändert sich dadurch der Wert der Zielfunktion mindestens um das Minimum der (negativen) Größen (8.5).

Wenn wir also wissen wollen, um wieviel sich die Optimallösung von (P 1) mindestens ändert, wenn man die ganzzahligen Variablen x_i auf natürliche Zahlen d_i festlegt, so bestimmt man zunächst für die Nichtbasisvariablen t_{id_i} die Summe der entsprechenden Koeffizienten $c_{id_i}^*$. Sodann bestimmt man für die Basisvariablen t_{id_i} das Minimum der Größen (8.5). Der kleinere dieser beiden (negativen) Werte ergibt die Minimalabnahme der Zielfunktion bei dieser Festlegung der ganzzahligen Variablen.

Fassen wir unsere Ausführungen in folgendem Algorithmus zusammen:

Algorithmus 19: Lösung der gemischtganzzahligen linearen Optimierungsaufgabe: „Maximiere $\mathbf{c}'\mathbf{x}$ unter den Restriktionen $\mathbf{A}\mathbf{x} \leq \mathbf{b}, \mathbf{x} \geq \mathbf{0}$ und $x_1, \ldots, x_k$ ganzzahlig" durch das Verfahren von Driebeek.

Benötigte Unterprogramme:

Simplexverfahren (Algorithmus 1)

Duales Simplexverfahren (Algorithmus 4)

Ersetze die ganzzahligen Variablen x_i durch eine Summe von Variablen x_{ij} $(0 \leq x_{ij} \leq 1)$ und füge für jede ganzzahlige Variable die Gleichungen (8.4) zu den Restriktionen hinzu.

Anfangsdaten: $\tilde{\mathbf{c}}' = (\tilde{c}_1, \ldots, \tilde{c}_n)$, $\tilde{\mathbf{b}}' = (\tilde{b}_1, \ldots, \tilde{b}_m)$

$\tilde{\mathbf{A}} \ldots$ $(m \times n)$-Matrix

$i := 1,\ z^* := -\infty$

1. Löse durch das Simplexverfahren das lineare Programm (P 1):

   Maximiere $\tilde{\mathbf{c}}'\tilde{\mathbf{x}}$ unter den Restriktionen $\tilde{\mathbf{A}}\tilde{\mathbf{x}} = \tilde{\mathbf{b}}, \tilde{\mathbf{x}} \geq \mathbf{0}$.

   Besitzt diese Optimierungsaufgabe keine endliche Optimallösung, so terminiere. Andernfalls sei $c^*(0)$ der Wert der Zielfunktion. Die Größen des optimalen Tableaus kennzeichnen wir durch einen Stern. Gehe zu 2.

2. Aufstellung der Schrankentabelle:

2.1 Setze für alle Indizes (i,d), für die t_{id} in der Optimallösung von (P1) Nichtbasisvariable sind:

$$s_{id} := c^*_{id}$$

2.2 Setze für alle Indizes (i,d), für die t_{id} in der Optimallösung von (P1) Basisvariable sind:

$$u_{id} := \begin{cases} (b^*_{id}-1) \cdot \min\limits_{\nu} \left\{ \dfrac{c^*_\nu}{a^*_{id,\nu}} \,\middle|\, a^*_{id,\nu} < 0 \right\}, & \text{falls } b^*_{id} \neq 1 \\ 0 & \text{, falls } b^*_{id} = 1 \end{cases}$$

Gehe zu 3.

3. Wähle eine Kombination von natürlichen Zahlen d_i für die ganzzahligen Variablen x_i und gehe zu 4.

Wurden bereits alle Kombinationen untersucht oder ausgeschieden, so terminiere. z^* ist der Optimalwert der Zielfunktion.

(Anmerkung: Die Werte d_i sollen so festgelegt werden, daß für jedes (i, d_i) ein s_{id_i} oder u_{id_i} existiert und die negative Größe

$$s := \min(s_1, s_2)$$

maximal wird. Dabei ist

$$s_1 := \sum s_{id_i}$$

$$s_2 := \min u_{id_i}$$

Summe und Minimum erstrecken sich über jene (i, d_i) der gewählten Kombination, für die s_{id_i} bzw. u_{id_i} existieren.)

4. Konstruiere einen Vektor $\mathbf{\Delta b}$, der die ganzzahligen Variablen x_i auf die natürlichen Zahlen d_i festlegt. Er enthält in den Zeilen, die den Variablen t_{id_i} entsprechen, ein Einselement und sonst lauter Nullelemente.

Gehe zu 5.

5. Setze $\bar{\mathbf{b}} := \mathbf{b}^* - \tilde{\mathbf{A}}_B^{-1}\, \mathbf{\Delta b}$

Gehe zu 6.

6. Führe ausgehend vom optimalen Tableau von (P1), in dem jedoch $\mathbf{b}^*$ durch $\bar{\mathbf{b}}$ ersetzt wird, solange duale Iterationen durch, bis einer der folgenden Fälle eintritt:

6.1 Das Tableau ist optimal und liefert für die Zielfunktion einen Wert $c^*(i) > z^*$.

Dann gehe zu 7.

6.2 Die Aufgabe ist dual unbeschränkt. Dann gehe zu 3.

6.3 Ein dualer Simplexschritt liefert einen Wert der Zielfunktion, der kleiner oder gleich z^* ist. Dann gehe zu 3.

7. Speichere die gefundene Optimallösung $x^*(i)$ und setze

$$z^* := c^*(i)$$

Gehe zu 8.

8. Streiche in der Schrankentabelle alle Größen s_{id} und u_{id}, die nicht größer als $z^* - c^*(0)$ sind. Gehe zu 3.

Soll das Verfahren für eine elektronische Rechenanlage programmiert werden, so muß Schritt 3. näher spezifiziert werden. Es muß nämlich eine eindeutige Regel für die Erstellung der Kombinationen von natürlichen Zahlen für die ganzzahligen Variablen angegeben werden. Diese muß auch eine Entscheidung gestatten, ob eine bestimmte Kombination bereits einmal untersucht wurde. Vor allem bei größeren Problemen kann dies auf Speicherplatzschwierigkeiten stoßen. Ferner wird darauf hingewiesen, daß durch Hinzufügen der Gleichungen der Systeme (8.4) das Simplextableau stark vergrößert wird. Trotz dieser Nachteile erscheint uns die Lösung mit Hilfe einer Schrankentabelle in gewissen Fällen sinnvoll, so vor allem bei großen linearen Programmen mit wenigen ganzzahligen Variablen, wie sie etwa in der Ökonometrie auftreten. Überläßt man die Auswahl der zu überprüfenden Kombinationen dem Systemanalytiker – wie es auch Driebeek vorschlägt – so kann man relativ rasch zur Lösung gelangen.

Folgendes einfache Beispiel wollen wir zur Erläuterung der Methode verwenden:

Beispiel 23:

Maximiere $2x_1 - x_2 + x_3 - 3x_4$ unter den Restriktionen

$$x_1 - \tfrac{1}{2}x_2 + x_3 - \tfrac{3}{2}x_4 \leq \tfrac{3}{2}$$

$$0 \leq x_1 \leq 2$$

$$0 \leq x_2 \leq 1$$

$$x_3 \geq 0, \quad x_4 \geq 0, \quad x_1 \in N, \; x_2 \in N$$

Zunächst ersetzen wir x_1 durch $x_{11} + x_{12}$ und fügen die Gleichungen des Systems (8.4) zu den Restriktionen hinzu. Damit erhalten wir folgendes Ausgangstableau:

2	2	−1	1	−3	0	0	0	0	0	0	0
1	1	$-\frac{1}{2}$	1	$-\frac{3}{2}$	1	.	.	.	.	.	$\frac{3}{2}$
$\boxed{1}$	.	.	.	.	.	1	.	.	.	.	1
−1	1	.	.	.	.	.	1	.	.	.	0
.	−1	.	.	.	.	.	.	1	.	.	0
.	.	1	.	.	.	.	.	.	1	.	1
.	.	−1	.	.	.	.	.	.	.	1	0

Führen wir einen Simplexschritt durch, so erhalten wir:

0	2	−1	1	−3	0	−2	0	0	0	0	−2
.	$\boxed{1}$	$-\frac{1}{2}$	1	$-\frac{3}{2}$	1	−1	.	.	.	.	$\frac{1}{2}$
1	.	.	.	.	.	1	.	.	.	.	1
.	1	.	.	.	.	1	1	.	.	.	1
.	−1	.	.	.	.	.	.	1	.	.	0
.	.	1	.	.	.	.	.	.	1	.	1
.	.	−1	.	.	.	.	.	.	.	1	0

Ein weiterer Simplexschritt liefert folgendes optimales Tableau für das kontinuierliche Problem

x_{11}	x_{12}	x_2	x_3	x_4	y_1	t_{10}	t_{11}	t_{12}	t_{20}	t_{21}	
0	0	0	−1	0	−2	0	0	0	0	0	−3
.	1	$-\frac{1}{2}$	1	$-\frac{3}{2}$	1	−1	.	.	.	.	$\frac{1}{2}$
1	.	.	.	.	.	1	.	.	.	.	1
.	.	$\frac{1}{2}$	−1	$\frac{3}{2}$	−1	2	1	.	.	.	$\frac{1}{2}$
.	.	$-\frac{1}{2}$	1	$-\frac{3}{2}$	1	−1	.	1	.	.	$\frac{1}{2}$
.	.	1	.	.	.	.	.	.	1	.	1
.	.	−1	.	.	.	.	.	.	.	1	0

Nun ist die Schrankentabelle aufzustellen. Da t_{10} Nichtbasisvariable ist, ist $s_{10} = c_{10}^* = 0$. Wollen wir die Variable x_1 auf die Werte 1 oder 2 festlegen, so müssen wir u_{11} bzw. u_{12} nach Punkt 2.2 berechnen:

$$u_{11} = (\tfrac{1}{2} - 1) \,.\, \min \left\{ \frac{c_\nu^*}{a_{11,\nu}^*} \;\middle|\; a_{11,\nu}^* < 0 \right\} = -\tfrac{1}{2} \,.\, (\tfrac{-1}{-1}) = -\tfrac{1}{2}$$

$$u_{12} = (\tfrac{1}{2} - 1) \,.\, 0 = 0$$

Analog finden wir für $u_{20} = 0$, $u_{21} = 0$. Daher erhalten wir folgende Schrankentabelle (die Größen u_{id} stehen in Klammern):

	1	2	3
x_1	0	$(-\frac{1}{2})$	(0)
x_2	(0)	(0)	

Im ersten Versuch wählen wir nun folgende Werte für die ganzzahligen Variablen: $x_1 = 0$, $x_2 = 0$

Daher ist von **b** folgender Vektor $\Delta\mathbf{b}$ abzuziehen:

$$\Delta\mathbf{b}' = (0, 1, 0, 0, 1, 0)$$

Wir bestimmen $\bar{\mathbf{b}} := \mathbf{b}^* - \tilde{\mathbf{A}}_B^{-1} \Delta\mathbf{b}$:

$$\begin{pmatrix} \frac{1}{2} \\ 1 \\ \frac{1}{2} \\ \frac{1}{2} \\ 1 \\ 0 \end{pmatrix} - \begin{pmatrix} 1 & -1 & 0 & 0 & 0 & 0 \\ 0 & 1 & 0 & 0 & 0 & 0 \\ -1 & 2 & 1 & 0 & 0 & 0 \\ 1 & -1 & 0 & 1 & 0 & 0 \\ 0 & 0 & 0 & 0 & 1 & 0 \\ 0 & 0 & 0 & 0 & 0 & 1 \end{pmatrix} \begin{pmatrix} 0 \\ 1 \\ 0 \\ 0 \\ 1 \\ 0 \end{pmatrix} = \begin{pmatrix} \frac{3}{2} \\ 0 \\ -\frac{3}{2} \\ \frac{3}{2} \\ 0 \\ 0 \end{pmatrix}$$

und lösen das folgende lineare Programm durch das duale Simplexverfahren:

0	0	0	−1	0	−2	0	0	0	0	0	−3
.	1	$-\frac{1}{2}$	1	$-\frac{3}{2}$	1	−1	.	.	.	.	$\frac{3}{2}$
1	.	.	.	.	.	1	.	.	..	.	0
.	.	$\frac{1}{2}$	[−1]	$\frac{3}{2}$	−1	2	1	.	.	.	$-\frac{3}{2}$
.	.	$-\frac{1}{2}$	1	$-\frac{3}{2}$	1	−1	.	1	.	.	$\frac{3}{2}$
.	.	1	.	.	.	.	.	.	1	.	0
.	.	−1	.	.	.	.	.	.	.	1	0

Ein dualer Simplexschritt liefert die Lösung:

$$x_1 = 0,\ x_2 = 0,\ x_3 = \tfrac{3}{2},\ x_4 = 0 \quad \text{und} \quad c^*(1) = \tfrac{3}{2}$$

Im zweiten Versuch wählen wir eine neue Kombination für die ganzzahligen Variablen, etwa: $x_1 = 2$, $x_2 = 0$. Der zugehörige

Vektor $\mathbf{\Delta b}$ lautet:

$$\mathbf{\Delta b}' = (0,0,0,1,1,0)$$

Für $\bar{\mathbf{b}}$ erhalten wir

$$\bar{\mathbf{b}}' = (\tfrac{1}{2}, 1, \tfrac{1}{2}, -\tfrac{1}{2}, 0, 0)$$

(Da die Werte von x_1 und x_2 beide eine Schranke nach (8.5) ergeben, gilt $\bar{\mathbf{b}} = \mathbf{b} - \mathbf{\Delta b}$). Somit lautet das Ausgangstableau für den zweiten Versuch:

0	0	0	−1	0	−2	0	0	0	0	0	−3
.	1	$-\frac{1}{2}$	1	$-\frac{3}{2}$	1	−1	.	.	.	.	$\frac{1}{2}$
1	.	.	.	.	.	1	.	.	.	.	1
.	.	$\frac{1}{2}$	−1	$\frac{3}{2}$	−1	2	1	.	.	.	$\frac{1}{2}$
.	.	$-\frac{1}{2}$	1	$\boxed{-\frac{3}{2}}$	1	−1	.	1	.	.	$-\frac{1}{2}$
.	.	1	.	.	.	.	.	.	1	.	0
.	.	−1	.	.	.	.	.	.	.	1	0

Ein dualer Simplexschritt ergibt als Optimallösung dieses Problemes:

$$x_1 = 2,\ x_2 = 0,\ x_3 = 0,\ x_4 = \tfrac{1}{3},\ c^*(2) = 3$$

Da der Wert der Zielfunktion $c^*(2) = c^*(0)$ ist, können wir alle Werte in unserer Schrankentabelle streichen. Daher läßt sich keine neue Kombination für die ganzzahligen Variablen mehr finden. Die zuletzt gefundene Lösung ist Optimallösung der gestellten Aufgabe.

8.5 Eine Branch und Bound-Methode zur Lösung des Rundreiseproblemes

Bereits im Abschnitt 6.1 formulierten wir folgendes Problem, das als **Rundreiseproblem** oder Problem des Handlungsreisenden bezeichnet wird:

Ein Reisender hat n−1 Städte zu besuchen, bevor er zu seinem Ausgangspunkt zurückkehrt. In welcher Weise soll er den Weg zurücklegen, damit die Kosten seiner Reise minimal werden?

Setzen wir $x_{ij} = 1$, falls der Reisende auf seiner Tour direkt von der Stadt i in die Stadt j reist und $x_{ij} = 0$ andernfalls. Ferner seien c_{ij} die Reisekosten auf einer direkten Route von i nach j.

Nun ist die Größe

$$\sum_{i=1}^{n} \sum_{j=1}^{n} c_{ij} x_{ij}$$

zu minimieren unter den Restriktionen

$$\sum_{i=1}^{n} x_{ij} = 1 \qquad (j = 1, 2, \ldots, n)$$

d.h. der Reisende hat jede Stadt zu besuchen. Er hat sie aber auch wieder zu verlassen, daher gilt

$$\sum_{j=1}^{n} x_{ij} = 1 \qquad (i = 1, 2, \ldots, n)$$

Zu diesen Restriktionen, die ein Zuordnungsproblem definieren, tritt nun noch die Zyklenbedingung, die besagt, daß in irgendeiner Reihenfolge alle Städte nacheinander besucht werden.

Bezeichnen wir durch $1, 2, \ldots, n$ die zu besuchenden Städte, so besteht die Rundreise in einer zyklischen Permutation dieser Zahlen. Es darf also nicht der Fall eintreten, daß von einer Stadt i_o ausgehend nur einige der Städte besucht werden und der Reisende dann nach i_o zurückkehrt, worauf er von i_1 aus wieder nur einige Städte besucht. Wie würde er in diesem Fall aber von i_o nach i_1 gelangen? Sind daher $(i_1, i_2), (i_2, i_3), \ldots, (i_{n-1}, i_n), (i_n, i_1)$ die Indizes der Basisvariablen einer zulässigen Lösung, so können wir diese Lösung in folgender Zyklenschreibweise festhalten:

Beginnen wir mit i_1. Die Beziehung $x_{i_1 i_2} = 1$ besagt, daß sich der Reisende von i_1 nach i_2 begibt. Aus $x_{i_2 i_3} = 1$ folgt, daß er nach i_2 die Stadt i_3 besucht und so fort. Daher wird durch den n-gliedrigen Zyklus $(i_1, i_2, \ldots, i_{n-1}, i_n)$ eindeutig seine Reiseroute festlegt. Ist ein Zyklus gegeben, so lassen sich leicht die nicht verschwindenden Basisvariablen angeben. Sie haben jeweils zwei unmittelbar aufeinanderfolgende Zahlen der Permutation als Indizes.

Nehmen nun also beispielsweise die Variablen $x_{12}, x_{23}, x_{35}, x_{46}, x_{51}$ und x_{64} in der Optimallösung eines Zuordnungsproblemes den Wert 1 an, so lautet diese Lösung in Zyklenschreibweise

$$(1, 2, 3, 5)\,(4, 6)$$

Sie zerfällt also in zwei Zyklen und ist daher keine Lösung des zugehörigen Rundreiseproblemes. Nimmt aber $x_{12}, x_{23}, x_{35}, x_{46}, x_{54}, x_{61}$ den Wert 1 an, so lautet der Zyklus

$$(1, 2, 3, 5, 4, 6)$$

und diese Lösung wäre auch für das Rundreiseproblem zulässig. Aus der Zyklenbedingung folgt, daß in der optimalen Lösung nie $x_{ii} = 1$ ist. Daher können den Größen c_{ii} beliebige Werte zugeordnet werden, wir setzen sie im folgenden gleich ∞.

Obwohl sich ein Rundreiseproblem so leicht formulieren läßt, stößt seine Lösung auf erhebliche Schwierigkeiten. Zu seiner Lösung werden mit Erfolg Branch und Bound-Methoden herangezogen, so etwa das Verfahren von Eastman [58], das von Shapiro verbessert wurde, und das bekannte Verfahren von Little-Murty-Sweeny-Karel [63]. Da in der Literatur gerade in letzter Zeit das Rundreiseproblem ausführlich behandelt wurde, siehe etwa die Bücher von Knödel [70] und Müller-Merbach [70] bzw. die Zusammenfassung von Bellmore-Nemhauser [68], wollen wir uns mit der Skizzierung des Verfahrens von Eastman begnügen.

Gegeben sei eine $(n \times n)$-Matrix $\mathbf{C}$, die Kosten- oder Distanzmatrix des Rundreiseproblems. Ist die Kostenmatrix symmetrisch, so sind die Kosten gleich groß, wenn man sich von i nach j bzw. von j nach i begibt. Es gibt aber in der Praxis durchaus sinnvolle Probleme, in denen diese Kosten nicht gleich groß sind. Wir werden es daher im allgemeinen mit beliebigen positiven Matrizen $\mathbf{C}$ zu tun haben, in denen auch symbolische Elemente ∞ auftreten, nämlich in der Hauptdiagonale und wenn zwischen i und j keine direkte Verbindung besteht. Um den Rundreiseweg mit den kleinsten Kosten zu ermitteln, geht Eastman so vor. Er löst zunächst das zum Rundreiseproblem zugehörige Zuordnungsproblem (= Rundreiseproblem ohne Zyklenbedingung). Nennen wir dieses Problem (P 1). Die Optimallösung von (P 1) ergebe k Zyklen. Besteht die Optimallösung von (P 1) lediglich aus einem Zyklus, so ist sie bereits für das Rundreiseproblem zulässig und folglich auch dessen Optimallösung. Andernfalls wählen wir einen Zyklus, etwa

$$(i_m, i_{m+1}, \ldots, i_{m+t})$$

aus der Optimallösung von (P 1) und definieren folgende (t+1) neue Zuordnungsprobleme. Diese sind durch die Kostenmatrizen $\mathbf{C}^{(2)}, \ldots, \mathbf{C}^{(2+t)}$ gegeben. $\mathbf{C}^{(1)}$ bezeichne die Kostenmatrix von (P 1).

(P 2) Ersetze in der Kostenmatrix $\mathbf{C}^{(1)}$ das Element mit dem Index (i_{m+1}, i_m) durch ∞

und für $\lambda = 1, 2, \ldots, t$:

(P(2+λ)) Ersetze in der Kostenmatrix $\mathbf{C}^{(1)}$ das Element mit dem Index $(i_{m+\lambda-1}, i_{m+\lambda})$ durch ∞

Nun werden die Zuordnungsprobleme (P2) bis (P(2+t)) gelöst. Es seien $z(\lambda)$ $(\lambda = 2, \ldots, 2+t)$ die Kosten der optimalen Zuordnungen der Probleme $P(\lambda)$. Wir wählen nun jene Indizes λ, die den kleinsten Wert für $z(\lambda)$ ergeben. Ist eine der zugehörigen Lösungen zyklisch, so ist sie eine Optimallösung des Rundreiseproblemes. Sind jedoch alle Lösungen nicht zyklisch, so wählen wir ein λ_o mit minimalem $z(\lambda)$, $\lambda \in \{2, \ldots, 2+t\}$ und verzweigen erneut gemäß folgender Verzweigungsregel:

Verzweigungsregel:

Wähle in der Optimallösung von $(P(\lambda_o))$ einen der Zyklen mit minimaler Elementeanzahl, etwa $(i_m, \ldots, i_{m+t})$ und definiere (t+1) neue Zuordnungsprobleme, indem in der Kostenmatrix $\mathbf{C}^{(\lambda_o)}$ jeweils eines der Elemente $(i_m, i_{m+1}), \ldots, (i_{m+t-1}, i_{m+t}), (i_{m+t}, i_1)$ durch ∞ ersetzt wird.

Nach dieser Verzweigung lösen wir die neu hinzugetretenen Zuordnungsprobleme. Sodann setzen wir durch die nachfolgende Auswahlregel fest, an welcher Stelle wir das Verfahren fortsetzen.

Auswahlregel:

Ermittle unter den unverzweigten Knoten λ jene, die den kleinsten Wert $z(\lambda)$ ergeben. Befindet sich unter den zugehörigen Optimallösungen eine, die die Zyklenbedingung erfüllt, so ist dies die Optimallösung des Rundreiseproblems. Andernfalls wähle einen beliebigen Knoten λ_o mit minimalen $z(\lambda)$ und verzweige diesen.

Da die Lösung eines Zuordnungsproblemes in endlich vielen Schritten gefunden werden kann, wird auf obige Weise auch in endlich vielen Schritten eine Lösung des zugehörigen Rundreiseproblems gefunden, wenn eine solche existiert.

Das beschriebene Verfahren eignet sich sehr gut für eine Rechnung per Hand, wie an folgendem Beispiel gezeigt wird:

Beispiel 24:

Löse folgendes 7-Städte Problem, wenn die Reisekosten durch die Kostenmatrix **C** gegeben sind:

$$\mathbf{C} = \begin{pmatrix} \infty & 9 & 1 & 7 & 4 & 5 & 6 \\ 4 & \infty & 3 & 2 & 9 & 4 & 2 \\ 4 & 2 & \infty & 5 & 1 & 5 & 7 \\ 6 & 1 & 4 & \infty & 2 & 2 & 4 \\ 3 & 3 & 6 & 6 & \infty & 3 & 8 \\ 4 & 3 & 8 & 4 & 2 & \infty & 1 \\ 3 & 6 & 7 & 5 & 3 & 1 & \infty \end{pmatrix}$$

Setzen wir $C^{(1)} = C$ und lösen wir das Zuordnungsproblem mit der Matrix $C^{(1)}$ nach Algorithmus 7, so erhält man $z(1) = 10$ und

$$C^{(1)*} = \begin{pmatrix} \infty & 8 & 0^* & 6 & 3 & 4 & 5 \\ 2 & \infty & 1 & 0^* & 7 & 2 & 0 \\ 3 & 1 & \infty & 4 & 0^* & 4 & 6 \\ 5 & 0^* & 3 & \infty & 1 & 1 & 3 \\ 0^* & 0 & 3 & 3 & \infty & 0 & 5 \\ 3 & 2 & 7 & 3 & 1 & \infty & 0^* \\ 2 & 5 & 6 & 4 & 2 & 0^* & \infty \end{pmatrix}$$

Die Optimallösung von (P 1) lautet daher

$$(1,3,5)\ (2,4)\ (6,7)$$

Wir definieren nun (P 2) dadurch, daß wir $c_{24} = \infty$ setzen, und (P 3), indem wir $c_{42} = \infty$ setzen.

Lösen wir zunächst das Zuordnungsproblem (P 2). Zunächst ist von der 4. Spalte der Wert 3 zu subtrahieren. Danach erhält man:

$$C^{(2)*} = \begin{pmatrix} \infty & 8 & 0^* & 3 & 3 & 4 & 5 \\ 2 & \infty & 1 & \infty & 7 & 2 & 0^* \\ 3 & 1 & \infty & 1 & 0^* & 4 & 6 \\ 5 & 0^* & 3 & \infty & 1 & 1 & 3 \\ 0^* & 0 & 3 & 0 & \infty & 0 & 5 \\ 3 & 2 & 7 & 0^* & 1 & \infty & 0 \\ 2 & 5 & 6 & 1 & 2 & 0^* & \infty \end{pmatrix}$$

Somit lautet die Optimallösung von (P 2):

$$(1,3,5)\ (2,7,6,4)$$

mit $z(2) = 13$.

Bei der Lösung von (P 3) wird zunächst von der 4. Zeile der Wert 1 subtrahiert. Man erhält

$$C^{(3)} = \begin{pmatrix} \infty & 8 & 0 & 6 & 3 & 4 & 5 \\ 2 & \infty & 1 & 0 & 7 & 2 & 0 \\ 3 & 1 & \infty & 4 & 0 & 4 & 6 \\ 4 & \infty & 2 & \infty & 0 & 0 & 2 \\ 0 & 0 & 3 & 3 & \infty & 0 & 5 \\ 3 & 2 & 7 & 3 & 1 & \infty & 0 \\ 2 & 5 & 6 & 4 & 2 & 0 & \infty \end{pmatrix}$$

Da durch die 5. Zeile und die 3., 4., 5., 6. und 7. Spalte alle Nullen überdeckt werden, muß eine neuerliche Reduktion vorgenommen werden. Das kleinste nichtüberdeckte Element ist $c_{32} = 1$. Wir ersetzen x_{ij} durch

$$x_{ij} - u_i - v_j$$

mit $u_1 = u_2 = u_3 = u_4 = u_6 = 1, \quad u_5 = 0$

$$v_1 = v_2 = 0, \quad v_3 = v_4 = v_5 = v_6 = v_7 = -1$$

Dadurch erhalten wir

$$C^{(3)*} = \begin{pmatrix} \infty & 7 & 0^* & 6 & 3 & 4 & 5 \\ 1 & \infty & 1 & 0^* & 7 & 2 & 0 \\ 2 & 0^* & \infty & 4 & 0 & 4 & 6 \\ 3 & \infty & 2 & \infty & 0^* & 0 & 2 \\ 0^* & 0 & 4 & 4 & \infty & 1 & 6 \\ 2 & 1 & 7 & 3 & 1 & \infty & 0^* \\ 1 & 4 & 6 & 4 & 2 & 0^* & \infty \end{pmatrix}$$

mit der Optimallösung $(1, 3, 2, 4, 5)\ (6, 7)$ und $z(3) = 12$.

Gemäß der Auswahlregel gehen wir nun von (P3) aus und setzen $c_{67} = \infty$. Dies ergibt das Problem (P4). Setzen wir $c_{76} = \infty$, so erhalten wir (P5).

Um (P4) zu lösen, ist von der 6. Zeile der Wert 1 zu subtrahieren. Dies ergibt

$$C^{(4)} = \begin{pmatrix} \infty & 7 & 0 & 6 & 3 & 4 & 5 \\ 1 & \infty & 1 & 0 & 7 & 2 & 0 \\ 2 & 0 & \infty & 4 & 0 & 4 & 6 \\ 3 & \infty & 2 & \infty & 0 & 0 & 2 \\ 0 & 0 & 4 & 4 & \infty & 1 & 6 \\ 1 & 0 & 6 & 2 & 0 & \infty & \infty \\ 1 & 4 & 6 & 4 & 2 & 0 & \infty \end{pmatrix}$$

Durch die 2. Zeile und die 1., 2., 3., 5. und 6. Spalte werden alle Nullen überdeckt. Das kleinste nichtüberdeckte Element ist $c_{47} = 2$. Daher ist $z(4) \geq 15 > z(2)$ und wir gehen zunächst einmal zur Lösung von (P5) über.

Um (P5) zu lösen, ist von der 7. Zeile der Matrix $C^{(3)*}$ der Wert 1 zu subtrahieren. Man erhält

$$C^{(5)*} = \begin{pmatrix} \infty & 7 & 0^* & 6 & 3 & 4 & 5 \\ 1 & \infty & 1 & 0^* & 7 & 2 & 0 \\ 2 & 0 & \infty & 4 & 0^* & 4 & 6 \\ 3 & \infty & 2 & \infty & 0 & 0^* & 2 \\ 0 & 0^* & 4 & 4 & \infty & 1 & 6 \\ 2 & 1 & 7 & 3 & 1 & \infty & 0^* \\ 0^* & 3 & 5 & 3 & 1 & \infty & \infty \end{pmatrix}$$

mit der Optimallösung (1, 3, 5, 2, 4, 6, 7) und $z(5) = 13$. Da diese Lösung die Zyklenbedingung erfüllt, ist sie auch Optimallösung des Rundreiseproblemes. Der Reisende hat also sukzessive die Städte 1, 3, 5, 2, 4, 6 und 7 zu besuchen und erzielt mit dieser Tour die geringsten Kosten.

9. Die kombinatorischen Verfahren von Balas

9.1 Der additive Algorithmus

Zur Behandlung von Booleschen linearen Programmen der Form

(P) Minimiere $\mathbf{c}'\mathbf{x}$ unter den Restriktionen $\mathbf{Ax} \leq \mathbf{b}$, $x_j \in \{0,1\}$ $(1 \leq j \leq n)$

schlägt Balas ([64a], [65b]) kombinatorische Verfahren vor. Durch diese wird systematisch ein Teil der 2^n verschiedenen n-Tupeln $(x_1, \ldots, x_n)$ erzeugt und dann so abgeprüft, daß implizit alle Elemente der Lösungsmenge geprüft werden (**Partielle** oder **implizite Enumeration**). Ausgehend von $\mathbf{x}^{(o)} = 0$ erzeugen wir eine Folge von Vektoren $\mathbf{x}^{(s)} \in \mathbf{B}^n$, die wir auf Zulässigkeit und Optimalität prüfen. Ein Vektor $\mathbf{x}^{(s)}$ ist eindeutig durch die Indexmenge J_s festgelegt, die durch die Beziehung

$$x_j^{(s)} = \begin{cases} 1 & j \in J_s \\ 0 & j \notin J_s \end{cases}$$

definiert wird. Die Vektoren können wir als Knoten eines Graphen deuten. So entspricht dem Vektor $\mathbf{x}^{(s)}$ der Knoten s. Einer Kante (r, s) des Graphen entspricht das Paar $(\mathbf{x}^{(r)}, \mathbf{x}^{(s)})$, wobei $J_r \subset J_s$ gilt und $J_s \backslash J_r$ genau ein Element besitzt. In diesem Falle verwenden wir die Sprechweise: $\mathbf{x}^{(r)}$ ist Vorgänger von $\mathbf{x}^{(s)}$, $\mathbf{x}^{(s)}$ ist Nachfolger von $\mathbf{x}^{(r)}$.

Abb. 9.1 zeigt den Graph für Tripel

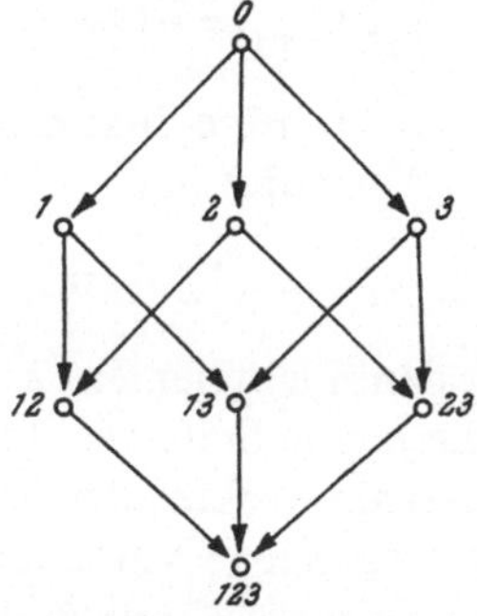

Abb. 9.1. Den Knoten dieses Graphen entsprechen Tripel (x_1, x_2, x_3), so etwa dem Knoten 12 der Vektor (1,1,0)

Durch den additiven Algorithmus wird nun ein Baum in diesem Graph konstruiert. Beginnend beim Knoten 0 legen wir nach gewissen Vorschriften fest, daß etwa die Variable x_j gleich 1 gesetzt werden soll und erhalten damit eine Kante (0,j) sowie den neuen Knoten j. Ist ein neuer Knoten gefunden, so wird überprüft, ob er Nachfolgerknoten besitzt, denen eine zulässige Lösung von (P) mit kleinerem Wert der Zielfunktion entspricht. Ist dies der Fall, so wird neuerlich eine Kante ausgewählt, andernfalls können alle Nachfolgerknoten bei den weiteren Untersuchungen unberücksichtigt bleiben. Werden alle Nachfolger eines Knotens ausgeschieden, so kehren wir zu dessen unmittelbarem Vorgänger zurück und überprüfen die noch nicht ausgeschlossenen Nachfolger dieses Knotens. Zeigt sich, daß sich unter ihnen eine verbesserte zulässige Lösung befinden kann, so wird das Verfahren mit der Auswahl eines neuen Knotens fortgesetzt.

Bevor wir den Algorithmus von Balas anwenden können, ist das gegebene Problem auf eine Normalform zu bringen. Dazu ersetzen wir in (P) jede Variable x_j, deren Kostenkoeffizient c_j negativ ist, durch $1-x_j'$. Durch Schlupfvariable y_i $(1\leq i\leq m)$ geht dann das gegebene Problem in eine Aufgabe folgender Form über:

$$\text{Minimiere } \mathbf{c}'\mathbf{x} \quad (\mathbf{c}\geq\mathbf{0}) \text{ unter den Restriktionen}$$
$$\mathbf{A}\mathbf{x}+\mathbf{y}=\mathbf{b}$$
$$\mathbf{x}\geq\mathbf{0},\ \mathbf{y}\geq\mathbf{0}$$
$$x_j\in\{0,1\} \qquad (1\leq j\leq n)$$

Vernachlässigen wir die Ganzzahligkeitsbedingungen, so ist nach Abschnitt 3.2 der Vektor $\mathbf{x}^{(o)}=\mathbf{0}, \mathbf{y}^{(o)}=\mathbf{b}$ eine für das duale Problem zulässige Lösung, da $\mathbf{c}\geq\mathbf{0}$ gilt. Wir beginnen den Algorithmus mit $\mathbf{x}^{(o)}=\mathbf{0}$. Ist dann ein $y_i^{(o)}<0$, so ist der Vektor $\mathbf{x}^{(o)}$ für (P) nicht zulässig. Man könnte das duale Simplexverfahren anwenden, dabei würde ein Element $a_{ij*}<0$ als Pivotelement gewählt werden. Wir führen jedoch keinen dualen Simplexschritt durch, sondern fügen die Restriktion $x_{j*}=1$ in der abgeschwächten Form

$$-x_{j*}+a_{m+1}=-1$$

zu den übrigen Restriktionen hinzu. Eine dual zulässige Ausgangslösung für das so erhaltene Problem (P1) lautet nun:

$$x_j=0 \ \ (1\leq j\leq n), \ \ y_i=b_i \ \ (1\leq i\leq m), \ \ y_{m+1}=-1$$

Durch einen Pivotschritt mit dem Pivotelement $a_{m+1,j*}=-1$ wird $y_{m+1}=0$, $x_{j*}=1$ und wir erhalten für die rechte Seite des Restriktionensystems $\mathbf{b}-\mathbf{a}_{j*}$. Dabei ist $\mathbf{a}_{j*}$ der j*-te Spaltenvektor der Matrix $\mathbf{A}$. Da bei dieser Vorgangsweise die zusätzlich eingeführte Variable y_{m+1} wieder 0 wird, können wir darauf verzichten, sie anzuschreiben und erhalten folgende für (P1) dual zulässige Lösung

$$x_j^{(1)} = \begin{cases} 1 & j=j^* \\ 0 & j \neq j^* \end{cases} \quad (1 \leq j \leq n)$$

$$y_i^{(1)} = b_i - a_{ij^*} = y_i^{(o)} - a_{ij^*} \; (1 \leq i \leq m)$$

Man beachte, daß bei obiger Transformation die Matrix A nicht verändert wird. Da die Vektoren $\mathbf{x}^{(1)}$, $\mathbf{y}^{(1)}$ durch einfache Additionen aus $\mathbf{x}^{(o)}$ und $\mathbf{y}^{(o)}$ hervorgehen, nennt Balas sein Verfahren „additiv".

In gleicher Weise erhält man bei bekanntem j* den Nachfolger $\mathbf{x}^{(s)}$ zum Vektor $\mathbf{x}^{(r)}$.

Wie lauten nun die Kriterien, durch die man feststellt, ob ein Knoten Nachfolger besitzt, denen verbesserte zulässige Lösungen entsprechen?

Sei $\mathbf{x}^{(s)}$ der zuletzt gefundene Vektor. Die Indizes $j \notin J_s$, für die in einem Nachfolger von $\mathbf{x}^{(s)}$ die Komponente $x_j = 1$ gesetzt werden kann, fassen wir zur Menge N^s zusammen. Durch folgende drei Kriterien können wir die Menge N^s einschränken.

a) Bereits untersuchte und ausgeschlossene Indizes sind aus N^s zu streichen.

b) Ist z_s der Zielfunktionswert für den Vektor $\mathbf{x}^{(s)}$ und z* der kleinste bisher gefundene Wert der Zielfunktion für eine zulässige Lösung, so können wir alle Indizes j ausschließen, für die $c_j \geq z^* - z_s$ gilt.

c) Ebenso können wir alle Indizes j ausschließen, für die aus $y_i^{(s)} < 0$ stets $a_{ij} \geq 0$ folgt. Denn würde in $\mathbf{x}^{(s+1)}$ so eine Komponente $x_{j^*} = 1$ gesetzt werden und wäre $\mathbf{x}^{(t)}$ ein zulässiger Nachfolger von $\mathbf{x}^{(s+1)}$, so wäre bereits $\mathbf{x}^{(u)}$, definiert durch $x_j^{(u)} = x_j^{(t)}$ für $j \neq j^*$, $x_{j^*}^{(u)} = 0$ eine zulässige Lösung für die dazu noch gilt $z_u \leq z_t$.

Ist bereits aufgrund der Punkte a) – c) die Menge N^s leer, so können alle Nachfolger von $\mathbf{x}^{(s)}$ ausgeschieden werden und das Verfahren wird bei $\mathbf{x}^{(s-1)}$ fortgesetzt.

Als weiteren Test und als Auswahlkriterium für den Nachfolger von $\mathbf{x}^{(s)}$ verwendet Balas folgende Beziehung, die sich empirisch recht bewährte. Sie ist jedoch für die Endlichkeit des Verfahrens keineswegs notwendig. Für alle i mit $y_i^{(s)} < 0$ wird geprüft, ob (9.1) erfüllt ist.

$$\sum_{j \in N^s}^{-} a_{ij} \leq y_i^{(s)} \tag{9.1}$$

Dabei erstreckt sich die Summation nur über negative Elemente a_{ij}.
Ist für ein i mit $y_i^{(s)} < 0$ (9.1) nicht erfüllt, so würde jeder Nachfolger von $\mathbf{x}^{(s)}$ eine negative i-te Komponente des Vektors y besitzen und wäre damit nicht zulässig. Daher können wir in diesem Fall alle Nachfolger von $\mathbf{x}^{(s)}$ streichen.

Jene Indizes i, für die die Beziehung (9.1) als Gleichung erfüllt ist, fassen wir zur Menge M zusammen. Für $i \in M$ definieren wir

$$F_i = \{j \mid j \in N^s, a_{ij} < 0\}.$$

Ein Nachfolger von $\mathbf{x}^{(s)}$, der zulässig sein soll, muß für jedes $j \in F_i$ eine positive Komponente besitzen. Daher können wir $\mathbf{x}^{(s+1)}$ folgenderweise festsetzen:

$$\mathbf{x}^{(s+1)} := \begin{cases} 1 & \text{für } j \in J_s \cup \bigcup_{i \in M} F_i \\ 0 & \text{andernfalls} \end{cases} \tag{9.2}$$

Im Falle, daß für alle i mit $y_i^{(s)} < 0$ die Beziehung (9.1) als Ungleichung gilt, wählen wir auf nachfolgende Weise einen Index j* aus. Wir berechnen für jedes $j \in N^s$ die Größe

$$v_j^s = \begin{cases} \sum_{i=1}^{m}{}^{-} (y_i^{(s)} - a_{ij}), & \text{falls negative Elemente } (y_i^{(s)} - a_{ij}) \text{ existieren} \\ 0 & \text{, andernfalls} \end{cases}$$

Dabei erstreckt sich die Summation wieder nur über negative Summanden. Sodann wählt man jenen Index als j*, für den v_j^s maximal wird. Ist das maximale Element nicht eindeutig bestimmt, so zieht man die Kostenkoeffizienten c_j als zusätzliche Kriterien heran und wählt unter den maximalen v_j^s jenes mit kleinstem c_j. Gibt es auch hier wiederum mehrere, so nimmt man ein beliebiges. Da die anschließende Transformation

$$y_i^{(s+1)} = y_i^{(s)} - a_{ij}$$

liefert, wird durch die obige Regel jener Index j bestimmt, für den der Vektor $\mathbf{y}^{(s+1)}$ dem Absolutbetrag nach möglichst kleine negative Komponenten besitzt.

Bei praktischen Anwendungen des Verfahrens stellte sich heraus, daß durch Anwendung zweier weiterer Tests die Optimallösung erheblich schneller erreicht wird (Fleischmann [67]).

Ist nämlich $y_i^{(s)} = 0$ und enthält die Menge N^s keine Indizes j, für die $a_{ij} < 0$ gilt, dann kann in keinem weiteren Schritt ein x_j mit $a_{ij} > 0$ zu 1 werden, denn dies würde stets eine unzulässige Lösung zur Folge haben. Dieser Fall tritt häufig ein, etwa wenn sich eine Bedingung der Gestalt

$$\sum_{j \in J} x_j = 1$$

unter den Restriktionen des Optimierungsproblemes befindet. Der zweite Test von Fleischmann behandelt folgende Situation:

Ist die Beziehung (9.1) für alle i mit $y_i^{(s)} < 0$ erfüllt, so setzen wir

$$r_i^s := y_i^{(s)} - \sum_{j \in N^s}^{-} a_{ij} \geq 0$$

Bereits oben betrachteten wir den Fall, daß für $r_i^s = 0$ ein Nachfolger von $\mathbf{x}^{(s)}$ auch mehrere neue l-Komponenten besitzen kann (vgl. (9.2)). Dies ist aber auch für $r_i^s > 0$ möglich. Setzen wir

$$F_i = \{j \mid j \in N^s, a_{ij} < -r_i^s\}$$

Damit ein Nachfolger $\mathbf{x}^{(s+1)}$ von $\mathbf{x}^{(s)}$ zulässig ist, muß für $j \in J_s \cup \bigcup_{\{i \mid y_i^{(s)} < 0\}} F_i$ gelten $x_j^{(s+1)} = 1$. Um dies zu zeigen nehmen wir an, in der zulässigen Lösung $\mathbf{x}^{(t)}$, die Nachfolger von $\mathbf{x}^{(s)}$ ist, ist für ein $k \in F_i$ die Komponente $x_k = 0$. Dann gilt $a_{ik} < -r_i^s$ und daher ist

$$y_i^{(t)} = y_i^{(s)} - \sum_{j \in J_t \setminus J_s} a_{ij} \leq y_i^{(s)} - \sum_{j \in N^s \setminus \{k\}}^{-} a_{ij} = r_i^s + a_{ik} < 0$$

Dies steht im Widerspruch zur Annahme, daß $\mathbf{x}^{(t)}$ zulässig ist.

Algorithmus 20: Additives Verfahren von Balas zur Lösung der Booleschen Optimierungsaufgabe: Minimiere $\mathbf{c}'\mathbf{x} + c_o$ $(\mathbf{c} \geq \mathbf{0})$ unter den Restriktionen $\mathbf{Ax} \leq \mathbf{b}$, $x_j \in \{0,1\}$ für $1 \leq j \leq n$.

Anfangswerte:

$\mathbf{A}$ . . . $m \times n$-Matrix
$\mathbf{b}$ . . . m-Vektor
$\mathbf{c}$ . . . n-Vektor $(\mathbf{c} \geq \mathbf{0})$
$\mathbf{y}^{(o)} := \mathbf{b}$,
$J_o := Z := \phi$,
$s := \kappa := 0$,
$z^* := \infty$, $z_o := c_o$,
$N_o^o := \{1, 2, \ldots, n\}$

1. Ist für $i = 1, 2, \ldots, m$ die Beziehung $y_i^{(s)} \geq 0$ erfüllt, so setze
   $Z := \{s\}$,
   $z^* := z_s$
   und gehe zu 14.
   Andernfalls gehe zu 2.

2. Setze $D := \{j \mid j \in N_o^s, c_j \geq z^* - z_s\}$,
   $E := \{j \mid j \in (N_o^s \setminus D), a_{ij} \geq 0$ für alle i mit $y_i^{(s)} < 0\}$
   $N_o^s := N_o^s \setminus (D \cup E)$,
   $k^* := 0$.
   Ist $N_o^s = \phi$, dann gehe zu 11., andernfalls gehe zu 3.

3. Setze für alle $i^* \in \{1,2,\ldots,m\}$ mit $y_{i^*}^{(\kappa)}=0$ und $\{j \mid j \in N_{k^*}^s, a_{i^*j}<0\}=\phi$:
   $N_{k^*}^s := N_{k^*}^s \setminus \{j \mid a_{i^*j}>0\}$.
   Ist $N_{k^*}^s=\phi$, dann gehe zu 14., andernfalls gehe zu 4.

4. Gilt für alle i mit $y_i^{(\kappa)}<0$:

   $$\sum_{j \in N_{k^*}^s}^{-} a_{ij} \leq y_i^{(\kappa)} \quad \text{(Summation nur über negative Elemente)} \qquad (9.1)$$

   dann gehe zu 5., sonst gehe zu 14.

5. Berechne für alle i mit $y_i^{(\kappa)}<0$ die Größen

   $$r_i := y_i^{(\kappa)} - \sum_{j \in N_{k^*}^s}^{-} a_{ij},$$

   $$F_i := \{j \mid j \in N_{k^*}^s, a_{ij} < -r_i\}$$

   Sind alle $F_i=\phi$, so gehe zu 6., andernfalls gehe zu 8.

6. Ist $\kappa \neq s$, so gehe zu 7.
   Andernfalls berechne für alle $j \in N_0^s$ die Größen

   $$v_j^s := \begin{cases} \sum_{i=1}^{m}{}^{-}(y_i^{(s)}-a_{ij}), & \text{falls negative Größen } (y_i^{(s)}-a_{ij}) \text{ existieren} \\ 0 & \text{, andernfalls} \end{cases}$$

   Gehe zu 7.

7. Bestimme j^* so, daß

   $$v_{j^*}^{\kappa} = \max_{j \in N_{k^*}^s} v_j^{\kappa}$$

   Ist dadurch die Wahl von j^* nicht eindeutig möglich, so werde j^* durch
   $c_{j^*} \in \min \{c_j \mid j \in N_k^s, v_j^{\kappa} \text{ maximal}\}$
   bestimmt. Setze
   $F := \{j^*\}$,
   $t := 0$
   und gehe zu 10.

8. Setze $F := \bigcup_{\{i \mid y_i^{(\kappa)}<0\}} F_i$,
   $t := 1$
   und gehe zu 9.

9. Ist $\sum_{j \in F} c_j < z^* - z_\kappa$, so gehe zu 10., sonst gehe zu 14.

10. Setze $J_{s+1} := J_\kappa \cup F$,

$z_{s+1} := z_\kappa + \sum_{j \in F} c_j$

$y_i^{(s+1)} := y_i^{(s)} - \sum_{j \in F} a_{ij}$ für $i = 1, 2, \ldots, m$

$N_o^{s+1} := N_o^o \setminus J_{s+1}$.

Ist $t=0$, so setze $N_o^\kappa := N_o^\kappa \setminus F$, ist $t=1$, so setze $N_o^\kappa = \phi$

Setze ferner

$s := \kappa := s+1$

und gehe zu 1.

11. Setze für alle $0 \leq k < s$, für die $J_k \subset J_s$ gilt:

$D_k := \{ j \mid j \in N_o^k, c_j \geq z^* - z_k \}$

$N_k^s := N_o^k \setminus D_k$

Gehe zu 12.

12. Sei k^* das erste Element der Folge $k = \kappa-1, \kappa-2, \ldots, 1, 0$, für das $N_k^s \neq \phi$ gilt. Existiert kein solches k^*, dann gehe zu 13. Andernfalls setze $\kappa := k^*$ und gehe zu 3.

13. Terminiere. Ist $Z = \phi$, so existiert keine zulässige Lösung. Ist $Z \neq \phi$, so enthält diese Menge den Index s^* der Optimallösung x^*:

$$x_j^* = \begin{cases} 0 & \text{für } j \notin J_{s^*} \\ 1 & \phantom{\text{für }} j \in J_{s^*} \end{cases}$$

Der Wert der Zielfunktion ist z^*.

14. Ist $\kappa > 0$ und $\kappa = s$, so gehe zu 11., andernfalls gehe zu 15.

15. Ist $\kappa = 0$, so gehe zu 13., andernfalls gehe zu 12.

Da die Größen $y^{(s)}, z_s, v_j^s, N_o^s, J_s$ jeweils nur für Iterationen mit $J_s \subset J_t$, wobei t die augenblickliche Iteration ist, gespeichert werden müssen, steigt der Speicheraufwand lediglich mit n^2.

Der Algorithmus läßt sich leicht modifizieren, daß man nicht nur eine, sondern alle zulässigen Lösungen des Problems erhält.

Anhand des folgenden Beispieles läßt sich der additive Algorithmus nochmals verfolgen:

Beispiel 25:

Minimiere $-6x_1+8x_2+11x_3-4x_4$ unter den Restriktionen

$$\begin{aligned} -x_1-2x_2+5x_3-x_4 &\geq 0\\ -2x_1-6x_2+3x_3+x_4 &\leq -2\\ x_2+x_3 &= 1\\ x_i\in\{0,1\} \text{ für } &1\leq i\leq 4 \end{aligned}$$

Zunächst muß diese Aufgabe auf Normalform gebracht werden. Dazu ersetzen wir x_1 und x_4 durch $1-x_1$ bzw. $1-x_4$, spalten die dritte Restriktion in zwei Restriktionen auf und multiplizieren nun die Restriktionen der Form $\Sigma\, a_{ij}x_j\geq b_i$ mit -1.

Dadurch erhalten wir das Problem in Normalform:

Minimiere $z+10=6x_1+8x_2+11x_3+4x_4$ unter den Restriktionen

$$\begin{aligned} -x_1+2x_2-5x_3-x_4 &\leq -2\\ 2x_1-6x_2+3x_3-x_4 &\leq -1\\ x_2+x_3 &\leq 1\\ -x_2-x_3 &\leq -1\\ x_i\in\{0,1\} \text{ für } &1\leq i\leq 4. \end{aligned}$$

Nun wenden wir Algorithmus 20 an. Für $s=0$ erhalten wir $z_o=-10$ $N_o^s=\{1,2,3,4\}$, $r_1=5$, $r_2=6$, $r_4=1$; $F_1=F_2=F_4=\phi$.

Daher berechnen wir

$$v_1^o=-5,\ v_2^o=-4,\ v_3^o=-4,\ v_4^o=-2$$

Daraus erhalten wir $j^*=4$ und damit als neue Lösung für $s=1$:

$$J_1=\{4\},\ z_1=-6,\ y^{(1)}=(-1,0,1,-1)',$$
$$N_o^o=N_o^1=\{1,2,3\}$$

Da dies keine zulässige Lösung ist, werden erneut die Punkte 2., 3., 4. und 5. des Algorithmus durchlaufen und die Größen r_i bestimmt:

$r_1=5$, $r_4=1$. Da $F_1=F_4=\phi$ ist, werden die Größen v_j^1 berechnet:

$v_1^1=-3$, $v_2^1=-3$, $v_3^1=-3$. Nach Punkt 7. wird $j^*=1$ gewählt, da $c_1<c_2$, $c_1<c_3$.

Damit erhält man

$s=2$, $J_2=\{1,4\}$, $z_2=0$, $y^{(2)}=(0,-2,1,-1)'$, $N_o^2=\{2,3\}=N_o^1$.

Auch für s=2 ist die Lösung nicht zulässig. Wir erhalten $r_2=4$, $r_4=1$ und $F_2=\{2\}$, $F_4=\phi$. Daher ist $F=\{2\}$, $N_o^2=\phi$ und ferner
$s=3$, $J_3=\{1,2,4\}$, $z_3=8$, $y^{(3)}=(-2,4,0,0)'$, $N_o^3=\{3\}$.

Auch dies ist keine zulässige Lösung. Nach Punkt 3. können wir für $i^*=3$ die Menge N_o^3 durch ϕ ersetzen. Daher besitzt die Lösung $x^{(3)}$ keinen zulässigen Nachfolger und wir setzen nach Punkt 11:
$N_o^3=\{1,2,3\}$, $N_1^3=\{2,3\}$, $N_2^3=\phi$.

Dann ist $k^*=1$ und für $i=1,4$ ist die Beziehung (9.1) erfüllt. Es ist $r_1=4$, $r_4=1$ und $F_1=\{3\}$, $F_4=\phi$. Daher ist $F=\{3\}$, $N_o^1=\phi$ und wir erhalten ferner:
$s=4$, $J_4=\{3,4\}$, $z_4=5$, $y^{(4)}=(4,-3,0,0)'$, $N_o^4=\{1,2\}$.

Da die Lösung nicht zulässig ist, wird nach Punkt 2. $E=\{1\}$ und daher $N_o^4=\{2\}$. Nach Punkt 3. wird N_o^4 durch ϕ ersetzt und wir gehen zu 14. und 11. Es ist
$N_o^4=\{1,2,3\}$, $N_1^4=\phi$.

Daher ist $\kappa=k^*=0$ zu setzen. Nach Punkt 5. berechnen wir $r_1=4$, $r_2=5$, $r_4=1$ und $F_1=\{3\}$, $F_2=\{2\}$, $F_4=\phi$. Folglich ist $F=\{2,3\}$ und $N_o^o=\phi$. Wir erhalten ferner $s=5$, $J_5=\{2,3\}$, $z_5=9$, $y^{(5)}=(1,2,-1,1)'$, $N_o^5=\{1\}$. Auch diese Lösung ist nicht zulässig. Es wird $E=\{1\}$, daher $N_o^5=\phi$ und über 11., 12. gelangen wir zu 13. Wir terminieren, das gestellte Problem besitzt keine zulässige Lösung.

9.2 Die Filtermethode

Die Filtermethode von Balas ([66a], [67]) ist eine Weiterentwicklung des additiven Algorithmus zur Lösung von linearen Programmen mit bivalenten Variablen. Gegeben sei die Aufgabe

(P) Minimiere $\mathbf{c}'\mathbf{x}$ unter den Restriktionen $\mathbf{Ax}\geq\mathbf{b}$ und $x_j\in 0,1\}$ für $1\leq j\leq n$.

Das zugehörige gewöhnliche lineare Programm lautet

(P') Minimiere $\mathbf{c}'\mathbf{x}$ unter den Restriktionen $\mathbf{Ax}\geq\mathbf{b}$ und $0\leq x_j\leq 1$ für $1\leq j\leq n$.

Wie im Abschnitt 9.1 können wir ohne Beschränkung der Allgemeinheit $\mathbf{c}\geq\mathbf{0}$ voraussetzen. Wir wollen den additiven Algorithmus dadurch beschleunigen, daß wir einen Filter angeben, der die Anzahl der Zweige des Lösungsbaumes vermindert. Dazu konstruieren wir ein Hilfsprogramm (F) mit einer einzigen Restriktion der Form $\mathbf{a}'\mathbf{x}\geq b$, so daß gilt

$$M(P)\subset M(F)\subset M \tag{9.3}$$

wenn wir mit M(P) bzw. M(F) die Menge der zulässigen Punkte der Probleme (P) bzw. (F) bezeichnen und M folgenderweise definiert ist:

$$M = \{x \mid x \in B^n,\ c'x \geq \bar{z}\}$$ [1]

wobei $\bar{z}$ der Wert der Zielfunktion von einer Optimallösung von (P′) ist.

Die Beziehung (9.3) legt bereits die Vermutung nahe, daß es sich bei der Filtermethode um ein Branch- und Bound Verfahren handelt. Man vergleiche etwa (9.3) mit (8.1)!

Und tatsächlich ist die Filtermethode so ein Verfahren:

Man konstruiert eine Folge von für (F) zulässigen Lösungen, so daß die zugehörigen Werte $c'x$ monoton steigen und wendet auf jedes Element dieser Folge die Tests des additiven Algorithmus an. Das erste Element dieser Folge, das die Restriktion $Ax \geq b$ erfüllt, ist die gesuchte Optimallösung von (P).

Um das Filterproblem (F) aufzustellen, gehen wir vom zu (P′) dualen Problem (D′) aus:

(D′) Maximiere $b'u - e'v$ unter den Restriktionen

$$A'u - v \leq c$$
$$u \geq 0, v \geq 0$$

Dabei ist $e \in R^n$ der Vektor $(1, 1, \ldots, 1)'$. Hat (P′) eine endliche Optimallösung, so auch (D′). Es sei $\bar{x}$ eine Optimallösung von (P′) und $(\bar{u}, \bar{v})$ eine Optimallösung von (D′). Setzen wir nun

$$a = A'\bar{u}, \quad b_o = \bar{u}'b$$

so soll unser Filterproblem (F) folgende Gestalt haben:

(F) Minimiere $c'x$ unter den Restriktionen
$a'x \geq b_o$ und $x_j \in \{0,1\}$ für $1 \leq j \leq n$.

Die Komponenten des Vektors a bezeichnen wir mit $\alpha_1, \ldots, \alpha_n$. Das zugehörige gewöhnliche lineare Programm, das wir aus (F) erhalten, wenn wir $x_i \in \{0,1\}$ durch $0 \leq x_j \leq 1$ ersetzen, bezeichnen wir mit (F′).

Die Idee, eine Hilfsrestriktion $a'x \geq b_o$ einzuführen, geht auf Glover [68a] zurück. Diese Restriktion faßt sozusagen alle einschränkenden Eigenschaften der einzelnen Restriktionen des Problems (P′) zusammen.

Nun gilt folgender Satz:

Satz 9.1:

Sei $\bar{x}$ eine Optimallösung von (P′) und $(\bar{u}, \bar{v})$ eine Optimallösung von (D′). Dann gilt für jede zulässige Lösung x von (F):

---

1 B^n ist das n-fache Cartesische Produkt der Menge $B = \{0,1\}$.

$$c'x \geq c'\bar{x}$$

Ferner ist $\bar{x}$ auch Optimallösung von (F′). ∎

Beweis:

Aus dem Dualitätssatz 3.1 folgt

$$c'\bar{x} = \bar{u}'b - \bar{v}'e$$

Es sei nun $\tilde{x}$ zulässig für (F′), das heißt

$$\tilde{x} \geq 0,\ -\tilde{x} \geq -e,\ \bar{u}'A\tilde{x} \geq \bar{u}'b$$

Da $\bar{v} \geq 0$ ist, folgt daraus

$$\bar{u}'A\tilde{x} - \bar{v}'\tilde{x} \geq \bar{u}'b - \bar{v}'e = c'\bar{x}$$

Setzen wir andererseits in den Nebenbedingungen von (D′): $u = \bar{u}$, $v = \bar{v}$, so erhalten wir für alle $x \geq 0$:

$$A'\bar{u} - \bar{v} \leq c$$

und daraus folgt für ein für (F) zulässiges x:

$$c'x \geq c'\tilde{x} \geq \bar{u}'A\tilde{x} - \bar{v}'\tilde{x} \geq c'\bar{x}$$

Da $\bar{x}$ auch für (F′) zulässig ist, ist es auch für (F′) optimal. Q.e.d.

Aus Satz 9.1 folgt die Beziehung $M(F) \subset M$. Daß auch der erste Teil von (9.3) gilt, geht daraus hervor, daß mit $Ax \geq b$ und $\bar{u} \geq 0$ auch $\bar{u}'Ax \geq \bar{u}'b$, also $a'x \geq b_0$ gilt.

Der Filter eliminiert zunächst alle Lösungen x von (F) mit $c'x < c'\bar{x}$. Andererseits ist aber auch nicht jede Lösung x mit $c'x \geq c'\bar{x}$ Lösung von (F), daher werden dadurch noch weitere Vektoren x ausgeschieden.

Es muß nun eine Folge von für (F) zulässigen Lösungen erzeugt werden, die folgende zwei Eigenschaften besitzt:

a) Die zugehörigen Werte der Zielfunktion sind nicht fallend.

b) Ist die Lösung $x^{(s)}$ erreicht, dann wurden implizit alle zulässigen Lösungen x von (F) mit $c'x < c'x^{(s)}$ untersucht.

Wenn die Folge diese beiden Eigenschaften erfüllt, dann ist das erste für (P) zulässige Element dieser Folge auch für (P) optimal.

Im s-ten Schritt fixieren wir einen Teil der Variablen x_j auf die Werte 0 oder 1, während die übrigen Variablen („freie Variable") beliebige Werte $0 \leq x_j \leq 1$ annehmen können. J_s sei die Indexmenge der fixierten Variablen, zu jedem $j \in J_s$ ist die Größe $\delta_j^s \in \{0,1\}$ eindeutig festgelegt. Die Indexmenge der freien Variablen bezeichnen wir mit N_s. Somit ist $N_s \cap J_s = \phi$ und $N_s \cup J_s = N = \{1, 2, \ldots, n\}$. Fügt man zu den Restriktionen von (F′) die Gleichungen

$$x_j = \delta_j^s \text{ für } j \in J_s$$

hinzu, so erhält man dadurch das Problem (F'_s). Falls (F'_s) eine zulässige Lösung besitzt, sei $\mathbf{x}^*(s)$ seine Optimallösung und z_s der zugehörige Wert der Zielfunktion. Wir definieren einen Vektor

$$\mathbf{x}^{(s)} = \begin{cases} \delta_j^s & \text{für } j \in J_s \\ 0 & \text{für } j \in N_s \end{cases} \tag{9.4}$$

Ist dieser Vektor zulässig für (F'_s), so auch für (F_s).

Die Lösung einer gestellten Aufgabe (P) geht nun so vor sich: Zunächst wird das gewöhnliche lineare Programm (P′) durch das duale Simplexverfahren (Algorithmus 4 oder 14) oder durch das Simplexverfahren für beschränkte Variable (Dantzig [55]) gelöst. Infolge unserer Vereinbarung $\mathbf{c} \geq \mathbf{0}$ liegt die gestellte Aufgabe bereits in dual-zulässiger Form vor. Aus dem Simplextableau der Optimallösung läßt sich dann der Wert $\bar{u}$ ablesen, der zur Aufstellung des Filterproblems (F) notwendig ist.

Nach der Aufstellung des Problemes (F) numerieren wir folgenderweise die Variablen $x_1, x_2, \ldots, x_n$ in $x_{j_1}, \ldots, x_{j_n}$ um. Gilt eine der drei nachfolgenden Beziehungen (9.5), (9.6) oder (9.7), so sei jeweils $j_1 < j_2$:

$$\alpha_{j_1} > 0, \quad \alpha_{j_2} \leq 0 \tag{9.5}$$

$$\alpha_{j_1} > 0, \quad \alpha_{j_2} > 0, \quad \frac{c_{j_1}}{\alpha_{j_1}} < \frac{c_{j_2}}{\alpha_{j_2}} \tag{9.6}$$

$$\alpha_{j_1} \leq 0, \quad \alpha_{j_2} \leq 0, \quad \alpha_{j_1} > \alpha_{j_2} \tag{9.7}$$

Da durch (9.5) bis (9.7) die Ordnungsrelation in der Menge $N = \{1, 2, \ldots, n\}$ im allgemeinen nicht eindeutig festgelegt wird, bleibt bei der Umnumerierung noch eine gewisse Freiheit.

Nun beginnen wir mit unserem Branch und Bound-Algorithmus. Anfangs sei $J_0 = \phi$ und $z_0 = \mathbf{c}'\bar{\mathbf{x}}$, wobei $\bar{\mathbf{x}}$ eine Optimallösung von (P′) und damit nach Satz 9.1 auch von (F′) ist. Ist diese Lösung nicht zulässig, so folgt ein Verzweigungsschritt. Dabei verwenden wir folgende

Verzweigungsregel:

Es seien $j_1, j_2, \ldots, j_t$ die Indizes von N_s (nach der obigen Umnumerierung). Die Nachfolger von s werden festgelegt durch

$$J_{s+1} = J_s \cup \{j_1\}, \qquad \delta_j^{s+1} = \begin{cases} \delta_j^s & \\ & \text{für} \\ 1 & \end{cases} \begin{matrix} j \in J_s \\ \\ j = j_1 \end{matrix}$$

$$J_{s+2} = J_s \cup \{j_1, j_2\}, \qquad \delta_j^{s+2} = \begin{cases} \delta_j^s & \\ 0 & \text{für} \\ 1 & \end{cases} \begin{matrix} j \in J_s \\ j = j_1 \\ j = j_2 \end{matrix}$$

$$J_{s+t} = J_s \cup \{j_1, j_2, \ldots, j_t\}, \quad \delta_j^{s+t} = \begin{cases} \delta_j^s & \\ 0 & \text{für} \\ 1 & \end{cases} \begin{matrix} j \in J_s \\ j = j_1, \ldots, j_{t-1} \\ j = j_t \end{matrix}$$

Ist etwa $x^{(s)} = \{1, \ldots\}$, also $J_s = \{1\}$ mit $\delta_1^s = 1$ und sind 2,3,4 die Indizes von N_s in der oben definierten Ordnung, dann besitzt $x^{(s)}$ folgende drei Nachfolger (Die freien Variablen in x sind durch Punkte gekennzeichnet):

$$x^{(s+1)} = (1, 1, . .)$$
$$x^{(s+2)} = (1, 0, 1, .)$$
$$x^{(s+3)} = (1, 0, 0, 1)$$

Wir werden später sehen, daß man durch einen einfachen Test (F-Test 2), angewendet auf die durch $J_{s+\tau}$ und $\delta_j^{s+\tau}$ ($\tau = 1, \ldots$ t) bestimmten Lösungen, entscheiden kann, ob es für ein τ_0 zulässige Lösungen für $\tau \geq \tau_0$ geben kann. Wenn es keine solchen zulässigen Lösungen gibt, können wir die Verzweigung vorzeitig beenden und beginnen eine neue Iteration.

Andererseits wird im F-Test 1 geprüft, ob die durch J_s und δ_j^s bestimmte Lösung (9.4) zulässig für (F) ist. Wenn sie zulässig ist, dann passierte diese Lösung den Filter und erfüllte somit eine für die Zulässigkeit bezüglich (P) ziemlich einschneidende Bedingung. In diesem Fall setzen wir $\epsilon(s) = 1$. Ist ein Vektor $x^{(s)}$ nicht für (F) zulässig, besitzt er aber möglicherweise zulässige Nachfolger, so setzen wir $\epsilon(s) = 0$. Im P-Test 1 wird geprüft, ob dieses $x^{(s)}$ auch für (P) zulässig ist. Ist diese Lösung auch für (P) zulässig, dann ist sie auch für (P) optimal und wir terminieren. Ist $x^{(s)}$ nicht zulässig, dann können wir durch P-Test 2 prüfen, ob eine für (P) zulässige Lösung $x^{(\sigma)}$ existieren kann, wobei σ ein Nachfolger von s ist. Kann es kein solches $x^{(\sigma)}$ geben, so streichen wir den Knoten s und wählen gemäß der nachfolgenden Auswahlregel einen neuen Knoten. Kann es jedoch so ein $x^{(\sigma)}$ geben, so prüfen wir im P-Test 3, der im wesentlichen dem Test von Fleischmann (vgl. Abschnitt 9.1) entspricht, ob eine der Komponenten von $x^{(\sigma)}$ mit $j \in N_s$ notwendigerweise die Werte 0 oder 1 annehmen muß. Ist dies der Fall, so ordnen wir diesen Komponenten die entsprechenden Werte zu, überspringen die Zwischenlösungen und beginnen eine neue Iteration. Finden wir keine Komponenten, denen feste Werte zugeordnet werden müssen, um eine für (P) zulässige Lösung zu erhalten, so verzweigen wir erneut.

Jeweils wenn eine neue Iteration begonnen wird, wird gemäß folgender Auswahlregel ein neuer Knoten gewählt:

Auswahlregel:

Man wähle jenen unverzweigten Knoten, dem der kleinste Wert der Zielfunktion entspricht.

Im einzelnen erhalten wir dadurch folgenden Rechengang:

Algorithmus 21: Filtermethode von Balas zur Lösung der Booleschen Optimierungsaufgabe: Minimiere $\mathbf{c}'\mathbf{x}$ ($\mathbf{c} \geq \mathbf{0}$) unter den Restriktionen $\mathbf{Ax} \geq \mathbf{b}$ und $x_j \in \{0,1\}$ für $1 \leq j \leq n$.

Notwendige Unterprogramme:

Duales Simplexverfahren

Anfangswerte:

A... m×n-Matrix
b... m-Vektor
c... n-Vektor

1. Löse das lineare Programm: Minimiere $\mathbf{c}'\mathbf{x}$ unter den Restriktionen $\mathbf{Ax} \geq \mathbf{b}$, $0 \leq x_j \leq 1$ $(1 \leq j \leq n)$ durch das (duale) Simplexverfahren. Besitzt diese Aufgabe keine endliche Optimallösung, so terminiere. Andernfalls sei $\bar{\mathbf{x}}$ seine Optimallösung und $(\bar{\mathbf{u}}, \bar{\mathbf{v}})$ die Optimallösung des dazu dualen Problemes (die Variablen von $\bar{\mathbf{u}}$ entsprechen den Restriktionen $\mathbf{Ax} \geq \mathbf{b}$). Gehe zu 2.

2. Ist $\bar{\mathbf{x}} \in \mathbf{B}^n$, so terminiere. $\bar{\mathbf{x}}$ ist die gesuchte Optimallösung. Andernfalls setze

   $s := 0$,
   $J_o := \phi$,
   $N_o := \{1, 2, \ldots, n\}$
   und gehe zu 3.

3. Berechne für $1 \leq j \leq n$:

   $\alpha_j := \mathbf{a}_j'\bar{\mathbf{u}}$, wobei $\mathbf{a}_j$ der j-te Spaltenvektor von **A** ist
   $b_o := \mathbf{b}'\bar{\mathbf{u}}$
   Gehe zu 4.

4. Numeriere gemäß (9.5) bis (9.7) die Komponenten der Vektoren **c** und $(\alpha_1, \alpha_2, \ldots, \alpha_n)$ sowie die Spalten der Matrix **A** um.
   Gehe zu 10.

5. Auswahlschritt

5.1 Ist $Z = \phi$, so existiert keine zulässige Lösung. Terminiere.
Ist $Z \neq \phi$, so bestimme i^* aus

$$z_{i^*} = \min_{z_i \in Z} z_i$$

(Wird das Minimum für mehrere z_i angenommen, unter denen sich auch z_i mit $\epsilon(i) = 1$ befinden, so wähle man für i^* einen Index mit $\epsilon(i^*) = 1$).

5.2 Setze $J_s := J_{i^*}$,
$N_s := N_{i^*}$,
$Z := Z \setminus \{z_{i^*}\}$

und für $j \in J_s$:

$$\delta_j^s := \delta_j^{i*}.$$

5.3 Ist $\epsilon(i^*)=0$, so gehe zu 10., andernfalls gehe zu 6.

6. P-Test 1 (Zulässigkeit bezüglich (P)):

6.1 Berechne für $1 \leq i \leq m$:

$$\bar{b}_i := b_i - \sum_{j \in J_s} a_{ij} \delta_j^s$$

6.2 Ist für alle i die Beziehung $\bar{b}_i \leq 0$ erfüllt, dann gehe zu 7. Andernfalls setze

$$M^+ := \{ i \mid \bar{b}_i > 0 \}$$

und gehe zu 8.

7. Setze

$$x_j := \begin{cases} \delta_j^s & \text{für } j \in J_s \\ 0 & \text{für } j \in N_s \end{cases}$$

Terminiere. **x** ist die gesuchte Optimallösung von (P).

8. P-Test 2 (Besitzt s zulässige Nachfolger?):

8.1 Setze für $i \in M^+$:

$$K_i^+ := \{ j \mid j \in N_s, a_{ij} > 0 \}$$

und berechne für alle $i \in M^+$:

$$\bar{b}_i := \bar{b}_i - \sum_{j \in K_i^+} a_{ij}$$

8.2 Ist für alle $i \in M^+$ stets $\bar{b}_i \leq 0$, dann gehe zu 9.
Andernfalls setze $s := s+1$ und gehe zu 5.

9. P-Test 3 (Test von Fleischmann):

9.1 Setze für $i \in M^+$:

$$K_i^- := \{ j \mid j \in N_s, a_{ij} < 0 \}$$

$$F^+ := \bigcup_{i \in M^+} \{ j \mid j \in K_i^+, -a_{ij} < \bar{b}_i \}$$

$$F^- := \bigcup_{i \in M^-} \{ j \mid j \in K_i^-, a_{ij} < \bar{b}_i \}$$

9.2 Ist $F^+ \cup F^- = \phi$, dann gehe zu 10.
Andernfalls gehe zu 9.3.

9.3 Ist $F^+ \cap F^- \neq \phi$, so setze $s := s+1$ und gehe zu 5.
Andernfalls gehe zu 11.

10. Verzweigungsschritt

Setze $t := 1$. Gehe zu 10.1

10.1 $N_s(t) = \{j_1, j_2, \ldots, j_t\}$ sei die Menge der ersten t Indizes von N_s, der Größe nach geordnet.

Setze $J_{s+t} := J_s \cup N_s(t)$,

$N_{s+t} := N_s \setminus N_s(t)$

und für $j \in J_{s+t}$:

$$\delta_j^{s+t} := \begin{cases} \delta_j^s & \text{für } j \in J_s \\ 0 & \text{für } j \in N_s(t), j \neq j_t \\ 1 & \text{für } j = j_t \end{cases}$$

10.2 F-Test 1 (Zulässigkeit bezüglich (F)):

Berechne $\bar{b} := b_o - \sum_{j \in J_{s+t}} \alpha_j \delta_j^{s+t}$.

Ist $\bar{b} \leq 0$, so gehe zu 10.3, andernfalls gehe zu 10.4.

10.3 Setze $z_{s+t} := \sum_{j \in J_{s+t}} c_j \delta_j^{s+t}$,

$Z := Z \cup \{z_{s+t}\}$,

$\epsilon(s+t) := 1$

und gehe zu 10.5.

10.4 F-Test 2 (Läßt sich die Verzweigung beenden?):

Gibt es einen Index $r \in N_{s+t}$ mit

$$\sum_{\substack{j \in N_{s+t} \\ j \leq r-1}} \alpha_j < \bar{b} \leq \sum_{\substack{j \in N_{s+t} \\ j \leq r}} \alpha_j \quad , \qquad (*)$$

dann setze

$$z_{s+t} := \sum_{j \in J_s} c_j \delta_j^s + c_{j_t} + \sum_{\substack{j \in N_{s+t} \\ j \leq r-1}} c_j + \left(\frac{c_r}{\alpha_r}\right) \left(\bar{b} - \sum_{\substack{j \in N_{s+t} \\ j \leq r-1}} \alpha_j\right) ,$$

$Z := Z \cup \{z_{s+t}\}$,

$\epsilon(s+t) := 0$

und gehe zu 10.5

Gibt es keinen Index r, für den (*) erfüllt ist, dann setze

$s := s + t + 1$

und gehe zu 5.

10.5 Ist $N_{s+t} \neq \phi$, so setze $t := t + 1$ und gehe zu 10.1.

Andernfalls setze $s := s + t + 1$ und gehe zu 5.

11. Sprungschritt

11.1 Setze $J_{s+1} := J_s \cup F^+ \cup F^-$,

$$N_{s+1} := N_s \setminus (F^+ \cup F^-)$$

$$\delta_j^{s+1} := \begin{cases} \delta_j^s & j \in J_s \\ 1 \quad \text{für} & j \in F^+ \\ 0 & j \in F^- \end{cases}$$

11.2 Ist $F^+ \neq \phi$, so setze

$$\epsilon(s+1) := 1,$$

$$z_{s+1} := \sum_{j \in J_{s+1}} c_j \delta_j^{s+1}$$

$$Z := Z \cup \{z_{s+1}\}$$

$$s := s+2$$

und gehe zu 5.

Ist $F^+ = \phi$, so setze $s := s+1$ und gehe zu 10.

Da P-Test 1 und 2 sowie F-Test 1 von selbst klar sind und P-Test 3 im wesentlichen bereits im Abschnitt 9.1 besprochen wurde, bedarf also lediglich F-Test 2 einer näheren Erläuterung.

Nach (9.5) wurden die Größen α_j so geordnet, daß die positiven α_j vor den negativen α_j stehen. Gibt es daher kein r mit

$$\bar{b} \leq \sum_{\substack{j \in N_{s+t} \\ j \leq r}} \alpha_j \tag{9.8}$$

so gibt es keinen für (F) zulässigen Nachfolger von $s+\tau$ mit $\tau \geq t$. In diesem Falle können wir die Verzweigung beenden und wir kehren zum Auswahlschritt zurück.

Gibt es aber ein r, für das (9.8) gilt, dann besitzt der Vektor $x^{(s+t)}$, obwohl selbst nicht zulässig, doch für (F) zulässige Nachfolger. Wir werden nun zeigen, daß der Zielfunktionswert für jeden dieser zulässigen Nachfolger stets größer als z_{s+t} in Punkt 10.4 ist.

Es sei also $\bar{x}$ eine für (F) zulässige Lösung, die Nachfolger von $x^{(s+t)}$ ist. Dabei sei $\bar{x}_j = 1$ für $j \in D$. Ferner sei r der erste Index, für den die Beziehung (9.8) gilt.

Wir setzen

$$J := \{j \mid j \in N_{s+t}, j \leq r-1\} \cap D$$

$$R := \{j \mid j \in N_{s+t}, j \leq r-1\} \setminus J$$

$$S := D \setminus (J \cup J_{s+t})$$

Dann ist

$$\tilde{z} = c'\tilde{x} = \sum_{j\in J_{s+t}} c_j\delta_j^{s+t} + \sum_{j\in J} c_j + \sum_{j\in S} c_j$$

Andererseits ist nach Punkt 10.4:

$$z_{s+t} = \sum_{j\in J_{s+t}} c_j\delta_j^{s+t} + \sum_{j\in J} c_j + \sum_{j\in R} c_j + \left(\frac{c_r}{\alpha_r}\right)(\bar{b} - \sum_{j\in J\cup R} \alpha_j)$$

Wir müssen $\tilde{z} \geq z_{s+t}$ zeigen, was gleichwertig mit (9.9) ist:

$$\sum_{j\in S} c_j > \sum_{j\in R} c_j + \left(\frac{c_r}{\alpha_r}\right)(\bar{b} - \sum_{j\in J\cup R} \alpha_j) \tag{9.9}$$

Bezeichnen wir mit ϱ den größten Index der Menge R, so gilt nach (9.6):

$$\sum_{j\in R} c_j - \frac{c_\varrho}{\alpha_\varrho} \sum_{j\in R} \alpha_j$$

Daraus erhalten wir, da nach (9.6) $\frac{c_\varrho}{\alpha_\varrho} \leq \frac{c_r}{\alpha_r}$ gilt:

$$\begin{aligned} &\sum_{j\in R} c_j + \left(\frac{c_r}{\alpha_r}\right)(\bar{b} - \sum_{j\in J\cup R} \alpha_j) - \frac{c_\varrho}{\alpha_\varrho} \sum_{j\in R} \alpha_j + \left(\frac{c_r}{\alpha_r}\right)(\bar{b} - \sum_{j\in J\cup R} \alpha_j) \leq \\ &\leq \frac{c_r}{\alpha_r}(\bar{b} - \sum_{j\in J} \alpha_j) + \sum_{j\in R} \alpha_j \cdot \left(\frac{c_\varrho}{\alpha_\varrho} - \frac{c_r}{\alpha_r}\right) \leq \frac{c_r}{\alpha_r}(\bar{b} - \sum_{j\in J} \alpha_j) \end{aligned} \tag{9.10}$$

Zerlegen wir nun die Menge S in S^+ und S^-, wobei

$$S^+ = \{j \mid \alpha_j > 0\}, \quad S^- = \{j \mid \alpha_j \leq 0\}$$

gelte, und ist σ der kleinste Index von S^+ (nach Konstruktion ist $\sigma \geq r$), dann gilt nach (9.6):

$$\sum_{j\in S} c_j \geq \sum_{j\in S^+} c_j \geq \frac{c_\sigma}{\alpha_\sigma} \cdot \sum_{j\in S^+} \alpha_j \tag{9.11}$$

Da $\tilde{x}$ nach Voraussetzung für (F) zulässig ist, ist

$$\sum_{j\in S^+} \alpha_j + \sum_{j\in J} \alpha_j \geq \bar{b}$$

und wir erhalten

$$\frac{c_\sigma}{\alpha_\sigma} \sum_{j\in S^+} \alpha_j \geq \frac{c_\sigma}{\alpha_\sigma}(\bar{b} - \sum_{j\in J} \alpha_j) \geq \frac{c_r}{\alpha_r}(\bar{b} - \sum_{j\in J} \alpha_j) \tag{9.12}$$

Fassen wir (9.10), (9.12) und (9.11) zusammen, so ist damit (9.9) nachgewiesen.

Nun ist noch folgendes zu zeigen: Ist die für (F) zulässige Lösung $\mathbf{x}^{(s)}$ erreicht, dann wurden implizit alle für (F) zulässigen Vektoren x mit $\mathbf{c}'\mathbf{x}<\mathbf{c}'\mathbf{x}^{(s)}$ untersucht. Daraus folgt, daß die erste Lösung, die im Laufe des Verfahrens auch für (P) zulässig ist, für (P) auch optimal ist. Nehmen wir an, $\mathbf{x}^{(s)}$ wäre die erste für (P) zulässige Lösung und sie wäre nicht optimal. Dann gibt es einen Vektor $\mathbf{x}^{(t)}$, bestimmt durch J_t und δ_j^t, so daß $\mathbf{c}'\mathbf{x}^{(t)}<\mathbf{c}'\mathbf{x}^{(s)}$ gilt.

Da je zwei Knoten des Lösungsbaumes einen gemeinsamen Vorgänger haben ($\mathbf{x}^{(o)}$ ist Vorgänger für alle Vektoren aus $\mathbf{B}^n$), so gibt es auch einen Vorgänger $\mathbf{x}^{(r)}$ von $\mathbf{x}^{(s)}$ und $\mathbf{x}^{(t)}$, der durch maximales J_r gekennzeichnet ist. $\mathbf{x}^{(r)}$ ist also jener Vorgänger, bei dem möglichst viele Komponenten von $\mathbf{x}^{(s)}$ und $\mathbf{x}^{(t)}$ übereinstimmen.

Der Knoten r, dem ein z_r mit $z_r<z_s$ entspricht, ist sicher im Laufe des Algorithmus verzweigt worden, da $z_s = \min_{z_i \in Z} z_i$ gilt und Z alle unverzweigten Knoten enthält. Daher ist die durch J_r und δ_j^r bestimmte Lösung in einer früheren Iteration den P-Tests unterworfen worden, die folgende Resultate ergeben konnten:

(α) P-Test 2 ergab für ein $i \in M^+$ das Resultat $\overline{b}_i>0$. Folglich wurde der zu r gehörige Vektor $\mathbf{x}^{(r)}$ gestrichen. In diesem Fall ist aber auch kein Nachfolger von $\mathbf{x}^{(r)}$ für (P) zulässig, insbesondere nicht die beiden Vektoren $\mathbf{x}^{(s)}$ und $\mathbf{x}^{(t)}$.

(β) P-Test 3 ergab $F^+ \cup F^- = \phi$. Der danach durchgeführte Verzweigungsschritt kann entweder ergeben haben (F-Test 2), daß $\mathbf{x}^{(r)}$ keinen für (F') zulässigen Nachfolger besitzt, damit aber auch keinen für (P) zulässigen. Oder es wurde eine Lösung $\mathbf{x}^{(r')}$ gefunden. Diese wäre notwendigerweise Vorgänger von $\mathbf{x}^{(s)}$ und $\mathbf{x}^{(t)}$. Dies steht im Widerspruch dazu, daß im Vektor $\mathbf{x}^{(r)}$ möglichst viele Komponenten von $\mathbf{x}^{(s)}$ und $\mathbf{x}^{(t)}$ übereinstimmen.

(γ) P-Test 3 ergab $F^+ \cap F^- \neq \phi$. Dann kann aber $\mathbf{x}^{(r)}$ keinen zulässigen Nachfolger besitzen.

(δ) P-Test 3 ergab $F^+ \cap F^- = \phi$, $F^+ \cup F^- \neq \phi$. Wie oben unter (β) würde dann $\mathbf{x}^{(r+1)}$ ein gemeinsamer Vorgänger von $\mathbf{x}^{(s)}$ und $\mathbf{x}^{(t)}$ sein. Dies widerspricht wieder der Definition von $\mathbf{x}^{(r)}$.

Damit wurde also die Annahme, es gäbe ein für (P) zulässiges $\mathbf{x}^{(t)}$ mit $\mathbf{c}'\mathbf{x}^{(t)}<\mathbf{c}'\mathbf{x}^{(s)}$ ad absurdum geführt.

Das folgende Beispiel möge zur Illustration des Verfahrens dienen:

Beispiel 26:

Minimiere $6x_1 + 8x_2 + 11x_3 + 4x_4$ unter den Restriktionen

$$\begin{aligned} -x_1 + 2x_2 - 5x_3 - x_4 &\leq -2 \\ 2x_1 - 6x_2 + 3x_3 - x_4 &\leq -1 \\ x_1 + x_2 + x_3 + x_4 &\leq 2 \\ x_j \leq \{0,1\} \quad \text{für} \quad 1 \leq j &\leq 4 \end{aligned}$$

Wir verwenden das duale Simplexverfahren (Algorithmus 14) zur Lösung des gewöhnlichen linearen Programmes. Dabei ist zu beachten, daß im gegebenen Beispiel die Zielfunktion minimiert wird. In den nachfolgenden Tableaus werden nur jene Werte aufgeführt, die zur Bestimmung der Optimallösung notwendig sind.

Ausgangstableau:

x_1	x_2	x_3	x_4		
−6	−8	−11	−4		
−1	2	[−5]	−1	−2	u_1
2	−6	3	−1	−1	u_2
1	1	1	1	2	u_3
1	0	0	0	1	v_1
0	1	0	0	1	v_2
0	0	1	0	1	v_3
0	0	0	1	1	v_4

Tableau 1:

x_1	x_2	u_1	x_4		
$-\frac{19}{5}$	$-\frac{62}{5}$	$-\frac{11}{5}$	$-\frac{9}{5}$	$\frac{22}{5}$	
	$-\frac{2}{5}$		$\frac{1}{5}$	$\frac{2}{5}$	x_3
$\frac{7}{5}$	$-\frac{24}{5}$	$\frac{3}{5}$	[$-\frac{8}{5}$]	$-\frac{11}{5}$	u_2
	$\frac{7}{5}$		$\frac{4}{5}$	$\frac{8}{5}$	u_3
	0		0	1	v_1
	1		0	1	v_2
	$\frac{2}{5}$		$-\frac{1}{5}$	$\frac{3}{5}$	v_3
0	0	0	1	1	v_4

Tableau 2:

x_1	x_2	u_1	u_2		
$-\frac{43}{8}$	-7	$-\frac{23}{8}$	$-\frac{9}{8}$	$\frac{55}{8}$	
	-1			$\frac{1}{8}$	x_3
	3			$\frac{11}{8}$	x_4
	-1			$\frac{1}{2}$	u_3
	0			1	v_1
	1			1	v_2
	1			$\frac{7}{8}$	v_3
$\frac{7}{8}$	$\boxed{-3}$	$\frac{3}{8}$	$\frac{5}{8}$	$-\frac{3}{8}$	v_4

Optimales Tableau:

x_1	v_4	u_1	u_2		
$-\frac{89}{12}$	$-\frac{7}{3}$	$-\frac{15}{4}$	$-\frac{31}{12}$	$\frac{31}{4}$	
				$\frac{2}{8}$	x_3
				1	x_4
				$\frac{5}{8}$	u_3
				1	v_1
				$\frac{7}{8}$	v_2
				$\frac{3}{4}$	v_3
				$\frac{1}{8}$	x_2

Somit lautet die Optimallösung des Problemes (P'):

$$\bar{\mathbf{x}}' = (0, \tfrac{1}{8}, \tfrac{2}{8}, 1), \quad \bar{\mathbf{u}}' = (\tfrac{15}{4}, \tfrac{31}{12}, 0), \quad \bar{\mathbf{v}}' = (0, 0, 0, \tfrac{7}{3})$$

Um das Filterproblem (F) aufzustellen, sind die Größen $\alpha_i = \mathbf{a}_i{}'\bar{\mathbf{u}}$ zu berechnen. Wir erhalten

$$\alpha_1 = 1 \cdot \tfrac{15}{4} - 2 \cdot \tfrac{31}{12} - 1.0 = -\tfrac{17}{12}$$

$$\alpha_2 = -2 \cdot \tfrac{15}{4} + 6 \cdot \tfrac{31}{12} - 1.0 = 8$$

$$\alpha_3 = 5 \cdot \tfrac{15}{4} - 3 \cdot \tfrac{31}{12} - 1.0 = 11$$

$$\alpha_4 = 1 \cdot \tfrac{15}{4} + 1 \cdot \tfrac{31}{12} - 1.0 = \tfrac{19}{3}$$

$$b_o = 2 \cdot \tfrac{15}{4} + 1 \cdot \tfrac{31}{12} - 2.0 = \tfrac{121}{12}$$

Nun ist gemäß (9.5) bis (9.7) folgende Umnumerierung vorzunehmen:

Alter Index:	1	2	3	4
Neuer Index:	4	2	3	1

In den neuen Indizes lautet damit die gestellte Aufgabe (P):

Minimiere $4x_1+8x_2+11x_3+6x_4$ unter den Restriktionen

$$\begin{aligned} x_1-2x_2+5x_3+x_4 &\geq 2 \\ x_1+6x_2-3x_3-2x_4 &\geq 1 \\ -x_1-x_2-x_3-x_4 &\geq -2 \\ x_j \in \{0,1\} \text{ für } & 1 \leq j \leq 4 \end{aligned}$$

Das zugehörige Filterproblem (F) lautet:

Minimiere $4x_1+8x_2+11x_3+6x_4$ unter den Restriktionen

$$\tfrac{19}{3}x_1 + 8x_2 + 11x_3 - \tfrac{17}{12}x_4 \geq \tfrac{121}{12}$$

$$x_j \in \{0,1\} \text{ für } 1 \leq j \leq 4.$$

Ferner ist $s=0$, $J_o=\phi$ und $N_o=\{1,2,3,4\}$.

Nun beginnen wir den Branch und Bound Algorithmus mit dem Verzweigungsschritt:

$N_o(1)=\{1\}$, $J_1=\{1\}$, $N_1=\{2,3,4\}$, $\delta_1^1=1$

F-Test 1: $\bar{b}=\frac{45}{12}>0$

F-Test 2: $0<\bar{b}=\frac{45}{12}<8=\alpha_2$, also $r=2$

$$z_1=4+1.\left(\tfrac{45}{12}\right)=7\tfrac{3}{4},\ Z=\{z_1\},\ \epsilon(1)=0$$

$N_o(2)=\{1,2\}$, $J_2=\{1,2\}$, $N_2=\{3,4\}$, $\delta_1^2=0$, $\delta_2^2=1$

F-Test 1: $\bar{b}=\frac{25}{12}>0$

F-Test 2: $r=3$, $z_2=8+\frac{25}{12}=10\frac{1}{12}$, $Z=\{z_1,z_2\}$, $\epsilon(2)=0$

$N_o(3) = \{1,2,3\}$, $J_3 = \{1,2,3\}$, $N_3 = \{4\}$, $\delta_1^3 = \delta_2^3 = 0$, $\delta_3^3 = 1$

F-Test 1: $\overline{b} = -\frac{11}{12} < 0$, $z_3 = 11$, $Z = \{z_1, z_2, z_3\}$, $\epsilon(3) = 1$

$J_4 = \{1,2,3,4\}$, $N_4 = \phi$, $\delta_j^4 = 0$ für $j = 1,2,3$, $\delta_4^4 = 1$

F-Test 1: $\overline{b} = \frac{138}{12} > 0$, F-Test 2: Es gibt kein r

Auswahlschritt

$s = 5$, $J_5 = J_1$, $N_5 = N_1$, $Z = \{z_2, z_3\}$

Verzweigungsschritt

$J_6 = \{1,2\}$, $N_6 = \{3,4\}$, $\delta_1^6 = \delta_2^6 = 1$

F-Test 1: $\overline{b} = -\frac{51}{12}$, $z_6 = 12$, $Z = \{z_2, z_3, z_6\}$, $\epsilon(6) = 1$

$J_7 = \{1,2,3\}$, $N_7 = \{4\}$, $\delta_1^7 = \delta_3^7 = 1$, $\delta_2^7 = 0$

F-Test 1: $\overline{b} = -\frac{87}{12}$, $z_7 = 15$, $Z = \{z_2, z_3, z_6, z_7\}$, $\epsilon(7) = 1$

$J_8 = \{1,2,3,4\}$, $N_8 = \phi$, $\delta_1^8 = \delta_4^8 = 1$, $\delta_2^8 = \delta_3^8 = 0$

F-Test 1: $\overline{b} = \frac{66}{12}$, F-Test 2: Es gibt kein r

Auswahlschritt

$s = 9$, $J_9 = J_2$, $N_9 = N_2$, $Z = \{z_3, z_6, z_7\}$, $\delta_j^9 = \delta_j^2$ für $j \in J_2$

Verzweigungsschritt

$J_{10} = \{1,2,3\}$, $N_{10} = 4$, $\delta_1^{10} = 0$, $\delta_2^{10} = \delta_3^{10} = 1$

F-Test 1: $\overline{b} = -\frac{107}{12}$, $z_{10} = 19$, $Z = \{z_3, z_6, z_7, z_{10}\}$, $\epsilon(10) = 1$

$J_{11} = \{1,2,3,4\}$, $N_{11} = \phi$, $\delta_1^{11} = \delta_3^{11} = 0$, $\delta_2^{11} = \delta_4^{11} = 1$

F-Test 1: $\overline{b} = \frac{42}{12}$, F-Test 2: Es gibt kein r

Auswahlschritt

$s = 12$, $J_{12} = J_3$, $N_{12} = N_3$, $\delta_j^{12} = \delta_j^3$ für $j \in J_3$, $Z = \{z_6, z_7, z_{10}\}$

P-Test 1: $\overline{b}_1 = -3$, $\overline{b}_2 = 4$, $\overline{b}_3 = -1$, $M^+ = \{2\}$

P-Test 2: $K_2^+ = \phi$

Auswahlschritt

$s = 13$, $J_{13} = J_6$, $N_{13} = N_6$, $\delta_j^{13} = \delta_j^6$ für $j \in J_6$, $Z = \{z_7, z_{10}\}$

P-Test 1: $\bar{b}_1 = 3$, $\bar{b}_2 = -6$, $\bar{b}_3 = 0$, $M^+ = \{1\}$

P-Test 2: $K_1^+ = \{3,4\}$, $\bar{b}_1 = -3$

P-Test 3: $K_1^- = \phi$, $F^+ = \{3\}$, $F^- = \phi$

Sprungschritt

$J_{14} = \{1,2,3\}$, $N_{14} = \{4\}$, $\delta_1^{14} = \delta_2^{14} = \delta_3^{14} = 1$, $\epsilon(14) = 1$, $z_{14} = 23$

$Z = \{z_7, z_{10}, z_{14}\}$

Auswahlschritt

$s = 15$, $J_{15} = J_7$, $N_{15} = N_7$, $\delta_1^{15} = \delta_3^{15} = 1$, $\delta_2^{15} = 0$, $Z = \{z_{10}, z_{14}\}$

P-Test 1: $\bar{b}_1 = -4$, $\bar{b}_2 = 3$, $\bar{b}_3 = 0$, $M^+ = \{2\}$

P-Test 2: $K_2^+ = \phi$

Auswahlschritt

$s = 16$, $J_{16} = J_{10}$, $N_{16} = N_{10}$, $\delta_1^{16} = 0$, $\delta_2^{16} = \delta_3^{16} = 1$, $Z = \{z_{14}\}$

P-Test 1: $\bar{b}_1 = -1$, $\bar{b}_2 = -2$, $\bar{b}_3 = 0$

Optimallösung $x_1 = x_4 = 0$, $x_2 = x_3 = 0$

Damit lautet die optimale Lösung in der ursprünglichen Numerierung der Variablen x_j ebenfalls:

$$x_1 = x_4 = 0, \quad x_2 = x_3 = 1.$$

Die Algorithmen von Balas fanden eine starke Beachtung. Zahlreiche Autoren schlugen Modifikationen und Verbesserungen vor. Balas [64b] selbst gab eine Möglichkeit an, wie der additive Algorithmus bei ganzzahligen Problemen mit $x_j \epsilon \mathbf{N}$ (statt wie in 9.1 betrachtet $x_j \epsilon \mathbf{B}$) beschleunigt werden kann. Ginsburgh und van Peetersen [69] verallgemeinerten die Tests von Balas um quadratische Optimierungsaufgaben damit zu lösen.

10. Partition gemischt ganzzahliger Programme

10.1 Der Partitionsansatz von Benders

Benders [62] gab ein Verfahren an, wie man eine Optimierungsaufgabe der Form

$$\text{Minimiere } \mathbf{c}'\mathbf{x} + \mathbf{d}'\mathbf{y} \text{ unter den Restriktionen} \qquad (10.1)$$
$$\mathbf{Ax} + \mathbf{By} \geq \mathbf{b}$$
$$\mathbf{x} \geq \mathbf{0},\ \mathbf{y} \geq \mathbf{0}$$
$$y_j \in \mathbf{N} \text{ für } 1 \leq j \leq k$$

so in zwei Optimierungsaufgaben aufspalten kann, daß die eine von ihnen ein gewöhnliches lineares Programm und die andere ein rein ganzzahliges Optimierungsproblem ist. Dabei wird wesentlich vom Dualitätssatz Gebrauch gemacht.

Wird $\mathbf{y}$ festgehalten, so geht (10.1) über in

$$\text{Minimiere } \mathbf{c}'\mathbf{x} \text{ unter den Restriktionen} \qquad (10.2)$$
$$\mathbf{Ax} \geq \mathbf{b} - \mathbf{By}$$
$$\mathbf{x} \geq \mathbf{0}$$

Nach Kapitel 3 lautet das zu (10.2) duale lineare Programm:

$$\text{Maximiere } \mathbf{u}'(\mathbf{b} - \mathbf{By}) \text{ unter den Restriktionen} \qquad (10.3)$$
$$\mathbf{A}'\mathbf{u} \leq \mathbf{c}$$
$$\mathbf{u} \geq \mathbf{0}$$

Wie man sieht, ist die Menge der zulässigen Punkte der Optimierungsaufgabe (10.3) unabhängig von $\mathbf{y}$. Bezeichnen wir sie mit M:

$$M = \{\mathbf{u} \mid \mathbf{u} \in \mathbf{R}^m,\ \mathbf{A}'\mathbf{u} \leq \mathbf{c},\ \mathbf{u} \geq \mathbf{0}\}$$

Ist $M = \phi$, dann hat nach dem Dualitätssatz 3.3 das lineare Programm (10.2) keine endliche Optimallösung und damit besitzt auch die gegebene

Optimierungsaufgabe keine endliche Optimallösung. Wir interessieren uns also nur für den Fall, daß (10.3) eine endliche Optimallösung besitzt. Sollte dabei die Menge M unbeschränkt sein (vgl. Abb. 2.2), so kann man durch Hinzufügen der Restriktion

$$\sum_{i=1}^{m} u_i \leq C \tag{10.4}$$

mit hinreichend groß gewähltem C stets eine beschränkte Menge M erzielen. Bezeichnen wir mit $\mathbf{u}^{(\kappa)}$ ($\kappa \in K$) die Ecken von M. Nach dem Hauptsatz der linearen Optimierung (Satz 2.1) wird das Maximum der Zielfunktion eines linearen Programmes stets in einer Ecke angenommen. Daher ist (10.3) gleichwertig mit

$$\begin{aligned} &\text{Maximiere } \mathbf{u}'(\mathbf{b}-\mathbf{B}\mathbf{y}) \text{ unter der Restriktion} \\ &\mathbf{u} \in \{\mathbf{u}^{(\kappa)} \mid \kappa \in K\} \end{aligned} \tag{10.5}$$

Für ein festes $\bar{\mathbf{y}}$ wird also durch (10.5) ein $\bar{\mathbf{u}}$ gefunden, das die Linearform $\mathbf{u}'(\mathbf{b}-\mathbf{B}\bar{\mathbf{y}})$ maximiert. Da nach Satz 3.2 stets $\max \mathbf{u}'(\mathbf{b}-\mathbf{B}\mathbf{y}) \leq \min \mathbf{c}'\mathbf{x}$ gilt, ist das folgende rein ganzzahlige Problem (10.6) mit der gestellten Optimierungsaufgabe (10.1) gleichwertig:

$$\begin{aligned} &\text{Minimiere z unter den Restriktionen} \\ &z \geq \mathbf{d}'\mathbf{y} + \max_{\kappa \in K} \mathbf{u}^{(\kappa)\prime}(\mathbf{b}-\mathbf{B}\mathbf{y}) \\ &y_j \in N \quad \text{für} \quad 1 \leq j \leq k \end{aligned} \tag{10.6}$$

Ist nämlich $(\mathbf{x}^*, \mathbf{y}^*)$ die Optimallösung von (10.1) und $\mathbf{u}^*$ die Optimallösung von (10.3) für $\mathbf{y}=\mathbf{y}^*$, so erhalten wir als Optimallösung von (10.6): $z^* = \mathbf{d}'\mathbf{y}^* + \mathbf{u}^{*\prime}(\mathbf{b}-\mathbf{B}\mathbf{y}^*) = \mathbf{d}'\mathbf{y}^* + \mathbf{c}'\mathbf{x}^*$. Wäre $\mathbf{u}^*$ bekannt, so könnte man durch Lösen von (10.6) $\mathbf{y}^*$ berechnen. Dann könnte man (10.2) lösen und würde daraus $\mathbf{x}^*$ erhalten, womit eine Optimallösung von (10.1) gefunden wäre. Im allgemeinen wird aber $\mathbf{u}^*$ nicht bekannt sein. In diesem Falle kann man folgenderweise vorgehen:

Man beginnt mit einem für (10.3) zulässigen $\bar{\mathbf{u}}$ und löst durch ein Verfahren der ganzzahligen Optimierung die zugehörige Aufgabe (10.6). Daraus erhält man ein $\bar{\mathbf{y}}$ und $\bar{z}$. Sodann löst man für dieses $\bar{\mathbf{y}}$ die Optimierungsaufgabe (10.3). Erweist sich beim Lösen dieser Aufgabe, daß sie zwar eine endliche Optimallösung besitzt, aber M nicht beschränkt ist, so füge man die Restriktion (10.4) zu den Restriktionen von (10.3) hinzu. Somit erhält man in allen Fällen eine endliche Optimallösung $\tilde{\mathbf{u}}$. Genau im Falle $\tilde{\mathbf{u}} = \mathbf{u}^*$, $\bar{\mathbf{y}} = \mathbf{y}^*$ (durch einen Stern sind die für (10.1) optimalen Größen gekennzeichnet) gilt die Beziehung

$$\bar{z} \geq \mathbf{d}'\bar{\mathbf{y}} = \tilde{\mathbf{u}}'(\mathbf{b}-\mathbf{B}\bar{\mathbf{y}}) \tag{10.7}$$

Daher können wir, falls (10.7) erfüllt ist, durch Lösen von (10.2) den optimalen Vektor $\mathbf{x}^*$ erhalten. Ist aber (10.7) nicht erfüllt, so fügen wir die Restriktion

$$z \geq \mathbf{d}'\mathbf{y} + \tilde{\mathbf{u}}'(\mathbf{b} - \mathbf{B}\mathbf{y})$$

zu den Restriktionen von (10.6) hinzu und lösen erneut diese Optimierungsaufgabe.

Wir werden nun zeigen, daß diese Vorgangsweise nach endlich vielen Schritten tatsächlich die Optimallösung von (10.1) ergibt. Dabei ist nur der Fall, daß $M \neq \phi$ beschränkt ist, zu berücksichtigen. In diesem Fall hat aber M nur endlich viele Ecken. Wir werden jetzt zeigen, daß jedesmal eine neue Ecke bestimmt wird, wenn im Laufe des Verfahrens (10.3) gelöst wird.

Zunächst ergibt die Lösung von (10.6) ein $\bar{\mathbf{y}}$ und $\bar{z}$, für die gilt

$$\bar{z} = \mathbf{d}'\bar{\mathbf{y}} + \bar{\mathbf{u}}'(\mathbf{b} - \mathbf{B}\bar{\mathbf{y}}) \tag{10.8}$$

und nach Satz 3.2 gilt die Beziehung

$$\bar{z} \leq z^* \tag{10.9}$$

Lösen wir nun (10.3) für $\mathbf{y} = \bar{\mathbf{y}}$, so erhalten wir ein $\tilde{\mathbf{u}}$. Wenn wir (10.2) für $\mathbf{y} = \bar{\mathbf{y}}$ lösen, so erhalten wir ein $\bar{\mathbf{x}}$ und nach dem Dualitätssatz gilt

$$\mathbf{c}'\bar{\mathbf{x}} = \tilde{\mathbf{u}}'(\mathbf{b} - \mathbf{B}\bar{\mathbf{y}}) \tag{10.10}$$

$(\bar{\mathbf{x}}, \bar{\mathbf{y}})$ ist eine für (10.1) zulässige Lösung, daher ist

$$\mathbf{c}'\bar{\mathbf{x}} + \mathbf{d}'\bar{\mathbf{y}} \geq z^* \tag{10.11}$$

Fassen wir nun (10.8) bis (10.11) zusammen, so erhalten wir:

$$\tilde{\mathbf{u}}'(\mathbf{b} - \mathbf{B}\bar{\mathbf{y}}) = \mathbf{c}'\bar{\mathbf{x}} \geq z^* - \mathbf{d}'\bar{\mathbf{y}} = \bar{\mathbf{u}}'(\mathbf{b} - \mathbf{B}\bar{\mathbf{y}})$$

Dabei gelten nur dann die Gleichheitszeichen, wenn $\bar{z} = z^*$ ist.

Sonst ist aber

$$\tilde{\mathbf{u}}'(\mathbf{b} - \mathbf{B}\bar{\mathbf{y}}) > \bar{\mathbf{u}}'(\mathbf{b} - \mathbf{B}\bar{\mathbf{y}})$$

und damit

$$\tilde{\mathbf{u}} \neq \bar{\mathbf{u}}$$

Somit wird beim Lösen von (10.3) solange eine neue Ecke bestimmt, bis die Optimallösung erreicht ist. Da der Optimalwert der Zielfunktion von (10.1) in mindestens einer Ecke von M angenommen wird und M nur endlich viele Ecken besitzt, ergibt das Verfahren nach endlich vielen Schritten die gesuchte Lösung.

Man weiß allerdings bei diesem Verfahren nicht, wieviele Ecken von M untersucht werden müssen und damit, wieviele Restriktionen in (10.6) auftreten, bis die Optimallösung erreicht ist. Dieser Partitionsansatz ist daher dann wenig erfolgversprechend, wenn M sehr viele Ecken besitzt. Ein Vorteil des Partitionsansatzes ist der, daß in jedem Iterationsschritt eine obere und untere Schranke für den Wert der Zielfunktion angegeben werden kann. Nach (10.9) ist $\bar{z}$ eine untere Schranke für z^*. Lösen wir andrerseits (10.2) für $\mathbf{y}=\bar{\mathbf{y}}$ und lautet die Lösung $\bar{\mathbf{x}}$, so ist nach (10.11) $\mathbf{c}'\bar{\mathbf{x}}+\mathbf{d}'\bar{\mathbf{y}}$ eine obere Schranke für z^*.

Fassen wir nun den Algorithmus zusammen:

Algorithmus 22: Partitionsverfahren von Benders zur Lösung der gemischt ganzzahligen Optimierungsaufgabe:

Minimiere $\mathbf{c}'\mathbf{x}+\mathbf{d}'\mathbf{y}$ unter den Restriktionen $\mathbf{Ax}+\mathbf{By}\geq\mathbf{b}$, $\mathbf{x}\geq\mathbf{0}$, $\mathbf{y}\geq\mathbf{0}$, $y_j\in\mathbf{N}$ für $1\leq j\leq k$.

Benötigte Unterprogramme:

Mehrphasenmethode

Duales Simplexverfahren

Verfahren zur rein ganzzahligen Optimierung (z.B. additiver Algorithmus von Balas).

Anfangsdaten:

$\mathbf{A}=(a_{ij})$ ... $(m\times l)$-Matrix

$\mathbf{B}=(b_{ij})$ ... $(m\times k)$-Matrix

$\mathbf{b}$ ... m-Vektor

$\mathbf{c}$ ... l-Vektor

$\mathbf{d}$ ... k-Vektor

1. Bestimme (etwa durch die Mehrphasenmethode) ein $\bar{\mathbf{u}}$, für das gilt

$$\mathbf{A}'\bar{\mathbf{u}}\leq\mathbf{c},\quad \bar{\mathbf{u}}\geq\mathbf{0}$$

   Existiert kein solches $\bar{\mathbf{u}}$, so terminiere. Das gestellte Problem besitzt keine endliche Lösung.

   Andernfalls setze $r:=1$ und gehe zu 2.

2. Berechne für $1\leq j\leq k$:

$$d_j^{(r)} := d_j - \sum_{i=1}^{m} \bar{u}_i \cdot b_{ij}$$

und

$$z^{(r)} := \sum_{i=1}^{m} \bar{u}_i \cdot b_i$$

3. Löse die rein ganzzahlige Optimierungsaufgabe

   Minimiere z unter den Restriktionen

$$z \geq z^{(\varrho)} + \mathbf{d}^{(\varrho)\prime}\mathbf{y} \qquad \text{für } 1 \leq \varrho \leq r$$
$$y_j \in \mathbf{N} \qquad \text{für } 1 \leq j \leq k$$

   Die Lösung sei $\bar{y}$ und $\bar{z}$.

   Ist $\bar{z}$ nach unten unbeschränkt, so setze $\bar{z} := -\infty$.

4. Berechne für $1 \leq i \leq m$:

$$\bar{b}_i := b_i - \sum_{j=1}^{k} b_{ij}\,\bar{y}_j$$

5. Löse durch das duale Simplexverfahren:

   Maximiere $\bar{\mathbf{b}}'\mathbf{u}$ unter den Restriktionen $\mathbf{A}'\mathbf{u} \leq \mathbf{c}$, $\mathbf{u} \geq \mathbf{0}$

   Zeigt sich dabei, daß die Menge der zulässigen Punkte dieser Optimierungsaufgabe nicht beschränkt ist, so gehe zu 6. Andernfalls sei $\bar{\mathbf{u}}$ die Optimallösung. Gehe zu 7.

6. Ist $\bar{\mathbf{b}}'\mathbf{u}$ für alle $\mathbf{u}$ mit $\mathbf{A}'\mathbf{u} \leq \mathbf{c}$, $\mathbf{u} \geq \mathbf{0}$ nach oben beschränkt, dann füge die Restriktion

$$\sum_{i=1}^{m} u_i \leq C$$

   mit einer großen Konstanten C zu den Restriktionen $\mathbf{A}'\mathbf{u} \leq \mathbf{c}$ und gehe zu 5. Andernfalls terminiere. Das gestellte Problem besitzt keine Lösung.

7. Gilt

$$\bar{z} - \sum_{j=1}^{k} d_j \bar{y}_j = \sum_{i=1}^{m} \bar{u}_i \bar{b}_i$$

   so gehe zu 8., andernfalls setze $r := r+1$ und gehe zu 2.

8. Löse das lineare Programm:

   Minimiere $\mathbf{c}'\mathbf{x}$ unter den Restriktionen $\mathbf{A}\mathbf{x} \geq \bar{\mathbf{b}}$, $\mathbf{x} \geq \mathbf{0}$.

   Die Lösung sei $\bar{\mathbf{x}}$. Terminiere. $(\bar{\mathbf{x}}, \bar{\mathbf{y}})$ ist eine Optimallösung der gestellten Aufgabe.

Beispiel 27:

Minimiere $3x + y_1 + y_2$ unter den Restriktionen

$$2x - 3y_1 + 2y_2 \geq 4$$
$$3x - 2y_1 - y_2 \geq 1$$
$$3x + y_1 + y_2 \geq 5$$
$$x \geq 0,\ y_1 \in \mathbf{N},\ y_2 \in \mathbf{N}$$

Nach Punkt 1. ist zunächst ein $\bar{u}$ zu bestimmen, für das gilt

$$2\bar{u}_1 + 3\bar{u}_2 + 3\bar{u}_3 \leq 3$$
$$\bar{u}_1 \geq 0, \bar{u}_2 \geq 0, \bar{u}_3 \geq 0$$

Offenbar erfüllt $\bar{u}_1 = \bar{u}_3 = 0$, $\bar{u}_2 = 1$ diese Beziehungen.

Wir berechnen nun

$$d_1^{(1)} = 1-(-2) = 3$$
$$d_2^{(1)} = 1-(-1) = 2$$
$$z^{(1)} = 1$$

und lösen das ganzzahlige Optimierungsproblem:

Minimiere z unter $z > 1 + 3y_1 + 2y_2$, $y_1 \in N$, $y_2 \in N$.

Davon lautet die Lösung:

$$\bar{y}_1 = \bar{y}_2 = 0, \bar{z} = 1.$$

Nun berechnen wir

$$\bar{b}_1 = 4, \bar{b}_2 = 1, \bar{b}_3 = 5$$

und lösen das gewöhnliche lineare Programm:

Maximiere $4u_1 + \ u_2 + 5u_3$ unter den Restriktionen

$$2u_1 + 3u_2 + 3u_3 \leq 3$$
$$u_1 \geq 0, u_2 \geq 0, u_3 \geq 0$$

Die Lösung lautet $\bar{u}_1 = \frac{3}{2}$, $\bar{u}_2 = \bar{u}_3 = 0$.

Da die Gleichung von Punkt 7. des Algorithmus nicht erfüllt ist, berechnen wir

$$d_1^{(2)} = \frac{11}{2}, d_2^{(2)} = -2 \text{ und } z^{(2)} = 6$$

Nun lösen wir wieder das rein ganzzahlige Programm:

Minimiere z unter den Restriktionen

$$z \geq 1 + 3y_1 + 2y_2$$
$$z \geq 6 + \frac{11}{2}y_1 - 2y_2$$
$$y_1 \in N, y_2 \in N.$$

Die Lösung lautet $\bar{y}_1 = 0$, $\bar{y}_2 = 1$, $\bar{z} = 4$. Berechnen wir nun

$$\bar{b}_1 = 2, \bar{b}_2 = 2, \bar{b}_3 = 4$$

so erhalten wir wieder ein lineares Programm, nämlich

Maximiere $2u_1+2u_2+4u_2$ unter den Restriktionen

$$2u_1+3u_2+3u_3 \leq 3$$
$$u_1 \geq 0,\ u_2 \geq 0,\ u_3 \geq 0$$

Dessen Lösung lautet $\bar{u}_1 = \bar{u}_2 = 0,\ \bar{u}_3 = 1$.

Wieder ist die Gleichung von Punkt 7. nicht erfüllt, daher berechnen wir neuerlich

$$d_1^{(3)} = 0,\ d_2^{(3)} = 0,\ z^{(3)} = 5$$

Nun lautet das rein-ganzzahlige Programm:

Minimiere z unter den Restriktionen

$$z \geq 1 + 3y_1 + 2y_2$$
$$z \geq 6 + \tfrac{11}{2}y_1 - 2y_2$$
$$z \geq 5$$
$$y_1 \in N,\ y_2 \in N$$

Als Lösung erhalten wir $\bar{y}_1 = 0,\ \bar{y}_2 = 2,\ \bar{z} = 5$.

Daraus bestimmen wir

$$\bar{b}_1 = 0,\ \bar{b}_2 = 3,\ \bar{b}_3 = 3$$

und lösen nun die Aufgabe:

Maximiere $3u_2+3u_3$ unter den Restriktionen

$$2u_1+3u_2+3u_3 \leq 3$$
$$u_1 \geq 0,\ u_2 \geq 0,\ u_3 \geq 0$$

Davon lautet die Lösung $\bar{u}_1 = \bar{u}_3 = 0,\ \bar{u}_2 = 1$. Dann ist aber

$$\bar{z} - \sum_{j=1}^{k} d_j \bar{y}_j = 5 - 2 = 3 = \sum_{i=1}^{m} \bar{u}_i \bar{b}_i$$

Lösen wir also noch

Minimiere 3x unter den Restriktionen

$$2x \geq 0,\ 3x \geq 3,$$

so erhalten wir als Optimallösung für das gestellte Problem $\bar{x} = 1,\ \bar{y}_1 = 0,\ \bar{y}_2 = 2$ mit dem Wert $z = 5$ für die Zielfunktion.

11. Das Rucksackproblem

11.1 Problemstellung und das Lösungsverfahren von Gilmore-Gomory

Zu den einfachsten ganzzahligen Optimierungsproblemen gehört das Rucksackproblem. Dies ist ein lineares Programm mit ganzzahligen Variablen und nur einer Restriktion der Form $\mathbf{a}'\mathbf{x} \leq b$:

Maximiere $\mathbf{c}'\mathbf{x}$ unter den Restriktionen $\mathbf{a}'\mathbf{x} \leq b$, $x_j \in \mathbf{N}$ für $1 \leq j \leq n$.
Dabei seien alle Konstanten a_j, c_j und b ganzzahlig. (11.1)

Der Name rührt von folgender Interpretation dieser Optimierungsaufgabe her: Ein Wanderer möchte n verschiedene Dinge auf eine Bergtour mitnehmen. Diese Dinge haben für ihn den Wert c_j $(1 \leq j \leq n)$. Ihr Gewicht ist a_j $(1 \leq j \leq n)$. Ferner sei x_j die Anzahl, die der Wanderer vom j-ten Gegenstand mitnimmt. Das Gewicht des Rucksackes sei durch b beschränkt. Welche und wieviele Gegenstände sollen mitgenommen werden, damit der Wert des Rucksackinhaltes maximal wird?

Die Optimierungsaufgabe (11.1) tritt aber nicht nur auf, wenn ein Raum mit gewissen Dingen bepackt wird und die wertvollste Ladung bestimmt werden soll, sondern auch, wenn ein Raum in verschieden wertvolle Teile zerschnitten werden soll und man jene Zerschneidung sucht, die den größten Wert für die einzelnen Teile ergibt (Beispiel: Zerschneidung einer Glasplatte in Fensterscheiben verschiedener Größe). Ferner treten Rucksackprobleme beim Lösen sehr großer linearer Programme auf.

Neuerdings (Bradley [71a]) konnte gezeigt werden, daß jedes ganzzahlige Programm, dessen Menge der zulässigen Punkte beschränkt ist, in ein gleichwertiges Rucksackproblem mit derselben Anzahl von Variablen transformiert werden kann. Da für Rucksackprobleme relativ schnelle Lösungsverfahren zur Verfügung stehen, wäre es möglich, daß durch geeignete Transformationen auch andere Klassen ganzzahliger Optimierungsprobleme schneller gelöst werden können. Eine Rechenerfahrung liegt aber noch nicht vor.

Zur Lösung des Rucksackproblemes (11.1) wird oft die dynamische Optimierung herangezogen. Wir besprechen hier eine Variante, die auf Gilmore und Gomory [65] zurückgeht.

Für alle ganzen Zahlen $0 \leq y \leq b$ und $0 \leq k \leq n$ wird die Funktion

$$F(k,y) = \max \{ \sum_{j=1}^{k} c_j x_j \mid \sum_{j=1}^{k} a_j x_j \leq y \} \tag{11.2}$$

definiert. Offenbar ist $F(0,y) = 0$ für alle y und $F(k,0) = 0$ für alle k. Da diese Funktion eine Bewertungsfunktion im Sinne der dynamischen Optimierung ist, gilt für sie die Grundgleichung der dynamischen Optimierung

$$F(k,y) = \max \{F(k-1,y),\ F(k,y-a_k) + c_k\} \qquad \text{für } 0 < k \leq n,\ 0 \leq y \leq b \tag{11.3}$$

Da eventuell rechts in (11.3) negative Werte von y auftreten, definieren wir zusätzlich

$$F(k,y) = -\infty, \text{ falls } y < 0.$$

Um die Beziehung (11.3) einzusehen, überlegen wir uns folgendes: Wird $F(k,y)$ bestimmt, so ist entweder $x_k \geq 1$ oder $x_k = 0$. Ist $x_k = 0$, so ist $F(k,y) = F(k-1,y)$. Ist aber $x_k \geq 1$, so tritt in $\sum_{j=1}^{k} c_j x_j$ mindestens einmal der Koeffizient c_k auf und gleichzeitig wird y um a_k verringert. Man muß daher die Variablen $x_1, \ldots, x_k$ so wählen, daß $\sum_{j=1}^{k} c_j x_j$ maximal wird unter der Nebenbedingung $\sum_{j=1}^{k} a_j x_j \leq y - a_k$. Dies entspricht aber genau der Definition von $F(k,y-a_k)$. Damit ist (11.3) nachgewiesen.

Um (11.1) zu lösen, ist $F(n,b)$ zu bestimmen und dann ausgehend von diesem Wert der Weg zurückzuverfolgen, wie die einzelnen x_j $(1 \leq j \leq n)$ festgelegt wurden, die auf $F(n,b)$ führten. Dazu stellen wir uns eine Tabelle mit den Werten $F(k,y)$ $(0 \leq k \leq n,\ 0 \leq y \leq b)$ auf, die wir rekursiv durch (11.3) berechnen können. Ferner stellen wir eine zweite Tabelle mit Werten $j(k,y)$ auf, die durch folgende Beziehungen festgelegt sind

$$j(k,y) = 0, \quad \text{falls } F(k,y) = 0$$

$$j(k,y) = \begin{cases} j(k-1,y), & \text{falls } F(k-1,y) \geq F(k,y-a_k) + c_k \\ k & \text{, andernfalls} \end{cases} \tag{11.4}$$

$$(0 \leq k \leq n,\ 0 \leq y \leq b)$$

Die Größe $j(k,y)$ entspricht dem größten Index j, für den $x_j > 0$ in $F(k,y)$ gilt. Durch die Größen $j(k,y)$ wird die Bestimmung der Variablen x_j in der optimalen Lösung ermöglicht. Gehen wir dazu vom Optimalwert $F(n,b)$ der Zielfunktion aus. Das zugehörige $j(n,b)$ gibt den größten Index der positiven Variablen in dieser Lösung an. Setzen wir also

$$x_j = \begin{cases} 0 & \text{für } j(n,b) < j \leq n \\ 1 & j = j(n,b) \end{cases}$$

Da $x_{j(n,b)} = 1$ ist, wurde $F(n,b)$ durch $F(n, b-a_{j(n,b)})$ bestimmt. Sei nun $j(n, b-a_{j(n,b)})$ der zugehörige Index. Falls $j(n,b) = j(n, b-a_{j(n,b)})$ gilt, ersetzen wir $x_{j(n,b)}$ durch $x_{j(n,b)} + 1$, andernfalls setzen wir

$$x_j = \begin{cases} 0 & \text{für } j(n, b-a_{j(n,b)}) < j < j(n,b) \\ 1 & \text{für } j(n, b-a_{j(n,b)}) \end{cases}$$

Ersetzt man nun b durch $b-a_{j(n,b)}$, so kann man dieses Verfahren solange fortsetzen, bis $b = 0$ ist. Dann sind aber die x_j genau so festgelegt worden, daß sie die Optimallösung ergeben.

Der große Vorteil dieses Verfahrens gegenüber anderen, die ebenfalls auf der dynamischen Optimierung beruhen, liegt darin, daß zur Berechnung von $F(k,y)$ $(0 \leq y \leq b)$ lediglich die Werte $F(k-1,y)$ $(0 \leq y \leq b)$ benötigt werden. Analogerweise werden zur Berechnung von $j(k,y)$ nur die Werte $j(k-1,y)$ benötigt. Ferner müssen zur Bestimmung der Optimallösung nur $F(n,y)$ und $j(n,y)$ für $0 \leq y \leq b$ bekannt sein. Daher ist es nicht nötig, alle Werte von $F(k,y)$ und $j(k,y)$ zu speichern. Dies bringt einen enormen Speicherplatzgewinn gegenüber einem Standardverfahren der dynamischen Optimierung.

Fassen wir die obigen Ausführungen zu folgendem Algorithmus zusammen.

Algorithmus 23: Verfahren von Gilmore und Gomory zur Lösung des Rucksackproblemes (11.1)

Anfangsdaten: a_j $(1 \leq j \leq n)$

b

c_j $(1 \leq j \leq n)$

$F(0,y) := j(0,y) := 0$ für $1 \leq y \leq b$

$F(k,0) := j(k,0) := 0$ für $1 \leq k \leq n$

$x_j := 0$ für $1 \leq j \leq n$

$y := 1, \ k := 1$

1. Ist $y-a_k<0$, so setze
   $F(k,y) := F(k-1,y)$,
   $j(k,y) := j(k-1,y)$
   und gehe zu 3.
   Andernfalls gehe zu 2.

2. Ist $F(k-1,y) \geq F(k,y-a_k)+c_k$, so setze
   $F(k,y) := F(k-1,y)$,
   $j(k,y) := j(k-1,y)$
   und gehe zu 3.
   Andernfalls setze
   $F(k,y) := F(k,y-a_k)+c_k$,
   $j(k,y) := k$
   und gehe zu 3.

3. Ist $y<b$, so setze $y := y+1$ und gehe zu 1.
   Andernfalls gehe zu 4.

4. Ist $k<n$, so setze
   $k := k+1$,
   $y := 1$
   und gehe zu 1.
   Andernfalls gehe zu 5.

5. Setze
   $x_j := x_j+1$ für $j=j(n,b)$
   Gehe zu 6.

6. Setze $b := b-a_{j(n,b)}$. Gehe zu 7.

7. Ist $b>0$, so gehe zu 5.
   Andernfalls terminiere. Durch x_j ist die Optimallösung gegeben.

Beispiel 28:

$$\text{Maximiere } 2x_1+3x_2+x_3+4x_4+7x_5 \text{ unter den Restriktionen}$$
$$3x_1+2x_2+x_3+4x_4+4x_5 \leq 7$$
$$x_j \in \mathbf{N} \text{ für } 1 \leq j \leq 5$$

Gemäß Algorithmus 23 erhalten wir folgende Tabellen für die Werte $F(k,y)$ und $j(k,y)$. Von einem Überspeichern wird hier aus Gründen der Anschaulichkeit abgesehen.

F:

	k	1	2	3	4	5
	y	0	0	0	0	0	0
	1	0	0	0	1	1	1
	2	0	0	3	3	3	3
F:	3	0	2	3	4	4	4
	4	0	2	6	6	6	7
	5	0	2	6	7	7	8
	6	0	4	9	9	9	10
	7	0	4	9	10	10	11

j:

k	1	2	3	4	5
y					
0	0	0	0	0	0
1	0	0	0	3	3	3
2	0	0	2	2	2	2
3	0	1	2	3	3	3
4	0	1	2	2	2	5
5	0	1	2	3	3	5
6	0	1	2	2	2	5
7	0	1	2	3	3	5

Damit ist $F(n,b) = F(5,7) = 11$ und $j(5,7) = 5$. Also ist zunächst $x_5 = 1$. Dann ersetzen wir b durch $7-4=3$. Da $j(5,3) = 3$ ist, ist $x_3 = 1$. Nun wird b durch $3-a_3 = 3-1 = 2$ ersetzt. Es ist $j(5,2) = 2$ und damit $x_2 = 1$. Der nächste Schritt liefert $b=0$. Wir terminieren. Die Optimallösung lautet

$$x_1=0,\ x_2=1,\ x_3=1,\ x_4=0,\ x_5=1,\ c'x=11.$$

12. Primale Methoden

12.1 Die primale Methode von Young

Unter primalen Methoden zur Lösung von rein ganzzahligen, linearen Optimierungsaufgaben verstehen wir Iterationsverfahren, die lauter zulässige Lösungen als Näherungslösungen ergeben. Primale Methoden besitzen deswegen eine große Bedeutung, weil man auch dann eine zulässige Näherungslösung gewonnen hat, wenn man das Verfahren vor Erreichen der Optimallösung abbrechen muß.

Die ursprünglich von Young [65] beschriebene und später von Young [68] und Glover [68b] vereinfachte primale Methode hat große Ähnlichkeit mit dem ganzzahligen Algorithmus von Gomory. Dieser stellt ja eine modifizierte, duale Simplexmethode dar, die eine Folge dual zulässiger, ganzzahliger Lösungen erzeugt. Modifiziert man in analoger Weise wie beim ganzzahligen Algorithmus von Gomory das gewöhnliche Simplexverfahren (Ben-Israel und Charnes [62]), so treten dabei Schwierigkeiten in Hinblick auf die Endlichkeit des Verfahrens auf.

Betrachten wir nämlich die Optimierungsaufgabe:

Minimiere $\sum_{j=1}^{n} a_{oj}x_j - a_{oo}$ unter den Restriktionen

$$\begin{aligned} &\sum_{j=1}^{n} a_{ij}x_j \leq a_{io} \quad (1 \leq i \leq m) \\ &x_j \in N \quad (1 \leq j \leq n) \end{aligned} \tag{12.1}$$

und bezeichnen wir mit r den Index jener Restriktionen, aus der die neue Schnittebene abgeleitet wird, sowie mit s den Index der Pivotspalte, so kann der Fall eintreten, daß

$$\left[\frac{a_{ro}}{a_{rs}}\right] = 0$$

ist. Beim nachfolgenden Pivotschritt ändern sich dann die Konstanten a_{oo}, a_{io} $(1 \leq i \leq m)$ nicht. Dies entspricht der Entartung bei gewöhnlichen linearen Programmen. Während aber die Entartung bei gewöhnlichen linearen Programmen deswegen leicht behoben werden kann, weil die Menge der zulässigen Punkte nur endlich viele Ecken besitzt und es damit nur endlich viele voneinander verschiedene Basislösungen gibt, läßt sich diese Argumentation bei einem Schnittebenenverfahren nicht anwenden, da bei jeder Iteration eine neue Hyperebene hinzugefügt wird.

Um die Endlichkeit des Verfahrens zu erzwingen, nimmt Young drei Modifikationen vor, nämlich

a) Hinzufügen einer weiteren Restriktion zum Ausgangstableau

b) Spezielle Auswahlregeln für die Pivotspalte

c) Spezielle Regeln zur Auswahl jener Zeile, aus der die neue schneidende Restriktion abgeleitet wird.

Wir wollen im folgenden nicht die schwächsten Bedingungen beschreiben, unter denen die Endlichkeit des Verfahrens noch bewiesen werden kann, sondern möglichst einfache Bedingungen hierfür angeben. Modifikationen davon finden sich in den oben zitierten Originalarbeiten.

Gehen wir vom Problem (12.1) aus, wobei a_{oj}, a_{ij} und a_{io} $(1 \leq i \leq m, 1 \leq j \leq n)$ ganze Zahlen seien. Ferner gelte $a_{io} \geq 0$ $(1 \leq i \leq m)$ d.h. das Problem liege in primal zulässiger Form vor.

Wie schon erwähnt wurde, fügen wir nun eine zusätzliche Restriktion hinzu, nämlich die Referenzrestriktion

$$\sum_{j=1}^{n} x_j \leq a_{Lo} \qquad (12.2)$$

Dabei ist a_{Lo} eine obere Schranke für die Summe der Variablen x_j $(1 \leq j \leq n)$. In diesem Fall erfüllt jede zulässige Lösung von (12.1) auch die Beziehung (12.2). Die Referenzrestriktion dient dazu, die geeignete Pivotspalte auszuwählen. (12.2) ist nicht die einzig mögliche Form von Referenzrestriktionen, Glover [68b] gab weitere Möglichkeiten an.

Um die folgenden Ausführungen zu vereinfachen, führen wir den Begriff der lexikographischen Ordnung ein. Ein Vektor $\mathbf{a} \in \mathbf{R}^n$ heißt lexikographisch kleiner als $\mathbf{b} \in \mathbf{R}^n$, in Zeichen

$$\mathbf{a} \prec \mathbf{b},$$

wenn für die Komponenten von $\mathbf{a}$ und $\mathbf{b}$ entweder gilt $a_1 < b_1$ oder $a_i = b_i$ für $1 \leq i < k$ und $a_k < b_k$. So ist etwa der Vektor (0,0,0,4,3,2) lexikographisch kleiner als (0,0,1,2,1,1).

Bezeichnen wir die Koeffizienten der Referenzrestriktion mit a_{Lj} $(1 \leq j \leq n)$ und bilden wir die Vektoren

$$t_j = \begin{pmatrix} a_{oj}/a_{Lj} \\ a_{1j}/a_{Lj} \\ \vdots \\ a_{mj}/a_{Lj} \end{pmatrix} \qquad (1 \leq j \leq n)$$

Dann lautet die **Pivotspaltenauswahlregel:**

Der Index s der Pivotspalte wird durch den lexikographisch kleinsten Vektor $\mathbf{t}_s$ bestimmt, wobei zusätzlich $a_{Ls} > 0$ gelte.

Beim gewöhnlichen Simplexverfahren wird der Index r der Austauschzeile durch

$$\vartheta_s = \min \{ \frac{a_{io}}{a_{is}} \mid a_{is} > 0 \}$$

bestimmt. Sei nun

$$\sum_{j=1}^{n} a_{rj} x_j \leq a_{ro}$$

die zugehörige Restriktion. Wie beim ganzzahligen Verfahren von Gomory (Abschnitt 7.3) sieht man, daß die Restriktion

$$\sum_{j=1}^{n} [\frac{a_{rj}}{a_{rs}}] x_j \leq [\frac{a_{ro}}{a_{rs}}] \qquad (12.3)$$

von allen ganzzahligen Lösungen von (12.1) erfüllt ist. Aber man kann diese Zusatzrestriktion nicht nur aus der r-ten Zeile ableiten, sondern alle Zeilen i mit

$$0 \leq [\frac{a_{io}}{a_{is}}] \leq \vartheta_s \qquad (12.4)$$

können ebenfalls zur Ableitung der neuen Restriktion verwendet werden. Fassen wir die Indizes i, für die (12.4) gilt, zur Menge R(s) zusammen:

$$R(s) = \{ i \mid 0 \leq [\frac{a_{io}}{a_{is}}] \leq \vartheta_s \} \qquad (12.5)$$

Wird die neue Restriktion (12.3) für ein $r \in R(s)$ abgeleitet und das s-te Element $[\frac{a_{rs}}{a_{rs}}] = 1$ als Pivotelement genommen, so bleibt dadurch einerseits die Zulässigkeit des Tableaus erhalten, andererseits aber auch die Ganzzahligkeit des Tableaus, weil das Pivotelement gleich 1 ist. Aus welcher Zeile $r \in R(s)$ soll nun die neue Restriktion abgeleitet werden? Young konnte zeigen, daß als Auswahlregel irgendeine Vorschrift genügt, die sicherstellt, daß für jede Zeile i nach endlich vielen Schritten

$$a_{is} \leq a_{io} \tag{12.6}$$

gilt. Dabei muß (12.6) nicht für alle Zeilen i gleichzeitig erfüllt sein. Bereits dann läßt sich die Endlichkeit des Verfahrens zeigen. So eine Auswahlregel ist etwa:

Auswahlregel für $r \in R(s)$:

1. Wähle jenen Index $r \in R(s)$, der in den unmittelbar vorhergegangenen Schritten am längsten Element von $R(s)$ war. Ist dadurch r nicht eindeutig festgelegt, so wähle davon einen beliebigen Index.
2. Behalte die Wahl von $r \in R(s)$ so lange als möglich bei.

Um zu zeigen, daß diese Auswahlregel nach endlich vielen Schritten stets

$$a_{rs} \leq a_{ro}$$

liefert, gehen wir so vor. Zunächst beweisen wir folgendes Lemma:

Lemma 12.1:

Gegeben sei ein Tableau mit den Elementen a_{ij} $(0 \leq i \leq m,\ 0 \leq j \leq n)$. Wird die Zeile $[\frac{a_{ro}}{a_{rs}}], [\frac{a_{r1}}{a_{rs}}], \ldots, [\frac{a_{rn}}{a_{rs}}]$ hinzugefügt und $[\frac{a_{rs}}{a_{rs}}] = 1$ als Pivotelement verwendet, so gilt für die Elemente $\bar{a}_{ij}$ nach der Pivotoperation:

$$\bar{a}_{ij} \geq 0 \quad (0 \leq j \leq n) \tag{12.7}$$

$$\bar{a}_{rj} < a_{rs} \quad (0 \leq j \leq n) \tag{12.8}$$

Beweis:

Die Pivotoperation ergibt

$$\bar{a}_{rj} = a_{rj} - a_{rs} \cdot [\frac{a_{rj}}{a_{rs}}]$$

Da $\frac{a_{rj}}{a_{rs}} \geq [\frac{a_{rj}}{a_{rs}}]$ ist, folgt daraus $a_{rj} \geq a_{rs} [\frac{a_{rj}}{a_{rs}}]$ und daher gilt (12.7).

Andererseits ergibt die Annahme $\bar{a}_{rj} \geq a_{rs}$:

$$a_{rj} - a_{rs} [\frac{a_{rj}}{a_{rs}}] \geq a_{rs}$$

und nach Division durch $a_{rs} \neq 0$:

$$\frac{a_{rj}}{a_{rs}} - [\frac{a_{rj}}{a_{rs}}] \geq 1$$

Dies ist ein Widerspruch, womit auch (12.8) gezeigt ist. Q.e.d.

Liegt nun ein Tableau vor, in dem $[\frac{a_{ro}}{a_{rs}}] = 0$ gilt, so ist

$$\bar{a}_{ro} = a_{ro}$$

Ferner ist $a_{rs}-a_{ro} = a>0$ ($a \in N$) und daher nach (12.8):

$\bar{a}_{r\bar{s}}-a_{ro} = \bar{a}<a$. (Dabei ist $\bar{s}$ der Index der neuen Pivotspalte). Da nach unserer Auswahlregel solange die neue Restriktion aus der r-ten Zeile abgeleitet wird, als $a_{rs}>a_{ro}$ gilt, und bei jedem Pivotschritt a_{ro} unverändert bleibt, aber das Pivotelement um mindestens 1 abnimmt, erhält man nach endlich viel Schritten die Beziehung (12.6).

Bevor wir den Algorithmus formulieren, wollen wir das geeignete Tableau für unsere Rechnungen aufstellen. Fügen wir zu den m Zeilen, die den Restriktionen

$$\sum_{j=1}^{n} a_{ij}x_j \leq a_{io} \qquad (1 \leq i \leq m)$$

entsprechen, noch n weitere Zeilen hinzu, die den Ungleichungen

$$-x_j \leq 0 \qquad (1 \leq j \leq n)$$

entsprechen. Da wir das Pivotelement stets aus der Zeile nehmen, die der Schnittrestriktion entspricht, wird nie eine der letzten n Zeilen des Tableaus ausgetauscht. Daher ist es nicht nötig, über den jeweiligen Zeilen- und Spaltenaustausch Buch zu führen.

Ferner kann man die Zeile der Schnittrestriktionen nach der Durchführung der Pivotoperation wieder löschen.

Unser Ausgangstableau hat also folgende Gestalt:

a_{oo}	a_{o1}	a_{o2}	...	a_{on}
a_{1o}	a_{11}	a_{12}	...	a_{1n}
a_{2o}	a_{21}	a_{22}	...	a_{2n}
⋮				
a_{mo}	a_{m1}	a_{m2}	...	a_{mn}
0	−1	0	...	0
0	0	−1	...	0
⋮				
0	0	0	...	−1
a_{Lo}	1	1	...	1
.	.	.	...	.

Tableau 12.1

Algorithmus 24: Primales Verfahren zur Lösung der reinganzzahligen Optimierungsaufgabe: Minimiere $\sum_{j=1}^{n} a_{oj} x_j - a_{oo}$ unter den Restriktionen $\sum_{j=1}^{n} a_{ij} x_j \leq a_{io}$, $(a_{io} \geq 0)$ für $1 \leq i \leq m$ und $x_j \in \mathbf{N}$ für $1 \leq j \leq n$

Anfangsdaten:

Koeffizienten a_{ij} gemäß Tableau 12.1
$\varrho(i) = 1$ für $1 \leq i \leq m+n+1$
$r = 0$

1. Berechne eine obere Schranke $a_{m+n+1,o}$ für die Summe der Variablen x_j. Gibt es keine obere Schranke, so terminiere. Andernfalls setze $a_{m+n+1,o}$ in das Tableau 12.1 ein und gehe zu 2.

2. Ist für $1 \leq j \leq n$ ein $a_{oj} < 0$, so gehe zu 3.
Andernfalls liegt eine Optimallösung vor. Es ist
$$x_j = a_{m+j,o} \quad \text{für } 1 \leq j \leq n$$
Terminiere.

3. Setze $S := \{j \mid 1 \leq j \leq n,\ a_{m+n+1,j} > 0\}$,
$k := 0$
und gehe zu 4.

4. Berechne für $j \in S$:
$$t_{kj} := \frac{a_{kj}}{a_{m+n+1,j}}$$
Gehe zu 5.

5. Ist s durch
$$t_{ks} = \min\{t_{kj} \mid j \in S\}$$
eindeutig bestimmt, dann gehe zu 6.
Andernfalls setze
$S := \{j \mid t_{kj} \text{ ist minimal}\}$,
$k := k+1$
und gehe zu 4.

6. Bestimme $\vartheta = \min\{\frac{a_{io}}{a_{is}} \mid a_{is} > 0,\ 1 \leq i \leq m+n+1\}$,
$$R := \{i \mid 1 \leq i \leq m+n+1,\ 0 \leq [\tfrac{a_{io}}{a_{is}}] \leq \delta\}$$
und setze:
$$\varrho(i) := \begin{cases} \varrho(i)+1 & \text{für } i \in R \\ 0 & \text{für } i \notin R \end{cases}$$
Gehe zu 7.

7. Ist $r \in R$, so gehe zu 8.
   Andernfalls wähle r so, daß $\varrho(r)$ maximal ist.
   Gehe zu 8.

8. Setze für $0 \leq j \leq n$:

$$a_{m+n+2,j} := \left[\frac{a_{rj}}{a_{rs}}\right]$$

   Gehe zu 9.

9. Führe die Pivotoperation durch:
   Setze für $0 \leq i \leq m+n+1$:

$$\bar{a}_{is} := -a_{is}$$

   und für $0 \leq j \leq n$, $j \neq s$:

$$\bar{a}_{ij} := a_{ij} - a_{m+n+2,j} \cdot a_{is}$$

   Setze $a_{ij} := \bar{a}_{ij}$ $(0 \leq i \leq m+n+1,\ 0 \leq j \leq n)$ und gehe zu 2.

Treten keine Entartungen auf, so liefert dieses Verfahren recht rasch die Optimallösung, wie das erste der beiden nachfolgenden Beispiele zeigt. Die beim zweiten Beispiel auftretenden Entartungen verursachen die relativ große Anzahl von Iterationsschritten.

Beispiel 29:

Minimiere $-x_1 - 2x_2$ unter den Restriktionen

$$\begin{aligned} 2x_1 + x_2 &\leq 10 \\ -x_1 + x_2 &\leq 5 \\ x_1 \quad &\leq 4 \\ x_1 \in \mathbf{N},\ x_2 &\in \mathbf{N} \end{aligned}$$

Das zugehörige Tableau hat folgende Gestalt:

0	−1	−2
10	2	1
5	−1	1
4	1	0
0	−1	0
0	0	−1
10	1	1
5	−1	1

Dabei enthält die vorletzte Zeile die-Referenzrestriktion. Es ist s=2, ϑ=5 und R={2}. Nach Punkt 7 wählen wir, da ursprünglich r=0 ist, nun r=2 und erhalten damit die letzte Zeile des obigen Tableaus. Die zugehörige Pivotoperation liefert:

10	−3	2
5	3	−1
0	0	−1
4	1	0
0	−1	0
5	−1	1
5	2	−1

Nun ist s=1 und $\vartheta=\frac{5}{3}$, R={1} und r=1. Daher erhalten wir für die letzte Zeile in obigem Tableau:

1	1	−1

Nach der Pivotoperation erhalten wir folgendes Tableau:

13	3	−1
2	−3	2
0	0	−1
3	−1	1
1	1	−1
6	1	0
3	−2	1
1	−2	1

Mit s=2 und r=1 erhalten wir die letzte Zeile des obigen Tableaus und nach der Pivotoperation das optimale Tableau:

14	1	1
0	1	−2
1	−2	1
2	1	−1
2	−1	1
6	1	0
2	0	−1

Damit lautet die Optimallösung:

$$x_1 = 2,\ x_2 = 6 \text{ und } \mathbf{c}'\mathbf{x} = -14.$$

Beispiel 30:

$$\begin{aligned} &\text{Minimiere } -2x_1 \ -x_2 \ -x_3 \text{ unter den Restriktionen} \\ &2x_1 - 3x_2 + 3x_3 \leq 4 \\ &4x_1 + \ x_2 + \ x_3 \leq 8 \\ &x_1 \in N,\ x_2 \in N,\ x_3 \in N \end{aligned}$$

Die Referenzrestriktion läßt sich leicht aus der zweiten Restriktion ableiten. Dann lautet das Ausgangstableau

0	−2	−1	−1
4	2	−3	3
8	4	1	1
0	−1	0	0
0	0	−1	0
0	0	0	−1
8	1	1	1
2	1	−2	1

Es ist $s=1$ und $R=\{1,2\}$. Wählen wir $r=1$, so erhalten wir als Schnittrestriktion die letzte Zeile des obigen Tableaus. Nach der Pivotoperation erhalten wir folgende weitere Tableaus:

4	2	−5	1
0	−2	1	1
0	−4	9	−3
2	1	−2	1
0	0	−1	0
0	0	0	−1
6	−1	3	0
0	−2	1	1

$s = 2$

$R = \{1,2\}$

$r = 1$

4	−8	5	6
0	0	−1	0
0	14	−9	−12
2	−3	2	3
0	−2	1	1
0	0	0	−1
6	5	−3	−3
0	1	−1	−1

s = 1
R={2}
r = 2

4	8	−3	−2
0	0	−1	0
0	−14	5	2
2	3	−1	0
0	2	−1	−1
0	0	0	−1
6	−5	2	2
0	−3	1	0

s = 2
R={2}
r = 2

4	−1	3	−2
0	−3	1	0
0	1	−5	2
2	0	1	0
0	−1	1	−1
0	0	0	−1
6	1	−2	2
0	1	−5	2

s = 1
R={2}
r = 2

4	1	−2	0
0	3	−14	6
0	−1	0	0
2	0	1	0
0	1	−4	1
0	0	0	−1
6	−1	3	0
2	0	1	0

s = 2
R={3,6}
r = 3

8	1	2	0
28	3	14	6
0	−1	0	0
0	0	−1	0
8	1	4	1
0	0	0	−1
0	−1	−3	0

Damit ist das optimale Tableau erreicht. Die Optimallösung lautet

$$x_1 = 0,\ x_2 = 8,\ x_3 = 0,\ c'x = -8.$$

12.2 Endlichkeitsbeweis zum primalen Verfahren von Young

Wir werden den Endlichkeitsbeweis in zwei Schritten führen. Zunächst werden wir zeigen, daß die Vektoren

$$\mathbf{t}_s = \left(\frac{a_{is}}{a_{Ls}}\right)_{0 \leq i \leq n+m+1} = \frac{1}{a_{Ls}} \mathbf{a}_s \tag{12.9}$$

von Tableau zu Tableau lexikographisch zunehmen. Sodann wird gezeigt werden, daß man nach endlich vielen Schritten ein $\mathbf{t}_s$ mit $\mathbf{t}_s \succ \mathbf{0}$ erhält. Dann ist das Tableau optimal.

Die Spalten des Tableaus 12.1 bilden die Vektoren $\mathbf{a}_j$, die wir zur Matrix $\mathbf{A}$ zusammenfassen können. Wir werden ab nun auch das Tableau selbst mit $\mathbf{A}$ bezeichnen. Die Größen des Tableaus, das auf $\mathbf{A}$ folgt, kennzeichnen wir durch einen Querstrich: $\overline{\mathbf{A}}$. Analogerweise ist $\overline{s}$ der Index der Pivotspalte in diesem neuen Tableau.

Wir definieren nun Vektoren $\mathbf{u}_j$ durch

$$\mathbf{u}_j := \mathbf{a}_j - a_{Lj}\, \mathbf{t}_s \tag{12.10}$$

(L ist der Index der Referenzzeile, bei uns also n+m+1).

Dann gilt:

$$\overline{a}_{Lj}\, \mathbf{t}_s = \overline{\mathbf{a}}_j - \mathbf{u}_j \tag{12.11}$$

Denn ist ϱ der Index der Pivotzeile, also bei uns stets n+m+2, so gilt

$$\overline{\mathbf{a}}_j - \mathbf{u}_j = \mathbf{a}_j - a_{\varrho j}\, \mathbf{a}_s - \mathbf{a}_j + \frac{a_{Lj}}{a_{Ls}} \mathbf{a}_s = \left(\frac{a_{Lj}}{a_{Ls}} - a_{\varrho j}\right) \mathbf{a}_s = (a_{Lj} - a_{\varrho j}\, a_{Ls})\, \mathbf{t}_s = \overline{a}_{Ls}\, \mathbf{t}_s$$

Damit ist (12.11) gezeigt. Eine Folgerung davon ist das Lemma 12.2:

Lemma 12.2:

Ist $\mathbf{t}_s \prec \mathbf{0}$, $\mathbf{u}_j \succ \mathbf{0}$ für alle $j \neq s$ und $\overline{\mathbf{A}}$ nicht optimal, dann gibt es nach der Pivotoperation einen Index j mit $\overline{a}_{Lj} > 0$ und $\overline{\mathbf{t}}_{\overline{s}} \prec \mathbf{0}$. ∎

Beweis: Nehmen wir an, für alle $j \neq s$ gelte stets $\overline{a}_{Lj} \leq 0$. $\overline{a}_{Ls}$ ist ebenfalls kleiner als 0. Daher ist die linke Seite von (12.11) für alle j lexikographisch größer oder gleich **0**. Da nach Voraussetzung $\mathbf{u}_j \succ \mathbf{0}$ für alle $j \neq s$ gilt und $\mathbf{u}_s = \mathbf{0}$ ist, so ist daher für alle j stets $\overline{\mathbf{a}}_j \succ \mathbf{0}$. Dies wäre gleichbedeutend, daß $\overline{\mathbf{A}}$ optimal ist. Da aber nach Voraussetzung $\overline{\mathbf{A}}$ nicht optimal sein soll, gibt es mindestens ein j mit $\overline{a}_{Lj} > 0$.

Daher können wir $\overline{\mathbf{t}}_{\overline{s}} = \min \{ \overline{\mathbf{t}}_j \mid \overline{a}_{Lj} > 0 \}$ definieren.

Ist nun $\overline{\mathbf{t}}_{\overline{s}} \succ \mathbf{0}$, so gilt

$$\frac{1}{\overline{a}_{Lj}} \overline{\mathbf{a}}_j = \overline{\mathbf{t}}_j \succ \overline{\mathbf{t}}_{\overline{s}} \succ \mathbf{0}$$

und folglich ist für alle j mit $\overline{a}_{Lj} > 0$ auch $\overline{\mathbf{a}}_j \succ \mathbf{0}$. Da bereits oben gezeigt wurde, daß die Annahme $\overline{a}_{Lj} \leq 0$ ebenfalls die Beziehung $\overline{\mathbf{a}}_j \succ \mathbf{0}$ zur Folge hat, gilt also wieder für alle j die Beziehung $\overline{\mathbf{a}}_j \succ \mathbf{0}$ und damit wäre $\overline{\mathbf{A}}$ optimal im Widerspruch zur Voraussetzung. Daher ist die Annahme $\overline{\mathbf{t}}_{\overline{s}} \succ \mathbf{0}$ zu verwerfen. Damit ist Lemma 12.2 gezeigt.

Wir beweisen nun folgende Beziehung:

$$\overline{\mathbf{t}}_{\overline{s}} = \mathbf{t}_s + \left(\frac{1}{\overline{a}_{L\overline{s}}} \right) \mathbf{u}_{\overline{s}} \tag{12.12}$$

Zum Beweis setzen wir dazu in (12.11) $j = \overline{s}$:

$$\overline{a}_{L\overline{s}} \, \mathbf{t}_s = \overline{\mathbf{a}}_{\overline{s}} - \mathbf{u}_{\overline{s}}$$

und dividieren durch $\overline{a}_{L\overline{s}} > 0$. Aus

$$\mathbf{t}_s = \overline{\mathbf{t}}_{\overline{s}} - \left(\frac{1}{\overline{a}_{L\overline{s}}} \right) \mathbf{u}_{\overline{s}}$$

folgt unmittelbar (12.12). Eine Folgerung davon ist

Lemma 12.3:

Ist $\mathbf{t}_s \prec \mathbf{0}$, $\mathbf{u}_j \succ \mathbf{0}$ für alle $j \neq s$ und $\overline{\mathbf{A}}$ nicht optimal, dann ist $\overline{\mathbf{t}}_{\overline{s}} \succ \mathbf{t}_s$. ∎

Lemma 12.3 folgt unmittelbar aus (12.12), da $\overline{a}_{L\overline{s}} > 0$ ist.

Nun zeigen wir folgende Beziehung

$$\overline{\mathbf{u}}_j = \overline{a}_{Lj} \, (\overline{\mathbf{t}}_j - \overline{\mathbf{t}}_{\overline{s}}) \text{ falls } \overline{a}_{Lj} \neq 0 \tag{12.13}$$

Dazu stellen wir zunächst die zu (12.10) analoge Beziehung für das Tableau $\overline{\mathbf{A}}$ auf:

$$\overline{\mathbf{u}}_j = \overline{\mathbf{a}}_j - \overline{a}_{Lj} \, \overline{\mathbf{t}}_{\overline{s}} \tag{12.14}$$

Falls $\bar{a}_{Lj} \neq 0$ ist, so gilt $\bar{a}_j = \bar{a}_{Lj} \bar{t}_j$, woraus unmittelbar (12.13) folgt. Berechnet man aus (12.11) die Größe u_j und subtrahiert man sie von (12.14), so erhält man

$$\bar{u}_j - u_j = \bar{a}_{Lj} (t_s - \bar{t}_{\bar{s}})$$

Mittels (12.12) können wir $t_s - \bar{t}_{\bar{s}}$ daraus eliminieren und erhalten

$$\bar{u}_j = u_j - \left(\frac{\bar{a}_{Lj}}{\bar{a}_{L\bar{s}}} \right) u_{\bar{s}} \qquad (12.15)$$

Eine Folgerung von (12.13) und (12.15) ist folgendes Lemma:

Lemma 12.4:

Ist $t_s \prec 0$, $u_j \succ 0$ für alle $j \neq s$ und $\bar{A}$ nicht optimal, dann ist $\bar{u}_j \succ 0$ für alle $j \neq \bar{s}$.

Beweis:

Ist $\bar{a}_{Lj} \leq 0$, dann folgt aus $\bar{a}_{L\bar{s}} > 0$, $u_j \succ 0$ und $u_{\bar{s}} \succ 0$ wegen (12.15)

$$\bar{u}_j = u_j - \left(\frac{\bar{a}_{Lj}}{\bar{a}_{L\bar{s}}} \right) u_{\bar{s}} \succ 0$$

Ist aber $\bar{a}_{Lj} > 0$, dann ist wegen (12.13) $\bar{u}_j \succ 0$, denn $\bar{t}_{\bar{s}} = \min\limits_{\succ} \{ \bar{t}_j \mid \bar{a}_{Lj} > 0 \}$.

Nach diesen Vorbereitungen kann man nun leicht den folgenden Satz zeigen.

Satz 12.1:

Der primale Algorithmus erzeugt eine lexikographisch zunehmende Folge von Vektoren t_s:

$$t_s \succ \bar{t}_{\bar{s}}$$ ∎

Wir zeigen diesen Satz durch vollständige Induktion:

Im ersten Tableau ist $a_{Lj} = 1$ für alle j. Daher ist für alle j auch $t_j = a_j$ und $a_j \succ a_s$. Setzen wir dies in (12.10) ein, so erhalten wir für $j \neq s$: $u_j \succ 0$. Wäre nun $t_s \succ 0$, so wäre für alle j

$$a_j = t_j \succ t_s = a_s \succ 0$$

und folglich wäre das Tableau optimal. Ist also das Anfangstableau nicht optimal, so ist $t_s \prec 0$ und für alle $j \neq s$ gilt $u_j \succ 0$. Nach Lemma 12.2 und Lemma 12.4 gilt dann im darauffolgenden Tableau, wenn es nicht optimal ist, wieder

$$\bar{t}_{\bar{s}} \prec 0 \text{ und für } j \neq \bar{s}\text{: } \bar{u}_j \succ 0$$

Ferner ist nach Lemma 12.3:

$$\bar{t}_{\bar{s}} \succ t_s$$

Eine fortgesetzte Anwendung der Lemmata 12.2 bis 12.4 ergibt die Aussage des Satzes.

Während zum Beweis von Satz 12.1 lediglich die Spaltenauswahlregel benutzt wurde, müssen wir nun auch die Zeilenauswahlregel heranziehen, wollen wir die Endlichkeit des Algorithmus beweisen. Zunächst zeigen wir

Lemma 12.5:

Wird beim primalen Verfahren eine Zeilenauswahlregel benützt, die garantiert, daß für jede Zeile nach endlich vielen Schritten $a_{is} \leq a_{io}$ gilt, dann gibt es nach endlich vielen Schritten zwei benachbarte Tableaus **A** und $\overline{\mathbf{A}}$, für die gilt

$$\frac{a_{os}}{a_{Ls}} < \frac{\overline{a}_{o\overline{s}}}{\overline{a}_{L\overline{s}}}$$ ∎

Beweis: Da $t_s \prec \overline{t}_{\overline{s}}$ gilt, kann nicht für alle Komponenten

$$\frac{a_{is}}{a_{Ls}} = \frac{\overline{a}_{i\overline{s}}}{\overline{a}_{L\overline{s}}}$$

gelten. Nehmen wir an, für eine unendliche Folge von Pivotoperationen gelte

$$\frac{a_{is}}{a_{Ls}} = \frac{\overline{a}_{is}}{\overline{a}_{L\overline{s}}} \qquad (1 \leq i < k) \tag{12.16}$$

während die k-te Komponente $\frac{a_{ks}}{a_{Ls}}$ nach endlich vielen Schritten jeweils zunimmt. Daher nimmt $\frac{a_{ks}}{a_{Ls}}$ auch in jeder unendlichen Teilfolge unendlich viele Werte an. Die betrachtete unendliche Folge von Pivotoperationen kann nur endlich oft die 0-te Spalte des Tableaus ändern, da bei jeder solchen Änderung der Wert der Zielfunktion um mindestens 1 abnimmt. Wir wissen aber, daß die Referenzrestriktion einen endlichen Wert für die Zielfunktion garantiert. Also können wir ohne Beschränkung der Allgemeinheit annehmen, die unendliche Folge von Pivotoperationen ändere die 0-te Spalte des Tableaus nicht. Daher ist a_{io} $(0 \leq i \leq n+m+1)$ konstant. Ferner ist wegen (12.6) und $t_s \prec \overline{t}_{\overline{s}}$ der erste Quotient

$$\frac{a_{ks}^{(1)}}{a_{Ls}^{(1)}}$$

eine untere Schranke für die Größen $\frac{a_{ks}^{(\nu)}}{a_{Ls}^{(\nu)}}$ $(\nu = 1, 2, \ldots)$.

Somit läßt sich die betrachtete Folge von Pivotoperationen in zwei Teilfolgen zerlegen. Für die eine gilt

$$\frac{a_{ks}^{(1)}}{a_{Ls}^{(1)}} \leq \frac{a_{ks}^{(\nu)}}{a_{Ls}^{(\nu)}} \leq \frac{a_{ko}}{a_{Lo}} \tag{12.17}$$

und für die andere gilt

$$\frac{a_{ks}^{(\nu)}}{a_{Ls}^{(\nu)}} > \frac{a_{ko}}{a_{Lo}} \tag{12.18}$$

Wir zeigen zunächst, daß die Teilfolge, für die (12.17) gilt, nicht unendlich sein kann. Wäre sie unendlich, so würde sie aufgrund der Zeilenauswahlregel eine unendliche Unterfolge besitzen, für die $a_{Ls}^{(\nu)} \leq a_{Lo}$ gilt. Da außerdem $a_{Ls}^{(\nu)}$ ganzzahlig und größer als 0 ist, nimmt $a_{Ls}^{(\nu)}$ in dieser Unterfolge nur endlich viele voneinander verschiedene Werte an. Ferner ist auch $a_{ks}^{(\nu)}$ ganzzahlig und infolge (12.17) nach oben und unten beschränkt, daher ebenfalls nur endlich vieler verschiedener Werte fähig. Damit kann aber auch $\frac{a_{ks}^{(\nu)}}{a_{Ls}^{(\nu)}}$ nur endlich viele verschiedene Werte annehmen. Dies steht im Widerspruch dazu, daß jede unendliche Teilfolge unendlich viele verschiedene $\frac{a_{ks}^{(\nu)}}{a_{Ls}^{(\nu)}}$ enthält. Daher muß die Teilfolge, für die (12.17) gilt, endlich sein. Abcr auch die Folge, für die (12.18) gilt, ist endlich. Denn nach endlich vielen Pivotoperationen gilt stets $a_{ks}^{(\nu)} \leq a_{ko}$, dies gilt also wieder für eine unendliche Unterfolge. Da $a_{Lo} > 0$, $a_{ko} \geq 0$ und $a_{Ls}^{(\nu)} > 0$ ist, gilt aufgrund (12.18) $a_{ks}^{(\nu)} \geq 0$ und daher nimmt $a_{ks}^{(\nu)}$ in einer unendlichen Unterfolge nur endlich viele verschiedene Werte an. Ferner ist $a_{Ls}^{(\nu)}$ wegen (12.18) nach oben beschränkt, also ebenfalls nur endlich vieler verschiedener Werte fähig. Dies steht im Widerspruch dazu, daß die Unterfolge unendlich ist. Damit gibt es also keine unendliche Folge von Pivotoperationen, für die (12.16) gilt, womit Lemma 12.5 bewiesen ist.

Nun können wir das Hauptresultat zeigen.

Satz 17.2:

Der primale Algorithmus ist endlich. ∎

Beweis:

Entweder ist $a_{Lj} \leq 0$ für alle j. Dann folgt aber aus dem Beweis von Lemma 12.2: $\mathbf{a}_j \succ \mathbf{0}$ für alle j und damit liegt ein optimales Tableau vor. Ist ein $a_{Lj} > 0$, so können wir s definieren. Es kann nicht unendlich viele Pivotoperationen geben, die die 0-te Spalte ändern, denn jede solche Pivotoperation vermindert den Wert der Zielfunktion um 1 und die Zielfunktion ist beschränkt. Es kann aber auch nicht der Fall eintreten, daß eine unendliche Folge von Pivotoperationen die 0-te Spalte unverändert läßt und stets $\frac{a_{os}}{a_{Ls}} < 0$ gilt. Denn nach endlich vielen Iterationen ist $a_{Ls} \leq a_{Lo}$

und da a_{Lo} in diesem Fall konstant ist, nimmt a_{Ls} nur endlich viele verschiedene Werte an. Da ferner $\frac{a_{os}}{a_{Ls}}$ monoton steigt, gibt es auch nur endlich viele verschiedene negative Werte von a_{os} und damit für $\frac{a_{os}}{a_{Ls}}$. Daher ist nach Lemma 12.5 bereits nach endlich vielen Schritten $\frac{a_{os}}{a_{Ls}} > 0$ und damit das Tableau optimal.

13. Verfahren zur nichtlinearen, konvexen Optimierung

13.1 Das Schnittebenenverfahren von Kelley

Bald nach den Arbeiten von Gomory bemerkte Kelley [60], daß Gomorys Algorithmen in Verbindung mit dem von ihm entwickelten Schnittebenenverfahren auch beliebige ganzzahlige, konvexe Optimierungsaufgaben lösen.

Wir gehen von folgender Problemstellung aus:

Gegeben sei eine konvexe Zielfunktion $F(\mathbf{x}) = F(x_1, \ldots, x_n)$ und m konvexe Funktionen $f_i(\mathbf{x})$. Gesucht wird ein $\mathbf{x} \in \mathbf{R}^n$, für das $F(\mathbf{x})$ minimal wird unter den Restriktionen

$$\begin{aligned} f_i(\mathbf{x}) &\leq 0 && (i = 1, 2, \ldots, m) \\ x_j &\in N && (j = 1, 2, \ldots, k) \\ x_j &\geq 0 && (j = k+1, k+2, \ldots, n) \end{aligned}$$

Im Falle $k = n$ handelt es sich um eine rein ganzzahlige Optimierungsaufgabe, ist $k < n$, so liegt eine gemischt-ganzzahlige Optimierungsaufgabe vor.

Wir zeigen zunächst, daß das gegebene Problem dieselbe Optimallösung besitzt wie nachfolgende Optimierungsaufgabe mit linearer Zielfunktion:

Minimiere x_{n+1} unter den Restriktionen

$$\begin{aligned} f_i(\mathbf{x}) &\leq 0 && \text{für } i = 1, 2, \ldots, m \\ F(\mathbf{x}) - x_{n+1} &\leq 0 && \\ x_j &\in N && \text{für } j = 1, 2, \ldots, k \\ x_j &\geq 0 && \text{für } j = k+1, k+2, \ldots, n. \end{aligned}$$

Ist $\tilde{\mathbf{x}} = (\tilde{x}_1, \ldots, \tilde{x}_n)'$ eine Optimallösung des ersten Problems, so ist $\bar{\mathbf{x}} = (\tilde{x}_1, \ldots, \tilde{x}_n, F(\tilde{\mathbf{x}}))'$ zulässig für das zweite Problem. Wäre $\overline{\mathbf{x}}$ nicht optimal für das zweite Problem, so gäbe es ein $\overline{\mathbf{y}} = (y_1, \ldots, y_n, y_{n+1})$ mit $y_{n+1} < F(\tilde{\mathbf{x}})$, das alle gegebenen Restriktionen erfüllt. Dann wäre aber $\tilde{y}=(y_1, \ldots, y_n)'$ zulässig für das erste Problem und ergäbe für die Zielfunktion den Wert $F(\tilde{x})$ im Widerspruch zur Optimalität von $\tilde{x}$. Die Umkehrung ist trivial. Daher sind die optimalen Lösungen der beiden Probleme gleichwertig in dem Sinne, daß sie in den ersten n Komponenten übereinstimmen. Also können wir im folgenden annehmen, daß die Zielfunktion stets eine Linearform $\mathbf{c}'\mathbf{x}$ ist. Zur Lösung der gestellten Aufgabe sind nun zwei Voraussetzungen notwendig.

(V1) Die Menge M der zulässigen Punkte des zugehörigen nichtdiskreten Problemes – in ihm werden die Restriktionen $x_j \in \mathbf{N}\ (1 \leq j \leq k)$ durch $x_j \geq 0\ (1 \leq j \leq k)$ ersetzt – ist in einem beschränkten und abgeschlossenen Polyeder

$$S_o = \{\mathbf{x} \mid \mathbf{A}\mathbf{x} \leq \mathbf{b}, \mathbf{x} \geq \mathbf{0}\}$$

enthalten.

(V2) Die Funktionen $f_i\ (1 \leq i \leq m)$ seien auf S_o konvex und differenzierbar. Die partiellen Ableitungen von $f_i\ (1 \leq i \leq m)$ auf S_o seien beschränkt.

Zur Optimierung gehen wir nun so vor:

Mittels einer Methode zur ganzzahligen (gemischt-ganzzahligen) linearen Optimierung, etwa mit einem Verfahren von Gomory, suchen wir zunächst eine ganzzahlige Minimallösung $\mathbf{x}^{(o)}$ für $\mathbf{c}'\mathbf{x}$ bezüglich des Polyeders S_o. Ist $\mathbf{x}^{(o)}$ dann auch zulässig für die gestellte ganzzahlige, konvexe Optimierungsaufgabe, so ist $\mathbf{x}^{(o)}$ bereits deren Lösung. Denn ist $\tilde{M} = M \cap \{\mathbf{x} \mid x_j \in \mathbf{N}, 1 \leq j \leq k\}$ die Menge der zulässigen Punkte der gestellten Optimierungsaufgabe, so gilt $\tilde{M} \subset S_o$ und damit

$$\min \{\mathbf{c}'\mathbf{x} \mid \mathbf{x} \in S_o\} \leq \min \{\mathbf{c}'\mathbf{x} \mid \mathbf{x} \in \tilde{M}\}.$$

Ist aber $\mathbf{x}^{(o)}$ nicht Element von $\tilde{M}$, so konstruieren wir, wie weiter unten näher beschrieben wird, eine Hyperebene, die den Punkt $\mathbf{x}^{(o)}$ vom Polyeder S_o abschneidet. Dadurch erhalten wir ein Polyeder S_1 mit $\tilde{M} \subset S_1 \subset S_o$. Nun wird eine ganzzahlige Minimallösung $\mathbf{x}^{(1)}$ für $\mathbf{c}'\mathbf{x}$ bezüglich S_1 bestimmt. Dieses Verfahren setzen wir nun wie oben fort.

Man erhält somit eine Folge von Polyedern $S_t\ (t=0,1,2,\ldots)$, für die gilt

$$S_{t-1} \supset S_t \qquad (t=1,2,\ldots)$$

Da S_o beschränkt und abgeschlossen ist, besitzt es im rein ganzzahligen Fall nur endlich viele Gitterpunkte. Ist daher das verwendete Verfahren zur ganzzahligen linearen Optimierung endlich (wie etwa die Algorithmen von Gomory im Falle, daß auch die Zielfunktion einen ganzzahligen Wert annimmt), so erhält man auch in endlich vielen Schritten eine Optimallösung des konvexen ganzzahligen Problemes oder erfährt, daß das Problem keine zulässigen Punkte besitzt. Liegt eine gemischt-ganzzahlige konvexe Aufgabe vor, so können folgende Möglichkeiten eintreten:

a) Ein $S_t = \phi$. Dann besitzt das gestellte Problem keine Lösung.

b) Nach endlich vielen Schritten gilt: $\mathbf{x}^{(t)} \in M$. Dann ist $\mathbf{x}^{(t)}$ eine Minimallösung.

c) Es gibt eine unendliche Folge von Punkten $\mathbf{x}^{(t)}$. In diesem Falle bewies Kelley (vgl. Satz 13.1), daß jede konvergente Teilfolge von $\{\mathbf{x}^{(t)}\}$ $t=0,1,2,\ldots$ gegen eine optimale Lösung $\mathbf{x}^* \in \tilde{M}$ konvergiert.

Wie lautet nun die Hyperebene, durch die man S_{t+1} aus S_t erzeugt?

Es sei p ein Index, für den gilt:

$$f_p(\mathbf{x}^{(t)}) = \max \{ f_i(\mathbf{x}^{(t)}) \mid 1 \leq i \leq m \}$$

Dann lautet die Gleichung der schneidenden Hyperebene

$$f_{m+t+1}(\mathbf{x}) = f_p(\mathbf{x}^{(t)}) + (\mathbf{x} - \mathbf{x}^{(t)})' \,\mathbf{grad}\, f_p(\mathbf{x}^{(t)}) = 0 \qquad (13.1)$$

Wir fügen nun die Restriktion $f_{m+t+1}(\mathbf{x}) \leq 0$ zu den übrigen Restriktionen hinzu. Ist $\mathbf{x}^{(t)} \notin M$, so verletzt $\mathbf{x}^{(t)}$ diese Restriktion, denn aus $\mathbf{x}^{(t)} \notin M$ folgt $f_p(\mathbf{x}^{(t)}) > 0$ und daraus $f_{m+t+1}(\mathbf{x}^{(t)}) > 0$. Andererseits erfüllen alle $\mathbf{x} \in M$ diese Restriktion, denn infolge der Konvexität der Funktion f_p gilt (Satz 1.1):

$$f_p(\mathbf{x}) \geq f_p(\mathbf{x}^{(t)}) + (\mathbf{x} - \mathbf{x}^{(t)})' \,\mathbf{grad}\, f_p(\mathbf{x}^{(t)}) = f_{m+t+1}(\mathbf{x})$$

und somit folgt aus $f_p(\mathbf{x}) \leq 0$ stets auch $f_{m+t+1}(\mathbf{x}) \leq 0$.

Es bleibt noch zu zeigen, daß im Falle einer unendlichen Folge $\mathbf{x}^{(t)}$ $(t=0,1,2,\ldots)$ eine Teilfolge gegen eine optimale Lösung des gestellten Problemes konvergiert. Wir zeigen:

Satz 13.1:

Ergibt das Schnittebenenverfahren im Falle einer gemischt-ganzzahligen, konvexen Optimierungsaufgabe eine unendliche Folge von optimalen Lösungen $\mathbf{x}^{(t)}$ $(t=0,1,2,\ldots)$ für die Teilprobleme

Minimiere $\mathbf{c}'\mathbf{x}$ für $\mathbf{x} \in S_t$ $(t=0,1,2,\ldots)$

so konvergiert eine Teilfolge von $\mathbf{x}^{(t)}$ $(t=0,1,2,\ldots)$ gegen eine optimale Lösung der gegebenen konvexen Optimierungsaufgabe. ∎

Beweis:

Da die Lösungen $\mathbf{x}^{(t)}$ aller Teilprobleme in der beschränkten Menge S_o liegen, gibt es eine konvergente Teilfolge, deren Limes $\tilde{\mathbf{x}}$ sei. Es sei ferner

$$D = \bigcap_{t \geq 0} S_t$$

D ist als Durchschnitt abgeschlossener Mengen ebenfalls abgeschlossen und die Funktion $\mathbf{c}'\mathbf{x}$ nimmt in $\tilde{\mathbf{x}}$ ihr Minimum auf D an. Ist $\tilde{\mathbf{x}} \in M$, so wird infolge $M \subset D$ das Minimum von $c'x$ für $x \in M$ ebenfalls in $\tilde{x}$ angenommen, das damit die gesuchte Optimallösung ist. Es ist daher lediglich zu zeigen, daß auch $\tilde{x} \in M$ gilt.

Nehmen wir $\tilde{x} \notin M$ an. Dann wäre $y = \max \{f_i(\tilde{x}) \mid 1 \leq i \leq m\} > 0$, wobei das Maximum für den Index l angenommen werde. Nach (V2) gilt für alle $x \in S_o$ und alle Indizes i $(1 \leq i \leq m)$

$$\| \mathbf{grad}\ f_i(x) \| < K\ ^1 \qquad (1 \leq i \leq m)$$

Daher gibt es infolge der Konvergenz der Teilfolge ein $x^{(t)}$ mit

$$\| x^{(t)} - \tilde{x} \| < \frac{y}{2K}$$

und infolge der Stetigkeit der Funktion $f_l(x)$ kann zusätzlich

$$f_l(x^{(t)}) > \frac{y}{2}$$

angenommen werden. Wird nun die Funktion $f_{m+t+1}(x)$, die aus S_t das Polyeder S_{t+1} erzeugt, nach der oben angegebenen Regel bestimmt, so gilt für die darin auftretende Größe $f_p(x^{(t)})$ ebenfalls

$$f_p(x^{(t)}) > \frac{y}{2}$$

Damit erhält man

$$f_{m+t+1}(\tilde{x}) = f_p(x^{(t)}) + (\tilde{x} - x^{(t)})'\ \mathbf{grad}\ f_p(x^{(t)}) \geq$$
$$\geq f_p(x^{(t)}) - \| \tilde{x} - x^{(t)} \| \cdot \| \mathbf{grad}\ f_p(x^{(t)}) \| > \frac{y}{2} - \frac{y}{2K} \cdot K = 0$$

und daher ist $\tilde{x} \notin S_{t+1}$. Dies steht im Widerspruch zur Annahme $\tilde{x} \in D$. Folglich ist $\tilde{x} \in M$. Q.e.d.

Wenn man ein Problem durch die Schnittebenenmethode lösen will, tritt zunächst die Frage auf, wie das Ausgangspolyeder S_o gewählt werden soll. Dazu gibt es leider kein allgemeines Verfahren. Meist wird eine obere Schranke für die Variablen aus der Problemstellung erkennbar sein. Erhält man bei der Lösung des ersten linearen Programmes

Minimiere $c'x$ unter der Restriktion $x \in S_o$, $x_1 \in N, \ldots, x_k \in N$

eine Optimallösung $\tilde{x} \in M$, so kann das darauf hindeuten, daß das Polyeder S_o zu klein gewählt wurde.

Eine weitere Schwierigkeit liegt in der Ableitung der schneidenden Hyperebenen (13.1). In vielen Fällen der Praxis wird diese nicht mathematisch exakt durchführbar sein und man behilft sich mit Approximationen f^*_{m+t}

---

1 Wir definieren $\| x \| = +\sqrt{x_1^2 + \ldots + x_n^2}$

an f_{m+t} (t=1, 2, . . .). Solange die Fläche $f^*_{m+t+1}(x)=0$ zwischen M und $\mathbf{x}^{(t)}$ liegt, ist diese Vorgangsweise zu rechtfertigen. Gilt aber

$$f^*_{m+t+1}(\mathbf{x}^{(t)}) \leq 0$$

so muß man versuchen, eine bessere Näherung für f_{m+t+1} zu erhalten. Fassen wir nun nochmals den Rechengang zusammen:

Algorithmus 25: Schnittebenenverfahren zur Lösung des ganzzahligen, konvexen Problemes: Minimiere $\mathbf{c}'\mathbf{x}$ unter den Restriktionen $f_i(\mathbf{x}) \leq 0 \quad (1 \leq i \leq m)$, $\mathbf{x} \geq \mathbf{0}$ und $x_j \in \mathbf{N}$ für $j \in G$.

Notwendige Unterprogramme:

Algorithmus 15 (Ganzzahliges Gomory-Verfahren), wenn G= {1, 2, . . . , n}
Algorithmus 16 (Gemischt ganzzahliges Gomory-Verfahren), wenn G ≠ {1, 2, . . . , n}

1. Ermittle ein Polyeder $S_o = \{\mathbf{x} \mid \mathbf{A}\mathbf{x} \leq \mathbf{0}, \mathbf{x} \geq \mathbf{0}\}$, das $M = \{\mathbf{x} \mid f_i(\mathbf{x}) \leq 0 \quad (1 \leq i \leq m), \mathbf{x} \geq \mathbf{0}\}$ enthält.
2. t : = 0,
3. Löse mittels Algorithmus 15 (bzw. Algorithmus 16) das Problem:

   Minimiere $\mathbf{c}'\mathbf{x}$ unter der Restriktion $\mathbf{x} \in S_t$

   Existiert keine Lösung, so ist das gegebene Problem unlösbar. Terminiere. Andernfalls sei $\mathbf{x}^{(t)}$ eine Lösung. Gehe zu 4.
4. Ist $\mathbf{x}^{(t)} \in M$, so ist $\mathbf{x}^{(t)}$ die gesuchte Minimallösung. Terminiere. Andernfalls gehe zu 5.
5. Bestimme p so, daß $f_p(\mathbf{x}^{(t)}) = \max_{1 \leq i \leq m} f_i(\mathbf{x}^{(t)})$
6. Setze
   $S_{t+1} := S_t \cap \{\mathbf{x} \mid \mathbf{x}^{(t)\prime}\, \mathbf{grad}\, f_p(\mathbf{x}^{(t)}) - f_p(\mathbf{x}^{(t)}) \geq \mathbf{x}'\, \mathbf{grad}\, f_p(\mathbf{x}^{(t)})\}$
7. Setze t : = t + 1 und gehe zu 3.

Wir lösen nun folgendes Beispiel durch das Schnittebenenverfahren:

Beispiel 31:

$$\text{Minimiere } x_1 - x_2 \text{ unter den Restriktionen}$$
$$4x_1^2 - 3x_1 x_2 + x_2^2 \leq 8$$
$$x_1 \in \mathbf{N},\ x_2 \in \mathbf{N}$$

Zunächst bestimmen wir das Polyeder S_o. Dazu berechnen wir durch Lösen der Gleichungssysteme $f(x_1, x_2)=0$, $\frac{\partial f}{\partial x_2}=0$ bzw. $f(x_1, x_2)=0$, $\frac{\partial f}{\partial x_1}=0$ das x_1 – beziehungsweise x_2 – Maximum der Funktion $f(x_1, x_2) = 4x_1^2 - 3x_1 x_2 + x_2^2 - 8$. Wir erhalten $x_1^2 = \frac{32}{7}$ und $x_2^2 = \frac{128}{7}$. Daher können wir $x_1 \leq 3$ und $x_2 \leq 5$ setzen. Damit wird

$$S_o = \{x \mid 0 \leq x_1 \leq 3,\ 0 \leq x_2 \leq 5\}$$

(Da die optimale Lösung ganzzahlig sein muß, könnte man sogar $0 \leq x_1 \leq [\sqrt{\frac{32}{7}}] = 2$ und $0 \leq x_2 \leq [\sqrt{\frac{128}{7}}] = 4$ setzen.)

Nun lösen wir nach Algorithmus 15 das lineare Programm

Minimiere $x_1 - x_2$ unter den Restriktionen $0 \leq x_1 \leq 3$, $0 \leq x_2 \leq 5$, $x_1 \in \mathbf{N}$, $x_2 \in \mathbf{N}$.

Dazu bestimmen wir zunächst durch das (duale) M-Verfahren eine dual zulässige Ausgangslösung:

0	1	−1
3	1	0
5	0	1
M	1	[1]
33	−15	10
17	−9	6

Tableau 1

N=(1,2), B=(3,4,5)

Die zwei letzten Zeilen in diesem und den folgenden Tableaus werden erst später eine Bedeutung bekommen. Durch die Pivotoperation mit dem Pivotelement $a_{32} = 1$ erhalten wir, wenn wir M=10 setzen

10	2	1
3	1	0
−5	−1	[−1]
10	1	1
−67	−25	−10
−43	−15	−6

Tableau 2

N=(1,5), B=(3,4,2)

Eine weitere Pivotoperation mit dem Pivotelement $a_{22} = -1$ liefert die optimale Lösung des ersten Teilproblemes:

$$x_1 = 0,\ x_2 = 5$$

laut Tableau 3:

5	1	1
3	1	0
5	1	−1
5	0	1
−17	−15	−10
−13	−9	−6

Tableau 3

N=(1,4), B=(3,5,2)

Da der Punkt (0,5) die Restriktion $4x_1^2 - 3x_1x_2 + x_2^2 - 8 \leq 0$ verletzt, leiten wir eine neue Restriktion ab. Da

$$\frac{\partial f}{\partial x_1} = 8x_1 - 3x_2, \quad \frac{\partial f}{\partial x_2} = -3x_1 + 2x_2$$

erhalten wir

$$(0,5)\begin{pmatrix} -15 \\ 10 \end{pmatrix} - 17 \geq (x_1, x_2)\begin{pmatrix} -15 \\ 10 \end{pmatrix}$$

oder

$$-15x_1 + 10x_2 \leq 33$$

Diese Restriktion ist nun so zu transformieren, daß sie als Funktion der Variablen x_1 und x_4 dargestellt wird. Dies geschieht in der ersten Zusatzzeile der Tableaus 1 bis 3. Man erhält also

$$-15x_1 - 10x_4 \leq -17$$

und daraus ist gemäß der Vorschrift von Algorithmus 15 eine neue Hilfsrestriktion abzuleiten. Damit erhalten wir:

5	1	1
3	1	0
5	0	1
−17	−15	−10
−2	−1	[−1]
−13	−9	−6

Tableau 4

N=(1,4), B=(3,2,6,7)

Die zur Gewinnung einer dual zulässigen Ausgangslösung notwendige Restriktion, die der Variablen x_5 entsprach, kann in Tableau 4 und allen weiteren weggelassen werden.

Der neu hinzukommenden Restriktion entspricht die Variable x_6, dem daraus abgeleiteten Gomoryschnitt die Variable x_7. Der Gomoryschnitt wurde aus folgenden Werten bestimmt:

$$s = 2, \quad J = \{1,2\}, \quad \lambda = 15$$

Nach einem Pivotschritt mit dem Pivotelement $a_{42} = -1$ erhält man

3	0	1
3	1	0
3	−1	1
3	−5	−10
2	1	−1
−1	−3	−6

Tableau 5

N=(1,7), B=(3,2,6,4)

Da $x^{(1)} = (0,3)$ wieder nicht die Restriktion $f(x) \leq 0$ erfüllt, leiten wir eine neue Restriktion ab, nämlich

$$(0,3)\begin{pmatrix}-9\\6\end{pmatrix} - 1 \geq (x_1, x_2)\begin{pmatrix}-9\\6\end{pmatrix}$$

und somit

$$17 \geq -9x_1 + 6x_2$$

Diese Restriktion, der wir die Variable x_8 zuordnen, transformieren wir auf eine Funktion, abhängig von x_1 und x_7. Dies wird in der zweiten Zusatzzeile der Tableaus 1 bis 3 und der ersten Zusatzzeile in den Tableaus 4 und 5 erzielt. Aus

$$-1 \geq -3x_1 - 6x_7$$

leiten wir den neuen Gomoryschnitt ab ($s=1, \lambda=6$). Wir erhalten somit Tableau 6, in dem die zur Variablen x_6 gehörige Zeile gestrichen wurde.

3	0	1
3	1	0
3	−1	1
2	1	−1
−1	−3	−6
−1	[−1]	−1

Tableau 6

N=(1,7), B=(3,2,4,8,9)

Die zugehörige Pivotoperation liefert

3	0	1
2	1	−1
4	−1	2
1	1	−2
2	−3	−3
1	−1	1

Tableau 7

N=(9,7), B=(3,2,4,8,1)

und damit ist die optimale Lösung des gestellten Problemes erreicht. Sie lautet

$$x_1^* = 1, \quad x_2^* = 4$$

13.2 Ein Verfahren zur gemischt-ganzzahligen, konvexen Optimierung

Im Jahre 1969 entwickelte der Verfasser [69] den nachfolgenden Algorithmus zur Lösung gemischt-ganzzahliger, konvexer Optimierungsaufgaben. Die Grundidee davon ist, daß bei sehr vielen ganzzahligen Optimierungsaufgaben das Optimum des diskreten Problemes in der Nähe der Optimallösung des nichtdiskreten Problemes liegt. Das Verfahren ist seinem Konzept nach vom „Branch und Bound"-Typ (vergleiche Kapitel 9). Es sei an dieser Stelle erwähnt, daß auch Dakin [65] auf die Möglichkeit hinwies, nichtlineare ganzzahlige Probleme durch „Branch und Bound"-Methoden zu lösen.

Die gestellte Aufgabe laute

$$\begin{aligned} &\text{Minimiere } F(\mathbf{x}) \text{ unter den Restriktionen} \\ &f_j(\mathbf{x}) \leq 0 \qquad (j=1,2,\ldots,m) \\ &x_1 \in \mathbf{Z}, \ldots, x_k \in \mathbf{Z} \qquad (1 \leq k \leq n) \end{aligned}$$

dabei seien die Funktionen F und f_j konvex und die Vorzeichenbedingungen schon in den Restriktionen enthalten. Als Menge M der zulässigen Punkte des nichtdiskreten Problemes definieren wir

$$M = \{\mathbf{x} \mid \mathbf{x} \in \mathbf{R}^n, f_j(\mathbf{x}) \leq 0 \quad (j=1,2,\ldots,m)\}$$

M sei stets eine beschränkte Menge. Mittels eines Verfahrens der konvexen Optimierung – Literaturhinweise hierfür finden sich am Ende des Abschnittes 1.2 – versuche man zunächst, einen groben, aber zulässigen Näherungswert $\mathbf{x}^{(o)} \in M$ für einen optimalen Wert $\mathbf{x}^*$ des nichtdiskreten Problemes zu erhalten. Existiert kein $\mathbf{x}^{(o)}$, so existiert auch keine Lösung der gestellten Aufgabe.

Liefert $\mathbf{x}^{(o)}$ das exakte Minimum des konvexen Programmes und ist $\mathbf{x}^{(o)}$ ganzzahlig, so ist das gegebene Problem bereits gelöst. Jedenfalls ist $F(\mathbf{x}^{(o)})$ eine untere Schranke für den Funktionswert der Lösungen des diskreten Problemes, sofern $\mathbf{x}^{(o)}$ optimal für das nichtdiskrete Problem ist. Gilt daher für einen zulässigen Punkt $\mathbf{x}^{(n)}$ des diskreten Problemes und ein vorgegebenes $\epsilon > 0$:

$$F(\mathbf{x}^{(n)}) - F(\mathbf{x}^{(o)}) \leq \epsilon$$

so ist $\mathbf{x}^{(n)}$ eine Näherungslösung, deren Funktionswert sich von dem der exakten Lösung um höchstens ϵ unterscheidet. Nehmen wir nun an, wir hätten im ersten Schritt ein $\mathbf{x}^{(o)}$ gefunden und sämtliche Komponenten von $\mathbf{x}^{(o)}$ seien nicht ganzzahlig.

Dann bestimmen wir auf nachstehende Weise einen Punkt $\mathbf{x}^{(1)}$ in der Nähe von $\mathbf{x}^{(o)}$ so, daß die ersten k Komponenten von $\mathbf{x}^{(1)}$ ganzzahlig sind.

Ist k=1, also nur die erste Komponente ganzzahlig zu bestimmen, so erhalten wir $x^{(1)}$ als Lösung der nachfolgenden, nichtdiskreten Optimierungsaufgabe für $\lambda=1$ oder $\lambda=2$:

Minimiere F(x) unter den Restriktionen

$$\text{(P1)} \qquad f_j(x) \leq 0 \qquad (j=1,2,\ldots,m)$$
$$x_1 = [x_1^{(o)}] + (-1)^\lambda [\tfrac{\lambda}{2}] \quad [1]$$

Hat diese Aufgabe für $\lambda=1$ und $\lambda=2$ keine Lösung, so ist auch das gegebene Problem unlösbar, denn infolge der Konvexität gilt:

Hat die Menge

$$M_{(o)} = \{x \mid f_j(x) \leq 0 \qquad (j=1,2,\ldots,m),\ x_1 = [x_1^{(o)}]\}$$

keinen zulässigen Punkt, so sind auch alle Mengen

$$M_{(t)} = \{x \mid f_j(x) \leq 0 \qquad (j=1,2,\ldots,m),\ x_1 = [x_1^{(o)}] + t\}$$

für $t=-1,-2,\ldots$ leer. Analog gilt: Ist $M_{(1)}=\phi$, so ist auch $M_{(t)}=\phi$ mit $t \in N$.

Ein zulässiger Punkt für die Aufgabe (P 1) läßt sich stets durch eine Anwendung der Mehrphasenmethode auf konvexe Programme gewinnen. Dies wird weiter unten besprochen werden. In sehr vielen Fällen kann jedoch ein zulässiger Punkt für (P 1) direkt bestimmt werden. Dazu schneide man den Rand von M mit der Geraden

$$x_\nu = x_\nu^{(o)} \qquad (\nu=2,\ldots,n)$$

Der Punkt $x^+ = (x_1^+, x_2^{(o)}, \ldots, x_n^{(o)})'$ sei der Schnittpunkt mit der größeren x_1-Komponente, der Punkt $x^- = (x_1^-, x_2^{(o)}, \ldots x_n^{(o)})'$ jener mit der kleineren.

Für die Aufgabe (P1) mit $\lambda=1$ ist $([x_1^{(o)}], x_2^{(o)}, \ldots, x_n^{(o)})'$ zulässig, falls $x_1^- \leq [x_1^{(o)}]$ gilt.

Für die Aufgabe (P1) mit $\lambda=2$ ist $([x_1^{(o)}] + 1, x_2^{(o)}, \ldots, x_n^{(o)})'$ zulässig, falls $[x_1^+] > [x_1^{(o)}]$ ist.

Ist nun ein Punkt $x^{(1)}$ „in der Nähe“ von $x^{(o)}$ zu bestimmen, der mehr als eine ganzzahlige Koordinate hat, dann gehen wir dabei so vor.

Wir ordnen jeder Komponente $x_1, \ldots, x_k$ Werte λ_κ und s_κ $(\kappa=1,2,\ldots,k)$ zu. Den Größen λ_κ und s_κ geben wir folgende Bedeutung:

Ist λ_κ gerade, so nehme x_κ einen ganzzahligen Wert größer als ein a_κ an, nämlich

$$x_\kappa = a_\kappa + \frac{\lambda_\kappa}{2}$$

Ist λ_κ ungerade, so nehme x_κ einen ganzzahligen Wert kleiner als ein a_κ an, nämlich

$$x_\kappa = a_\kappa - [\frac{\lambda_\kappa}{2}]$$

1 Wie früher sei [a] das größte Ganze der Zahl a.

Ferner setzen wir $s_\kappa = 1$, wenn das Problem für ein $x_\kappa = a_\kappa + t$ keine zulässigen Punkte hat. Wie wir oben sahen, hat es infolge der Konvexität dann auch für $x_\kappa = a_\kappa + \alpha t$ $(\alpha \geq 1)$ keine zulässigen Punkte. In diesem Falle soll λ_κ bei allen weiteren Schritten stets gerade oder ungerade bleiben. Wird ein $s_\kappa = 2$, so läßt sich für die Komponente x_κ kein Wert finden, so daß man bei festen Werten $x_1, \ldots, x_{\kappa-1}$ einen zulässigen Punkt erhält.

Zu Beginn setzen wir $\lambda_\kappa := 1$ und $s_\kappa := 0$ $(\kappa = 1, \ldots, K)$ sowie $a_1 = [x_1^{(o)}]$ und bestimmen eine Näherungslösung für das konvexe Programm

$$\text{Minimiere } F(x) \text{ unter der Restriktion } x \in M^{(1)}$$

wobei $M^{(1)}$ die Menge

$$M^{(1)} = \{x \mid f_j(x) \leq 0 \quad (1 \leq j \leq m),\ x_1 = a_1 + (-1)^{\lambda_1} [\tfrac{\lambda_1}{2}]\}$$

mit $\lambda_1 = 1$ ist. Ein zulässiger Punkt für dieses Problem läßt sich durch die Mehrphasenmethode gewinnen. Ist $M^{(1)}$ für $\lambda_1 = 1$ leer, so setzen wir $s_1 = 1$ und $\lambda_1 = 2$. Ist $M^{(1)}$ auch für $\lambda_1 = 2$ leer, so wird $s_1 = 2$ und die gestellte Aufgabe besitzt keine Lösung. Nehmen wir nun an, $M^{(1)}$ sei für $\lambda_1 = \lambda_1^*$ nicht leer und $\tilde{x} \in M^{(1)}$ sei ein Näherungswert für die Optimallösung des obigen konvexen Programmes. Wir setzen nun $a_2 = [\tilde{x}_2]$ und bestimmen eine Näherungslösung für das konvexe Programm

$$\text{Minimiere } F(x) \text{ unter der Restriktion } x \in M^{(1,2)}$$

wobei $M^{(1,2)}$ die Menge

$$M^{(1,2)} = \{x \mid f_j(x) \leq 0 \quad (1 \leq j \leq m),\ x_i = a_i + (-1)^{\lambda_i} [\tfrac{\lambda_i}{2}],\ i = 1, 2\}$$

für $\lambda_1 = \lambda_1^*$, $\lambda_2 = 1$ ist. Ist $M^{(1,2)} = \phi$, so setzen wir $s_2 = 1$ und $\lambda_2 = 2$. Andernfalls erhalten wir eine Näherungslösung $\tilde{\tilde{x}} \in M^{(1,2)}$, legen nun x_3 auf $a_3 = [\tilde{\tilde{x}}_3]$ fest und lösen das Problem für $x \in M^{(1,2,3)}$. Allgemein ist also eine Lösung des folgenden konvexen Programmes zu bestimmen oder nachzuweisen, daß die Menge $M^{(K)}$ leer ist.

$$\text{Minimiere } F(x) \text{ unter der Restriktion } x \in M^{(K)} \text{ mit}$$

(P2)

$$M^{(K)} = \{x \mid f_j(x) \leq 0 \quad (1 \leq j \leq m),\ x_\kappa = a_\kappa + (-1)^{\lambda_\kappa} [\tfrac{\lambda_\kappa}{2}],\ \kappa \in K\}$$

Dabei setzten wir $K = \{1, 2, \ldots, p\}$. Im Falle $p < k$ kann man sich mit einer Näherungslösung für dieses Programm begnügen. Es können folgende Fälle eintreten

$M^{(K)} \neq \phi$ und $p = k$:

Man erhält einen für das diskrete Problem zulässigen Punkt „in der Nähe" von $x^{(o)}$.

$M^{(K)} \neq \phi$ und $p < k$:

Ist $\bar{x} \in M^{(K)}$, so setze $a_{p+1} := [\bar{x}_{p+1}]$, $\lambda_{p+1} := 1$, $s_{p+1} := 0$, ersetze p durch p+1 und löse neuerlich (P2).

$M^{(K)} = \phi$ und $s_p = 0$:

In diesem Fall können nur mehr Werte von x_p, die alle größer oder alle kleiner als a_p sind, eine zulässige Lösung ergeben. Man setze daher $s_p := 1$, $\lambda_p := \lambda_p + 1$ und löse neuerlich (P2)

$M^{(K)} = \phi$ und $s_p = 1$:

Ist $p = 1$, so erhalten wir $s_1 = 2$ und damit ist das gegebene Problem unlösbar.

Ist $p > 1$, so müssen wir eine der bereits festgelegten Koordinaten ändern. Dazu setzen wir $\lambda_{p-1} := \lambda_{p-1} + s_{p-1} + 1$, ersetzen p durch p–1 und lösen wieder (P2).

Auf diese Art und Weise erhalten wir einen für das diskrete Problem zulässigen Punkt $x^{(1)}$ oder es zeigt sich, daß das gegebene Problem unlösbar ist.

Obige Vorgangsweise läßt sich anhand eines Baumgraphen anschaulich deuten. Ausgehend vom Knoten, der dem zulässigen Punkt $x^{(o)}$ entspricht, konstruieren wir sukzessive einen Baumgraphen. Dessen Kanten entsprechen den Werten, die wir der Größe λ_K geben. Ein Knoten des Graphen entspricht entweder einem zulässigen Punkt x des stetigen Problems, der gewisse Ganzzahligkeitsbedingungen erfüllt, oder er entspricht dem Symbol*, das angibt, daß die geforderten Ganzzahligkeitsbedingungen mit den anderen gegebenen Restriktionen im Widerspruch stehen. Dabei sind die Ganzzahligkeitsbedingungen aus den Kanten abzulesen, die von $x^{(o)}$ aus zum betrachteten Punkt führen.

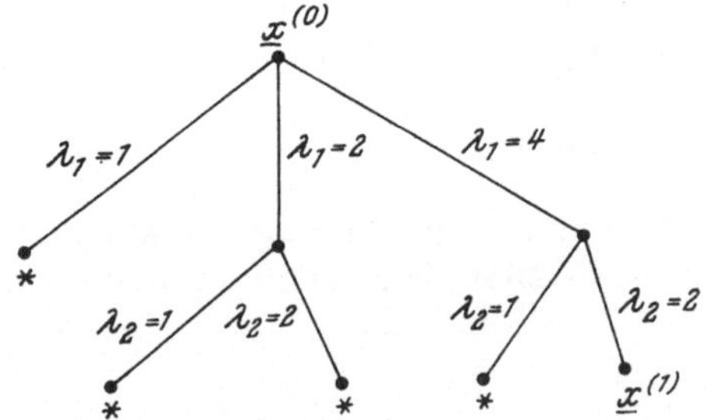

Abb. 13.1 Beispiel eines Baumgraphen für eine Aufgabe mit k=2. $x^{(1)}$ stellt die erste gefundene (Näherungs-) Lösung dar

Hätte ein Problem mit n=k=2 keine zulässige Lösung, so könnte der zugehörige Graph folgende Gestalt haben.

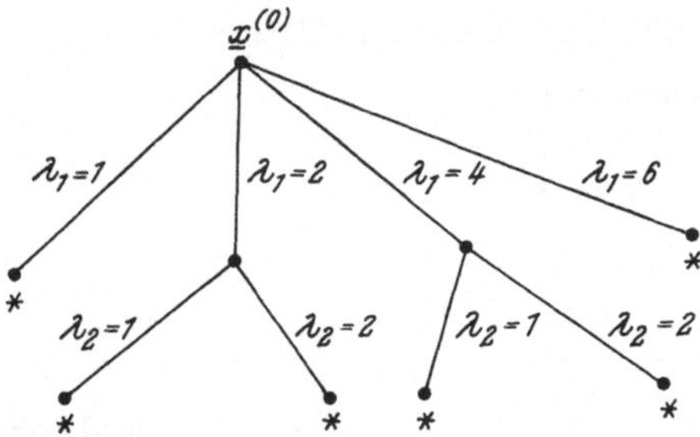

Abb. 13.2. Beispiel eines Baumgraphen. Das zugehörige diskrete Optimierungsproblem besitzt keine zulässige Lösung

Nachdem ein zulässiger Punkt $\mathbf{x}^{(1)}$ bestimmt worden ist, muß im nun einsetzenden Optimierungsprozeß überprüft werden, ob es zulässige Punkte gibt, die einen kleineren Wert für die Zielfunktion liefern als $\mathbf{x}^{(1)}$. Um die zu überprüfenden Möglichkeiten einzuschränken, fügen wir die Restriktion

$$f_o(\mathbf{x}) := F(\mathbf{x}) - F(\mathbf{x}^{(i)}) \leq 0 \qquad (i=1)$$

zu den übrigen Restriktionen hinzu und prüfen in systematischer Weise wie vorhin, ob es Punkte $\mathbf{x}^{(i+1)}$ mit $F(\mathbf{x}^{(i+1)}) \leq F(\mathbf{x}^{(i)})$ gibt. Ist für ein $\mathbf{x}^{(i_o)}$:

$$F(\mathbf{x}^{(i_o)}) < F(\mathbf{x}^{(i_o-1)}) \qquad (i_o \geq 2)$$

so ersetzen wir in $f_o(\mathbf{x})$ $\mathbf{x}^{(i)}$ durch $\mathbf{x}^{(i_o)}$, ersetzen λ_k durch $\lambda_k + s_k + 1$ und versuchen neuerdings, einen Punkt $\mathbf{x}$ mit kleinerem Wert für die Zielfunktion zu finden. Gilt jedoch nur

$$F(\mathbf{x}^{(i_o)}) = F(\mathbf{x}^{(i_o-1)}) \qquad (i_o \geq 2)$$

so nehmen wir den Punkt $\mathbf{x}^{(i_o)}$ in die Menge Y auf, in der am Ende des Verfahrens alle ermittelten Lösungen enthalten sind. Im einzelnen führt dies auf folgenden Algorithmus:

Algorithmus 26: Lösung der gemischt ganzzahligen, konvexen Optimierungsaufgabe.

Minimiere $F(\mathbf{x})$ unter den Restriktionen $f_j(\mathbf{x}) \leq 0$ $(j=1,2,\ldots,m)$ und $x_1 \in \mathbf{Z}, \ldots, x_k \in \mathbf{Z}$.

Anfangsdaten:

$$\lambda_\kappa := \mu_\kappa := 1,\ s_\kappa := 0 \qquad (1 \leq \kappa \leq k)$$
$$i = 1$$

1. Löse das konvexe Programm:

Minimiere $F(\mathbf{x})$ unter den Restriktionen $f_j(\mathbf{x}) \leq 0$ $(j=1,2,\ldots,m)$

Hat dieses Problem keine Lösung, so terminiere. Andernfalls sei $\mathbf{x}^{(o)} = (x_1^{(o)}, x_2^{(o)}, \ldots, x_n^{(o)})'$ eine Optimallösung. $x_1^{(o)}, \ldots, x_p^{(o)}$ $(p \geq 0)$ seien ganzzahlige Komponenten von $\mathbf{x}^{(o)}$. Gehe zu 2.

2. Ist $p \geq k$, so ist $x^{(o)}$ Optimallösung. Terminiere.
   Andernfalls setze $p := p+1$,
   $Y := \phi$,
   $j_o := 1$
   und für $\kappa = 1, 2, \ldots, p$:
   $a_\kappa := [x_\kappa^{(o)}]$
   Gehe zu 4.

3. Setze $f_o(x) := F(x) - F(x^{(i)})$, $j_o := 0$, $i := i+1$ und gehe zu 5.

4. Setze $K := \{1, 2, \ldots, p\}$

5. Löse das konvexe Programm

   Minimiere $F(x)$ unter der Restriktion $x \in M^{(K)}$ mit
   $$M^{(K)} = \{x \mid f_j(x) \leq 0 \ (j_o \leq j \leq m),\ x_\kappa = a_\kappa + (-1)^{\lambda_\kappa} [\tfrac{\lambda_\kappa}{2}],\ \kappa \in K\}$$

   oder weise nach, daß $M^{(K)}$ leer ist. Ein zulässiger Punkt für dieses Problem läßt sich etwa durch die Mehrphasenmethode ermitteln. Für $p < k$ genügt die Kenntnis einer Näherungslösung dieses Programmes.

5.1 Ist $M^{(K)} \neq \phi$ und $p = k$, so sei $x^{(i)}$ die Optimallösung dieses Programmes. Setze $\lambda_k := \lambda_k + \mu_k$ und gehe zu 7.

5.2 Ist $M^{(K)} \neq \phi$ und $p < k$, so sei $\overline{x}$ eine zulässige Näherungslösung dieses Programmes.
   Setze $a_{p+1} := [\overline{x}_{p+1}]$,
   $\lambda_{p+1} := \mu_{p+1} := 1$,
   $s_{p+1} := 0$,
   $p := p+1$
   und gehe zu 4.

5.3 Ist $M^{(K)} = \phi$ und $s_p = 0$, so setze
   $\lambda_p := \lambda_p + 1$,
   $\mu_p := 2$,
   $s_p := 1$
   und gehe zu 5.

5.4 Ist $M^{(K)} = \phi$ und $s_p = 1$, so gehe zu 6.

6. Ist $p = 1$, so terminiere. Falls $Y \neq \phi$ ist, enthält die Menge Y optimale Lösungen des gegebenen Problemes.
   Ist $Y = \phi$, so besitzt das Problem keine Lösung.
   Ist $p > 1$, so setze

$$\lambda_{p-1} := \lambda_{p-1} + \mu_{p-1},$$
$$p := p-1$$

und gehe zu 4.

7. Ist $Y \neq \phi$ und $F(x^{(i)}) = F(x^{(i-1)})$, so setze

$$Y := Y \cup \{x^{(i)}\},$$
$$i := i+1$$

und gehe zu 5.

Andernfalls setze $Y := \{x^{(i)}\}$ und gehe zu 3.

Wie oben bereits angedeutet wurde, kann man mit Hilfe der Mehrphasenmethode, angewandt auf konvexe Programme, feststellen, ob eine Menge $M^{(K)}$ leer ist oder nicht. Wir gehen von folgender Problemstellung aus:

Man bestimme einen Punkt x, der den Ungleichungen $f_j(x) \leq 0$ $(1 \leq j \leq m)$ genügt oder weise nach, daß die Menge

$$M = \{x \mid f_j(x) \leq 0 \ (j=1,2,\ldots,m)\}$$

leer ist.

Dazu gehen wir so vor. Gegeben sei ein beliebiger Punkt $x \in \mathbf{R}^n$. x erfülle die Restriktionen $f_1(x) \leq 0, \ldots, f_t(x) \leq 0$, aber nicht $f_{t+1}(x) \leq 0, \ldots, f_m(x) \leq 0$ $(t < m)$. Unter den $(m-t)$ Restriktionen, die von x verletzt werden, greifen wir eine beliebige, etwa $f_{t+1}(x) \leq 0$, heraus und verwenden f_{t+1} als Hilfszielfunktion. Mittels eines Verfahrens der konvexen Optimierung suchen wir eine zulässige Näherungslösung $\tilde{x}$ mit $f_{t+1}(\tilde{x}) \leq 0$ des folgenden konvexen Programmes:

(P3) Minimiere $f_{t+1}(x)$ unter den Restriktionen $f_j(x) \leq 0$ $(1 \leq j \leq t)$.

Für dieses Problem ist der gegebene Punkt zulässig. Es kann dabei der Fall eintreten, daß zwar

$$M = \{x \mid f_j(x) \leq 0 \ (j=1,\ldots,m)\}$$

beschränkt ist, jedoch die Menge

$$M^{(t)} = \{x \mid f_j(x) \leq 0 \ (j=1,\ldots,t), t < m\}$$

nicht beschränkt ist. Da wir stets annehmen wollen, daß M beschränkt ist und wir uns nur für einen Näherungswert $\tilde{x}$ mit $f_{t+1}(\tilde{x}) \leq 0$ interessieren, so kann durch eine geeignete Einführung zusätzlicher Restriktionen obiges Problem auf eines mit beschränkter Menge $M^{(t)}$ zurückgeführt werden. Man wähle etwa diese zusätzlichen Restriktionen so, daß sie einen Würfel, der M und x enthält, begrenzen.

Erhält man für das Minimum der Aufgabe (P3) ein $\tilde{x}$ mit $f_{t+1}(\tilde{x}) > 0$, so ist $M = \phi$; andernfalls ist $\tilde{x}$ ein Punkt, der die Restriktionen $f_j(x) \leq 0$, $1 \leq j \leq t_1$ mit $t_1 > t$ erfüllt. Ist $t_1 < m$ so setze man dieses Verfahren fort; im anderen Falle ist $\tilde{x}$ der gesuchte zulässige Punkt.

Ein Beispiel soll wieder obige Ausführungen verdeutlichen

Beispiel 32:

Man minimiere $-(x_1+x_2+x_3)$ unter den Restriktionen

$$x_1^2+x_2^2+x_3^2 \leq 15$$

$$x_1 \epsilon N,\ x_2 \epsilon N,\ x_3 \geq 0.$$

Zunächst ermitteln wir das Minimum $x^{(o)}$ des nichtdiskreten Problemes und erhalten hierfür

$$x_1^{(o)} = x_2^{(o)} = x_3^{(o)} = \sqrt{5} = 2.24$$

$$F(x^{(o)}) = -6.71$$

Nun setzen wir $\lambda_1 = \mu_1 = \lambda_2 = \mu_2 = 1,\ s_1 = s_2 = 0,\ i=1,\ p=1$

$$a_1 = [\sqrt{5}] = 2.$$

und lösen das konvexe Programm

Minimiere $-(x_2+x_3)$ unter der Restriktion $x \epsilon M^{(1)}$
mit
$M^{(1)} = \{x \mid x_2^2+x_3^2 \leq 11,\ x_2 \geq 0,\ x_3 \geq 0\}$

Als Lösung dieses Problemes erhält man

$$\bar{x} = (2, \tfrac{1}{2}\sqrt{22}, \tfrac{1}{2}\sqrt{22}) = (2,\ 2.35,\ 2.35)$$

Wir setzen

$$a_2 = 2,$$
$$p = 2$$

und lösen das konvexe Problem

Minimiere $-x_3$ unter der Restriktion $x \epsilon M^{(1,2)}$
mit
$M^{(1,2)} = \{x \mid x_3^2 \leq 7,\ x_3 \geq 0\}$

Als Lösung erhalten wir den für das diskrete Problem zulässigen Punkt

$$x^{(1)} = (2, 2, \sqrt{7}) = (2, 2, 2.65)$$

Nun setzen wir $Y = \{(2, 2, 2.65)\}$, $\lambda_2 = 2$, $i=2$ und fügen die Restriktion

$$x_1 + x_2 + x_3 \geq 6.65$$

zu den bisherigen Restriktionen hinzu. Dann lösen wir

Minimiere $-x_3$ unter der Restriktion $x \epsilon M^{(1,2)}$
mit
$M^{(1,2)} = \{x \mid x_3^2 \leq 2,\ x_3 \geq 1.65\}$

Wir erhalten $M^{(1,2)} = \phi$. Daher setzen wir nach Punkt 5.3

$$\lambda_2 = 3, \ \mu_2 = 2, \ s_2 = 1$$

Somit nimmt x_2 nun den Wert $2+(-1)^3 \left[\frac{3}{2}\right] = 1$ an. Wir lösen

Minimiere $-x_3$ unter der Restriktion $x \in M^{(1,2)}$
mit
$M^{(1,2)} = \{x \mid x_3^2 \leq 10, \ x_3 \geq 3.65\}$

Wieder ist $M^{(1,2)} = \phi$. Daher setzen wir nach Punkt 6.

$$\lambda_1 = 2, \ p = 1$$

Daher wird $x_1 = 3$ und wir erhalten folgendes Programm:

Minimiere $-(x_2+x_3)$ unter den Restriktionen

$$x_2^2+x_3^2 \leq 6$$
$$x_2+x_3 \geq 3.65$$
$$x_2 \geq 0, \ x_3 \geq 0$$

Die zugehörige Menge $M^{(1)}$ ist leer. Daher setzen wir

$$\lambda_1 = 3, \ \mu_1 = 2, \ s_1 = 1$$

Damit wird $x_1 = 1$ und wir minimieren $-(x_2+x_3)$ unter den Restriktionen

$$x_2^2+x_3^2 \leq 14$$
$$x_2+x_3 \geq 5.65$$
$$x_2 \geq 0, \ x_3 \geq 0.$$

Dieses Problem besitzt wieder keine zulässigen Punkte, daher terminieren wir. Der Punkt $x^{(1)} \in Y$ liefert die optimale Lösung.

Diesem Beispiel läßt sich der folgende Graph zuordnen:

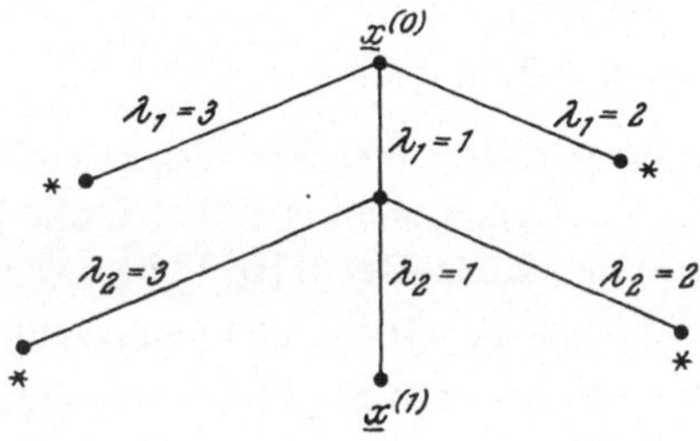

Abb. 13.3. Zu Beispiel 32 gehöriger Graph

13.3 Das Verfahren von Künzi-Oettli

Künzi und Oettli [63] geben ein Verfahren an, das rein ganzzahlige Optimierungsprobleme mit konvexer quadratischer Zielfunktion und linearen Nebenbedingungen löst. Gegeben sei somit das folgende Problem (P1):

Minimiere $\mathbf{Q}(\mathbf{x}) = \mathbf{p}'\mathbf{x} + \frac{1}{2}\,\mathbf{x}'\mathbf{C}\mathbf{x}$ unter den Restriktionen $\mathbf{A}\mathbf{x} \leq \mathbf{b}$, $\mathbf{x} \in \mathbf{N}^n$.

Dabei sind folgende Größen vorgegeben: die Vektoren $\mathbf{p} \in \mathbf{R}^n$, $\mathbf{b} \in \mathbf{R}^m$, die $(m \times n)$-Matrix $\mathbf{A}$ und die positiv definite, symmetrische Matrix $\mathbf{C}$. Wir nehmen im folgenden an, daß die Menge

$$M = \{\mathbf{x} \mid \mathbf{A}\mathbf{x} \leq \mathbf{b}, \mathbf{x} \geq \mathbf{0}\}$$

beschränkt und nicht leer ist.

Um das gegebene Problem zu lösen, bestimmen wir zunächst das freie Minimum $\mathbf{x}^{(o)}$ der Zielfunktion. Aus

$$\mathbf{grad}\ \mathbf{Q}(\mathbf{x}) = \mathbf{p} + \mathbf{C}\mathbf{x} = \mathbf{0}$$

erhalten wir

$$\mathbf{x}^{(o)} = -\mathbf{C}^{-1}\mathbf{p}. \tag{13.2}$$

Interpretieren wir die gestellte Aufgabe geometrisch in der Ebene, so ist $\mathbf{x}^{(o)}$ das Zentrum einer Schar von Ellipsen. Nehmen wir zunächst an, $\mathbf{x}^{(o)} \notin M$. Den Fall $\mathbf{x}^{(o)} \in M$ wollen wir später behandeln. Damit ist uns die Aufgabe gestellt, die kleinste Ellipse zu bestimmen, die durch einen Gitterpunkt der Menge M geht. Dazu könnten wir so vorgehen, daß wir die Ellipse solange strecken, bis sie das erste Mal durch einen Gitterpunkt des zulässigen Bereiches geht. Künzi und Oettli schlagen statt dessen vor, ein Polygon zu strecken, das die Ellipse approximiert.

Dazu bestimmen wir $\mathbf{x}^{(1)}$ als Lösung der quadratischen Optimierungsaufgabe (P2)

$$\text{Minimiere } \mathbf{Q}(\mathbf{x}) = \mathbf{p}'\mathbf{x} + \tfrac{1}{2}\,\mathbf{x}'\mathbf{C}\mathbf{x} \text{ unter den Restriktionen}$$
$$\mathbf{A}\mathbf{x} \leq \mathbf{b},$$
$$\mathbf{x} \geq \mathbf{0}$$

Zur Lösung dieser Aufgabe stehen mehrere ausgereifte Verfahren zur Verfügung. Es sei hier auf die Algorithmen in Künzi-Krelle [62], Künzi-Tzschach-Zehnder [67] und Künzi-Oettli [69] hingewiesen.

Nehmen wir für das folgende an, $\mathbf{x}^{(1)}$ sei nicht ganzzahlig. In diesem Falle approximieren wir die Ellipse durch die Tangente an $\mathbf{Q}(\mathbf{x}) = \mathbf{Q}(\mathbf{x}^{(1)})$ im Punkte $\mathbf{x}^{(1)}$ mit der Gleichung

$$(\mathbf{x} - \mathbf{x}^{(1)})'\ \mathbf{grad}\ \mathbf{Q}(\mathbf{x}^{(1)}) = 0$$

Die Tangente verschieben wir solange parallel, bis sie erstmals einen zulässigen Gitterpunkt erreicht. Durch das Parallelverschieben geht $\mathbf{x}$ über in $\mathbf{x}+\mu(\mathbf{x}^{(1)}-\mathbf{x}^{(o)})$ und wir erhalten

$$(\mathbf{x}+\mu(\mathbf{x}^{(1)}-\mathbf{x}^{(o)})-\mathbf{x}^{(1)})' \,\mathbf{grad}\, \mathbf{Q}(\mathbf{x}^{(1)})=0$$

und daraus, wenn wir $1-\mu=\lambda$ setzen:

$$(\mathbf{x}-\mathbf{x}^{(o)})' \,\mathbf{grad}\, \mathbf{Q}(\mathbf{x}^{(1)})=\lambda(\mathbf{x}^{(1)})-\mathbf{x}^{(o)})' \,\mathbf{grad}\, \mathbf{Q}(\mathbf{x}^{(1)})$$

Jener Halbraum, in dem $\mathbf{x}^{(o)}$ liegt, wird durch

$$(\mathbf{x}-\mathbf{x}^{(o)})' \,\mathbf{grad}\, \mathbf{Q}(\mathbf{x}^{(1)})\leq\lambda(\mathbf{x}^{(1)}-\mathbf{x}^{(o)})' \,\mathbf{grad}\, \mathbf{Q}(\mathbf{x}^{(1)}), \ (\lambda>0) \qquad (13.3)$$

beschrieben. Um also den ganzzahligen Punkt in M zu finden, der beim Parallelverschieben der Tangente zuerst erreicht wird, ist folgendes gemischt-ganzzahlige Programm zu lösen:

Minimiere λ unter den Restriktionen

$$\begin{gathered} \mathbf{A}\mathbf{x}\leq\mathbf{b} \\ (\mathbf{x}-\mathbf{x}^{(o)})' \,\mathbf{grad}\, \mathbf{Q}(\mathbf{x}^{(1)})\leq\lambda(\mathbf{x}^{(1)}-\mathbf{x}^{(o)})' \,\mathbf{grad}\, \mathbf{Q}(\mathbf{x}^{(1)}) \\ \mathbf{x}\in\mathbf{N}^n,\ \lambda\geq 0 \end{gathered} \qquad (13.4)$$

Besitzt dieses Problem keine Lösung, so auch nicht das gegebene. Andernfalls sei $(\mathbf{x}^{(2)}, \lambda^{(2)})$ eine Lösung von (13.4). Die Punkte $\mathbf{x}^{(2)}$ und $\mathbf{x}^{(o)}$ bestimmen eine Gerade, die die Ellipse $\mathbf{Q}(\mathbf{x})=\mathbf{Q}(\mathbf{x}^{(1)})$ im Punkte $\hat{\mathbf{x}}^{(2)}$ schneidet. Man erhält also $\hat{\mathbf{x}}^{(2)}$ aus

$$\hat{\mathbf{x}}^{(2)}=\mathbf{x}^{(o)}+\mu_2(\mathbf{x}^{(2)}-\mathbf{x}^{(o)}) \qquad (13.5)$$

mit

$$\mu_2=\left(\frac{\mathbf{Q}(\mathbf{x}^{(1)})-\mathbf{Q}(\mathbf{x}^{(o)})}{\mathbf{Q}(\mathbf{x}^{(2)})-\mathbf{Q}(\mathbf{x}^{(o)})}\right)^{1/2} \qquad (13.6)$$

denn

$$\begin{aligned} \mathbf{Q}(\hat{\mathbf{x}}^{(2)}) &= \mathbf{Q}(\mu_2\mathbf{x}^{(2)}+(1-\mu_2)\,\mathbf{x}^{(o)})=\mu_2^2\,\mathbf{Q}(\mathbf{x}^{(2)})+(1-\mu_2^2)\,\mathbf{Q}(\mathbf{x}^{(o)})= \\ &= \frac{\mathbf{Q}(\mathbf{x}^{(1)})-\mathbf{Q}(\mathbf{x}^{(o)})}{\mathbf{Q}(\mathbf{x}^{(2)})-\mathbf{Q}(\mathbf{x}^{(o)})}\cdot\mathbf{Q}(\mathbf{x}^{(2)})+\left(1-\frac{\mathbf{Q}(\mathbf{x}^{(1)})-\mathbf{Q}(\mathbf{x}^{(o)})}{\mathbf{Q}(\mathbf{x}^{(2)})-\mathbf{Q}(\mathbf{x}^{(o)})}\right)\mathbf{Q}(\mathbf{x}^{(o)})= \\ &= \mathbf{Q}(\mathbf{x}^{(1)}). \end{aligned}$$

Nun wird in Punkt $\hat{\mathbf{x}}^{(2)}$ die Tangente an die Ellipse $\mathbf{Q}(\mathbf{x})=\mathbf{Q}(\mathbf{x}^{(1)})$ gelegt und die Ellipse durch ein Polygon mit zwei Kanten approximiert. Die Streckung dieses Polygons, bis eine Kante erstmals einen ganzzahligen Punkt von M erreicht, entspricht der Lösung von folgender gemischt-ganzzahliger, linearer Optimierungsaufgabe:

Minimiere λ unter den Restriktionen

$$\begin{gathered} \mathbf{A}\mathbf{x}\leq\mathbf{b} \\ (\mathbf{x}-\mathbf{x}^{(o)})' \,\mathbf{grad}\, \mathbf{Q}(\hat{\mathbf{x}}^{(\kappa)})\leq\lambda(\hat{\mathbf{x}}^{(\kappa)}-\mathbf{x}^{(o)})' \,\mathbf{grad}\, \mathbf{Q}(\hat{\mathbf{x}}^{(\kappa)}) \\ \kappa\in\mathrm{K},\ \mathbf{x}\in\mathbf{N}^n,\ \lambda\geq 0 \end{gathered} \qquad (13.7)$$

mit $\mathrm{K}=\{1,2\}$.

Erhalten wir als Lösung dieser Aufgabe ein $\mathbf{x}^{(k)}$, für das $\mathbf{x}^{(k)} \neq \mathbf{x}^{(j)}$ $(1<j<k)$ gilt, so ist wie oben neuerdings $\hat{\mathbf{x}}^{(k)}$ zu bestimmen und wie vorhin fortzufahren. Ist aber $\mathbf{x}^{(k)} = \mathbf{x}^{(j)}$ $(1<j<k)$ so ist mit diesem Punkt eine optimale Lösung gefunden. Denn dann ist auch $\hat{\mathbf{x}}^{(k)} = \hat{\mathbf{x}}^{(j)}$, daher fällt die neue Polygonkante mit einer bereits früher bestimmten zusammen. Streckt man nun das Polygon und die Ellipse, so ist nach Konstruktion $\mathbf{x}^{(k)}$ der erste ganzzahlige Punkt, der vom Polygon erreicht wird und wegen $\hat{\mathbf{x}}^{(k)} = \mathbf{x}^{(o)} + \mu_k (\mathbf{x}^{(k)} - \mathbf{x}^{(o)})$ liegt er auf der im selben Verhältnis gestreckten Ellipse. Daher ist er a fortiori der erste Gitterpunkt, der bei einer Streckung der Ellipse erreicht wird. Somit ist er optimal (siehe Abb. 13.4).

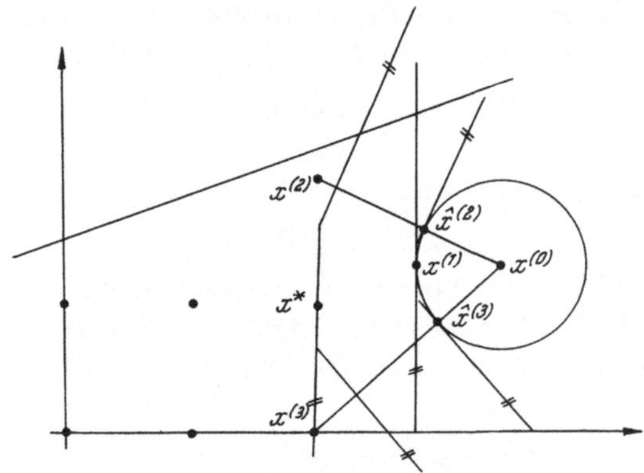

Abb. 13.4. Zum Verfahren von Künzi-Oettli

Da wir voraussetzen, daß M beschränkt ist, besitzt M nur endlich viele Gitterpunkte. Daher erhält man nach k-maliger Lösung von (13.7) einen Punkt, der mit einem früher gefundenen zusammenfällt. Ist also das zur Lösung von (13.7) verwendete Verfahren endlich, so ist auch das Verfahren von Künzi-Oettli endlich. Da jedoch der Wert λ der Zielfunktion in (13.7) keinen ganzzahligen Wert annehmen muß, läßt sich die Endlichkeit nicht zeigen, falls zur Lösung von (13.7) das dritte Verfahren von Gomory verwendet wird. Man umgeht die Schwierigkeit dadurch, daß man λ durch $N \cdot \lambda$ ersetzt, wobei N eine große Zahl ist, und daß man für $N\lambda$ die Ganzzahligkeit fordert.

Wir müssen noch zeigen, daß wir durch obige Vorgangsweise tatsächlich den optimalen Punkt der gestellten Aufgabe erhalten.

Nehmen wir dazu an, $\tilde{\mathbf{x}}$ wäre der erste Punkt, der im Laufe des Verfahrens zweimal als Lösung der gemischt-ganzzahligen, linearen Optimierungsaufgabe (13.7) mit $\kappa \in K = \{1, 2, \ldots, k\}$ aufgetreten ist. Wir zeigen, daß die Annahme, $\tilde{\mathbf{x}}$ sei nicht optimal, auf einen Widerspruch führt.

Betrachten wir die Hyperfläche $\mathbf{Q}(\mathbf{x}) = \mathbf{Q}(\mathbf{x}^{(1)})$. In den Punkten $\hat{\mathbf{x}}^{(\kappa)}$ $(\kappa = 1, 2, \ldots)$ werden Tangentialebenen an diese Fläche gelegt. Diese haben die Gleichungen

$$(\mathbf{x}-\mathbf{x}^{(o)})' \textbf{ grad } \mathbf{Q}(\hat{\mathbf{x}}^{(\kappa)}) = (\hat{\mathbf{x}}^{(\kappa)}-\mathbf{x}^{(o)})' \textbf{ grad } \mathbf{Q}(\hat{\mathbf{x}}^{(\kappa)})$$

Wir bezeichnen nun mit $P_k(\lambda)$ folgende Menge:

$$P_k(\lambda)=\{\mathbf{x} \mid (\mathbf{x}-\mathbf{x}^{(o)})' \textbf{ grad } \mathbf{Q}(\hat{\mathbf{x}}^{(\kappa)}) \leq \lambda(\hat{\mathbf{x}}^{(\kappa)}-\mathbf{x}^{(o)})' \textbf{ grad } \mathbf{Q}(\hat{\mathbf{x}}^{(\kappa)}),\ 1 \leq \kappa \leq k\}$$

Ferner setzen wir

$$Q[\lambda] = \{\mathbf{x} \mid Q(\mathbf{x}) = Q(\mathbf{x}^{(o)} + \lambda(\mathbf{x}^{(1)}-\mathbf{x}^{(o)}))\}$$

Für $\lambda=1$ gilt

$$P_k(1) \supset Q[1] \text{ und } P_k(1) \cap Q[1] = \{\hat{\mathbf{x}}^{(\kappa)} \mid 1 \leq \kappa \leq k\}$$

Da bei einer Streckung vom Zentrum $\mathbf{x}^{(o)}$ aus die Punkte $\hat{\mathbf{x}}^{(\kappa)}$ auf einer Geraden wandern und die Tangentialebenen an $\mathbf{Q}$ dabei parallel verschoben werden, bleiben diese Beziehungen auch für einen beliebigen Parameter $\lambda > 0$ gültig. Wir erhalten somit

$$P_k(\lambda) \supset Q[\lambda] \quad \text{für alle } \lambda > 0 \tag{13.8}$$

und

$$P_k(\lambda) \cap Q[\lambda] = \{\mathbf{x}^{(o)} + \lambda(\hat{\mathbf{x}}^{(\kappa)}-\mathbf{x}^{(o)}) \mid 1 \leq \kappa \leq k\} \text{ für alle } \lambda > 0. \tag{13.9}$$

Es sei nun $\bar{\mathbf{x}}$ ein beliebiger Punkt, der die Restriktionen $\mathbf{Ax} \leq \mathbf{b}$, $\mathbf{x} \geq \mathbf{0}$ erfüllt. Den kleinsten Streckparameter, für den

$$\bar{\mathbf{x}} \in P_k(\lambda_P(\bar{\mathbf{x}}))$$

gilt, nennen wir $\lambda_P(\bar{\mathbf{x}})$. Analog sei $\lambda_Q(\bar{\mathbf{x}})$ der kleinste Streckparameter, für den

$$\mathbf{x} \in Q[\lambda_Q(\bar{\mathbf{x}})]$$

gilt. Infolge (13.8) erhält man für alle $\mathbf{x} \in M$:

$$\lambda_P(\mathbf{x}) \leq \lambda_Q(\mathbf{x}) \tag{13.10}$$

Ist dabei $\mathbf{x}$ von der Gestalt

$$\mathbf{x} = \mathbf{x}^{(o)} + \lambda(\hat{\mathbf{x}}^{(\kappa)}-\mathbf{x}^{(o)}) \quad \text{für ein } \kappa \in \{1, 2, \ldots, k\} \tag{13.11}$$

so gilt infolge (13.8)

$$\lambda_P(\mathbf{x}) = \lambda_Q(\mathbf{x}) \tag{13.12}$$

Es sei nun $\tilde{\mathbf{x}}$ nicht optimal, d.h. es gibt einen ganzzahligen zulässigen Punkt $\mathbf{x}^*$, für den $Q(\mathbf{x}^*) < Q(\tilde{\mathbf{x}})$ gilt. Aus (13.10) erhält man

$$\lambda_P(\mathbf{x}^*) \leq \lambda_Q(\mathbf{x}^*)$$

und aus $\mathbf{Q}(\mathbf{x}^*) < \mathbf{Q}(\tilde{\mathbf{x}})$ folgt

$$\lambda_Q(\mathbf{x}^*) < \lambda_Q(\tilde{\mathbf{x}}).$$

Da nun $\tilde{x}$ nach Voraussetzung bereits einmal als Lösung eines Problemes (13.7) mit $\kappa \in \{1, 2, \ldots, k\}$ aufgetreten ist, hat $\tilde{x}$ die Gestalt (13.11) und daher gilt

$$\lambda_Q(\tilde{x}) = \lambda_P(\tilde{x})$$

Fassen wir die letzten drei Beziehungen zusammen, so erhalten wir

$$\lambda_P(x^*) \leq \lambda_Q(x^*) < \lambda_Q(\tilde{x}) = \lambda_P(\tilde{x})$$

also $\lambda_P(x^*) < \lambda_P(\tilde{x})$. Dies ist aber ein Widerspruch dazu, daß das Minimum von λ in der Optimierungsaufgabe (13.7) für $(\tilde{x}, \lambda_P(\tilde{x}))$ angenommen wird. Damit ist der Beweis erbracht, daß man auf die beschriebene Art und Weise tatsächlich die Optimallösung des gestellten Problemes (P 1) erhält.

Am Anfang dieses Abschnittes machten wir die Voraussetzung $\mathbf{x}^{(0)} \notin M$. Wir werden nun zeigen, wie man im Falle $\mathbf{x}^{(0)} \in M$ die Lösung der gestellten Aufgabe auf obiges Problem zurückführen kann. Das obige Verfahren würde sich nicht direkt anwenden lassen, da $\mathbf{x}^{(0)} = \mathbf{x}^{(1)}$ wäre und in $\mathbf{x}^{(0)}$ keine Tangentialebene an $Q(\mathbf{x})$ existiert.

Bezeichnen wir wie früher (Abschnitt 7.1) mit

$[\mathbf{x}^{(0)}] = ([x_1^{(0)}], \ldots, [x_n^{(0)}])$, wobei $[x_j^{(0)}]$ die größte ganze Zahl ist, die nicht größer als $x_j^{(0)}$ ist. Ist $\mathbf{x}^{(0)} = [\mathbf{x}^{(0)}]$, so ist $\mathbf{x}^{(0)}$ die gewünschte Optimallösung. Andernfalls gibt es eine Komponente $x_j^{(0)}$ mit $[x_j^{(0)}] < x_j^{(0)}$. Wir spalten nun das gegebene Problem in zwei Teilprobleme auf, nämlich

Minimiere $Q(\mathbf{x})$ unter den Restriktionen		Minimiere $Q(\mathbf{x})$ unter den Restriktionen
$\mathbf{A}\mathbf{x} \leq \mathbf{b}$		$\mathbf{A}\mathbf{x} \leq \mathbf{b}$
$x_j \leq [x_j^{(0)}]$	und	$x_j \geq [x_j^{(0)}] + 1$
$\mathbf{x} \geq \mathbf{0}$		$\mathbf{x} \geq \mathbf{0}$

Für diese beiden Probleme gilt, daß $\mathbf{x}^{(0)}$ kein zulässiger Punkt ist. Daher lassen sie sich durch das oben angegebene Verfahren lösen. Existieren Optimallösungen für beide Probleme, so erhält man durch einen Vergleich der beiden die Optimallösung des gegebenen Problemes.

Zum Abschluß fassen wir unsere Überlegungen im folgenden Algorithmus zusammen und bringen zu dessen Illustration ein Beispiel.

Algorithmus 27: Lösung der ganzzahligen, quadratischen Optimierungsaufgabe.

Minimiere $\mathbf{p}'\mathbf{x} + \frac{1}{2}\mathbf{x}'\mathbf{C}\mathbf{x}$ unter den Restriktionen $\mathbf{A}\mathbf{x} \leq \mathbf{b}$, $\mathbf{x} \in N^n$ durch das Verfahren von Künzi-Oettli.

Notwendige Unterprogramme:

1. Programm zur Matrizeninversion
2. Programm zur Lösung quadratischer, konvexer Optimierungsaufgaben
3. Programm zur Lösung gemischt-ganzzahliger, linearer Optimierungsaufgaben.

Anfangsdaten:

Vektoren **b**, **p**

Restriktionsmatrix A

Positiv-definite, symmetrische Matrix **C** der Zielfunktion

1. Bestimme
$$\mathbf{x}^{(o)} = -\mathbf{C}^{-1}\mathbf{p}$$
Ist $\mathbf{Ax}^{(o)} \leq \mathbf{b}, \mathbf{x}^{(o)} \geq \mathbf{0}$, so gehe zu 2.
Andernfalls setze $s := 1$, $L_2 := \phi$ und gehe zu 5.

2. Berechne $[\mathbf{x}^{(o)}]$
Ist $\mathbf{x}^{(o)} = [\mathbf{x}^{(o)}]$, so ist $\mathbf{x}^{(o)}$ eine Optimallösung. Terminiere.
Andernfalls gibt es einen Index j_o mit $[x_j^{(o)}] < x_j^{(o)}$. Gehe zu 3.

3. Ersetze $\mathbf{Ax} \leq \mathbf{b}$ durch $\mathbf{Ax} \leq \mathbf{b}$, $x_{j_o} \leq [x_j^{(o)}]$. Setze $s := 2$ und gehe zu 5.

4. Ersetze die Restriktion $x_{j_o} \leq [x_{j_o}^{(o)}]$ durch $x_{j_o} \geq [x_{j_o}^{(o)}] + 1$.
Setze $s := 1$ und gehe zu 5.

5. Löse das konvexe, quadratische Programm
$$\text{Minimiere } \mathbf{p}'\mathbf{x} + \tfrac{1}{2}\mathbf{x}'\mathbf{Cx} \text{ unter den Restriktionen}$$
$$\mathbf{Ax} \leq \mathbf{0}, \mathbf{x} \geq \mathbf{0}$$
Hat diese Aufgabe keine endliche Lösung, so setze $L_s := \phi$ und gehe zu 12. Andernfalls sei $\mathbf{x}^{(1)}$ eine Lösung. Gehe zu 6.

6. Ist $\mathbf{x}^{(1)} \in \mathbf{N}^n$, so setze $L_s := \mathbf{x}^{(1)}$. Gehe zu 12.
Andernfalls gehe zu 7.

7. Setze $k := 1$, $\hat{\mathbf{x}}^{(1)} := \mathbf{x}^{(1)}$.

8. Löse die gemischt-ganzzahlige, lineare Optimierungsaufgabe
$$\text{Minimiere } \lambda \text{ unter den Restriktionen}$$
$$\mathbf{Ax} \leq \mathbf{b}$$
$$(\mathbf{x} - \mathbf{x}^{(o)})' \,\mathbf{grad}\, Q(\hat{\mathbf{x}}^{(\kappa)}) \leq \lambda (\hat{\mathbf{x}}^{(\kappa)} - \mathbf{x}^{(o)})' \,\mathbf{grad}\, Q(\hat{\mathbf{x}}^{(\kappa)})$$
$$\text{für } 1 \leq \kappa \leq k$$

Hat diese Aufgabe keine Lösung, so setze $L_s := \phi$. Gehe zu 12.
Andernfalls sei $(x^{(k+1)}, \lambda^{(k+1)})$ eine Lösung. Gehe zu 9.

9. Ist $x^{(k+1)} = x^{(i)}$ für ein i mit $1 \leq i \leq k$, so setze $L_s := \{x^{(k+1)}\}$ und gehe zu 12.
   Andernfalls gehe zu 10.

10. Bestimme $\hat{x}^{(k+1)}$ aus
$$\hat{x}^{(k+1)} = x^{(o)} + \mu_{k+1}\,(x^{(k+1)} - x^{(o)})$$
mit
$$\mu_{k+1} = \left(\frac{Q(x^{(1)}) - Q(x^{(o)})}{Q(x^{(k+1)}) - Q(x^{(o)})} \right)^{1/2}$$

11. Setze $k := k+1$ und gehe zu 8.

12. Ist $s = 2$, so gehe zu 4. Andernfalls gehe zu 13.

13. Ermittle durch Vergleich der Elemente $x \in L_1 \cup L_2$ die optimale Lösung. Ist $L_1 \cup L_2 = \phi$, so besitzt das gestellte Problem keine endliche Lösung. Terminiere.

Beispiel 33:

Minimiere $2x_1^2 + 2x_2^2 - 9x_1 - 10x_2$ unter den Restriktionen
$$x_2 \leq 2.5$$
$$6x_1 - 5x_2 \leq 1$$
$$x_1 \in N,\ x_2 \in N$$
(vergleiche Abb. 13.5)

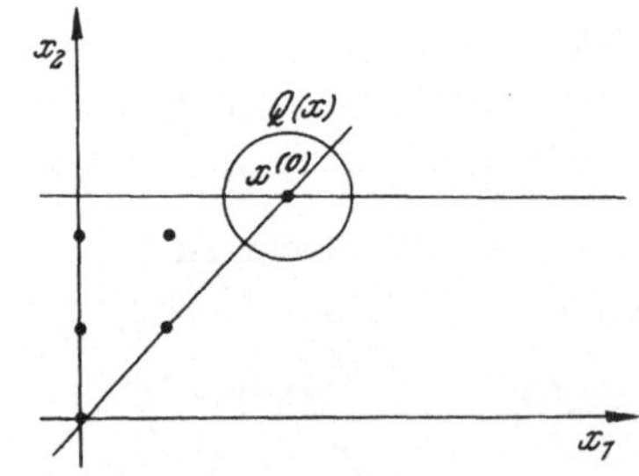

Abb. 13.5. Optimierungsaufgabe von Beispiel 33

Daher ist
$$p = \begin{pmatrix} -9 \\ -10 \end{pmatrix},\quad C = \begin{pmatrix} 4 & 0 \\ 0 & 4 \end{pmatrix} \text{ und } \mathbf{grad}\ Q(x) = \begin{pmatrix} 4x_1 - 9 \\ 4x_2 - 10 \end{pmatrix}$$

Zunächst bestimmen wir $\mathbf{x}^{(o)}$ zu

$$\mathbf{x}^{(o)} = -\mathbf{C}^{-1}\mathbf{p} = -\begin{pmatrix} \frac{1}{4} & 0 \\ 0 & \frac{1}{4} \end{pmatrix} \begin{pmatrix} -9 \\ -10 \end{pmatrix} = \begin{pmatrix} \frac{9}{4} \\ \frac{5}{2} \end{pmatrix}$$

Da $\mathbf{x}^{(o)} \in M$ ist, haben wir folgende zwei Probleme zu lösen:

Minimiere $2x_1^2+2x_2^2-9x_1-10x_2$ entweder unter den Restriktionen

$$x_2 \leq 2.5,\ 6x_1-5x_2 \leq 1,\ x_2 \leq 2,\ x_1 \in N,\ x_2 \in N$$

oder unter den Restriktionen

$$x_2 \leq 2.5,\ 6x_1-5x_2 \leq 1,\ x_2 \geq 3,\ x_1 \in N,\ x_2 \in N$$

Die Menge L_s enthält die Optimallösung des Problemes für $s=1,2$. Wir lösen zunächst das erste Problem. Dazu ist es notwendig, eine Lösung des folgenden konvexen Programmes zu finden:

Minimiere $2x_1^2+2x_2^2-9x_1-10x_2$ unter den Restriktionen

$$x_2 \leq 2,\ 6x_1-5x_2 \leq 1 \text{ und } x_1 \geq 0,\ x_2 \geq 0.$$

Die Lösung dieses Problems lautet

$$x^{(1)} = (\tfrac{11}{6}, 2)'$$

Da $x^{(1)}$ keine ganzzahlige Koordinaten hat, setzen wir $k := 1$, $\hat{x}^{(1)} = x^{(1)}$ und lösen die folgende gemischt-ganzzahlige, lineare Optimierungsaufgabe:

Minimiere λ unter den Restriktionen

$$x_2 \leq 2,\ 6x_1-5x_2 \leq 1,\ -61\lambda-60x_1-72x_2 \leq -315$$

und

$$x_1 \in N,\ x_2 \in N,\ \lambda \geq 0.$$

Die Restriktion für λ erhält man aus

$$(x_1-\tfrac{9}{4}, x_2-\tfrac{5}{2}) \begin{pmatrix} -\frac{5}{3} \\ -2 \end{pmatrix} \leq \lambda(-\tfrac{5}{12}, -\tfrac{1}{2}) \begin{pmatrix} -\frac{5}{3} \\ -2 \end{pmatrix}$$

Daher gehen wir von folgendem Tableau aus

0	−1	0	0
2	0	0	1
1	0	6	−5
−315	−61	[−60]	−72

Tableau 1
N = (0,1,2)
B = (3,4,5)

(Den Index 0 ordnen wir der Variablen λ zu). Da dieses Tableau dual zulässig ist, wenden wir das duale Simplexverfahren an und erhalten

0	1	0	0
2	0	0	1
$-\frac{305}{10}$	$-\frac{61}{10}$	$\frac{1}{10}$	$\boxed{-\frac{61}{5}}$
$\frac{21}{4}$	$\frac{61}{60}$	$-\frac{1}{60}$	$\frac{6}{5}$

Tableau 2
N = (0,5,2)
B = (3,4,1)

0	1	0	0
$-\frac{1}{2}$	$\boxed{-\frac{1}{2}}$	$\frac{1}{122}$	$\frac{5}{61}$
$\frac{5}{2}$	$\frac{1}{2}$	$-\frac{1}{122}$	$-\frac{5}{61}$
$\frac{9}{4}$	$\frac{5}{12}$	$-\frac{5}{732}$	$\frac{6}{61}$

Tableau 3
N = (0,5,4)
B = (3,2,1)

−1	2	$\frac{1}{61}$	$\frac{10}{61}$
1	−2	$-\frac{1}{61}$	$-\frac{10}{61}$
2	1	0	0
$\frac{11}{6}$	$\frac{5}{6}$	0	$\frac{1}{6}$
$-\frac{5}{6}$	$-\frac{5}{6}$	0	$\boxed{-\frac{1}{6}}$

Tableau 4
N = (3,5,4)
B = (0,2,1)

Der Punkt $x_1 = \frac{11}{6}$, $x_2 = 2$, $\lambda = 1$ besitzt zwar lauter positive Komponenten, aber x_1 ist nicht ganzzahlig. Daher leiten wir nach dem gemischt-ganzzahligen Algorithmus von Gomory eine Hilfsrestriktion ab, die wir als letzte Zeile zum Tableau 4 hinzufügen. Nach der Durchführung eines weiteren dualen Simplexschrittes erhält man die optimale Lösung des ganzzahligen linearen Programmes, nämlich

$$x_1^{(2)} = 1,\ x_2^{(2)} = 2 \text{ und } \lambda > 0.$$

Nun ist $\hat{x}^{(2)}$ zu bestimmen. Dazu berechnen wir

$$Q(x^{(0)}) = \frac{81}{8} + \frac{25}{2} - \frac{81}{4} - 25 = -\frac{181}{8}$$

$$Q(x^{(1)}) = \frac{121}{18} + 8 - \frac{33}{2} - 20 = -\frac{196}{9}$$

$$Q(x^{(2)}) = -19$$

$$\mu_2 = \sqrt{\frac{61}{9.29}} = 0.483$$

und wir erhalten

$$\hat{\mathbf{x}}^{(2)} = \begin{pmatrix} 2.25 \\ 2.5 \end{pmatrix} + 0.483 \begin{pmatrix} 1-2.25 \\ 2-2.5 \end{pmatrix} = \begin{pmatrix} 1.65 \\ 2.26 \end{pmatrix}$$

Nun kehren wir zu Punkt 8. des Algorithmus zurück und lösen neuerlich ein gemischt-ganzzahliges, lineares Programm. Als dessen Lösung erhalten wir

$$\mathbf{x}^{(3)} = (1,2)'$$

Somit ist $\mathbf{x}^{(3)} = \mathbf{x}^{(2)}$ und wir setzen $L_2 = \{(1,2)\}$.

Nun kehren wir zu Punkt 4 im Algorithmus zurück und versuchen das zweite ganzzahlige konvexe Problem zu lösen. Wegen $x_2 \geq 3$ und $x_2 \leq 2$ erhält man $L_1 = \phi$. Daher lautet die gesuchte Lösung

$$x_1^* = 1,\ x_2^* = 2 \text{ und } Q(x^*) = -19.$$

Literaturverzeichnis

Im nachfolgenden Literaturverzeichnis wurden bis auf wenige Ausnahmen Forschungsberichte, Working Papers und dergleichen nicht aufgenommen, da deren Beschaffung oft mit erheblichen Schwierigkeiten verbunden ist. Eine fast vollständige Bibliographie der Arbeiten bis 1967 findet sich bei Balinski [70]. Für weitere Arbeiten zu Transport- und Zuordnungsproblemen sei ferner auf Hu [69], Knödel [70] und Müller-Merbach [70] verwiesen.

Nachfolgend einige ständig benützte Abkürzungen für wichtige Zeitschriften:

Cah. Centre Et. Rech. Opér.	= Cahiers du Centre d'Etudes de Recherche Opérationelle (Brüssel)
C.R. Acad. Sci. Paris	= Comptes Rendus, Academie des Sciences Paris
Comm. ACM	= Communications of the Association for Computing Machinery
Comp. J.	= Computer Journal
Journal ACM	= Journal of the Association for Computing Machinery
J. SIAM	= Journal of the Society of Industrial and Applied Mathematics
Man. Sci.	= Management Science
NRLQ	= Naval Research Logistics Quarterly
Op. Res.	= Operations Research: Journal of the Operations Research Society of America
Proc. Natl. Acad. Sci.	= Proceedings of the National Academy of Sciences

ABADIE, J. M., Hrsg. [67]: Nonlinear Programming. Amsterdam: North Holland Publ. Co. 1967.

ABADIE, J. M., Hrsg. [70]: Integer and Nonlinear Programming. Amsterdam: North Holland Publ. Co. 1970.

ALBRECHT, R. [67]: Zum Optimum-Mix Problem bei nichtlinearen monotonen Kostenfunktionen. Unternehmensforschung **11**, 253–258 (1967).

ALBRECHT, R. [68]: Bestimmung minimaler Wege in endlichen, gerichteten, bewerteten Graphen. Computing **3**, 184–193 (1968).

ALBRECHT, R., und B. BUCHBERGER [70]: Algorithmus 13, Lösung eines Optimum-Mix Problemes. Computing **5**, 324–331 (1970).

BALAS, E. [64a]: Un algorithme additif pour la résolution des programmes linéaires en variables bivalentes. C. R. Acad. Sci. Paris **258**, 3817–3820 (1964).

BALAS, E. [64b]: Extension de l'algorithme additif à la programmation en nombres entiers et à la programmation non linéaire. C. R. Acad. Sci. Paris **258**, 5136–5139 (1964).

BALAS, E. [65a]: Solution of Large Scale Transportation Problems through Aggregation. Op. Res. **13**, 82–93 (1965).

BALAS, E. [65b]: An Additif Algorithm for Solving Linear Programs with Zero-One Variables. Op. Res. **13**, 517–546 (1965).

BALAS, E. [66a]: La méthode du filtre (l'algorithme additif accéléré) pour la résolution des programmes linéaires en variables bivalentes. C. R. Acad. Sci. Paris **262**, 766–769 (1966).

BALAS, E. [66b]: Adaption de l'algorithm additif accéléré à la programmation mixte. C. R. Acad. Sci. Paris **262**, 831–834 (1966).

BALAS, E. [67]: Discrete Programming by the Filter Method. Op. Res. **15**, 915–957 (1967).

BALAS, E. [68]: A Note on the Branch and Bound Principle. Op. Res. **16**, 442–445 (1968).

BALAS, E. [70a]: Minimax and Duality for Linear and Nonlinear Mixed-Integer Programming, in: ABADIE [70].

BALAS, E. [70b]: Duality in Discrete Programming, in: KUHN [70].

BALAS, E. [71]: Intersection Cuts – A New Type of Cutting Planes for Integer Programming. Op. Res. **19**, 19–39 (1971).

BALAS, E., V. J. BOWMAN, F. GLOVER und D. SOMMER [71]: An Intersection Cut from the Dual of the Unit Cube. Op. Res. **19**, 40–44 (1971).

BALINSKI, M. L. [65]: Integer Programming: Methods, Uses, Computation. Man. Sci. **12**, 253–313 (1965).

BALINSKI, M. L. [67]: Some General Methods in Integer Programming, in: ABADIE [67].

BALINSKI, M. L. [70]: Recent Developments in Integer Programming, in: KUHN [70].

BAUER, F. L. [63]: Algorithm 153, Gomory. Comm. ACM **6**, 68 (1963).

BEALE, E. M. L. [55]: Cycling in the Dual Simplex Algorithm. NRLQ **2**, 269–276 (1955).

BEALE, E. M. L. [65]: Survey of Integer Programming. Operational Research Quarterly **16**, 219–228 (1965).

BEALE, E. M. L., und R. E. SMALL [65]: Mixed Integer Programming by a Branch and Bound Technique, Proc. IFIP Congress New York 1965, Bd. 2.

BELLMANN, R. [65]: Maximization over Discrete Sets. NRLQ **3**, 67–70 (1956).

BELLMORE, M., und G. L. NEMHAUSER [68]: The Traveling Salesman Problem: A Survey. Op. Res. **16**, 538–558 (1968).

BENDERS, J. F. [62]: Partitioning Procedures for Solving Mixed Variables Programming Problems. Num. Math. **4**, 238–252 (1962).

BENDERS, J. F., A. R. CATCHPOLE und C. KUIKEN [59]: Discrete Variables Optimization Problems. RAND Symposion on Math. Programming, March 16–20, 1959.

BEN-ISRAEL, A., und A. CHARNES [62]: On Some Problems of Diophantine Programming. Cah. Centre Et. Rech. Oper. **4**, 215–280 (1962).

BIRKHOFF, G. [40]: Tres observaciones sobre el algebra lineal. Rev. univ. nac. Tucumán (Ser. A.) **5**, 147–151 (1940).

BLANKINSHIP, W. A. [63]: A New Version of the Euclidean Algorithm. American Math. Monthly **70**, 742–745 (1963).

BRADLEY, G. [71a]: Transformation of Integer Programs to Knapsack Problems. Discrete Math. **1**, 29–45 (1971).

BRADLEY, G. H. [71b]: Equivalent Integer Programs and Canonical Problems. Man. Sci. **17**, 354–366 (1971).

BURDET, C. A. [69]: Konkave Optimierung: Das Optimum-Mix Problem, in: HENN-KÜNZI-SCHUBERT (Hrsg.): Operations Research Verfahren, Bd. 8. Meisenheim: Verlag Anton Hain. 1970.

BURKARD, R. E. [69]: Ein Verfahren zur gemischt-ganzzahligen, konvexen Optimierung. Bericht Nr.30, Rechenzentrum Graz, Juli 1969.
BURKARD, R. E. [70a]: Untersuchungen zum Optimum-Mix Problem. Unternehmensforschung **14**, 81–88 (1970).
BURKARD, R.E. [70b]: Das Optimum-Mix Problem, in: HENN-KÜNZI-SCHUBERT (Hrsg.): Operations Research Verfahren, Bd.8. Meisenheim: Verlag Anton Hain. 1970.
BUSACKER, R. G., und T. L. SAATY [69]: Endliche Graphen und Netzwerke. München-Wien: Oldenbourg. 1969.
BYRNE, J. L., und L. G. PROLL [69]: Initialising Geoffrion's Implicit Enumeration Algorithm for the Zero-One Linear Programming Problem. Comp. J. **12**, 381–384 (1969).
CABOT, A. V. [70]: An Enumeration Algorithm for Knapsack Problems. Op. Res. **18**, 306–311 (1970).
CABOT, A. V., und A. P. HURTER Jr. [68]: An Approach to Zero-One Integer Programming. Op. Res. **16**, 1206–1211 (1968).
CHANG, S. K., und A. GILL [70]: Algorithm 397. An Integer Programming Problem. Comm. ACM **13**, 620–621 (1970).
CHARNES, A. [52]: Optimality and Degeneracy in Linear Programming. Econometrica **20**, 160–170 (1952).
CHARNES, A., W.W. COOPER und A. HENDERSON [53]: An Introduction to Linear Programming. New York: Wiley & Sons. 1953.
COLLATZ, L., und W. WETTERLING [66]: Optimierungsaufgaben. Berlin-Heidelberg-New York: Springer. 1966.
COOPER, L., und DREBES, C. [67]: An Approximate Solution Method for the Fixed Charge Problem. NRLQ **14**, 101–113 (1967).
DAKIN, R. J. [65]: A Tree Search Algorithm for Mixed Integer Programming Problems. Comp. J. **8**, 250–255 (1965).
DALTON, R. E., und R. W. LLEWELLYN [67]: An Extension of the Gomory Mixed-Integer Algorithm to Mixed-Discrete Variables. Man. Sci. **12**, 569–575 (1967).
DANTZIG, G. B. [51a]: Application of the Simplex Method to a Transportation Problem, in: KOOPMANS [51].
DANTZIG, G. B. [51b]: Maximization of a Linear Function of Variables Subject to Linear Inequalities, in: KOOPMANS [51].
DANTZIG, G. B. [55]: Upper Bounds, Secondary Constraints and Block Triangularity in Linear Programming, Econometrica **23**, 174–183 (1955).
DANTZIG, G. B. [57]: Discrete-Variable Extremum Problems. Op. Res. **5**, 266–277 (1957).
DANTZIG, G. B. [59]: Note on Solving Linear Programs in Integers. NRLQ **6**, 75–76 (1959).
DANTZIG, G. B. [60]: On the Significance of Solving Linear Problems with Some Integer Variables. Econometrica **28**, 30–44 (1960).
DANTZIG, G. B. [66]: Lineare Optimierung und Erweiterungen. Berlin-Heidelberg-New York: Springer. 1966.
DANTZIG, G. B., und W. ORCHARD-HAYES [53]: Alternate Algorithm for the Revised Simplex Method Using Product Form of the Inverse. RAND Report RM-1268, November 1953.
DESLER, J. F., und S. L. HAKIMI [69]: A Graph Theoretic Approach to a Class of Integer Programming Problems. Op. Res. **17**, 1017–1033 (1969).
DRAGAN, I. [69]: Un algorithme lexicographique pour la résolution des programmes linéaires en variables binaires. Man. Sci. **16**, 246–252 (1969).

DREYFUS, S.E. [67]: An Appraisal of Some Shortest Path Algorithms. RAND Report RM-5433-PR, Oktober 1967.
DRIEBEEK, N.J. [66]: An Algorithm for the Solution of Mixed Integer Programming Problems. Man. Sci. 12, 576–587 (1966).
EASTMAN, W.L. [58]: Linear Programming with Pattern Constraints. Report Nr. BL 20, The Computation Laboratory, Harvard University 1958.
ECHOLS, R.E., und L. COOPER [68]: Solution of Integer Programming Problems by Direct Search. Journal ACM 15, 75–84 (1968).
FIOROT, J.C. [70]: Algorithme de génération des points entiers d'une cône polyedrique. Electr. Fr. Direct. Et. Rech. C.1, 5–28 (1970).
FLEISCHMANN, B. [67]: Computational Experience with the Algorithm of Balas. Op. Res. 15, 153–155 (1967).
FORD, L.R., und D.R. FULKERSON [62]: Flows in Networks. Princeton, N.J.: Princeton University Press. 1962.
FORTET, R. [59]: L'Algèbre de Boole et ses Applications en Recherche Opérationelle. Cah. Centre Et. Rech. Opér. 1, 5–36 (1959).
FREEMAN, R.F. [66]: Computational Experience with a Balasian Integer Programming Algorithm. Op. Res. 14, 935–941 (1966).
GARFINKEL, R.S., und G.L. NEMHAUSER [69]: The Set Partitioning Problem: Set Covering with Equality Constraints. Op. Res. 17, 848–856 (1969).
GASCHÜTZ, G.K., und J.H. AHRENS [68]: Suboptimal Algorithms for the Quadratic Assignment Problem. NRLQ 15, 49–62 (1968).
GASS, S.I. [64]: Linear Programming: Methods and Application. New York: Mc Graw-Hill. 1964.
GEOFFRION, A.M. [67]: Integer Programming by Implicit Enumeration and Balas's Method. SIAM Rev. 9, 178–190 (1967).
GEOFFRION, A.M. [69]: An Improved Implicit Enumeration Approach for Integer Programming. Op. Res. 17, 437–454 (1969).
GILMORE, P.C., und R.E. GOMORY [63]: A Linear Programming Approach to the Cutting Stock Problem, Op. Res. 11, 863–888 (1963).
GILMORE, P.C., und R.E. GOMORY [65]: Multi-Stage Cutting Stock Problems for Two and More Dimensions. Op. Res. 13, 94–120 (1965).
GILMORE, P.C., und R.E. GOMORY [66]: The Theory and Computation of Knapsack Functions. Op. Res. 14, 1045–1074 (1966).
GINSBURGH, V., und A. van PEETERSEN [69]: Un algorithme de programmation quadratique en variables binaires. Rev. fr. Informat. Rech. Opérat. 5, 57–73 (1969).
GLOVER, F. [65]: A Multiphase Dual Algorithm for the Zero One Integer Programming Problem. Op. Res. 13, 879–919 (1965).
GLOVER, F. [66]: Generalized Cuts in Diophantine Programming. Man. Sci. 13, 254–268 (1966).
GLOVER, F. [67]: Stronger Cuts in Integer Programming. Op. Res. 15, 1174–1177 (1967).
GLOVER, F. [68a]: Surrogate Constraints. Op. Res. 16, 741–749 (1968).
GLOVER, F. [68b]: A New Foundation for a Simplified Primal Integer Programming Algorithm. Op. Res. 16, 727–740 (1968).
GLOVER, F. [68c]: A Note on Linear Programming and Integer Feasibility. Op. Res. 16, 1212–1216 (1968).
GLOVER, F. [69]: Integer Programming over a Finite Additive Group. SIAM J. Control 7, 213–231 (1969).
GLOVER, F., und S. ZIONTS [65]: A Note on the Additive Algorithm of Balas. Op. Res. 13, 546–549 (1965).

GLOVER, F. [70]: Faces of the Gomory Polyhedron, in: ABADIE [70].

GOLDMAN, A. J., und D. KLEINMANN [64]: Examples Relating to the Simplex Method. Op. Res. **12**, 159–161 (1964).

GOMORY, R. E. [58]: Outline of an Algorithm for Integer Solutions to Linear Programs. Bull. Amer. Math. Soc. **64**, 275–278 (1958).

GOMORY, R. E. [60]: An Algorithm for the Mixed Integer Problem. RAND-Report P-1885, 1960.

GOMORY, R. E. [63]: All-Integer Programming Algorithm, in: MUTH-THOMPSON [63].

GOMORY, R. E. [65]: On the Relation Between Integer and Non-Integer Solutions to Linear Programs. Proc. Natl. Acad. Sci. (USA) 1965, 260–265.

GOMORY, R. E. [67]: Faces of an Integer Polyhedron. Proc. Natl. Acad. Sci. (USA) **57**, 16–18 (1967).

GOMORY, R. E. [69]: Some Polyhedra Related to Combinatorial Problems. J. Lin. Algebra Appl. **2**, 451–558 (1969).

GOMORY, R. E. [70]: Properties of a Class of Integer Polyhedra, in: ABADIE [70].

GOMORY, R. E., und W. J. BAUMOL [68]: Integer Programming and Pricing. Econometrica **28**, 521–550 (1960).

GOMORY, R. E., und A. J. HOFFMANN [63]: On the Convergence of an Integer Programming Process. NRLQ **10**, 121–123 (1963).

GONDRAN, M. [70]: Programmation linéaire en nombres entiers: optimization dans un cône. Rev. fr. Informat. Rech. Opérat. **4**, 11–27 (1970).

GOTLIEB, C. C. [63]: The Construction of Class Teacher Timetables. Proc. IFIP-Congress München, 1962. Amsterdam: North Holland Publ. Co. 1963.

GRAVES, R. L., und P. WOLFE, Hrsg. [63]: Recent Advances in Mathematical Programming. New York: Mc Graw Hill. 1963.

GREENBERG, H. [69]: A Quadratic Assignment Problem Without Column Constraits. NRLQ **16**, 417–421 (1969).

GREENBERG, H. [71]: Integer Programming. New York: Academic Press. 1971.

GREENBERG, H., und R. L. HEGERICH [70]: A Branch Search Algorithm for the Knapsack Problem. Man. Sci. **16**, 327–332 (1970).

HADLEY, G. [64]: Non-Linear and Dynamic Programming. Reading, Mass.: Addison-Wesley. 1964.

HALDI, J. [64]: Twenty-five Integer Programming Problems, Working Paper Nr.43, Graduate School of Business, Stanford University 1964.

HALDI, J., und L. M. ISAACSON [65]: A Computer Code for Integer Solutions to Linear Programs. Op. Res. **13**, 946–956 (1965).

HALL, K. M. [70]: An r-Dimensional Quadratic Placement Algorithm. Man. Sci. **17**, 219–229 (1970).

HALL, P. [35]: On Representatives of Subsets. J. London Math. Soc. **10**, 26–30 (1935).

HAMMER, P. L., und A. A. RUBIN [70]: Some Remarks on Quadratic Programming with 0–1 Variables. Rev. fr. Informat. Rech. Opérat. **4**, 67–79 (1970).

HAMMER, P. L., und S. RUDEANU [68]: Boolean Methods in Operations Research and Related Areas. Berlin-Heidelberg-New York: Springer. 1968.

HAMMER, P. L., und S. RUDEANU [69]: Pseudo Boolean Programming. Op. Res. **17**, 233–261 (1969).

HANSEN, P. [69a]: Un algorithm S. E. P. por les programmes pseudobooléens non linéaires. Cah. Centre Et. Rech. Opérat. **11**, 26–44 (1969).

HANSEN, P. [69b]: Note sur l'extension de la méthode d'énumération implicite aux programmes non linéaires en variables zéro-un. Cah. Centre Et. Rech. Opérat. **11**, 162–166 (1969).

HANSEN, P. [70]: Algorithme pour les programmes non-linéaires en variables zéro-un. C.R. Acad. Sci. Paris **A 270**, 1700–1702 (1970).

HARRIS, P.M.J. [64]: The Solution of Mixed Integer Linear Programs. Operational Research Quarterly **15**, 117–133 (1964).

HEALY, W.C., Jr. [64]: Multiple Choice Programming. Op. Res. **12**, 122–138 (1964).

HELLER, I. [64]: On Linear Programs Equivalent to the Transportation Problems. J. SIAM **12**, 31–42 (1964).

HELLMICH, K. [66]: Das Zuweisungsproblem. Coordination, Sonderheft für das Rechenzentrum Graz, 1966.

HELLMICH, K. [68a]: Optimale Zuordnung mittels eines Mengenverbandes. Bericht Nr.3, Rechenzentrum, Graz, 1968.

HELLMICH, K. [68b]: Die optimale Zuordnung mit Restriktionen, Bericht Nr.7, Rechenzentrum, Graz, 1968.

HELLMICH, K. [68c]: Die indirekte Devisenarbitrage. Bericht Nr.8, Rechenzentrum, Graz, 1968.

HERVÉ, P. [67]: Résolution des programmes linéaires en variables mixtes par la procedure S.E.P. Metra **6**, 77–91 (1967).

HILLIER, F.S. [67]: Chance-Constrained Programming with 0–1 or Bounded Continuous Decision Variables. Man. Sci. **14**, 34–57 (1967).

HILLIER, F.S. [69a]: Efficient Heuristic Procedures for Integer Linear Programming with an Interior. Op. Res. **17**, 600–635 (1969).

HILLIER, F.S. [69b]: A Bound and Scan Algorithm for Pure Integer Linear Programming with General Variables. Op. Res. **17**, 638–679 (1969).

HITCHCOCK, F.L. [41]: The Distribution of a Product from Several Sources to Numerous Localities. J. Math. Phys. **20**, 224–230 (1941).

HOUSE, R.W., L.D. NELSON und T. RADO [65]: Computer Studies of a Certain Class of Linear Integer Programs, in: LAVI-VOGL [65].

HU, T.C. [67]: Revised Matrix Algorithms for Shortest Paths in a Network. SIAM J. Appl. Math. **15**, 207–218 (1967).

HU, T.C. [69]: Integer Programming and Network Flows. Reading, Mass.: Addison-Wesley. 1969.

HU, T.C. [70]: On the Asymptotic Integer Algorithm, in: ABADIE [70].

IVANESCU, P.L. [65]: Pseudo-Boolean Programming and Applications. (Springer Lecture Notes, Bd.9.) Berlin-Heidelberg-New York: Springer. 1965.

IVANESCU, P.L., und S. RUDEANU [66]: Pseudo-Boolean Methods for Bivalent Programming. (Springer Lecture Notes, Bd. 23.) Berlin-Heidelberg-New York: Springer. 1966.

JAESCHKE, G. [66]: Die Bestimmung optimaler Währungstauschfolgen im Devisenhandel. IBM Form 81513, Sindelfingen, 1966.

KANTOROWITSCH, L.V. [60]: Mathematical Methods in the Organization and Planning of Production. Übersetzung aus dem Russischen in Man. Sci. **6**, 207–218 (1960).

KELLEY, J.E. [60]: The Cutting Plane Method for Solving Convex Programms. SIAM J. Appl. Math. **8**, 207–218 (1960).

KNÖDEL, W. [69]: Graphentheoretische Methoden und ihre Anwendungen. Berlin-Heidelberg-New York: Springer. 1969.

KOLESAR, P.J. [67]: A Branch and Bound Algorithm for the Knapsack Problem. Man. Sci. **13**, 723–735 (1967).

KOOPMANS, T.C. [49]: Optimum Utilization of the Transportation System. Supplement von Econometrica **17** (1949).

KOOPMANS, T.C., Hrsg. [51]: Activity Analysis of Production and Allocation. New York: Wiley & Sons. 1951.

KORPUT, A.A., und Yu. Yu. FINKEL'STEIN [69]: Discrete Problems in Mathematical Programming. Progr. in Math. **3**, 57–112 (1969).

KORPUT, A.A., und Yu. Yu. FINKEL'STEIN [71]: Diskrete Optimierung. Berlin: Akademie Verlag. 1971.

KORTE, B., W. KRELLE und W. OBERHOFER [69]: Ein lexikographischer Suchalgorithmus zur Lösung allgemeiner ganzzahliger Programmierungsaufgaben. Unternehmensforschung **13**, 73–98, 171–192, (1969); **14**, 228–234 (1970).

KREKÓ, B. [68]: Lehrbuch der linearen Optimierung. Berlin: Dt. Verlag d. Wissenschaften. 1968.

KRELLE, W. [58]: Ganzzahlige Programmierungen, Theorie und Anwendung in der Praxis. Unternehmensforschung **2**, 161–175 (1958).

KRELLE, W. [68]: Ganzzahlige nichtlineare Programmierung für trennbare Funktionen, in: HENN, Hrsg.: Operations Research-Verfahren, Bd. 5. Meisenheim: Verlag Anton Hain. 1968.

KREUZBERGER, H. [70]: Numerische Erfahrungen mit einem heuristischen Verfahren zur Lösung ganzzahliger linearer Optimierungsprobleme. Elektr. Datenverarb. **12**, 289–306 (1970).

KROLAK, P.D. [69]: Computational Results of an Integer Programming Algorithm. Op. Res. **17**, 743–749 (1969).

KUHN, H.W. [55]: The Hungarian Method for the Assignment Problems. NRLQ **2**, 83–97 (1955).

KUHN, H.W., Hrsg. [70]: Proceedings of the Princeton Symposion on Mathematical Programming. Princeton, N.J.: Princeton University Press. 1970.

KUHN, H.W., D. GALE und A.W. TUCKER [51]: Linear Programming and the Theory of Games, in: KOOPMANS, T.C. [51].

KÜNZI, H.P. [58]: Die Simplexmethode zur Bestimmung einer Ausgangslösung bei bestimmten linearen Programmen. Unternehmensforschung **2**, 60–69 (1958).

KÜNZI, H.P., und W. KRELLE [62]: Nichtlineare Optimierung. Berlin-Göttingen-Heidelberg: Springer. 1962.

KÜNZI, H.P., und W. OETTLI [63]: Integer Quadratic Programming, in: GRAVES-WOLFE [63].

KÜNZI, H.P., und W. OETTLI [69]: Nichtlineare Optimierung: Neuere Verfahren, Bibliographie. (Lecture Notes in Op. Res. and Math. Systems, Bd. 16.) Berlin-Heidelberg-New York: Springer. 1969.

KÜNZI, H.P., und S.T. TAN [66]: Lineare Optimierung großer Systeme. (Lecture Notes, Bd. 27.) Berlin-Heidelberg-New York: Springer. 1966.

KÜNZI, H.P., H.G. TZSCHACH und C.A. ZEHNDER [67]: Numerische Methoden in der mathematischen Optimierung mit ALGOL und FORTRAN Programmen. Stuttgart: Teubner. 1967.

LAMBERT, F. [60]: Programmes linéaires mixtes. Cah. Centre Et. Rech. Opér. **2**, 47–75, 75–126 (1960).

LAND, A.H. [63]: A Problem of Assignment with Interrelated Costs. Operational Research Quarterly **14**, 185–198 (1963).

LAND, A.H., und A.G. DOIG [60]: An Automatic Method of Solving Discrete Programming Problems. Econometrica **28**, 497–520 (1960).

LAUGHHUNN, D.J. [70]: Quadratic Binary Programming with Application to Capital Budgeting Problems. Op. Res. **18**, 454–461 (1970).

LAVI, A., und T.B. VOGL, Hrsg. [65]: Recent Advances in Optimization Techniques. New York: Wiley & Sons. 1965.

LAWLER, E. L. [63]: The Quadratic Assignment Problem. Man. Sci. **9**, 586–599 (1963).

LAWLER, E. L., und M. D. BELL [66]: A Method for Solving Discrete Optimization Problems. Op. Res. **14**, 1098–1112 (1966).

LAWLER, E. L., und D. E. WOOD [66]: Branch and Bound Methods: A Survey. Op. Res. **14**, 699–719 (1966).

LEMKE, C. E. [54]: The Dual Method of Solving Linear Programming Problems. NRLQ **1**, 36–47 (1954).

LEMKE, C. E., und K. SPIELBERG [67]: Direct Search Algorithms for the Zero-One and Mixed Integer Programming. Op. Res. **15**, 892–914 (1967).

LIONS, J. [66]: Matrix Reducing Using the Hungarian Method for the Generation of School Timetables. Comm. ACM **9**, 349–354 (1966).

LIONS, J. [67]: The Ontario School Scheduling Programs. Comp. J. **10**, 14–21 (1967).

LITTLE, J. D. C. [66]: The Synchronization of Traffic Signals by Mixed Integer Linear Programming. Op. Res. **14**, 568–594 (1966).

LITTLE, J. D. C., K.G. MURTY, D.W. SWEENEY und C. KAREL [63]: An Algorithm for the Travelling Salesman Problem. Op. Res. **11**, 972–989 (1963).

LOEHMAN, E., P. T. NGHIEM und A. WHINSTON [70]: Two Algorithms for Integer Optimization. Rev. fr. Informat. Rech. Opérat. **4**, 43–63 (1970).

MARKOWITZ, H. M., und A. S. MANNE [57]: On the Solution of Discrete Programming Problems. Econometrica **25**, 84–110 (1957).

MARTIN, G.T. [63]: An Accelerated Euclidean Algorithm for Integer Linear Programming, in: GRAVES-WOLFE [63].

MILLER, C. E., A. W. TUCKER und R. A. ZEMLIN [60]: Integer Programming Formulation of Travelling Salesman Problems. Journal ACM **7**, 326–329 (1970).

MITTEN, L.G. [70]: Branch and Bound Methods: General Formulation and Properties. Op. Res. **18**, 24–34 (1970).

MUCKSTADT, J. A., und R. C. WILSON [68]: An Application of Mixed-Integer Programming Duality to Scheduling Thermal Generating Systems. I.E.E.E. Trans. Power Appar. Syst. **87**, 1968–1978 (1968).

MÜLLER-MERBACH, H. [70]: Optimale Reihenfolgen. Berlin-Heidelberg-New York: Springer. 1970.

MUNKRES, J. [57]: Algorithms for the Assignment and Transportation Problems. J. SIAM **5**, 32–38 (1957).

MURTY, K.G. [68]: Solving the Fixed Charge Problem by Ranking the Extreme Points. Op. Res. **16**, 268–279 (1968).

MUTH, J. F., und G. L. THOMPSON, Hrsg. [63]: Industrial Scheduling. New York: Prentice Hall. 1963.

NEMHAUSER, G. L., und Z. ULLMANN [68]: A Note on the Generalized Lagrange Multiplier Solution to an Integer Programming Problem. Op. Res. **16**, 450–454 (1968).

NGHIEM, P. T. [71]: A Flexible Tree Search Method for Integer Programming Problems. Op. Res. **19**, 115–119 (1971).

NOLTEMEIER, H. [70]: Sensitivitätsanalyse bei diskreten linearen Optimierungsproblemen. (Lecture Notes in Op. Res. and Math. Systems, Bd. 30.) Berlin-Heidelberg–New York: Springer. 1970.

ORDEN, A. [56]: The Transshipment Problem. Man. Sci. **2**, 276–285 (1956).

OUYAHIA, A. [62]: Programmes linéaires à variables discrètes. Rev. fr. Rech. Opérat. **6**, 55–75 (1962).

PETERSEN, C. C. [67]: Computational Experience with Variants of the Balas Algorithm Applied to the Selection of R&D Projects. Man. Sci. **13**, 726–750 (1967).

PIERCE, J.F. [68]: Application of Combinatorial Programming to a Class of All Zero-One Integer Programming Problems. Man. Sci. **15**, 191–209 (1968).

PIERCE, J.F., und W.B. CROWSTON [71]: Tree-Search Algorithms for Quadratic Assignment Problems. NRLQ **18**, 1–36 (1971).

RAGHAVACHARI, M. [69]: On Connections between Zero-One Integer Programming and Concave Programming under Linear Constraints. Op.Res. **17**, 680–684 (1969).

REITER, S., und D.B. RICE [66]: Discrete Optimizing Solution Procedures for Linear and Nonlinear Integer Programming Problems. Man. Sci. **12**, 829–850 (1966).

REITER, S., und G. SHERMAN [65]: Discrete Optimizing. J. SIAM **13**, 864–889 (1965).

ROTH, R. [69]: Computer Solutions to Minimum Cover Problems. Op. Res. **17**, 455–465 (1969).

ROY, B., R.BENAYOUN und J.TERGNY [70]: From S.E.P. Procedure to the Mixed Ophelie Program, in: ABADIE [70].

RUBIN, D.S. [70]: On the Unlimited Number of Faces in Integer Hulls of Linear Programs with a Single Constraint. Op. Res. **18**, 940–946 (1970).

RUDEANU, S. [70]: An Axiomatic Approach to Pseudo-Boolean Programming. Mat. Ves. (Belgrad) **7**, 403–414 (1970).

RUDEANU, S. [69]: Programmation bivalente à plusieur fonctions économique. Ref. fr. Inform. Rech. Opérat. **5**, 13–29 (1969).

RUSSEL, E.J. [69]: Extension of Dantzig's Algorithm to Finding an Initial Near – Optimal Basis for the Transportation Problem. Op. Res. **17**, 187–191 (1969).

RUTLEDGE, R.W. [67]: A Simplex Method for Zero-One Mixed Integer Linear Programs. J. Math. Anal. Appl **18**, 377–390 (1967).

SCHWARTZ, R.E., und C.L. DYM [71]: An Integer Maximization Problem. Op. Res. **19**, 548–550 (1971).

SHAPIRO, J.F. [68a]: Dynamic Programming Algorithms for the Integer Programming Problem I: The Integer Programming Problem Viewed as a Knapsack Type Problem. Op. Res. **16**, 103–121 (1968).

SHAPIRO, J.F. [68b] Group Theoretic Algorithms for the Integer Programming Problem II: Extension to a General Algorithm. Op. Res. **16**, 928–947 (1968).

SHAPIRO, J.F. [70]: Turnpike Theorems for Integer Programming Problems, Op. Res. **18**, 432–440 (1970).

SHAPIRO, J.F. [71]: General Lagrange Multipliers in Integer Programming. Op. Res. **19**, 68–76 (1971).

SHAPIRO, J.F., und H.H. WAGNER [67]: A Finite Renewal Algorithm for the Knapsack and Turnpike Models. Op. Res. **15**, 319–341 (1967).

SHAW, W. [70]: Review of Computational Experience in Solving Large Mixed Integer Programming Problems, in: E.M.L. BEALE, Hrsg., Proceedings NATO Conference on Appl. of Math. Programming Cambridge 1968. London: 1970.

SRINIVASAN, A.V. [65]: An Investigation of Some Computational Aspects of Integer Programming. Journal ACM **12**, 525–535 (1965).

THOMPSON, G.L. [64]: The Stopped Simplex Method. Rev. fr. Rech. Opérat. **8**, 159–182 (1964); **9** (1965).

TINHOFER, G. [69]: Übersicht über bestehende Verfahren zur Erstellung von Schulstundenplänen mit Hilfe elektronischer Datenverarbeitungsanlagen, Bericht Nr. 32, Rechenzentrum, Graz, 1969.

TOMLIN, J.A. [70]: Branch and Bound Methods for Integer and Non-Convex Programming, in: ABADIE [70].

PIEHLER, J. [70]: Ganzzahlige lineare Optimierung. Leipzig: Teubner. 1970.
TRAUTH, C. A., jr., und R. E. WOOLSEY [69]: Integer Linear Programming: A Study in Computational Efficiency. Man. Sci. **15**, 481–493 (1969).
VEINOTT, A. F., jr., und G. B. DANTZIG [68]: Integer Extreme Points. SIAM Rev. **10**, 371–372 (1968).
VINOD, H. D. [69]: Integer Programming and the Theory of Grouping. J. Amer. Statistical Ass. **64**, 506–519 (1969).
VISOTSCHNIG, E. [69]: Reduzierte Matrixalgorithmen in der Graphentheorie, Bericht Nr. 69–4 der Institute für Angewandte Mathematik, Universität und TH Graz, 1969.
VOGEL, W. [67]: Lineares Optimieren. Berlin: Akademie Verlag. 1967.
VON NEUMANN, J. [47]: On a Maximization Problem. Manuskript, Institute for Advanced Studies, Princeton, 1947.
WAGNER, H. M. [59]: An Integer Linear Programming Model for Machine Shop Scheduling. NRLQ **6**, 131–140 (1959).
WATTERS, L. J. [67]: Reduction of Integer Polynomial Programming Problems to Zero-One Linear Programming Problems. Op. Res. **15**, 1171–1174 (1967).
WEINGARTNER, H. M., und D. N. NESS [67]: Methods for the Solution of the Multi-Dimensional 0/1 Knapsack Problem. Op. Res. **15**, 83–103 (1967).
WILSON, R. B. [67]: Stronger Cuts in Gomory's All-Integer Programming Algorithm. Op. Res. **15**, 155–157 (1967).
WILSON, R. B. [70]: Integer Programming Via Modular Representations. Man. Sci. **16**, 289–294 (1970).
WITZGALL, C. [63]: An All-Integer Programming Algorithm with Parabolic Constraints. J. SIAM **11**, 855–871 (1963).
WOLFE, P. [59]: The Simplex Method for Quadratic Programming. Econometrica **27**, 382–398 (1959).
YOUNG, R. D. [65]: A Primal (All-Integer) Integer Programming Algorithm. Journal of Research of the National Bureau of Standards **69 B**, 213–250 (1965).
YOUNG, R. D. [68]: A Simplified Primal (All-Integer) Integer Programming Algorithm. Op. Res. **16**, 750–782 (1968).

Sachverzeichnis